위스키 바이블

인류를 매혹시킨 생명의 물
위스키의 모든 것

WHISKY
위스키 바이블

시릴 말드 지음

김수영 옮김 | 성중용 감수

Collaboration with 니콜라스 부르데, 니콜라스 뒤부아
Illustration 조슬랭 샤를

BOOKERS

목차

추천사

세르주 발랑탱

Serge Valentin

위스키 전문 웹사이트 '위스키펀' 설립자이자 '키퍼 오브 더 퀘이치'*

실용서, 교육서, 다큐멘터리 분야에서는 매우 이례적인 일이지만, 사실 이 책을 좋아하지 않을 이유가 없다. 25년 동안 디지털을 통해서만 정보를 흡수해온 블로거인 내가 어떻게 내 블로그와 동일한 주제를 다루는 종이책에 대해 이렇게 선언할 수 있는지 궁금하지 않은가?

우선 이 책은 종이책이다. 진부한 이야기라서 미안하지만, 내가 위스키를 마실 때면 그 안에서 오래된 책이나 새 책의 향기를 맡을 때가 있고, 그 향기가 사라지는 것은 원치 않는다.

둘째, 이 책은 그 자체로 매우 아름답다. 페이지 레이아웃도 훌륭하고 수작업한 그림도 빼어나다. 다른 위스키 관련 책과 달리 사진이 없다는 점도 매우 신선하다.

이 책은 위스키에 관한 정보의 총체라고 할 수 있다. 물론 백과사전 같기도 하지만 지역에 따른 증류소 분류에서 볼 수 있듯이 작가적 관점이 확실하게 드러난다. 나는 이 책이 앞으로 수십 년 동안 위스키 애호가들에게 토론의 장을 마련해 줄 것이라고 확신한다. 우리가 지금도 여전히 1885년 보르도 와인 분류법에 대해 이야기하고 있다는 사실이 그 증거다.

게다가 이 책에는 다른 책에서는 볼 수 없는 수많은 정보가 담겨 있다. 예를 들어, 이 책은 위스키 제조에 사용되는 보리의 품종을 가장 오래된 품종부터 최근 품종까지 모두 나열한다. 또한 병을 어떻게 보관하는지도 설명하는데, 오랜 시간 위스키에 엄청난 돈을 쓰고 투자한 위스키 수집가들이 위스키가 변질되도록 그냥 내버려 두는 것을 봐온 나로서는 매우 눈에 띄는 내용이었다. 컨설턴트에 따르면, 투자의 원칙은 가진 것을 반드시 지켜내는 것이라고 하지 않던가.

이미 수천 개의 위스키를 시음하고 화상회의를 통해 전 세계 거의 모든 국가의 사람들과 그 위스키에 대해 논평한 저자의 시음에 관련한 조언이 절대적으로 중요하다고 생각한다. 이상하게도 이러한 조언이 대중뿐만 아니라 위스키에 조예가 깊은 사람들에게도 거의 알려지지 않았다. 책에서 제시한 유명한 아로마 층과 우리의 코만 있으면 위스키 한 잔에서 10종류의 위스키를 맛볼 수 있다.

마지막으로 나는 저자가 문 닫은 지 40년 이상 된 전설적인 증류소를 계속 상기하는 점도 참 좋았다. 인내심 있고 지갑도 어느 정도 두둑하다면 지금도 찾아볼 수 있기 때문이다. 찰리 파커, 앤디 워홀, 장 르누아르가 더 이상 활동하지 않는다고 해서 그들에 대해 더는 이야기하지 않을 이유는 없지 않은가.

이 훌륭한 책은 말 그대로 모든 기대를 충족한다. 아름다운 일러스트는 말할 것도 없다!

---

* 키퍼 오브 더 퀘이치(Keeper of the Quaich)는 스카치위스키 산업에서 일하거나 글을 쓰거나 산업을 널리 알리는 데에 헌신하는 사람들에게 부여되는 명예 직함이다. 퀘이치는 게일어로 손잡이가 2개 있는 나무 술잔을 뜻한다. – 옮긴이 주

추천사

앵거스 맥레일드

Angus MacRaild

작가, 컨설턴트, 독립 병입자

우리는 시대의 격동과 격변에 휩싸여 앞으로의 10년이 위스키에 어떤 기회가 될지 모르고 있을 수도 있다. 자연스럽게 추세를 따르고 있는 스카치위스키뿐만 아니라 위스키 세계 전반에 해당하는 이야기다. 여러분이 손에 들고 있는 시릴 말드의 이 책은 이러한 '시대정신'을 잘 포착하고 있다. 디스틸러들이 기존 위스키보다 더 나은 위스키를 만들겠다는 확고한 의지와 함께 수익성 때문에 포기했던 오래된 수공예 기술로 돌아가고 다른 세계에서 사용하는 방법을 차용하는 시대를 포착한 것이다.

그렇다. 우리는 테루아와 재배 장소의 선택, 디스틸러들의 직·간접적인 관계, 사용하는 원재료와 생산 과정에 대한 고찰이 결정적인 요소로 작용하는 세기에 들어섰다. 그 결과, 이러한 접근 방식에 대한 기술적 진정성에 대한 논쟁이 불가피해졌지만 혁신적이면서도 특징적인 아로마가 풍부해졌다. 이러한 고찰은 한발 더 나아가 기후 위기에 맞서 제조 공정이 환경에 미치는 영향을 제한하고 지속 가능한 자원을 관리하는 데까지 미쳤다.

앞으로 10년간 생산자들은 개입할 때와 개입하지 말아야 할 때, 즉 생산 과정에서 직접 통제해야 할 것과 다양성을 위해 자연에 맡겨야 할 것을 더욱 잘 구분할 것이다. 위스키와 와인, 맥주 세계는 이미 상호작용하고 있으며 이것은 매우 잘된 일이다. 이러한 교류가 있으면 개선이 이루어질 수밖에 없다. 최근 전 세계 증류소들은 채택한 다양한 접근 방식(직관적, 과학적, 학문적)을 채택함으로써 이미 역사상 그 어느 때보다도 풍부한 위스키를 생산하고 있다. 증류소들이 현지 소싱과 공정에 다시 초점을 맞추면서 각자의 특성과 정체성을 재확인할 수 있게 되었기 때문이다.

물론 여전히 품질이 좋지 않거나 '도저히 있을 법하지 않은' 위스키도 존재하고 거대한 산업 조직은 계속해서 블렌디드 제품을 생산할 것이다. 하지만 전 세계적으로 품질을 높이는 것이 목표가 되었고 이러한 맥락에서 대기업은 나쁘고 소기업은 착하다는 이원론에 빠지지 말아야 할 것이다. 대기업이 항상 나쁘지도 않고 소기업이 항상 선한 것도 아니다.

지난 수십 년 동안 의도적으로 훌륭한 증류주를 만드는 방향으로 완전히 선회하는 데까지는 오랜 시간이 걸렸다. 2020년대 중반에 접어든 오늘날 우리는 그 결과를 보기 시작했다. 그렇기에 과거의 위스키의 향과 진정성에 몰두하며 오랜 시간을 보낸 나는 위스키의 아주 가까운 미래에 정말 흥분되기 시작했다.

추천사

히로야스 가야마

Hiroyasu Kayama

일본의 믹솔로지 마스터, 도쿄의 바 벤피딕*의 오너 겸 총괄 셰프

시릴 말드가 쓴 이 책은 위스키와 위스키를 즐기는 방식뿐만 아니라 일본 문화의 정체성도 담고 있다. 시릴과는 몇 년 전 도쿄에서 오래 묵은 증류주를 파는 내 친구 카림의 소개로 만났다. 두 사람 모두 일본의 바 문화와 증류주 제조에 관심이 무척 많았다. 일본 위스키는 여러 차례 여과한 맑은 맥아즙 덕분에 마시자마자 즉각적으로 알아차릴 수 있는 매우 섬세하며 조화로운 과일 향 아로마를 지녔다는 특징이 있다. 매일 저녁 벤피딕에서 만나 늦은 시간까지 내가 소장하고 있는 다양한 몰트위스키와 일본 바텐더들이 근무를 마치고 즐겨 마시는 하이볼(위스키와 탄산수로 만든 칵테일)에 대해 이야기하고 맛보곤 했다. 언제까지나 기억에 남을 도쿄 최고의 바 오디세이(도쿄에는 인구 1,400만 명 대비 엄청난 수의 바가 있다)가 바로 이 우정에서 탄생했다. 도쿄의 바는 길가에 있지 않고 지하나 고층에 있어 가이드 없이는 찾기가 힘들다. 단골손님을 소중히 대접하고 공간을 보호하기 위해 표면적은 협소한 편이다.

특히 책에서 칵테일에 할애한 챕터가 가장 눈에 띄었다. 현대 최고의 믹솔로지스트들이 칵테일에 대한 풍부한 분석과 미니멀하면서도 기술적인 접근 방식을 추구하고 있다는 것을 잘 보여준다. 일본에서는 이제 전통이 된 칵테일 하이볼을 예로 들어보겠다. 하이볼은 단 두 가지 재료로 만든다. 하지만 그 복잡성은 상상하기 어려울 정도다. 얼음의 표면 온도 범위 계산, 위스키와 얼음의 비율과 온도 조절, 탄산수 따르기 등 디테일 하나하나가 아로마 향을 느끼는 것에 큰 영향을 미치기 때문이다. 하이볼 기술을 마스터하는 데는 수년간의 훈련이 필요하다.

어떤 의미에서 보면 이 책은 기술적 측면에서 그리고 대담성 측면에서 칵테일 자체를 반영하고 있다. 칵테일은 오랜 시간 들인 노력의 결정체다. 칵테일에서는 가장 고도로 훈련된 사람만이 최고점에 도달할 수 있다!

---

* 벤피딕은 미국 CNN이 선정한 2023 아시아 베스트 바 50 가운데 하나이다. – 편집자 주

서문

'내가 글을 쓰는 것은 당신들을 위해서입니다. … 즉 모르는 친구들을 위해서입니다.'
플로베르, 《서신*Correspondances*》, 1857년 6월 18일 편지(CF/C)

위스키의 다양성은 이제 정점에 달했다. 현실적이면서도 참신한 방식으로 좀 더 많은 사람이 위스키에 접근할 수 있게 해주는 일도 그 어느 때보다 쉬워졌다. 세계화된 위스키의 우수성을 탐구하는 과정은 우리를 진정한 여행으로 초대한다. 이 여행은 종종 우리를 예상치 못했던 곳으로 안내하기도 하고, 기후와 인간의 노하우, 토양과 사용되는 곡물의 품종에 의해 형성되는 모든 조합들을 만나게 해준다.

총체적이고 객관적인 시각

연간 수천 개의 샘플을 시음한다는 것은 온전히 독립적으로 뛰어난 위스키의 아로마를 분석할 수 있다는 의미다. 시음 방법, 경험, 사용한 도구 등을 통해 주관에 매몰되지 않은 객관적인 해석이 가능하다. 다양한 스타일을 지닌 다양한 가격대의 세계 최고 위스키 중에서 가장 폭넓게 선택한 샘플(500여 개의 증류소)의 아로마 프로파일을 해독하는 일은 독자 여러분이 보내주신 신뢰에 보답하는 길이다. 정확하고 포괄적인 방식으로 위스키의 풍요로움을 드러내는 것은 무척 중요하다. 실제로 가장 복잡한 음료와 음식에 수백 가지의 아로마 조합이 포함되어 있다면 위스키에는 수천 가지의 아로마 조합이 있다.

역동하는 분야를 한눈에 조망

이 글의 목적은 생태학과 테루아, 추적 가능성, 품질 요건 측면에서 일어나고 있는 전례 없는 발전을 설명하는 것이다. 이러한 발전은 현재 유럽과 북미 전역에 생겨나고 있는 소규모 증류소의 급격한 확장을 잘 설명해준다. 지식과 마찬가지로 생산도 하루가 다르게 발전하고 있다. 스스로 변혁하지 못한 증류소 하나가 문을 닫을 때마다 고유한 스토리를 가진 수백 개의 증류소가 생겨난다. 우리는 변화의 소용돌이에 휩싸인 세상을 마주하고 있다. 우리는 이러한 세상을 전에 없던 전혀 새로운 시각으로 포착할 것을 제안한다. 그리고 끊임없이 변화하는 세상에서 늘 그렇듯 관점은 오래된 방식과 새로운 트렌드가 교차하면서 달라진다.

기초 지식 그리고 대화

위스키가 노하우의 총체라 할지라도 초보자에게든, 숙련된 아마추어 혹은 전문가에게든 위스키는 먼저 삶의 방식이 되어야 하고 공유하는 즐거움이어야 한다. 하지만 가장 중요한 것은 '더 잘 아는 것'이다. 이 책은 오늘날 일상에서 위스키가 차지한 위치에 도달하기까지 헌신해온 업계 주요 인사들과 겸손한 자세로 지속적이고 매력적인 교류를 나누면서 얻은 결실이다. 이들은 이 야심 찬 프로젝트의 초석이라 할 수 있다. 그렇기에 우리는 이들에게 생산 방법, 연구 및 새로운 발전에 대한 관점뿐만 아니라 이들의 전통적 혹은 혁신적인 선택이 확장하는 미래에 어떻게 부합하는가에 대한 견해를 공유하도록 요청했다.

시릴 말드
Cyrille Mald

위스키 전문 작가, 칼럼니스트, 국제 대회 심사위원으로 활동 중인 시릴 말드는 매년 수천 가지 증류주를 시음하고 전 세계 수십 곳의 증류소를 방문한다. 26여 개국에 출판된《아이코닉 위스키*Iconic Whisky*》의 공동 저자이기도 한 시릴 말드는 1927년부터 프랑스뿐만 아니라 중국에서 와인과 증류주 분야의 가장 권위 있는 매체로 자리매김하고 있는〈르뷔 뒤 뱅 드 프랑스Revue du Vin de France〉의 칼럼니스트이기도 하다. 또한 스카치 몰트위스키 협회(Scotch Malt Whisky Society; SMWS)의 마스터 홍보대사이자 인터내셔널 슈거 케인 스피릿츠 어워즈(International Sugarcane Spirits Awards)를 조직하는 럼 인텔리전스 SAS(Rum Intelligence SAS)의 의장을 맡고 있다. 감각적인 지각에 대한 열정으로 시음 연구에 집중하는 시릴 말드는 시음이 무엇보다도 우리의 모든 감각을 일깨워 주고 겸손의 미덕을 깨닫게 한다고 믿는다. 수많은 위대한 전문가들이 입문자들의 아로마 분석에 경탄하는가 하면 세계 최고의 소믈리에들이 오래된 과들루프 럼과 스칸디나비아 아쿠아비트를 헷갈릴 때도 있기 때문이다. 시릴 말드는 전문가라고 해서 어떤 것도 당연한 것으로 받아들여서는 안 된다고 주장한다. 시릴에 따르면 가능한 많은 사람이 어떤 증류주에 대해 동일한 의견을 내고 그 증류주를 더 잘 이해하고 거기에서 최적의 만족감을 끌어내는 순간이야말로 시음을 거부할 수 없게 만드는 가장 객관적인 순간이다. 그에게 시음은 개인의 문화와 경험, 기대에 따라 달라지는 주관적인 행위가 아니며 오히려 반대로 동일한 아로마(적어도 주요 아로마)와 텍스처를 공통으로 식별해 내는 데에 이르러야 하는 것이다. 요컨대, 감각과 분석이라는 이원론에서 벗어나 사회적 선입견과 현실을 왜곡하는 잘못된 모든 기준점을 넘어서야 한다. 이러한 합의는 우리의 후각 시스템이 감지 가능한 수만 개의 단일 혹은 복합 향을 정의할 수 있는 공통 아로마 교범이 있는 상황에서만 가능하다. 하지만 모든 것이 그렇듯 이러한 복잡성은 우리가 향을 즐길 때 비로소 진정으로 이해할 수 있다.

칼럼니스트
르뷔 뒤 뱅 드 프랑스(Rvue du vin de France)
럼포터(Rumporter),
레키프 스포츠 앤 스타일(L'Equipe Sport & Style),
엠 르 맥(M le Mag)

홍보대사
스카치 몰트위스키 협회(Scotch Malt Whisky Society)

심사위원
스피릿츠 세계 대회(Concours mondial des spiritueux) - 스피릿츠 부문
럼벨리옹(Rhumbellion)
럼 페스트 어워즈(Rhum Frest Awards)
인터내셔널 슈거 케인 스피릿츠 어워즈(International Sugarcane Spirits Awards)
칵테일 스피릿(Cocktail Spirits)
쿠라 마스터(Kura Master)
사케 셀렉션(Sake Selection)
국립 아르마냑 사무소(BNIA) - 대통령 대상
콩쿠르 몽디알 드 브뤼셀(CMB) - 멕시코 셀렉션
올리오 누오보 데이즈(Olio Nuovo Days)
브라운 포맨 콘테스트(Brown-Forman Contest)

감사의 말

아쿠토 이치로, 레이첼 베리, 스튜어트 보먼, 고든 던다스, 애덤 하넷, 마이클 헤즈, 제러드 힘스테드, 샌디 히슬롭, 돈 리버모어, 앨론 로건, 리처드 패터슨, 프레데릭 레볼, 마크 레이니어, 알렉상드르 리카, 로스 핀들리, 다비드 루시에, 레미 세비지, 유미 요시카와가 보여주듯, 언제나 가장 바쁜 사람들이 가장 많은 귀한 시간을 들여 우리에게 순수한 비전을 제공해준다는 사실은 하나의 격률과도 같다.

아래에 언급한 컬렉터, 전문가, 애호가들과 함께한 위스키 시음이 없었다면, 무엇보다도 편집 프로듀서인 베네딕트 보르톨리와 편집장 로랑스 르우의 결정적인 선택이 없었다면, 이 책을 출판하는 것은 불가능했을 것이다: 다비드 아베시라, 토마 아브라모비치, 닐 에잇킨, 쥘리앙 아마토, 오드리 바이옹, 장 마르크 벨리에, 라파엘 블라로, 로라 부니, 유안 캠벨, 밥티스트 샤르보넬, 피에르 이브 쉬팽, 알렉상드르 콜라, 알베릭 다베, 루이 드 몽티유, 장 노엘 돌레와 마르틴 도네, 루이 뒤케누, 마르탱 뒤퐁 도망주, 막심 길제, 그레그 글라스, 필립 고스망, 보두앵 아보, 티에리 하인즈, 필립 쥐제, 니콜라 쥘레, 카림 카룸, 장 필립 라르디, 마우로 레오니, 나타샤 퀴이 룽, 세바스티아노 르 노엘, 필립 예레나, 장 프랑수아 루이, 살바토레 마니노, 장 메츠제, 다비드 미구에레스, 피노 페로네, 클로에 페리네, 마시모 리기, 조제프 스키바, 파트릭 드 슐테스, 마크 반 데르 바이버, 엠마뉘엘 부앵.

간단한 역사

증류는 여러 문명을 거쳐 신성한 용도, 의학적 용도, 영적 용도로 사용되면서 진화했다. 예로부터 증류는 지금까지 인간의 지식과 즐거움을 형성해 왔고 제국을 건설하는가 하면 또 다른 제국을 멸망시키기도 했다. 증류의 역사와 직접적으로 연관된 위스키는 품질과 다양성 면에서 천천히 진화하여 오늘날 정점에 도달했다.

에센셜 오일을 추출하는 물 증류법

에센셜 오일을 얻기 위한 수용액 증류는 기원전 4천 년 초 메소포타미아 지역에서 사용되었을 것이다. 수용액 증류의 원리는 증기로 식물 세포를 파괴하여 특정 방향 화합물을 방출하게 하는 것이었다. 현재 이라크 북동쪽에 위치한 테페 가우라(Tepe Gawra)에서 화덕형 증류 장치가 발견되었다. 이 장치를 이용하여 증기를 추출하고 농축하여 이중 테두리로 된 구멍으로 흘려보냈을 것이다. 3세기경 조시모스(Zosimos, 이집트 파노폴리스에서 태어난 최고의 그리스계 연금술사 – 옮긴이 주)는 이집트 멤피스의 한 신전에 설치된 증류기를 묘사했는데, 상부 플라스크에서 응축된 액체를 아래쪽으로 기울어진 관을 통해 측면 용기로 흐르게 만든 장치였다. 두 개의 주둥이가 달린 증류기(디비코스, dibicos)와 세 개의 주둥이가 달린 증류기(트리비코스, tribicos)가 있었다. 그리스인(증류기를 뜻하는 'alambic'은 꽃병을 뜻하는 그리스어 'ambix'에서 왔다)과 아랍인(아랍어 'al ambiq'는 장치 일체를 가리킨다)이 이집트 증류 기술을 다시 도입했는데, 특히 자비르 이븐 하이얀(Jabir Ibn Hayyan, 721~815년경, 뛰어난 연금술사이자 아랍 화학의 아버지라 불리는 중세 화학자 – 옮긴이 주)의 증류 관련 자료집과 향수와 107가지 에센스 제조를 다룬 알 킨디(al-Kindi)의 책에서 찾아볼 수 있다. 스콜라 철학자이자 의사인 마이클 스콧(Michael Scot, 1175년 스코틀랜드 동부 해안 발웨어리에서 태어난 것으로 추정)은 스페인 톨레도에 위치한 세계 3대 종교(기독교, 유대교, 이슬람교) 연구 및 번역 센터에서 공부했다. 1200년 이후 스콧은 증류 원리를 설명한 저서를 포함한 다수의 아랍어 저서를 라틴어로 번역했다. 그중에는 알 자지브(al-Zazib, 865~925)의 의학 저술도 포함되었다. 하지만 기화점을 나눠서 휘발성이 서로 다른 성분을 분리하는 당시 이 기술 장비는 증류액으로 에센셜 오일을 추출하는 데만 초점이 맞춰있었기 때문에 질 낮은 알코올 분별 증류만 가능할 뿐이었다.

명문 의과대학에서 완성한 증류 기술

1130년 증류 기술이 크게 발전한 곳은 이탈리아 남부 메조조르노 해안에 위치한 살레르노 의과대학이었다. 마기스테르 살레르누스는 최초로 기화점을 기준으로 물에서 에탄올을 분리할 수 있는 분별 알코올 증류를 설명했다. 당시 증류주는 치료 목적으로 사용되었다. 또한 알코올이 식물을 보존하고 피부를 소독하는 데에 쓰인 것도 관찰되었다.

1275~1285년 냉각수로 지속적으로 냉각하여 증기를 응축하는 나선형 응축관이 볼로냐에서 발명되었다. 이후 이러한 다양한 기술 발선을 이용한 사람은 테오도리크 보르고뇨(Théodoric Borgognoni)와 몽

펠리에 학교의 의과 교수였던 아르날두스 드 빌라노바(Arnaldus de Villanova, 프랑스 명은 아르노 드 빌뇌브 Arnaud de Villeneuve)였다. 1300년경 발라노바는 자신이 개발한 오래된 와인에서 오드비(아쿠아 아르덴스, '생명의 물'이라는 뜻으로 초기 증류주를 불렀던 명칭 – 옮긴이 주)를 증류하는 다양한 방법을 '안티도타리움(Antidotarium)'*에 설명했다. 그리고 오드비에 침출한 식물의 활성 화합물과 방향 화합물이 유지되어 향기로운 독주(strong liquor)를 얻을 수 있다는 사실을 밝히고 이를 치료용으로 권장했다.

아일랜드, 스코틀랜드, 영국에 확산되는 증류 원리

아일라섬에서 최초의 인간 흔적이 발견된 것은 기원전 8천 년 전인 중석기 시대로 거슬러 올라가지만 대규모로 정착한 첫 민족은 켈트족**이다. 당시 아일라섬은 게일족의 알 리어타 왕국(서기 5~8세기)에 속해 있었다. 킬키아란만에 위치한 킬키아란 예배당은 당시 이 지역 전체에 큰 영향을 미친 수도사 클랜맥노이즈의 키아란을 기념하기 위해 세워졌다. 757년부터 바이킹족이 달 리어타를 공격하기 시작했고 9세기에 달 리어타와 픽트 왕국이 병합하여 알바 왕국이 세워졌다. 먼저 아일라섬에 정착한 바이킹은 이너헤브리디스 제도 전역에 진출했고 1156년 족장 서머레드(Somerled)가 자신의 함대와 함께 이곳을 완전히 정복했다. 서머레드가 사망하자 그의 아들 라날드가 아일의 왕(King of the Isles), 아가일 영주(Lord of Argyll) 칭호를 받았다. 바이킹이 스코트족에 패배한 후 1266년 퍼스 조약에 따라 섬들은 스코틀랜드 왕실에 넘어갔다. 5세기 초부터 증류법이 아일랜드 승려들에게 치료법으로 알려졌다는 주장의 근거는 어디에서도 찾을 수 없다. 오히려 1095년 처음 발발한 십자군 전쟁에서 돌아온 아일랜드 수도사들이 증류 원리에 대한 지식을 가져왔을 가능성이 높다.

1302년 살레르노와 몽펠리에 대학에서 개발된 증류법은 아일랜드 북부 키나트 남작의 딸 아인 오 카타인에 의해 아일랜드와 스코틀랜드에 퍼져나갔다. 1302년 아인 오 카타인은 남편인 아일라의 앵거스 오그 맥도널드(서머레드의 후손 중 한 명)에게 증류 원리를 알고 있는 의사 하인들을 데려간 것으로 알려졌다. 이 의사 하인들은 그 후로 오랫동안 스코틀랜드 여러 왕정, 영주들의 고문관 역할을 했다. 정치적으로 볼 때 1336년 아일의 군주(Lord of Isles)라는 칭호를 무기로 아일라(포

킬달튼의 높은 십자가(2.7미터)는 7세기 후반, 바이킹 습격이 있기 전에 세워졌다. 이 십자가는 아일라의 남동쪽, 아드모어 포인트 근처, 아드벡 증류소에서 북동쪽으로 7킬로미터 떨어진 곳에 위치해 있다.

* 안티도타리움: 11세기 후반 또는 12세기 초의 라틴어 책. 식물과 광물로 약을 만드는 약 150개의 레시피를 담고 있다.

** 영국의 고대 민족인 켈트족은 다시 '게일족'과 '브리튼족'으로 나뉜다. '게일족'은 현재의 아일랜드인과 스코틀랜드인의 선조이고, '브리튼족'은 웨일스인의 선조이다.

트 에스케이그의 서쪽)의 핀라간에 권좌를 세운 사람은 맥도널드 가문의 존 오그였다. 1493년 맥도널드 가문의 몰락과 수많은 무력 충돌로 인해 캠벨 가문의 권력이 강화되었다.

1324년 오소리의 프란체스코회 주교였던 리처드 레드레드가 쓴 켈트어 필사본《오소리의 레드 북 *Red Book of Ossory*》에는 위스게 베하(uisge beatha, 게일어로 '생명의 물')를 만드는 과정이 설명되어 있다. 이것은 아일랜드에서 증류가 이루어졌다는 최초의 공식적인 증거이다. 당시 증류는 수도원에서 포도주를 증류했던 것으로 추정한다.

1405년 《클론먹노이즈 연대기*Annales de Clonmacnoise*》에는 크리스마스에 부족의 왕 리처드 맥레닐이 '생명의 물'을 과하게 마셔 사망한 사건이 언급되었다.

1494년 스코틀랜드에서는 파이프의 린도어스 수도원 수도사에게 증류권을 부여하는 재무 장관(스코틀랜드 왕국 재무부)의 역할에 대한 정의에서 '생명의 물'에 대한 최초의 기록이 발견되었다. "왕의 명령으로 존 코어 수사에게 맥아 8볼(8볼은 약 1,225킬로그램에 해당)을 주어 아쿠아 비테(오드비와 같이 '생명의 물'을 뜻한다 – 옮긴이 주)를 만들게 하라." 하지만 민트, 타임, 아니스 등 향기로운 허브를 담근 이 미숙성 맥아 증류주는 위스키와는 거리가 먼 술이었다.

1500년 제롬 브륀슈위그가 쓴《증류의 기본 기술*Liber de arte distillandi de simplicibus*》두 권을 통해 1500년과 1512년 사이 다양한 기술 진보가 이어졌다. 처음에는 약사를 대상으로 했던 이 최초의 증류 매뉴얼은 유럽 전역에 번역 출간되었다.

위스키의 대중화

1505년 에든버러의 이발사 겸 외과 의사 길드에 '생명의 물' 관련 제조 및 판매 특권이 부여되었다.

1536년 영국의 헨리 8세는 수도원을 해산했고, 수도사들은 의료용으로 하던 증류를 개인적 목적을 제외하고는 더 이상 할 수 없게 되었다. 이러한 상황에서 볼 때, 1559년 영국에서 증류에 관한 최초의 주요 라틴어 저작을 영어로 번역한 사람이 성직자 피터 모웬이라는 사실은 전혀 놀랍지 않다.

1591년 코더의 영주 기록에 따르면 캠벨타운에서 약 20킬로미터 떨어진 테일론 마을의 막콘치 스트로네코미체스에게 '생명의 물'을 배달했다는 언급이 있다. 이것은 킨타이어 반도에 위스키가 존재했다는 가장 오래된 기록이다. 달루다인(Dalruadhain, 기원전 503년), 킨 로크 킬 카이란(Ceann Loch Cilll Chiaran)이라는 이름으로 알려졌던 캠벨타운은 옛 스코틀랜드 왕실 도시로 멀 오브 킨타이어의 동쪽 해안 지역 아가일 앤 뷰트에 위치한다. 캠벨타운에서 증류가 시작된 시기는 훨씬 더 오래전으로 거슬러 올라간다.

1595년 알코올 용액을 증류하여 농축 알코올을 얻는 것이 여전히 문제가 되었지만 2중 증류의 개발, 단계적 응축과 냉각 코일(냉각수 시스템), 증류기의 설계 개선으로 품질이 향상되어 스코틀랜드 전역에서 위스키 생산이 늘어났다. 이러한 발전은 G. 델라 포르타의《증류법*Libri IX*》(1609), J. 프렌치의《증류의 기술》(1651)과 같은 주요 저작을 통해 계속 이어졌다.

1609년 스코틀랜드의 제임스 6세는 아이오나 법령을 채택하여 스코틀랜드의 서로 다른 지역 간의 주류 거래를 차단했다. 그 후로 웨스트 하일랜드와 주변 섬에서는 가족 단위로 개인이 생산한 증류주만 허용되었고 거의 170년 동안 자유롭게 유통되었다. 동시에 캠벨타운 항구가 국제 무역에 개방되었다. 플로라 맥도널드가 1773년 영국과 스코틀랜드 왕위 요구자인 스튜어트 왕가의 '찰스 에드워드 왕자'가 이끄는 1645년의 두 번째 자코바이트(Jacobite) 반란에서 역사적인 역할을 한 후 프리깃함을 타고 프랑스를 거쳐 아메리카로 떠난 곳도 캠벨타운이었다.

위스키의 세계화와 과세 체제의 일반화

1617년 프랑스령 기아나로 향하던 월터 롤리는 코크의 백작 리처드 보일로부터 반란군 지역에서 증류한 32갤런짜리 보리 오드비 캐스크를 받았다.

1620년 버지니아주 버클리 헌드레드(훗날 미국)에서 조지 소프가 최초로 옥수수에서 오드비를 증류했다.

1644년 스코틀랜드 의회는 맥아 보리에 대한 최초의 과세 체계를 확립했고, 이 체계는 1661년 개선됐다. 아일라에서는 풍부한 수원과 보리, 이탄 덕분에 수 세기에 걸쳐 증류 활동이 발전했다. 첫 번째 과세 체제의 도입은 아일라의 증류 활동에 실질적인 영향을 미치지는 않았다. 당시 섬의 남쪽 끝인 오아 곶에서 불법 증류소가 번성했는데 크래가버스, 고일, 킬리언, 로어, 스트렘니쉬모어에서 증류기가 발견되었다. 브리젠드, 다일, 로시트, 멀린드리, 옥토모어, 탈란트에도 불법 증류기가 설치되었다. 1779년이 되어서야 최초의 공식 증류소인 보모어(Bowmore)가 로킨달(인달 호수) 동쪽 기슭에 세워졌다. 또한 1797년이 되어서야 세관원이 섬에 개입하여 불법 증류 활동을 근절하기 시작했다.

1661년 아일랜드에서 위스키 생산에 세금을 부과하는 소비세법(Excise Act)이 1661년 12월 24일에 제정됨에 따라 위스키 생산 대부분이 비밀리에 이뤄지게 되었다. 18세기 말에는 불법 증류소의 수가 2,000개를 넘었다. 영국 의회는 세금 전쟁을 선포했고, 이는 소수의 공식 증류소에 대한 불신을 더욱 악화시켰다. 1823년 합법적인 증류가 더욱 활성화되도록 법이 간소화되었을 때 공식 증류소는 30개에 불과했다.

1690년 페린토시(Ferintosh)는 스코틀랜드 의회의 법령에 따라 등장한 최초의 공식 증류소다. 크로마티 퍼스(딩월)의 남쪽 끝에 있는 라이필드 번에 세워진 이 증류소는 컬로든의 던컨 포브스가 소유하고 있다.

1707~1713년 연합법으로 잉글랜드와 스코틀랜드 왕국이 병합하여 대영제국이 탄생하고, 이후 수년 간 세금이 전반적으로 인상되었다. 1713년 증류주에 대한 과세를 조정하기 위해 맥아세(Malt Tax)가 도입되었다. 그러나 스코틀랜드에는 약 10년 후 맥아세가 유발한 폭동이 진압된 후에야 적용되었다. 하일랜드에서는 불법 위스키가 성행했고 대부분 시골에서 소규모로 생산되었는데, 세무 당국의 감시를 피하

기 어렵고 상업 증류소 세금을 회피하기 위해 다른 곡물을 사용하는 로우랜드 위스키보다 품질이 더 좋았다.

1724~1728년 하일랜드의 조지 웨이드 장군의 군대에서 복무한 에드워드 버트는 한 서신에 위스키에 대한 최초의 서면 기록을 남겼다. 여기에 언급된 '위스게 베하(uisge beatha)'가 'uisce', 'usky'로 되었다가 마지막에 '위스키(whisky)'가 되었다. 위스키라는 용어는 1755년 새뮤엘 존슨의 사전에 등재되었다.

1779-1781년 개인 위스키 증류가 두 단계에 거쳐 억제되었다. 첫째, 개인 증류기의 최대 법적 허용량을 10갤런에서 2갤런(9리터, 당시 영국의 1갤런은 약 4.5리터)으로 줄였다. 그리고 2년 후 법률에 따라 개인 증류는 완전한 불법이 되었다. 동시에 면허를 받고 판매하는 위스키에는 점점 더 과중한 세금이 부과되었다.

1782년 하일랜드가 기근으로 황폐화하자 수많은 스코틀랜드인과 아일랜드인이 가난을 피해 미국으로 이주하여 농부로 정착했다. 1783년 최초로 위스키를 유통하는 증류소가 미국에 세워졌다. 오하이오 강 유역 루이빌(켄터키)에 에반 윌리엄스가, 몇 년 후에는 메이커스 마크와 짐빔이 설립되었다.

1784년 하일랜드에서 합법 증류를 권장하기 위한 워시세(Wash Tax)가 도입되었다. 워시세를 통해 하일랜드는 로우랜드에 부과되는 세금보다 유리한 세금 제도 혜택을 누릴 수 있었다.

1785년 켄터키에 미국 독립운동 당시 미국을 지원한 프랑스 왕실을 기리기 위한 버번 카운티*가 설립되었다. 당시 이곳에서 생산된 위스키를 올드 버번 카운티 위스키라고 불렀다.

1791~1794년 위스키 생산에 세금(위스키 소비세법, 1791)이 도입되자 미국에서 위스키 반란이 일어났다. 1794년 토머스 제퍼슨이 이 세금을 폐지했다.

1800년 캠벨타운 당국은 292개의 불법 증류기를 적발하고 전부 폐기했다. 하지만 불법 행위는 계속되었고 로버트 아머와 같은 구리 주물 제조업자에게는 고객이 끊이지 않았다. 로버트 아머는 위장 목적의 배관 회사와 함께 자신의 주물 공장을 최대로 가동하여, 그가 1811년부터 1817년까지 갖고 있던 상세 지도가 보여주듯이, 주변 섬을 포함한 전 지역에 증류기를 보급했다. 이 6년 동안 콜빌, 퍼거슨, 그린리, 하비, 존스턴, 리드, 미첼, 갤브레이스 등의 가문을 위한 400여 개의 불법 증류기가 제작되었다. 그중 53개는 킬브래넌 사운드를 넘어 아란 섬에까지 도달했다.

1821년 캐나다에서는 존 몰슨이 최초의 상업용 위스키 증류소를 설립했다.

1823년 소비세법(The 1823 Excise Act)이 제정되면서 면허 수수료가 10파운드로 고정되고 1갤런당 부과되는 세금이 미리 설정되는 등 세금 체계가 전면 개편되었고, 그 결과 불법 증류가 사라졌다. 1824년에는 337개의 증류소가 스코틀랜드에서 면허를 취득하여 생산을 정규화했다. 이와 함께 위스키의 생산량이 증가하고 품질도 개선되었다.

---

* '버번(Bourbon)'은 프랑스의 부르봉 왕가를 지칭하는 영어식 발음

위스키 양조 기술의 발전

1823년 제임스 C. 크로 박사는 훗날 우드포드 리저브(2003년)가 되는 증류소에서 사워 매시(sour mash) 공정을 개발했다. 이 공정은 버번과 테네시 위스키 산업 전체에 도입되었다.

1824년 포트 엘렌 증류소는 스피릿 세이프(Spirit Safe, 유리와 구리로 된 증류 조절 통제 장치로 증류의 시작과 끝을 분리하여 중류만을 선별할 수 있다)를 실험했다. 이후 스피릿 세이프는 다른 모든 증류소에 도입되었다.

1825년 알프레드 이튼이 링컨 카운티 프로세스(Lincoln County Process; LCP)라는 여과 시스템을 개발했다. 이 공정은 테네시 위스키의 트레이드 마크가 되었다.

1826년 킬베이지(Kilbagie) 증류소의 로버트 스타인이 최초의 연속식 증류기 '페이턴트 스틸(Patent still)'에 대한 특허를 얻었다.

1828년 아치볼드 미첼 2세의 후손들은 캠벨타운에 설립된 15번째 공식 증류소인 스프링뱅크를 세워 조상들의 불법 증류 활동을 합법화했다. 드럼모어 증류소(1834~1837)를 설립한 메리 미첼의 사돈 가문인 리드(Reid) 가문이 소유하고 있던 스프링뱅크는 리드 형제가 파산하자 1837년에 존과 윌리엄 미첼이 인수했다. 이로써 스프링뱅크와 미첼 가문의 직접적인 연결 고리가 다시 생겨났다. 아치볼드 3세는 리클라찬 증류소(1825~1934)의 설립자 중 한 명인데 형제 중 넷째인 휴가 먼저 리클라찬에 합류하고, 형 존과의 격한 싸움 끝에 스프링뱅크를 떠난 윌리엄도 합류했다. 스프링뱅크는 1872년 윌리엄 미첼이 설립한 글렌가일(1872~1925)을 부활시켰다. 존 미첼은 자신의 이름에 아들의 이름을 추가하여 회사 이름을 'J & A Mitchell and Co. Ltd.'로 변경했다. 1838년 존 워커는 스프링뱅크 증류소의 첫 고객 중 한 명이었다. 스프링뱅크는 번창하여 1897년에는 캠벨타운에서 가장 큰 증류소 중 한 곳이 되었다.

1830년 아이네아스 코페이(Aeneas Coffey)는 기존 연속식 증류기(Patent still)보다 더 효율적인 연속식 증류기 '코페이 스틸(Coffey still)'에 대한 특허를 획득했다.

1840년 제이콥 스피어스는 자신이 만든 증류주를 올드 버번 카운티 위스키가 아닌 '버번위스키'라고 부르면서 펜실베이니아 등 미국 북동부 주에서 생산되는 호밀 위스키가 아닌 옥수수로 만든 위스키임을 상소했다.

블렌딩과 현대 위스키의 등장

1853년 영국에서 채택한 포브스-매켄지 법(Forbes-Mackenzie Act)은 같은 증류소에서 숙성연도가 다른 위스키 캐스크를 보세 창고에서 블렌딩하는 것을 최초로 허용한 법이다. 같은 해, 앤드류 어셔 2세는 영국 관세청으로부터 스미스의 글렌리벳을 위해 생산한 블렌디드 몰트위스키 어셔스 올드 베티트 글렌리벳(Usher's Old Vatted Glenlivet; OVG)에 대한 승인을 받았다. 포브스-매켄지 법은 1860년 증류주법(Spirit Act)으로 보완되었다. 증류주법은 위스키에 대한 경제적 접근성을 높이고 생산을 표준화하기 위해 몰트위스키 오크 캐스크와 그레인위스키를 혼합하는 것을 최초로 승인했다. 앤드류 어셔, 윌리엄 샌더슨, 조니 & 알렉산더 워커 등 모든 위스키 판매업자는 상당량의 그레인위스키를 혼합한 블렌디드 위스키를 생산하기 시작했다.

1864년 유럽 대륙의 포도밭을 황폐화시킨 필록세라 전염병으로 인해 영국인들은 와인, 코냑, 주정강화 와인인 '셰리 와인' 대신 스코틀랜드산 블렌디드 위스키와 싱글 몰트위스키를 선호하기 시작했다.

1897년 전성기의 캠벨타운에는 29개의 증류소가 운영되고 있었다. 캠벨타운은 과일 향을 머금은 동시에 바다와 피트의 영향이 뚜렷한 풍부하고 복잡한 위스키를 생산하며 대표적인 싱글 몰트위스키 생산 도시 중 하나가 되었고, 연간 180만 갤런(820만 리터) 이상의 위스키를 생산했다. 예를 들어 스코시아 증류소(훗날 글렌 스코시아)는 설립자가 스튜어드 갤브레이스 앤 코와 함께 갤로우 힐의 낮은 곳에 위치한 글렌 네비스를 인수할 정도로 큰 성공을 거두었다. 당시 이곳은 킨타이어 반도 전체에서 가장 현대적인 증류소였다.

1898년 패티슨 사태는 로버트, 월터 패티슨 형제가 소유한 블렌디드 위스키 회사의 사기 행각(방만한 재정 관리, 불투명한 회계, 주가 부풀리기, 횡령 등)으로 인해 파산했다. 이 사태는 스코틀랜드 위스키 산업 전체의 구조적 위기로 이어졌고 스페이사이드와 하일랜드의 수많은 증류소가 폐업했다. 이로부터 1949년 툴리바딘, 1957년 글렌 키스, 1958년 토모어 등 스코틀랜드에 새로운 증류소가 건설되기까지는 50~60년이 걸렸다. 1882년 설립된 주류 도매상 패티슨 엘더 앤드 코(Pattison, Elder & Co.)는 1887년부터 자체 브랜드 위스키를 팔기 시작했고 불과 2년 뒤 런던 증권거래소에 상장되었다. 이곳의 상업적 성공은 필록세라 위기의 영향과 그동안 쌓아온 주식에 대한 대출과 보증, 홍보 정책과 대규모 광고 캠페인으로 얻은 패티슨 브랜드의 명성 덕분에 가능했다. 그러나 과잉 생산과 판매 둔화, 무엇보다도 블렌디드 위스키의 품질 저하로 인해 과도한 부채 위에 세워진 패티슨 시스템은 붕괴하기 시작했다. 패티슨은 1898년 12월, 50만 파운드 이상의 적자를 기록하며 파산 선고를 받았다. 1901년 두 형제는 각각 18개월과 8개월의 징역형을 선고받았다. 패티슨의 경쟁자였던 디스틸러스 컴퍼니(훗날 디아지오)가 패티슨의 자산을 원래 가치의 3분의1보다 조금 넘는 가격에 인수했다.

1915년 위스키를 캐스크에서 최소 2년 숙성시킬 것을 강제하는 미숙성 증류주법(Immature Spirits Act)이 최초로 시행되었다. 1916년 이 기간은 3년으로 늘어났다.

1919년 웨스트 하일랜드 몰트 디스틸러스(이하 WHMD)는 캠벨타운의 블렌더와 위스키 상인들이 위기를 극복하기 위해 힘을 모아 설립한 회사다. WHMD는 글렌 가일 외에도 데일린토버, 스코시아 디스틸러리(글렌 스코시아), 킨로크, 아르들루사 증류소를 인수했다. 1924년 WHMD가 청산한 후 글렌 스코시아 증류소는 WHMD의 설립자 중 한 명인 던컨 맥컬럼이 인수했지만 1928년 생산이 중단되었다. 1923년에서 1936년 사이 캠벨타운의 모든 증류소가 문을 닫았고 단 세 곳만이 다시 문을 열었다.

1920년 다케쓰루 마사타카는 글래스고 대학과 왕립 공과대학에서 공부하고 롱몬, 보네스 증류소(1919)와 헤이즐번 증류소(1920)의 피터 이네스 밑에서 위스키 생산 교육을 받은 후 일본으로 돌아왔다. 같은 해 그는 제시 로버타 '리타' 코완과 결혼했다. 1920~1933년 미국에서는 후에 볼스테드 법으로 강화되는 수정헌법 제18조에 의해 금주법이 시행되었다.

1923년 야마자키는 토리이 신지로가 자신의 회사 고토부키야(훗날 산토리)를 위해 일본에 설립한 최초의 몰트위스키 증류소다. 야마자키의 경영은 다케쓰루 마사타카가 맡았고 1924년 위스키 생산이 시작되었다. 1929년 산토리 시로후다를 출시했지만 피트 위스키였던 탓에 일본에서는 큰 인기를 끌지는 못했다. 1973년 산토리의 두 번째 증류소인 하쿠슈가 설립되었다.

1934년 다케쓰루 마사타카는 자신의 회사 다이니폰카주(1952년 닛카가 됨)를 통해 요이치를 설립했다. 스코틀랜드와 비슷한 기후 조건을 가진 홋카이도에 세운 첫 번째 증류소였다. 그리고 1969년에는 혼슈섬 센다이에 '미야기 지역의 골짜기'라는 뜻의 미야기쿄 증류소를 세웠다.

1942년 4월 17일 스코틀랜드 위스키 산업을 대표하는 스카치위스키 협회가 설립되었다.

이탄 습지

곡물에서
위스키까지

원재료

위스키는 물과 곡물, 효모, 이탄(피트, peat)이라는 네 가지 천연 원료로 만든다. 곡물(특히 보리와 맥아)은 1차로 향을 주고 효모는 2차 발효 향을 내며 이탄은 증류소에서 맥아를 건조할 때 사용한다. 위스키의 테루아(34쪽 참조)를 결정하는 데에 중요한 역할을 하는 것이 바로 이 네 가지 요소다.

물

증류소를 세울 때 증류소의 위치는 지속적으로 수자원을 이용할 수 있는가에 따라 우선적으로 결정된다.

물의 공급

샘물, 강, 호수 지하수 등 양질의 물을 얻는 방법은 증류소의 수만큼 다양하다. 이 모든 방법의 유일한 공통점은 생산업자들이 물에 대한 사용 권한을 갖고 있다는 것이다.

샘물	아드모어, 벤리악, 벤로막, 크라이겔라키, 글렌파클라스, 글렌피딕, 글렌기리, 글렌글라사, 글렌그랜트, 글렌킨치, 글렌모렌지, 하쿠슈, 하이랜드 파크, 잭 다니엘, 카발란, 몰트락, 티니닉, 발베니, 와렝혬, 야마자키, 요이치 …
강	애버펠디, 아벨라워, 발블레어, 블레어 애톨, 보모어, 브로라, 버팔로 트레이스, 부나하벤, 치치부, 클라인넬리쉬, 달유인, 달모어, 달위니, 포로지스, 글렌드로낙, 글렌고인, 글렌로키, 제임슨, 로크사이드, 미들턴, 스캐퍼, 탈리스커, 토모어 …
호수	아드벡, 오큰토션, 브룩라디, 쿨일라, 글렌 플래글러-킬리록, 밀번, 노스 포트 브레킨, 포트 엘렌, 올드 풀티니, 로즈뱅크, 스프링뱅크, 롱로우, 메이커스 마크, 토버모리 …
지하수	암룻, 오크로이스크, 글랑 아르 모르, 글렌리벳, G. 로즐리외르, 맥켈란, 맥미라, 펜더린, 스트라스아일라 …

물의 공급원

충분하고 안정적인 공급

위스키 양조에는 물이 필수적이기 때문에 풍부한 물의 연간 공급은 위스키 생산의 핵심 요소다. 예를 들어, 디스틸러스 컴퍼니(Distillers Company Ltd.; DCL)는 1968년 바로 이 물 공급이 원활하지 않아 글렌기리 증류소의 가동을 중단할 수밖에 없었다. 1970년 보모어의 소유주 스탠리 P. 모리슨이 인수한 글렌기리는 2년 후 가까운 곳에서 지하수가 발견되면서 1973년 재가동되기 시작했고 생산량은 10배 이상 증가했다.

1960년대 말 아일라를 강타한 장기간의 가뭄이 초래한 결과를 보면 물 부족이 위스키 생산에 어떠한 영향을 미치는지 알 수 있다. 이 가뭄은 맥아 제조와 증류에 영향을 미쳤고 결과적으로 조니 워커의 최종 블렌딩에 들어가는 피트 위스키 생산 계획에 차질이 빚었다. 결국 1969년부터 클라인넬리쉬(Clynelish, 후에 브로라 Brora로 개명)의 오래된 증류소를 다시 가동하였고, 1972년이 되어서야 아일라 위스키의 생산은 정상화되었다.

그런가 하면 드물기는 하지만 여름철 물의 사용 가능성과 온도는 증류소의 생산 활동을 제한하거나 심지어 생산이 아예 없는 '침묵의 계절'로까지 이어질 수 있다. 물의 유량과 신선도가 알코올 증기를 액화시키는 응축관의 냉각에 영향을 미칠 뿐만 아니라 증류소는 하류로 배출되는 물의 온도를 제한하는 행정당국의 허가까지 받아야 하기 때문이다. 따라서 위스키 생산 속도와 품질은 겨울철과 여름철 사이 크게 달라진다. 달위니가 자신의 제품군에서 '윈터 골드' 익스프레션을 선보이는 것도 겨울에 생산되는 위스키의 우수한 품질을 보여주기 위한 것이다.

☑ 자세히 알아두기

위스키 세계에서 익스프레션(expression)이라는 용어는 어떤 면에서 와인의 '퀴베(cuvée)'와 비슷하다. 익스프레션은 주요 제품 라인(코어 레인지)과 특별 한정판(스페셜 릴리즈)의 특정 병입 방법을 가리킨다.

수질

물은 자연적 여과(샘물의 경우)나 삼투압 혹은 기계적 여과(강이나 호수의 경우)를 거친 최대한 깨끗한 물이어야 한다. 자연 상태의 빗물은 민물이다. 반면 샘물은 물을 걸러내는 지층의 영향으로 미네랄과 미량원소(칼슘, 마그네슘, 아연, 철 등)를 풍부하게 함유하고 있고, 바로 이 광물화 작용이 물의 경도(비중)을 결정한다. 당연히 (석영이나 현무암이 풍부한) 화산암의 용해도는 퇴적암이 규산질(사암, 모래, 규암)인지, 응회암(자갈, 조약돌)인지, 염류 퇴적암(석고)인지, 탄산염암(석회암 또는 백악)인지에 따라 퇴적암의 용해도와 다르다. 미네랄 함량이 높을수록 물은 더욱 특별한 성질을 지니며 위스키의 아로마 프로파일에 더 큰 영향을 미친다. 실제로 미네랄은 위스키 생산 과정의 네 가지 필수 단계에 영향을 미친다.

- **담금:** 수질이 낮은 물은 맥아의 담금 속도에 영향을 주는 박테리아를 유입시킬 수 있다.
- **당화:** 당화조에서 일어나는 당화 과정에서 물의 산도(ph 5~6)와 경도, 미생물 순도, 물에 함유된 미네랄의 특성(특히 칼슘 함량)이 맥아에서 가용 성분을 최대한 추출하고 전분을 발효성 당으로 단순화할 때 효소가 촉매제 역할을 더욱 효과적으로 할 수 있다.
- **발효:** 발효 단계에서 물에 함유된 미네랄은 효모의 작용을 돕는다. 미네랄은 젖산의 과도한 생성을 제

한하고 효모의 응집과 향의 농축을 촉진한다. 물에 함유된 황산염은 쓴맛과 유황 향을 내지만 발효 중 항균 반응을 일으키기도 한다. 이탄층에 여과된 물의 페놀성 화합물 때문에 발효된 맥아즙의 이탄 특징이 더욱 두드러지게 되는 건 아니다. 다만 페놀성 화합물이라는 유기 화합물의 증가로 에스터가 더 많이 생성되고(결과적으로 과일 향이 풍부해짐) 고급 알코올(일반적으로 '퓨젤유'라는 이름으로 분류되는 알코올)은 더 적게 생성된다. 반면 (고농도) 아연과 철은 에스터 생성에 부정적 영향을 미치고 염화물은 (고농도) 염소 향뿐만 아니라 맥아 향, 짠 향을 낸다.

- **희석:** 스코틀랜드에서 증류액을 63.4도로 희석하여 캐스크에 주입하는데 이때 일반적인 물을 사용할 수 있다. 반면 병입 과정에서 위스키의 도수를 낮출 때는 증류소에서 일반적으로 물에서 광물질을 제거하는 공정을 거치며 특히 이온 교환기를 사용한다.

증류소에서 사용하는 물의 미네랄 함량은 물이 통과한 지층이나 알칼리성 이탄 습지에 따라 달라진다. 일본을 예로 들면, 야마나시 현에 위치한 하쿠슈 증류소의 이름이 유래한 하쿠슈 샘은 사이타마 현에 위치한 치치부 증류소가 물을 끌어다 쓰는 아라 강보다 순하며 야마자키가 사용하는 리큐 샘보다 미네랄 함량이 적다.
스코틀랜드 스페이사이드의 샘이나 강물은 주로 점토, 규산 편암 및 규암으로 이루어진 역암을 통과하기 때문에 미네랄 함량이 높지 않다. 하지만 일부 샘은 석회암을 포함한 화강암질이 강한 부분을 통과할 뿐만 아니라 스코틀랜드 스페이사이드 지역의 인치고워(Inchgower) 증류소의 물이나 아일랜드 미들턴 증류소의 물에서 발견되는 산화철이 함유된 붉은 사암층도 통과한다. 한편 미네랄 농도도 서로 다르다. 글렌드로낙은 수천 년 된 퇴적층에 여과된 물을, 탈리스커와 요이치의 경우 현무암과 이탄에 여과된 물을, 부시밀은 현무암과 점토에 여과된 물을 사용하기 때문이다. 부나하벤, 다프트밀, 글렌모렌지, 잭 다니엘, 스캐퍼는 석회암과 사암층에서 나오는 미네랄(칼슘, 마그네슘, 아연)이 풍부한 강한 경수의 혜택을 받고 있다. 이것은 윌리윌의 단단한 사암 퇴적층을 통과해 흐르는 메기스 샘의 물을 쓰는 하이랜드 파크도 마찬가지다.

곡물

위스키 생산자들이 주로 사용하는 네 가지 곡물은 보리(barley), 밀(wheat), 옥수수(corn), 호밀(rye)이다. 그러나 위스키는 귀리(oat), 스펠트밀(spelt wheat)*, 기장(common millet), 쌀(rice), 수수(sorghum), 라이밀

---

* 스펠트밀: 재배 역사가 오래된 밀의 한 품종. 주로 중부 유럽의 산악지대에서 많이 재배한다. 내한성이 강하며 사료용으로도 사용되었다. 주로 맥주 제조에 활용되는 큰 입자의 스펠트 밀과는 구분되는 작은 입자의 스펠트 밀은 오트 프로방스 지방에서 활발히 재배된다.

(rye wheat, 밀과 호밀의 인공 교배종) 등 다른 곡물로도 만들 수 있다. 허가받은 경우, 메밀이나 퀴노아처럼 풀은 아니지만 상업적 의미에서 곡물로 인정받는 씨앗을 가진 유사 곡물로도 만들 수 있다. 북미와 프랑스는 이를 허용하고 있는데 미국 테네시 주의 커세어 증류소에서 퀴노아로 만든 위스키를, 프랑스 브르타뉴 지방의 메니르 증류소에서 메밀로 만든 위스키를 생산한다. 반면 스코틀랜드는 스카치위스키 생산에 유사 곡물을 사용하는 것을 명백하게 금지하고 있다.

맥아

몰트라고도 하는 맥아는 보리를 물로 발아시킨 후 펼쳐서 수분을 빼내고 전분을 당으로 단순화한 다음 가마에 건조해 발아를 멈추게 하고 마지막으로 탈지시킨 것이다. 맥아는 아일랜드의 몰트 증류소와 팟스틸 증류소에서 주요 곡물로 사용되지만 밀이나 옥수수를 더 많이 사용하는 곡물 증류소에서는 비중이 작은 하나의 재료에 불과하다. 북미에서는 버번이나 다른 아메리칸 위스키를 만드는 대부분의 양조 레시피(매시빌, mashbill)에 맥아가 사용된다. 사실 맥아는 효소가 가장 쉽게 활성화되고 활성이 활발한 곡물이다. 효소는 전분을 효모가 발효 단계에서 소비하는 당으로 전환하는 역할을 한다(라이 위스키의 경우 맥아 호밀이 이러한 역할을 한다).

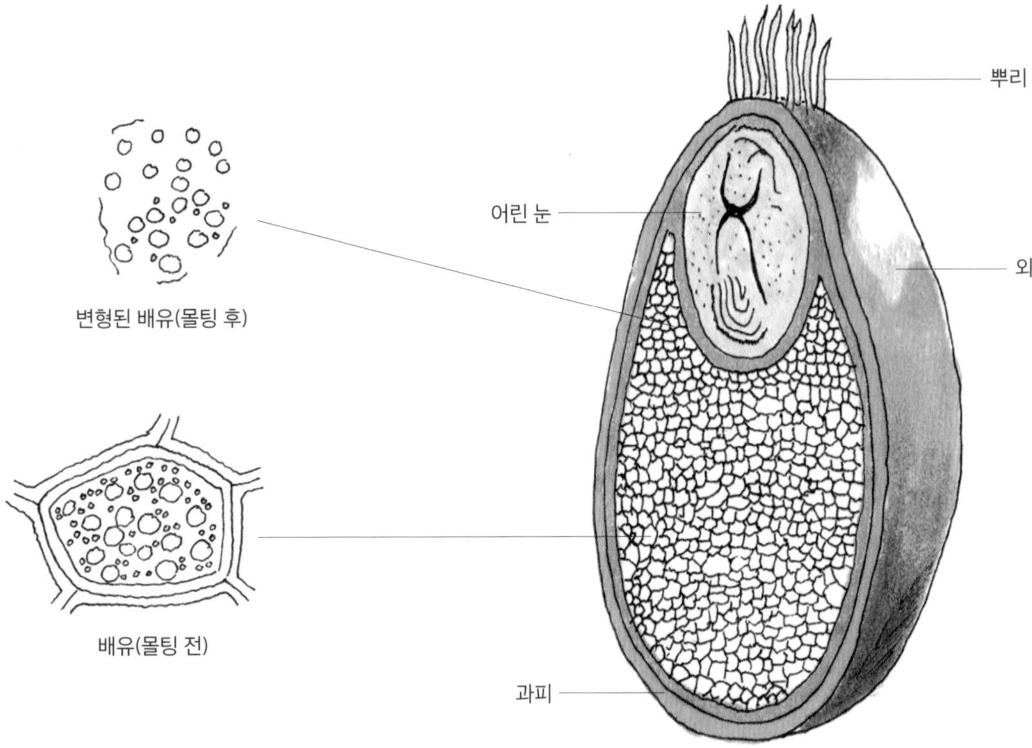

맥아

일 년 내내 맥아를 만들 수 있는 보리는 두 종류다. 봄에 수확하는(북반구에서는 2~3월에 파종하여 7~8월에 수확) 두줄보리(한 이삭당 2개의 보리알)와 겨울에 수확하는 여섯줄보리다. 두줄보리는 여섯줄보리보다 질소 함량이 낮기 때문에 단백질과 지방도 적다. 반면 탄수화물(특히 전분) 함량이 높고, 당화력 즉 전분을 발효 가능한 당으로 전환하는 디아스타아제 효소 생성하는 능력이 더 크다('디아스타아제에 의한 당화'라고 한다). 따라서 두줄보리는 위스키 생산에 더 적합하며 일반적으로 인증기관에서 승인하는 유일한 품종이다. 거의 한 세기 동안 유럽의 주요 위스키 생산국은 프랑스와 독일, 스페인, 영국에서 맥아를 수입해 왔다. 알코올 생산량에 따라 다양한 아로마 프로파일을 가진 새로운 보리 품종이 평균 10년 또는 15년마다 등장한다. 하지만 많은 증류주 양조장에서는 지역 농장에서 보리(지역 보리)를 공급받는 추세다. 지역 보리는 아로마 프로파일이 더욱 발달된 오래된 품종의 보리로 특정 장소에서 생산되었고 유기농 혹은 바이오 다이내믹 방식*으로 생산한 보리라면 더욱 이상적이다. 이렇게 지역 보리를 사용하는 것은 현지 노하

* 바이오 다이내믹(biodynamic) 농업: 1924년 확립된 바이오 다이내믹 농업은 과학적 측면을 강조하는 유기농법과 달리 형이상학적, 정신적 측면을 강조하며, 최대 생산량을 목표로 하는 것이 아닌 자연과의 교감을 강조한다.

우와 다양한 토양, 사용한 보리와 보리를 키워낸 기후에 의해 형성된 경작 방식의 다양한 측면이 그대로 드러나는 테루아로 회귀하는 것이다.

신품종	크로니클(Chronicle), KWS 새시(KWS Sassy), 로리엇(Laureate), LG 디아블로(LG Diablo), 문샤인(Moonshine), 오딧세이(Odyssey), 오버츄어(Overture), 시에나(Sienna) …
최근 품종	벨그라비아(Belgravia), 콘체르토(Concerto), 프로피노(Propino), 퀜치(Quench), 셔플(Shuffle) …
지금도 사용되는 오래된 품종	베어(Bere), 샤리오(Chariot), 골든 프라미스(Golden Promise), 마리스 오터(Maris Otter), 옥스브릿지(Oxbridge), 프리스마(Prisma), 트라이엄프(Triumph) …

보리 품종

기타 곡물

밀과 옥수수는 전 세계에서 소비되는 위스키 대부분의 기본 원료로 사용된다. 스코틀랜드에서 밀과 옥수수는 그레인위스키와 몰트위스키를 혼합한 블렌디드 위스키에 들어간다. 그레인위스키는 일반적으로 많은 알코올을 생성하는 밀로 만들어지며 밀은 1980년대 초부터 옥수수를 대체하여 (효소 작용을 위한) 소량의 맥아(10%)와 함께 그레인위스키를 만드는 데에 사용되었다. 대부분 컬럼 증류기에서 증류하는 이러한 그레인 위스키는 일반적으로 몰트위스키보다 가볍고 둥글지만 그렇다고 해서 복합성과 다양한 아로마를 느낄 수 없는 건 아니다. 밀은 아라비노자일란(arabinoxylan)으로 인해 옥수수로 만든 곡물 위스키보다 더 밀랍 같은 느낌을 낸다.

반면 미국의 버번은 옥수수가 적어도 51% 포함된(일반적으로 70~80% 비율로 들어간다) 매시빌로 만들어야 한다. 버번위스키는 다른 곡물 위스키보다 고급 알코올의 함량이 낮지만 그에 비례하여 에스터 함량이 높아서 과일 아로마가 풍부하고 아몬드 향이 나는 푸르푸랄(furfural) 화합물의 농도가 더 높다. 어떤 버번의 두 번째 주요 원료가 호밀일 경우 '하이 라이(불릿, 포로지스 등)'라고 부르고, 밀일 경우 '위티드 위스키(반윙클, 메이커스 마크 등)'라고 한다. 물론 호밀과 밀은 다양한 미국 위스키에 최소 51% 비중(스트레이트 라이 위스키, 스트레이트 위트 위스키 등)으로 들어간다. 옥수수가 최소 80%를 차지하는 콘 위스키는 버번의 숙성 방식과 달리 태우지 않은 오크 캐스크나 여러 번 사용한 오크 캐스크에 숙성할 수 있다. 옥수수는 달콤한 향을 내는 반면 호밀은 매콤한 향과 드라이한 피니시를 주고 밀은 좀 더 가벼운 아로마 향을 내게 한다.

효모

효모는 단세포 진핵 미생물(자낭균과에 속하는 곰팡이)로 맥아즙의 발효성 당분을 알코올과 이산화탄소로 전환하는 역할을 한다. 위스키 특성의 상당 부분이 사용하는 효모에 따라 결정된다. 실제로 이 발효 단계에서 알코올과 페놀 및 그 유기 유도체(지방산과 지방산 에스터, 알데하이드, 아세탈, 케톤 등)가 생성된다. 따라서 효모는 화합물 합성에서 중요한 역할을 하는 동시에 최종적으로 얻을 수 있는 아로마를 예상할 수 있도록 한다.

효모의 종류

효모는 천연 효모와 배양 효모, 두 종류가 있다.

천연 효모는 자연발생적이다. 아로마를 풍부하게 하지만 사용하는 데에 변수가 많고 기후 변화와 미생물 환경에 민감하다.

배양 효모는 발효 시간을 줄이고 고밀도 맥아즙의 요구사항을 충족시키는 정도에 따라 선별된 균주에서 만들어진다.

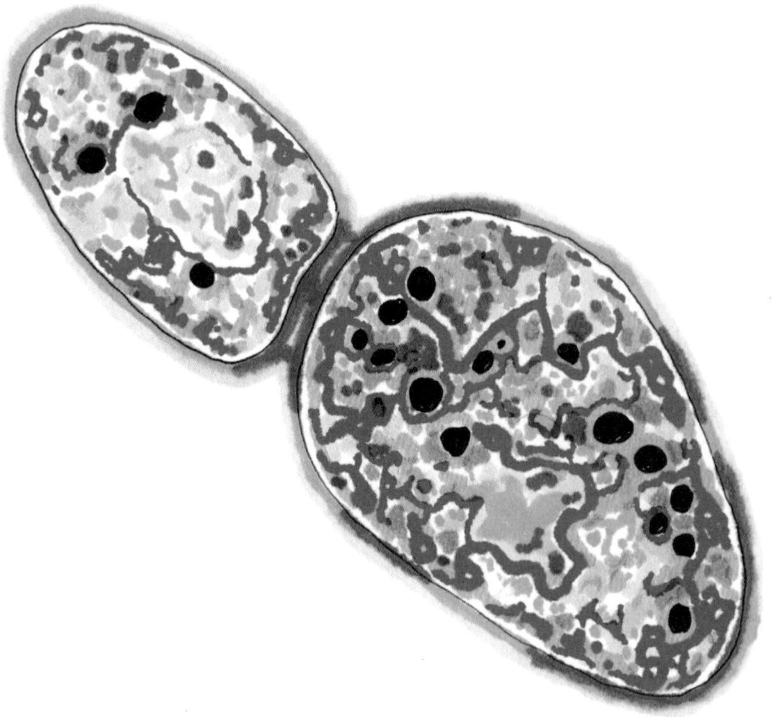

가장 많이 사용되는 증류 효모 사카로미세스 세레비시아

발효 시 사용하는 배양 효모의 종류와 그 배합 비율은 증류소마다 다르다. 효모가 알코올 수율과 주요 아로마를 결정하기 때문이다. 일반적으로 가장 많이 사용되는 증류 효모는 사카로미세스 세레비시아(Saccharomyces cerevisiae, 출아형 효모 혹은 빵 효모)로, 이 효모의 균주는 발효 컨제너(congener, 발효 과정에서 생성되는 부산물로, 위스키나 브랜디 등 알코올성 음료에서 주로 발견된다 – 편집자 주)를 최대한 생성하면서 발효 시간을 빠르게 앞당기기 위해 여러 차례 변형되었다. 그러나 웨스트 하일랜드의 벤 네비스, 스페이사이드의 벤로막, 미국 오리건 주의 하우스 스피릿츠 웨스트워드, 시애틀의 웨스트랜드 등 일부 증류소는 전통적인 균주 외에 다른 유형의 맥주 효모(상면 발효)를 보완적으로(30~50%) 사용하기도 한다. 한편 프랑스 브르타뉴 지방의 라로슈오페(La Roche aux Fées)처럼 온전히 맥주 효모만을, 즉 맥주 효모만 100% 사용하는 증류소도 있다. 맥주 효모는 더 많은 에틸 에스터와 지방산을 생성하여 맥아즙에 더욱 복잡한 아로마를 부여한다. 발효제는 (주로) 액체, 압축 또는 건조 형태의 효모로 발효성 원료에 첨가된다.

워시백(wash back, 발효통)

워시백의 영향

컨제너는 발효에 사용한 효모의 종류에 따라 달라지지만 발효가 일어나는 워시백에 따라 달라지기도 한다. 워시백은 개방형 워시백과 폐쇄형 워시백이 있고, 천연 효모와 박테리아가 성장할 수 있는 (특히 오리건 소나무 혹은 낙엽송) 목제 워시백과 관리가 쉬운 스테인리스 워시백이 있다. 발효는 열 형태의 에너지를 생성하는 발열 반응을 일으킨다. 그런데 방향족 화합물의 형성은 발효 온도의 영향을 받는다. 발효 온도가 높을수록 에스터가 덜 생성된다. 목제 워시백은 자연적인 열 조절이 가능하지만 스테인리스 워시백의 경우 발효된 맥아즙을 냉각시키는 시스템이 필요하다. 냉각 기능은 효모를 죽이거나 잠들게 하여 알코올 생산량과 발효액의 아로마를 감소시키는 급격한 온도 상승을 방지한다.

박테리아의 작용

효모의 작용에 박테리아의 작용이 추가된다. 박테리아는 효모가 생성하는 2차 화합물에 따라 자체적으로 컨제너를 생성한다. 맥아즙의 박테리아와 물의 성분은 알코올 발효의 과정과 생화학적 반응에 영향을 미쳐 위스키의 알코올 함량과 아로마의 특성에 관여한다. 그러나 과도한 아세트산 생성을 방지하고 박테리아의 증식과 활동을 제한하려면 발효 시작부터 맥아즙의 pH를 낮춰야 한다.

발효 컨제너

컨제너(congeners)는 알코올과 알코올의 유기 유도체 즉 지방산(아세트산, 프로피온산, 부티르산)과 지방산 에스터, 알데하이드, 아세탈, 케톤, 페놀화합물 카보닐화합물, 황화합물을 포함한다.
짧은사슬지방산과 고급 알코올은 초콜릿 향을 내고 유기황 화합물을 더한다. 에스터의 종류는 90가지가 넘는다. 그중 아세테이트 에스터(에탄올에서 직접 추출)는 계열과 농도에 따라 과일 향(사과, 배, 바나나, 살구, 구아바, 블랙베리, 블랙커런트, 베르가모트 등)과 꽃 향(장미, 히아신스, 재스민, 라벤더 등)뿐만 아니라 아세톤, 래커, 접착제, 매니큐어 리무버(에틸아세테이트) 향을 낸다. 벤조산염 에스터는 체리, 카네이션, 클레마티스, 호박, 삼나무 향을 내고 프로피온 에스터는 파인애플, 키위, 바나나, 가시나무 열매, 커스터드 애플 향을 입힌다. 그런가 하면 알데하이드는 맥아, 곡물(포리지, 빵)뿐만 아니라 아몬드, 계피, 토피 향을 더한다. 다마세논과 같은 케톤은 과일 향(자두, 사과) 또는 꽃 향(장미, 재스민, 라벤더)향을 낸다. 구아야콜과 같은 페놀성 화합물은 정향, 훈제 향, 나무, 소나무, 베이컨 향을 더한다.

이탄(피트)

몰팅 과정이 끝나면 그린 몰트를 24에서 48시간 동안 뜨거운 공기로 건조 시켜 수분 함량을 45%에서 4%로 줄인다. 이때 가마를 이용하는데, 이탄의 연기로 훈연하면 위스키에 스모키한 특성을 줄 수 있다. 맥아가 연소하는 이탄에서 방출되는 기름진 연기의 페놀화합물(구아야콜, 크레졸, 페놀)을 최대한 흡수하려면 건조 초반에 훈연해야 한다. 이 작업은 맥아에 있는 방향족 페놀화합물의 수를 늘리며, 그 농도는 ppm(백만분의1) 단위로 측정된다.

0-1 ppm	2-7 ppm	8-19 ppm	20-50 ppm	50 ppm 이상
논피티드	라이트 피트	미디엄 피트	하이 피트	헤비 피트

건조 후 맥아의 농도(ppm)*

구성 성분

이탄**은 물로 포화되어 산소가 부족한 환경에서 식물 잔해와 미생물(박테리아, 곰팡이, 미소동물군)이 화석화하여 생성된 유기물 덩어리로 천 년에서 1만 2천 년 동안 축적되어 형성된다(이탄 습지의 성장 속도는 연간 1mm 미만이다). 이탄 습지의 가장 겉면이라고 할 수 있는 표층은 얇고 섬유질로 되어 있기 때문에 훈연에 사용하지 않는다. 층이 깊을수록 더 많은 페놀화합물과 카보닐기 및 유황 화합물을 포함하고 있다. 그렇기 때문에 최하층인 검은 이탄(미네랄과 미세 유기 입자가 풍부한 비옥한 층)은 보충 목적으로만 사용된다. 이탄 잔해(피트 카프)는 연기 촉진제로도 사용된다.

---

* 페놀 농도는 항상 건조 후 맥아의 농도다(건조kilning은 몰팅 공정의 한 단계로 발아된 맥아를 건조하여 발아를 중단하는 것). 매싱, 발효 및 증류 과정에서 화합물이 손실되기 때문에 최종 위스키의 페놀 농도는 평균적으로 위스키를 만드는 데 사용된 맥아에 함유된 페놀 농도의 절반 수준이다.

** 이탄(peat)은 탄소 함유량 60% 이하의 완전히 탄화하지 않은 석탄의 한 종류이다. 주로 젖어있는 땅에서는 죽은 식물의 부패가 잘 이루어지지 않으므로 스코틀랜드에서는 물이 많은 해안가 등의 진흙과 뻘에서 주로 채취된다. 이탄의 '이(泥)'는 진흙을 의미한다.

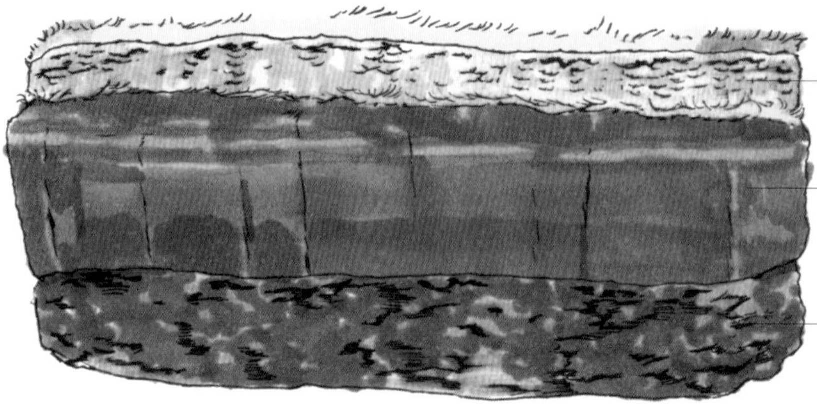

이탄(피트)의 구조

다양한 유형의 이탄 습지

건조에 사용되는 이탄은 산성 이탄 습지가 아닌 알칼리성 이탄 습지에서 채취한다. 이탄은 원산지와 이탄을 형성하는 성분(100가지가 넘는 성분이 확인됨)에 따라 위스키에 특별한 향을 부여하는 고유한 특성을 지닌다. 이탄의 종류에 따라 위스키의 페놀 프로파일이 달라진다.

일반적으로 스코틀랜드의 이탄 지대는 이탄을 형성하는 다른 식물 잔해보다 물이끼(이끼류)와 헤더가 더 많은 구성 성분이 특징이다. 좀 더 구체적으로 살펴보자면, 아일라의 이탄 습지(캐슬힐, 가트브렉, 글렌맥크리)는 상당히 균일한 특성을 보인다. 나무 잔해는 적지만, 물이끼의 비율이 높기 때문에 페놀화합물(특히 구아야콜)과 바닐라 화합물이 다른 스코틀랜드 습지보다 더 풍부하다. 해조류와 수생 식물, 양치류가 더해져 습지가 완성된다.

메인랜드의 이탄 지대(매크리하니시, 뉴 피츠리고, 세인트 퍼거스, 토민타울 등)는 서로 크게 다르다. 세인트 퍼거스 이탄 습지를 포함한 동부 하일랜드 이탄은 목본류(헤더 및 기타 침엽수, 스코틀랜드 소나무, 양치류)가 더 풍부하여 리그닌 유기 유도체가 더 많이 포함되어 있다. 리그닌 유기 유도체는 바닐린(바닐라 향기), 시릴린(스모키 향) 및 코니페릴(벤조인 및 페루 발삼 향)으로 변형된다. 반면 토민타울 이탄(스페이사이드)에는 구운 캐러멜 향을 내는 탄수화물 유도체가 풍부하다. 오크니 제도의 이탄, 특히 호비스터 무어의 하이랜드 파크에서 채취한 이탄은 대부분 스코티쉬 헤더로 구성되어 있어 아일라나 메인랜드의 이탄보다 좀 더 가벼운 페놀 느낌을 준다.

페놀화합물이 유지되거나 사라지는 조건

훈연 과정에서 맥아가 이탄이 내뿜는 기름진 연기 속 페놀화합물을 포집한다. 이탄의 수분 함량이 높을수록 더 많은 연기가 나고 열은 덜 발생한다. 이탄이 불꽃 없이 저온에서 연소하면 페놀화합물의 추출량은 훨씬 많아진다. 일부 증류소에서는 좀 더 세련된 아로마 느낌을 주기 위해 건조 과정에서 주니퍼(맥미라 증류소)나 히코리 나무, 너도밤나무, 자작나무를 이탄에 추가한다.

그러나 훈연으로 인한 페놀 함량은 최종 함량보다 훨씬 높다. 맥아에 흡수된 많은 페놀화합물이 양조 마지막 단계에 매시턴(mashtun, 당화조) 바닥의 보리 찌꺼기에 남고, 발효 중 변형되거나 없어지며, 무엇보다도 2차 증류 과정에서 손실되기 때문이다. 두 번째 컷팅이 늦어질수록 증류액은 이탄 성질을 강하게 띤다. 이는 구아야콜, 크레졸 및 페놀 분자의 질량과 끓는점이 높기 때문이다. 이 성분을 농축한 증기는 증류가 끝날 때까지 나타나지 않기 때문에 나중에 컷팅할수록 증류액에 더 많은 성분이 함유된다.

마찬가지로 이러한 방향족 화합물은 숙성과 함께 감소하는데, 위스키를 오래 숙성할수록 페놀화합물 손실이 커진다. 이러한 손실은 캐스크 내 리그닌의 분해로 생기는 방향족 화합물(유제놀, 아이소유제놀, 구아야콜 및 페놀 알데하이드)의 시너지 효과로도 완전히 보완되지 않는다.

테루아, 환경
그리고 지속 가능성

테루아(terroir)는 토양과 사용되는 곡물의 종류뿐만 아니라 곡물이 자란 기후와 그 지역을 흐르는 물줄기에 의해 형성되며 전반적으로 위스키에 영향을 미친다. 곡물 재배 지역에 자신만의 비밀을 간직한 농부와 증류 제조업자의 노하우가 더해져 각기 다른 테루아만큼이나 다양한 위스키가 생산된다. 그중 일부는 유기농 방식으로 생산되어 자원을 보존하고 재생하는 데에 일조한다.

생산지 기반의 접근법

테루아가 표현되는 것은 기후와 토양, 독특한 생물학적 환경에서 자란 원재료를 경작하고 가공하는 인간의 노하우 등 여러 요소가 상호작용한 결과다. 테루아의 특징은 곡물의 재배, 저장, 맥아, 몰팅 및 증류, 캐스크에 숙성된 후 아로마 표현에 이르기까지 다양한 환경적 선택이 개입한다는 것이다. 그러나 곡물 재배와 몰팅(보리와 호밀의 경우)이 같은 장소에서 이루어지는 경우는 매우 드물다. 실제로 전 세계 대부분의 증류소는 원료(특히 보리, 옥수수, 밀, 호밀)를 맥아 제조소나 외부 시장에서 조달한다. 이럴 경우 대량 생산으로 인해 원재료가 생산되는 지역의 복잡한 표현이 상쇄되는 경향이 있다. 결국 전 세계 대다수 증류소에서 보장할 수 있는 것은 수원지와 발효 및 증류가 일어나는 장소일 뿐이다.

이러한 상황에서 1965년부터 가장 선구적인 증류소들이 시작한 운동은 지질학적 특성에 따라 원재료인 보리의 생산 지역을 강조하고 위스키에 식별하기 쉬운 특이성을 부여하는 데 일조했다. 생산지를 명시하려는 이러한 접근법은 74개의 익스프레션이 출시된 스프링뱅크 증류소(151쪽 참조)의 전설적인 위스키 로컬 발리(Local Barely)와 함께 시작되었다. 그중 가장 역사적인 익스프레션은 오랜 숙성을 거쳤기에 더욱 흥미롭다. 1967년은 20년의 숙성기간을, 1966년은 24년과 30~34년, 1970년은 20년과 23년, 1965년 산은 36년의 숙성기간을 거쳤다. 2004년 브룩라디(201쪽 참조)는 보리가 생산되는 농장의 위치를 언급한 새로운 종류의 아일라 발리 싱글 몰트를 출시했다. 브룩라디 증류소는 여러 지역 농장(클라간, 쿨, 크루아, 던로싯, 켄트로, 멀린드리, 록사이드, 옥토모어, 스타치밀, 선더랜드 팜 등)과 협력하고 있다. 이러한 협업 덕분에 2020년 5월 '비콥(B Corp.; Benefit Corporation)' 인증도 획득하고 특히 사회적, 환경적 요건을 준수하는 증류소로 인정받았다.

곡물의 품종 다양성

생태농업은 위에서 언급한 생산지 기반의 접근 방식과 수익성은 낮으나 적응을 통해 자신의 생물학적 서식공간과 조화를 이루는 오래된 품종(특히 보리의 경우 비어, 슈발리에, 아나트, 골드소프, 스프랫, 아처, 플루미지, 마리 오터, 골든 프라미스 등)의 다양성 보존과 결합하는 것을 의미하기도 한다.

미국에서는 수십 년 동안 상업적으로 사용되지 않았던 오래된 호밀 품종에 대한 실험을 진행하고 있다. 2010년부터 2020년까지 국립종자보관소(National Seed Repository)에서 찾은 홀튼 품종의 종자가 릭 페더슨이 소유한 핑거 레이크 농장의 부지에 다시 심겼고, 수확한 보리는 뉴욕 디스틸링에서 증류하고 캐스크에 담았다. 이 토종 호밀은 19세기부터 20세기 초까지 재배된 오래된 호밀 품종이다. 토양에 어떤 영양소가 있든 적은 곡물에 영양소가 집중되기 때문에 수확량은 적으나 향은 더욱 강하다. 와인의 경우 포도의 품질에 따라 농도가 달라지기 때문에 수확량과 품질 간의 관계가 잘 알려져 있지만 곡물의 경우 그 관계에 대한 분석이 훨씬 부족한 상태다. 파 노스 스피릿츠 증류소(Far North Spirits)는 레드 리버 밸리의 스완슨 농장에서 재배한 캐나다산 호밀(AC 헤이즐렛) 품종을 사용하며 대즈 햇(Dad's Hat)은 로젠 품종을 사용한다. 지역 기후 조건에 맞게 개량된 토종 옥수수도 마찬가지다. 발코네스 증류소(290쪽 참조)는 블루 콘을, 아이런루트 리퍼블릭 디스틸링 증류소(Ironroot Republic Distilling)는 블러디 부처 옥수수, 퍼플 콘, 플로라니 레드 플린트를 사용하는가 하면 위스키 에이커스 증류소(Whiskey Acres)는 와하카 옥수수를 사용한다. 한편 미국 코넬대학교의 '작은 곡물 프로젝트(Small Grains Project)'는 우수한 작물 품종을 개발하기 위해 이러한 품종의 차이를 분석하고 있다.

아일라의 농장형 증류소 킬호만이 사용하는 수확 탈곡기(컴바인)

농장형 증류소

농장형 증류소는 위스키의 원료가 되는 곡물을 직접 재배하고 자체 몰팅 공간을 운영하며, 소규모의 전통 증류기에서 오랜 시간 발효와 증류 과정을 거친다는 특징이 있다.

이 증류소들은 수익성보다는 장인 정신이 깃든 제품의 품질을 추구하기 때문에 다시금 부상할 수 있었다. 그리하여 2000년대에 버지니아의 코퍼 폭스(Copper Fox)와 허드슨 밸리의 코퍼시(Coppersea), 켄터

농장형 증류소 킬호만(아일라)

키의 커세어(Corsair), 뉴욕의 힐록 에스테이트(Hillrock Estate), 콜로라도의 레오폴드 브라더스(Leopold Bros.), 메인의 메인 크래프트(Maien Craft), 캘리포니아의 오렌지카운티(Orange County), 오리건의 로그 스피릿츠(Rogue Spirits) 등 북미 크래프트 증류소가 다시 주목받기 시작했다. 또 다른 증류소로는 스코틀랜드 아일라 섬에 있는 킬호만(2005)(203쪽 참조)과 프랑스 알프스 산맥의 도멘 데 오트 글라스(2009)(370쪽 참조)가 있다. 도멘 데 오트 글라스 농장형 증류소는 토양의 역학을 존중하여 토양을 원래 상태로 돌려놓는 농학 방식을 적용해 증류에 사용하는 곡물을 재배한다. 다년생인 포도나무와 달리 곡물은 토양의 재생을 위해 밭을 돌려가며 재배하기 때문에 구획 단위로 윤작을 실시한다. 보리, 호밀, 스펠트, 이삭, 귀리 등을 재배하는 이 긴 윤작에는 알팔파와 클로버, 겨자풀을 심어 토양을 유기물과 식물성 물질로 재구성하는 휴식 기간이 포함된다. 도멘 데 오트 글라스의 설립자 프레데릭 레볼(Frédéric Revol)은 다음과 같이 말한다. "곡물을 상품이 아니라 원천으로 여겨야 합니다. 이는 원재료와 우리의 관계를 재창조하는 것으로부터 시작되죠. 즉 원재료가 어디에서 생산되었는지 확인하고, 원재료의 보존에 주의를 기울이고, 품질을 강조하는 것입니다. 각 곡물의 정수를 추구한다는 표현이 적절할 거예요. 곡물이 재배되는 지역과의 관계를 재정립하는 것이지요."

"곡물은 상품이 아니라
원천으로 여겨야 합니다."
_프레데릭 레볼

트리에브(프랑스 알프스)에 있는 도멘 데 오트 글라스 농장형 증류소

레볼은 또한 다음과 같이 덧붙였다. "저장고에서 우리는 각 품종과 빈티지를 명확하게 식별할 수 있습니다. 와인과 마찬가지로 경작이 좋은 해가 있는가 하면 좀 어려운 해, 꽃이 더 많이 피는 해, 과일 향이 강한 해가 있지요."

도멘 데 오트 글라스는 농업에서든(기존 농법보다 2~3배 적음) 가공 과정(기존 스코틀랜드 증류소보다 1.5~2배 적음)에서든 낮은 생산량을 보인다. 몰팅 플로어는 농업에 들이는 노력의 연장선이다. 몰팅 플로어가 있으면 곡물 선택은 물론 가마의 정밀도를 높여 위스키의 둥근 맛과 개성을 살릴 수 있다.

테루아와 위스키 맛의 변화

화학, 지리학, 토양 과학, 기후학, 농학 전문 과학자들은 토양의 영양소(칼슘, 인, 마그네슘, 아연 등)가 곡물 성분에 미치는 영향과 위스키를 시음할 때 우리의 감각적 지각에 미치는 영향을 결합하는 지리-관능* 분석 연구에 전념하고 있다.

교수이자 텍사스에 위치한 파이어스톤 앤 로버트슨 디스틸링(Firestone & Robertson Distilling) 증류소의 마스터 디스틸러인 롭 아놀드는 이와 관련한 분석을 수행했다. 유럽에서는 브룩라디(201쪽 참조)에서 테루아 개념을 도입한 마크 레이니어가 아일랜드의 워터포드 증류소(268쪽 참조)와 함께 이 개념을 더욱 발전시켰다. 그의 연구에 따르면 곡물이 단단히 뿌리를 내린(하지만 보리의 경우 뿌리의 깊이가 20~30센티미터를 넘지 않는다) 무겁고 풍부한 점토질 토양은 몰트 향을, 산성이 강한 규산질 토양(모래나 사암의 형태)은 과일 향과 꽃 향을, 마지막으로 석회암 토양은 스파이시한 향을 낸다. 보리의 뿌리를 지탱하는 동시에 물과 영양분 저장고 역할을 하는 토양의 특성은 식물의 당 함량과 방향 성분(자당, 과당, 폴리페놀 등)에 영향을 미친다. 테루아가 몰트위스키의 품질에 미치는 영향에 대한 과학적 증거를 제시하기 위해 워터포드 증류소는 오리건 대학의 연구원 더스틴 허브(Dustin Herb)에게 연구를 의뢰했다. 이 연구는 코르크 공과대학과 협력하여 다양한 지질 계열을 대상으로 진행되었다. 2021년 발표된 이 연구는 보리가 재배된 토양의 종류에 따라 증류액 간에 상당한 아로마 차이가 난다는 사실을 밝혔다. 이는 감각 및 대사체(생물학적 유체) 분석에서 모두 드러났다. 예를 들어, 유기물 함량이 높은 토양은 흙냄새, 후추 향이 훨씬 더 강하고 증류액의 질감이 더 기름지고 진하다. 자갈이 많은 점토 토양은 사탕수수를 연상시키는 단맛과 함께 맥아, 곡물 향을 낸다. 자갈 사이로 물이 흘러 나가지 않는 모래 토양에서는 과일 향(신선 과일과 말린 과일), 허브, 꽃 향이 농축된다.

한편 같은 지역의 보리를 사용하더라도 위스키의 향은 해마다 달라지며 특히 토양의 영양성분과 기후 조건의 연간 변화에 따라 고급 와인과 같은 '빈티지' 효과를 낸다.

---

* 관능 성질은 감각 기관이 느낄 수 있는 성질이다. 식품의 경우 겉모양, 색, 향미, 방향, 텍스처 따위의 복합 성질과 관련이 있다. – 편집자 주

유기농 위스키

유기농 생산과 가공은 균형 잡히고 독자적으로 생존 가능한 환경을 지속적으로 개발하는 데 필수다. 실제로 유기농 생산과 가공은 자원의 장기적인 생존과 재생을 보장하는 데 중요한 역할을 한다. 곡물에 들어 있는 미량 영양소의 구성은 좀 더 풍부한 증류액이 가진 향의 전구체라 할 수 있는데, 합성 화합 물질을 사용하지 않는 유기농법과 토양의 지질학적 특성은 이러한 미량 영양소 구성에 영향을 미친다. 곡물과 효모도 인증을 받아야 하며, 성장 촉진 물질 첨가 없이 몰팅을 해야 한다.

위스키는 화학 첨가물 없이 깨끗하게 세척한 캐스크나 이전에 유기농 위스키나 와인을 담았던 캐스크(유기농 셰리 캐스크는 2014년에 등장함) 또는 새로운 캐스크(싱글 몰트의 경우 새 캐스크에 숙성하는 경우는 드물다)에서 숙성된다. 예를 들어 프랑스의 도멘 데 오트 글라스(370쪽)에서는 환경에 대한 태도에 있어 자신들과 비슷한 엄격한 접근 방식을 택하고 있는 와인메이커의 캐스크만을 사용하고 있다.

최초의 유기농 위스키 병입자인 존 세비지 온스트웨더의 주문으로 1992년 스프링뱅크 증류소에서 최초의 유기농 인증 위스키가 생산되었다. 2012년 세비지 온스트웨더는 싱글 몰트위스키와 싱글 그레인 위스키를 생산하는 웨일스 최초의 유기농 증류소 'Dà Mhìle([다-비-레이]로 발음한다)'를 설립했다. 로크로몬드(Loch Lomond)는 2000년 스코틀랜드에서 유기농 블렌디드 위스키와 싱글 몰트 위스키를 생산하기 시작했다. 같은 기간, 미국에서 (빼놓을 수 없는 버번 버팔로 트레이스를 포함한) 최초의 유기농 위스키가 등장했다. 그러나 최초의 100% 유기농 위스키 증류소는 2009년 프랑스 타른에 세워진 카스탕 증류소(Castan)와 프랑스 알프스의 중심지에 세워진 도멘 데 오트 글라스 증류소였다. 사실 프랑스는 유럽에서 가장 많은 100% 유기농 위스키 증류소가 있는 곳이다. 스코틀랜드에서는 2017년 애너벨 토마스가 하일랜드에 설립한 'Nc'nean([눅-니-안]으로 발음한다)' 증류소가 처음으로 지속 가능한 방식을 채택했다. 눅니안 증류소는 재생 에너지만을 사용하여 100% 인증 받은 유기농 스카치위스키를 생산한다. 그리고 혁신과 품질 개선, 환경 존중에 전념하고 있다. 레드 와인 캐스크와 미국 위스키 캐스크에서 숙성하여 맥아와 신선한 과일, 향긋한 꽃향기가 느껴지는 첫 번째 익스프레션이 2020년 출시되었다.

유기농 위스키를 생산하는 증류소	
독일	아이러스(알트사호프), 프리시셔
호주	코로와
덴마크	모스가드, 뉘보르 디스틸러리(아도르), 타이
스코틀랜드	벤로막, 딘스턴, 로크로몬드, 눅니안, 스프링뱅크
프랑스	카스탕, 도멘 데 오트 글라스, 에르가스테르, 라 피오트르, 우슈 나농, 디스틸르리 뒤 베르코르, 와렝헴
아일랜드	로얄 오크, 워터포드
뉴질랜드	람메르무어
웨일스	다비레이(Dà Mhìle)
스웨덴	벤
스위스	란가툰
미국	그린바, 웨이워드(캘리포니아), 올드타운(콜로라도), 스플릿 록(메인), 코발(미시간), 위글(펜실베이니아)

이력 추적 시스템

농장형 증류소는 가공 라인 전반에 걸쳐 원재료와 최대한 가까운 상태를 유지하기 때문에 기준이 되는 모델이라고 할 수 있다. 자체 몰팅 플로어가 없는 다른 증류소들은 자신의 장소만이 지닌 독특한 풍부함을 강조하려면 다른 원산지의 보리가 섞이지 않도록 생산 과정 전반에 걸쳐 완벽한 이력 추적이 가능해야 한다. 유기농 증류주를 생산하는 증류소도 마찬가지다. 유기농 인증 보리와 일반 보리의 혼합을 금지하는 규정을 반드시 고려해야 한다. 하지만 소량 생산에 대한 정밀한 추적이 가능한 맥아 제조소는 최근에서야 생겼다. 오랫동안 다양한 산지에서 오고 가끔은 산지마저 부정확한 수백 톤의 보리로 산업적 몰팅을 해온 것이 사실이다. 이에 따라 최근에는 수행된 모든 작업을 명확하게 기록할 수 있는 블록체인 형태의 새로운 추적 도구가 등장했다.

인터뷰

앨런 로건과 애덤 하넷

브룩라디의 생산 감독, 마스터 디스틸러

위스키에서 테루아란 어떤 의미라고 생각하시나요?

브룩라디의 목표는 구체적이고 실용적인 방식으로 테루아를 표현하는 것입니다. 우리는 양조 원칙을 그대로 적용하기보다는 양조 과정을 농업과 다시 연계하여 내추럴 위스키를 만드는 데에 전념하고 있습니다. 보리는 스코틀랜드 본토에서 유기농으로 재배하든, 아일리의 지역 파트너 농장 현지에서 재배하든, '리저널 트라이얼스'* 실험에 참여하는 농장에서 재배하든 우리가 관심과 노력을 집중하는 중심 요소입니다. 우리의 목표는 항상 원재료의 아로마 프로파일을 강조하는 것이었습니다. 이를 위해 자체 증류소를 현대화하고 최대 생산량과 최저 가격에 초점을 맞춘 싱글 몰트 업계에 문제를 제기했습니다. 위스키

* Regional Trials, 2013년부터 아일라의 린스(Rhinns)지역에 위치한 브룩라디 증류소는 토양과 하층토의 품질, 경작지의 태양 노출과 방향, 기후/소기후에 따라 사용되는 곡물의 아로마에 미치는 테루아의 중요성을 입증하기 위해 로시안, 에버딘셔, 블랙 아일에서 생산된 콘체르토 보리 품종 간 비교 시험 프로그램을 개발했다. – 편집자 주

는 지역 사회와 지역 농가에 도움이 되어야 합니다. 우리는 보다 지역적이고 집중적이며 세밀하게 조율된 방식으로 싱글 몰트를 생산하는 총체적인 관점을 취하고 있습니다.

과학자(연구원, 지리학자, 토양 공학자, 농학자 등)와 함께 연구를 수행한 적이 있나요?

지난 20년 동안 테루아를 분석하는 데 사용되는 과학적 수단이 상당히 발전했습니다. 보리가 재배된 토양에 따른 빈티지별, 농장별 아로마 차이를 이해하려면 끊임없는 연구가 있어야 합니다. 하지만 우리의 접근 방식은 언제나 과학적이라기보다는 본능에 더 가까웠습니다. 위스키는 맛을 볼 때 그 가치가 평가되어야 하고, 우리의 감각은 언제나 실험실 분석보다 우월하기 때문이지요. 그래도 지리학과 농경학에서 배울 점이 많습니다. 특히 보리 재배자와 아로마적 측면에서 디스틸러에게도 중요한 지속 가능한 재배 방법에 관해서 많이 배워야 하지요.

함께 일할 현지 농장을 어떻게 선택하나요? 최대 수확량을 책정해야 하나요? 유기농보다 지역성이 더 중요한가요?

2004년 싱글 몰트 원액에 현지 농가의 산물을 처음 사용한 아일라 발리 제품군은 처음 출시되자마자 큰 성공을 거두었습니다. 저희는 수년에 걸쳐 많은 노력을 기울여 21개의 현지 농장과 파트너십을 구축했습니다. 현재 우리는 농사와 관련된 리스크를 감수하며 연간 필요량의 52%를 이곳 농부들로부터 받고 있습니다. 아일라의 토양은 비옥하지만 경작에 최적한 토양은 아니며 경작할 수 있는 면적도 제한되어 있습니다. 따라서 농부들과 프로젝트를 공유하면 할수록 더 좋습니다. 우리의 전략이 지속 가능성에 초점이 맞춰져 있기 때문에 우리는 끊임없이 스스로 개선해야 합니다. 엄선된 보리 소싱과 유기농 재배가 그 핵심 요소입니다. 본토에서는 유기농 농장이 대규모 생태계에서 번성할 수 있지만 아일라의 유기농 농장은 다른 도전 과제를 안고 있습니다. 본토에서 떨어져 있는 섬, 이러한 거리가 가격에 미치는 영향, 어려운 기상 조건, 기러기처럼 농작물에 큰 피해를 주는 동물이나 해충은 지속적인 유기농 재배를 어렵게 만듭니다. 하지만 우리는 유기농, 바이오 다이내믹 보리를 계속 구매할 것입니다. 곧 설치될 자체 몰팅 플로어 역시 우리의 환경 발자국을 줄이는 데 도움이 될 것입니다.

어떤 추적 시스템을 도입하고 있나요?

추적성은 핵심 요소입니다. 우리는 인버네스에 있는 몰팅 파트너 업체인 베어즈(Bairds)와 긴밀히 협력하여 스코틀랜드산 보리 공급을 모니터링할 수 있는 시스템을 구축했습니다. 영국에서 우리를 위해 바이오다이내믹 보리를 재배하는 한 농가는 제외했습니다. 싱글 몰트에 사용되는 보리의 100%를 재배 농장까지 추적할 수 있으며, 포트 샬롯과 옥토모어(각각 브룩라디에서 생산하는 하이 피트, 헤비 피트의 익스프레션이다. 201쪽 참조 - 저자 주)를 위한 동일한 시스템을 구축하기 위해 노력하고 있습니다. 베어즈에 구축된 물류 시스템을 통해 여러 스코틀랜드 농장에서 생산된 보리를 통합 몰팅하여 스코티쉬 발리 제품 라인을 생산합니다. 자체 몰팅 플로어를 설치하면 각 농장의 보리를 몰팅할 수 있습니다. 그리고 이를 통해 아일라에서 생산되는 보리를 소규모로 몰팅하여 원산지에 따른 전용 익스프레션을 만들 수 있습니다.

농장과 맥아 제조소, 증류소 사이의 유연성을 확보하기 위한 다음 단계는 무엇입니까?

현장에서 전체 생산 라인을 제어하려면 자체 몰팅 플로어를 설치해야 합니다. 브룩라디의 회장 더글라스 테일러는 지속 가능한 개발 프로그램에서 2023년까지 맥아 제조 공장을 설립하겠다고 발표했습니다. 이 공장에서 아일라 보리뿐만 아니라 메인랜드(미드 쿨, 인버네스, 핏가베니-엘긴)의 유기농 보리, 오크니 제도에서 재배한 맥주 보리도 좀 더 유연하게 몰팅할 수 있게 될 것입니다. 맥아 제조 공장을 운영하는 데 드는 에너지 비용을 상쇄하기 위해 재생 에너지 기술(조력, 수력 터빈, 바이오매스)을 연구하고 있습니다.

테루아 환경, 지속 가능성에 대한 철학을 그룹 내 증류소들과 공유하고 있나요?

웨스트랜드 증류소, 도멘 데 오트 글라스(308쪽, 370쪽 참조)와 우리의 경험을 공유하는 것은 서로에게 매우 도움이 되는 일입니다.* 두 증류소 모두 각기 다른 환경적 제약을 극복해야 하는데, 각각의 보리 선택과 생산 과정은 환경의 영향을 많이 받습니다(웨스트랜드에서 사용하는 보리는 태평양 북서부 기후의 영향을 받는 미국 워싱턴주 스카짓 베이 현지에서 생산된다. -편집자 주). 우리가 증류소 옆에 있는 농지 12헥타르를 구입한 것은 (2018년 9월, 쇼어 하우스 크로프트), 웨스트랜드와 도멘 데 오트 글라스의 설립자인 매트 호프만과 프레데릭 레볼의 영향이 컸습니다. 매트와 프레데릭이 개발한 방법과 그들의 풍부한 통찰력은 우리의 생산규모가 더 크기 때문에 그대로 적용할 수는 없지만 우리가 생각하는 방식에 큰 영향을 미칩니다. 빅토리아 시대의 오래된 증류소를 현재의 혁신적이고 실험적인 공정에 적응시켜야 합니다!

* 이 두 증류소는 브룩라디와 마찬가지로 레미 쿠앵트로 그룹에 속해 있다.

위스키의 정의

위스키는 국가마다 매우 다른 특징을 갖고 있기 때문에 종합적으로 정의해야 위스키를 온전하게 조명할 수 있다. 생산 지역만큼이나 다양한 위스키가 있고 각기 다른 역사와 규정을 가지고 있지만 훌륭한 위스키에는 몇 가지 공통된 특징이 있다.

위스키란 무엇인가?

위스키는 수 세기 전 영국 제도에서 시작된 곡물 증류주다. 일반적으로 전통적인 생산 국가에서 다음과 같은 증류주로 정의한다.

- 일부 혹은 전체가 효소에 의해 복합당이 단순화되는(디아스타제에 의한 당화) 몰팅, 효모에 의해 발효되는 과정을 거친 **하나 이상의 곡물로 만들고,**
- 원재료의 특성을 유지하기 위해 **알코올 도수 94.8% ABV 이하로 증류**하고(북미 및 일본에서는 95%, 몰트위스키 및 버번위스키처럼 리치한 위스키의 경우 일반적으로 55~80%, 라이트 혹은 그레인위스키는 80~94%),
- **700리터 미만의 나무통**(일반적으로 오크 캐스크)에서 **최소 3년** 이상 숙성하고(대부분의 미국산 위스키의 경우 지정된 연수 없음. 미국산 스트레이트 위스키 및 호주산 위스키의 경우 2년),
- 위스키의 관능 성질을 보존하기 위해 **최소 40% ABV의 알코올 도수**(일본과 호주의 경우 더 낮음)**로 병입**한 증류주.

위스키는 생산 과정 중 숙성이 이루어지는 나무에 의해 정제되는 원재료의 특성을 유지해야 한다. 희석 전 오크 캐스크에 담겨 있던 색을 복원하기 위해 캐러멜 색소 E150a를 착색제로 사용하는 것은 허용된다. 그러나 모든 감미료 특히 설탕을 첨가하는 것은 모든 서구 생산 국가와 일본에서 금지하고 있다.

☑ 자세히 알아보기

수많은 위스키 생산국의 기준이 되는 스코틀랜드의 규정이 세계에서 가장 까다롭다는 것은 부인할 수 없는 사실이다. 스카치위스키의 발효와 증류는 반드시 증류소에서 이루어져야 하며 모든 액체를 완전히 비운 캐스크에서만 숙성해야 한다. 코냑에 허용되는 것처럼 오크 향을 인위적으로 내기 위해 부아제(boise)를 사용하거나 셰리 와인의 풍미를 내기 위해 팍사레트(paxarette)를 사용하는 등의 행위는 금지되어 있다.

위스키의 종류

스코틀랜드, 아일랜드, 미국 위스키는 각자의 고유한 역사가 담긴 고유한 이름을 사용한다.

스코틀랜드

싱글 몰트 스카치위스키는 맥아로만 만들며, 단일 증류소에서 팟 스틸 형태의 단식증류기로 증류해야 한다.

비율에 상관없이 서로 다른 증류소에서 생산된 싱글 몰트를 혼합하면 **블렌디드 몰트 스카치위스키**가 된다. 모든 의미를 잃어버리고 심지어 혼란을 야기한다는 이유로 금지된 '퓨어 몰트'라는 용어처럼 '배티드 몰트(vatted malt)'라는 오래된 용어는 더 이상 사용되지 않는다.

싱글 그레인 스카치위스키는 단일 증류소에서 (연속식 증류기로 증류되는) 곡물 또는 맥아로 만든다. 컬럼(연속식 증류기)에서 100% 맥아 증류액을 생산하거나 보리 이외의 곡물을 팟 스틸에서 증류하는 경우, 스코틀랜드 규정에서는 이를 싱글 그레인 스카치위스키라고 부른다. 여러 싱글 그레인 스카치위스키를 블렌딩하면 **블렌디드 그레인 스카치위스키**가 만들어진다.

블렌디드 스카치위스키는 규모 면에서 가장 큰 카테고리 중 하나로, 하나 이상의 싱글 몰트 또는 블렌디드 몰트와 하나 이상의 싱글 또는 블렌디드 그레인을 혼합한 위스키를 가리킨다.

아일랜드

아이리시 몰트위스키는 맥아로만 만들며, 반드시 팟 스틸에서 증류해야 한다.

팟 스틸 아이리시 위스키는 최소 30%의 맥아와 30%의 몰팅 과정을 거치지 않은 보리(몰팅하지 않은 다른 곡물을 추가할 수 있음)를 팟 스틸에서 두 번 혹은 세 번 증류하여 만든다.

그레인 아이리시 위스키는 최대 30%의 맥아와 기타 몰팅하지 않은 곡물(옥수수, 밀 또는 보리)로 만든 컬럼 증류 위스키다.

블렌디드 아이리시 위스키는 위의 카테고리 중 두세 가지를 혼합한 위스키다.

미국

버번위스키는 최소 51% 이상의 옥수수를 혼합하고 다른 곡물(일반적으로 맥아, 호밀 또는 밀로 매시빌을 구성)을 첨가하여 80% 미만의 알코올 도수로 증류하고, 최소 숙성 기간 없이(숙성기간이 3년 이상인 유럽에서 판매되는 위스키 제외) 안을 태운 새 나무통에서 숙성하고 최소 40%의 알코올 도수로 병에 담아 만든다. 매시빌에서 호밀 또는 밀의 함량이 두드러지면(30~45%) 각각 **하이 라이 버번, 위티드 버번**이 된다.

테네시 위스키는 최소 51%의 옥수수에 다른 곡물을 첨가하여 테네시 주에서 증류하고 통에 담기 전에 단풍나무 숯에 여과한다. 이 과정을 링컨 카운티 프로세스라고 하며 원래 잭 다니엘 증류소가 있던 카운티의 이름을 딴 것이다.

라이 위스키는 최소 51% 호밀, **라이 몰트위스키**는 51%의 몰팅한 호밀, **위트 위스키**는 51% 밀, **몰트위스키**는 51% 맥아, **콘 위스키**는 최소 80% 옥수수로 만든다. 콘 위스키를 제외한 네 개 카테고리의 위스키는 불에 그을린 새 나무통에 숙성하지만 콘 위스키의 경우 그을리지 않은 새 나무통이나 이미 사용한 나무통에서 숙성한다. '스트레이트' 라벨은 카테고리에 상관없이 최소 2년 숙성을 거친 위스키에 붙는다.

☑ 자세히 알아보기

미국에서 라이 위스키와 몰트위스키는 각각 호밀과 보리 100%의 단일 곡물로 만들 수 있지만, 다른 위스키에는 몰팅한 곡물(보통 보리) 하나 이상이 들어가고 한두 가지 다른 곡물이 첨가되기도 한다.

전설이 된 세 가지 위스키
가루이자와 1972년 빈티지, 롱몬 1964년 (킹스버그), 포트 엘렌 1978년 (10번째 에디션)

* 롱몬(Longmorn)은 현재 시바스 리갈의 주요 원액 공급처이다.

훌륭한 위스키란 무엇인가?

위스키는 와인과 비슷하다. 좋은 위스키는 품질로 다른 위스키와 구별되지만, 나쁜 위스키는 품질이 구별되지 않고 비슷하다.

새로운 세계

훌륭한 위스키는 무엇보다도 예상치 못한 것과의 강렬한 만남, 미지로 있던 무한한 향기 영역의 발견, 특별한 감동을 남기는 것이다. 초보자, 숙련된 아마추어, 애호가 할 것 없이 모두에게 놀라움과 확신을 주는 위스키다. 이전에는 상상하지도 못했고 경험하지 못했던 맛이다. 예를 들어 친구 집에서 가루이자와 1972를 시음하는데, 위스키를 좋아하지 않는다고 선언했던 한 손님이 정적을 깨고 이렇게 외친다. "그래, 이게 위스키지!"

복잡한 세계

훌륭한 위스키는 풍부하고 복합적인 위스키로, 코와 입안에서 우아하게 변화하며 매우 조화로운 아로마가 느껴진다. 위스키에 스며든 독특한 스타일을 반영하듯 아로마는 끊임없이 새로워지고, 아로마와 구조적으로 연장선에 있는 피니시는 때때로 수십 분 동안 지속되는 매우 긴 여운을 남긴다.

두 가지 훌륭한 위스키: 강렬한 셰리의 글렌기리 1971과 섬세한 셰리의 글렌그랜트 1964

위스키의 복잡성은 어떤 경우에도, 어떤 식으로든 강도에 좌우되지 않는다. 위스키의 품질은 처음에는 잘 지각되지 않지만 이후 매우 정확한 느낌을 주는 풍미 요소와 관련 있다. 예를 들어 1964~1969년 보모어나 1967년 혹은 1972년 아드벡처럼 매우 섬세한 피티드 위스키를 마시든, 1972년 브로라나 1973~1980년 포트 엘렌처럼 해안을 낀 농가에서 생산된 강력한 피티드 위스키를 마시든, 그 풍부함은 동일하게 느껴질 것이다. 마찬가지로 셰리 위스키의 복잡함도 강렬함 때문이 아니다. '셰리' 위스키 같은 와인 오크 캐스크 숙성 위스키의 복잡함도 강렬함 때문이 아니다. 글렌그랜트 1964의 섬세한 셰리는 글렌기리 1971 사마롤리와 같은 몬스터 셰리만큼이나 즐겁다.
증류하지 않은 주류와 달리 위스키의 복잡성은 시간이 지나면서 달라질 수 있다. 병을 한 번 개봉하면 산화가 일어나고 그 결과 방향족 화합물의 구성이 달라지기 때문이다. 병합 또는 단순화를 거쳐 새로운 방향족 집합체가 만들어진다. 함유된 방향 컨제너 덕분에 복잡한 아로마 프로파일을 가진 위스키로 2005년 알코올 도수 45.7%로 병입된 34년 숙성 클라인넬리쉬 1971 테이스트 스틸 M&H 캐스크 컬렉션을 예로 들 수 있다. 1971~1972년 공식 버전에 비해 굉장히 '적절한' 가격으로 책정된 이 놀라운 위스키는 좋은 평가는 받았지만 큰 화제를 불러일으키지는 못했다. 그런데 2005년 개봉하여 코르크 마개를 씌운 후 14년 가까이 지난 후 테이스팅한 이 위스키는 테이스팅에 참석한 모든 전문가의 찬사를 받았다. 의심의 여지없이 당시 테이스팅한 클라인넬리쉬 중 가장 훌륭한 위스키 중 하나였다. 병을 개봉한 후 이렇게 오랫동안 휴면 상태로 두어 풍미를 더욱 살리고 강렬한 꿀 향을 끌어낼 수 있으리라고 누가 상상할 수 있었을까? 얼마나 많은 감탄을 자아내는 술들이 그 잠재력을 다 발휘하기도 전에 너무 빨리 잔으로 넘어갔을까?

나눔의 세계

훌륭한 위스키는 단순한 감각적 분석을 넘어 특별한 감정과 깊은 느낌을 불러일으켜서 함께 나눌 수 있고 맛을 본 사람들이 위스키의 모든 면을 발견할 수 있는 위스키다. 또한 요리와 어울릴 필요 없이 그 자체로 존재하며 영원히 기억에 남을 만한 위스키다. 위스키가 위대한 것은 위스키의 생산 품질, 위스키를 만든 사람들의 노하우, 위스키가 탄생한 테루아와 연결된 본래의 잠재력이 진화하기 때문이다. 함께 나누는 순간이지만 결코 잊을 수 없는 폭발적인 느낌 앞에서 침묵이 찾아오는 고요한 순간, 집중이 필요한 순간이기도 하다. 불멸의 신의 음료처럼 영원히 존재할 한 병의 위스키.

위스키 제조 과정

위스키 제조 과정의 모든 단계에서 모든 증류소, 특히 싱글 몰트 증류소는 동일한 생산 공정을 적용한다. 하지만 겉으로 보이는 단순함의 이면에는 매우 정교한 기술과 노하우가 숨어 있다. 이러한 차이로 각각 증류소마다 고유한 아로마 프로파일을 갖게 된다.

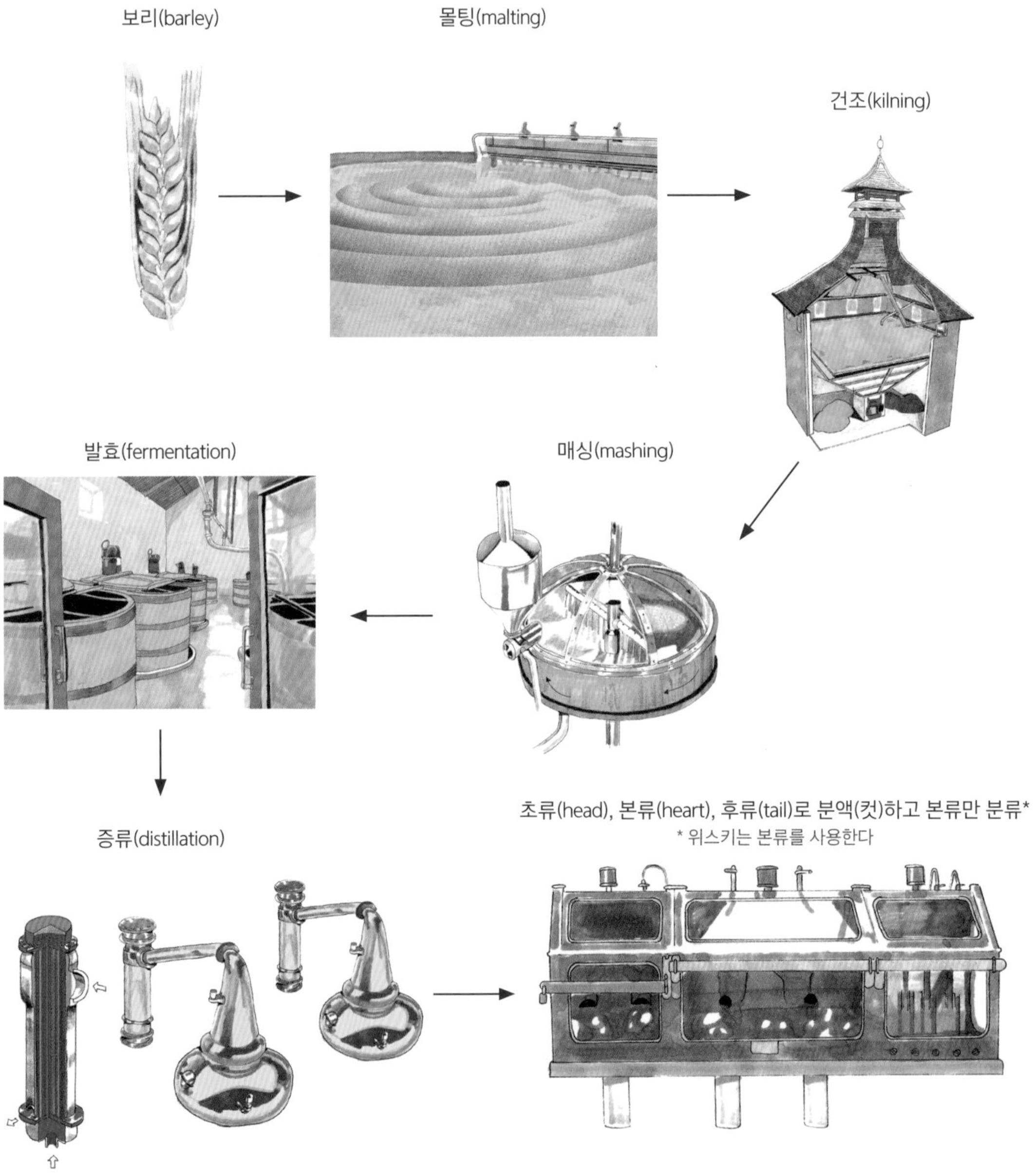

위스키 제조의 주요 단계

몰팅 MALTING

몰팅은 곡물을 알코올로 바꾸는 과정에서 필수적인 단계다. 수제 증류소가 번성하고 자체 몰팅 공장이 많은 미국에서 몰팅은 매우 중요한 판매 포인트다. 예를 들어 코퍼 폭스, 코퍼시 커세어, 힐록 에스테이트, 레오폴드 브라더스, 메인 크래프트, 오렌지 카운티, 로그 스피릿츠는 모두 자체 몰팅 공장을 보유하고 있다. 1968년 2월 디스틸러스 컴퍼니(DCL)가 증류소 내 몰팅을 중단하기로 결정하자 다른 주요 그룹들도 중단하기 시작했고 그 후 스코틀랜드와 일본 증류소에서 수익성을 이유로 몰팅 전용 공간이 사라졌다. 현재 일부 증류소만이 자체 시설 내에서 전체(스프링뱅크) 혹은 일부(아빈 제리크, 벤리악, 보모어, 치치부, 하이랜드 파크, 킬호만, 라프로익, 발베니)의 보리를 몰팅하고 있다. 오늘날 맥아의 대부분은 산업화되어 대형 몰팅 공장(아일라의 포트 엘렌, 보더스의 버윅과 티벳홀의 심슨 몰트, 노퍽의 크리스크 몰트, 버크헤드 몰트, 글렌 오드 몰트, 인버네스의 베어즈 몰트와 거대 기업 수플레, 몰트유럽, 악세레알 등)에서 생산되고 있다.

침지 탱크

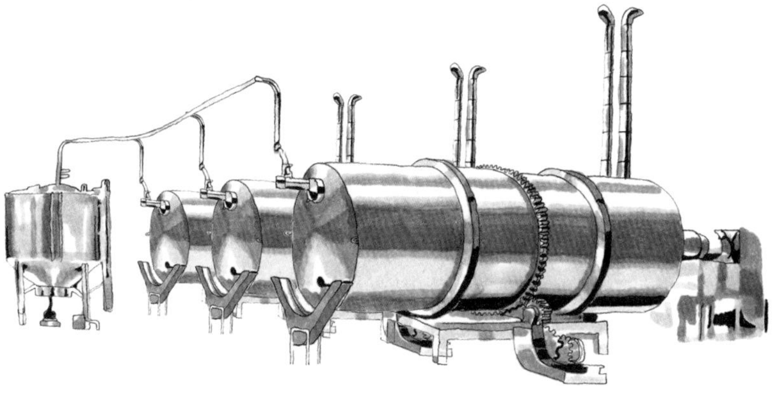

몰팅 드럼

발아 GERMINATION

보리는 생리학적으로 성숙했을 때 수확한 다음, 발아를 방지하기 위해 휴지 상태로 보관한다. 보리가 배송되면 사일로에 보관했다가 거름망으로 걸러 불순물(식물 잔해, 짚, 돌 등)을 제거한다. 보리를 '활성화'시키기 위해 산소를 주입하고 탱크에 연속적으로 담근다. 이렇게 하면 디아스타아제 효소(알파, 베타 아밀라아제)가 활성화되어 곡물을 발아시키고 배유 세포의 벽을 터뜨려 보리(또는 일부 위스키의 경우 호밀)의 전분을 발효가 가능한 당(특히 맥아당)으로 바꾼다. 그런 다음 보리를 플로어 몰팅* 함으로써 정기적으로 뒤집어 주거나 산업 방식을 따라 살라딘 박스나 회전 통(몰팅 드럼)에 넣는다. 이렇게 하면 보리에 공기가 통

살라딘 박스

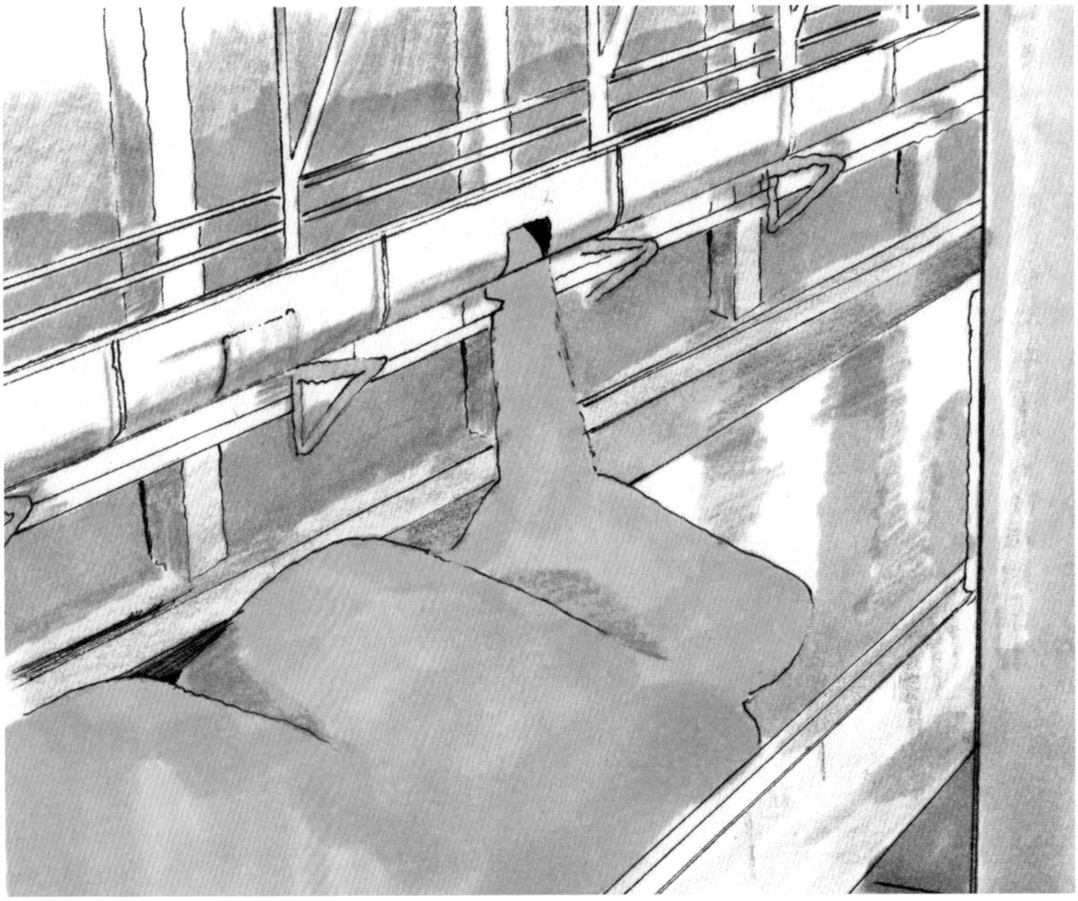

* 플로어 몰팅: 맥아를 최상의 발아 상태로 만들고자 몰팅룸 바닥에 물에 적신 보리를 펼쳐 갈퀴나 쟁기 등으로 며칠 동안 주기적으로 뒤집어 주는 방식. 최근에는 대다수가 기계로 대체되었다.

하고 수분이 빠져나가고 엉킨 부분이 풀리며 보리의 안정적인 온도가 유지된다. 이렇게 얻은 것이 바로 그린 몰트(green malt, 녹맥아)다.

건조 KILNING

보리싹이 발효 가능한 당분을 소모하기 전에 발아를 멈춰야 한다. 따라서 그린 몰트의 수분 함량이 42~46%에서 4.5%로 되도록 뜨거운 공기로 24~60시간 동안 그린 몰트를 건조한다. 이 건조 작업은 환풍이 잘되도록 파고다 형태의 지붕이 있는 건물에서 실시한다.

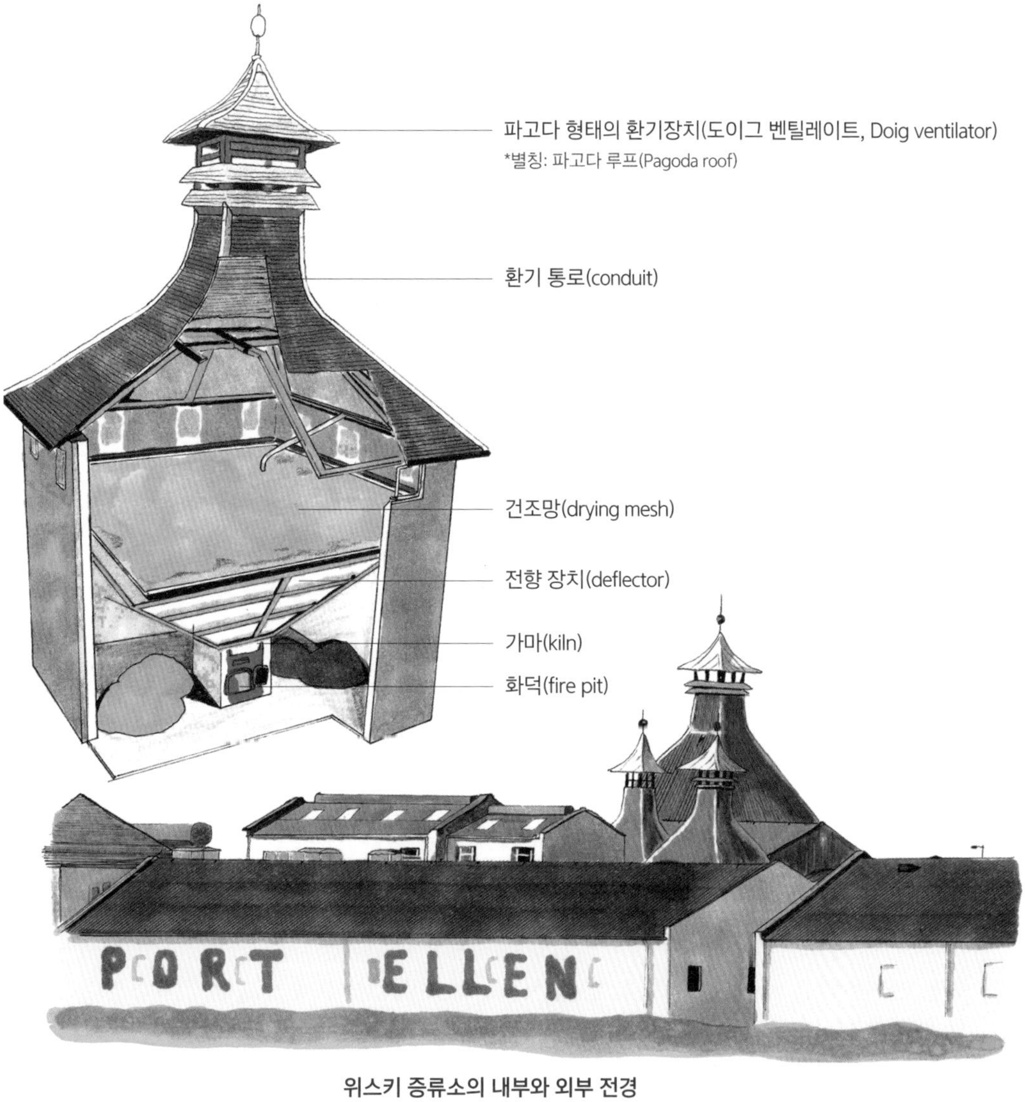

위스키 증류소의 내부와 외부 전경

가마의 화덕에서 공기 온도(45~75℃)를 조절한다. 온도는 각 증류소에 따라 다르며 기후 조건에 따라서도 달라진다. 가마에서 가열된 공기는 전향 장치를 통과한 후 그린 몰트가 깔린 건조실의 미세한 천공 망(메시 플로어)을 지나 파고다 형태의 굴뚝을 통해 빠져나간다. 건조 과정이 끝나면 맥아에 더 이상 수분이 남아 있지 않은 순간(한계점)에 불어넣은 공기의 온도를 75℃까지 높여 맥아 향을 최적화한다. 몰팅의 방법과 로스팅의 사양에 따라 아로마에 큰 차이가 생길 수 있다.

맥아에 스모키 한 특성을 주기 위해 피트를 이용하여 훈연하는 건조(선택 사항)는 건조 초기에 실시한다. 그린 몰트는 수분 함량이 15~30%일 때 피트가 연소하면서 나오는 기름진 연기의 페놀 화합물(구아야콜, 크레졸, 페놀)을 최대로 포집한다. 맥아를 더 오래, 더 강하게 훈연할수록 ppm(백만분의 1) 단위로 측정되는 페놀 화합물의 농도가 높아진다. 건조 과정이 끝나면 맥아를 회전하는 탈배아-탈석기에 통과시켜 뿌리의 가는 섬유(잔뿌리)와 돌을 제거한다.

담금, 당화 MASHING

맥아의 무게를 측정하고 나면 맥아 분쇄기에서 분쇄하여 전분을 추출하고 이 전분을 발효 가능 당분으로 단순화한다. 이 분쇄 작업은 인화성 휘발성 먼지가 발생하기 때문에 다른 공정과 분리되어 있고 통풍이 잘되는 공간에서 실시한다. 분쇄한 맥아 즉 그리스트(grist)는 입자 크기에 따라 약 20%를 차지하는 맥아의 껍질인 허스크(husk), 70%를 차지하는 굵은 가루인 그릿츠(grits), 10%를 차지하는 고운 가루인 플라워(flour)의 세 단계로 구성된다. 그리스트는 호퍼에 저장된다. 그리스트의 품질과 사용된 보리의 수와 종류는 아로마에 영향을 미친다.

62℃에서 72℃ 사이의 온수 당화조(mash tun)에 연속적인 온도 단계로 혼합된 그리스트는 맥아의 디아스타아제의 작용으로 당화 과정을 거친다. 이것을 관절형 패들이 달린 기계식 장치로 휘저어 매시(mash)를 만든다. 이렇게 얻은 매시의 전분은 완전히 용해되어 발효성 당으로 전환된다. 패들의 회전 속도에 따라 맑고 순수한 매시가 만들어지는지(느린 회전) 부유 성분이 섞인 탁한 매시가 만들어지는지(빠른 회전)가 결정된다.

작업마다 두 번의 분리(racking, 래킹) 작업을 하는데, 거름망으로 거른 맥아즙은 당화조에서 중력에 의해 탱크에 회수되고 고체 성분(보리 찌꺼기)는 가축 사료로 사용된다.

중력 매싱 탱크의 대안으로 정화 탱크(매시 컨버전 베셀)가 점점 더 많이 사용되고 있다. 이 탱크는 맥아즙의 부유 물질을 가둬두었다가 투과성 막이 장착된 뫼라(Meura)형 필터로 거른다. 이 압력 필터는 발효성 당의 수율이 높은 맑은 맥아즙을 생산한다. 이 시스템의 목적은 발효에 필요한 당(특히 말토오스와 말토트리오스)과 아로마, 폴리페놀을 최대한 추출하는 것이다. 그런 다음 맥아즙 냉각기를 사용하여 맥아즙의 온도를 20℃까지 낮춘 다음 발효 탱크로 옮긴다.

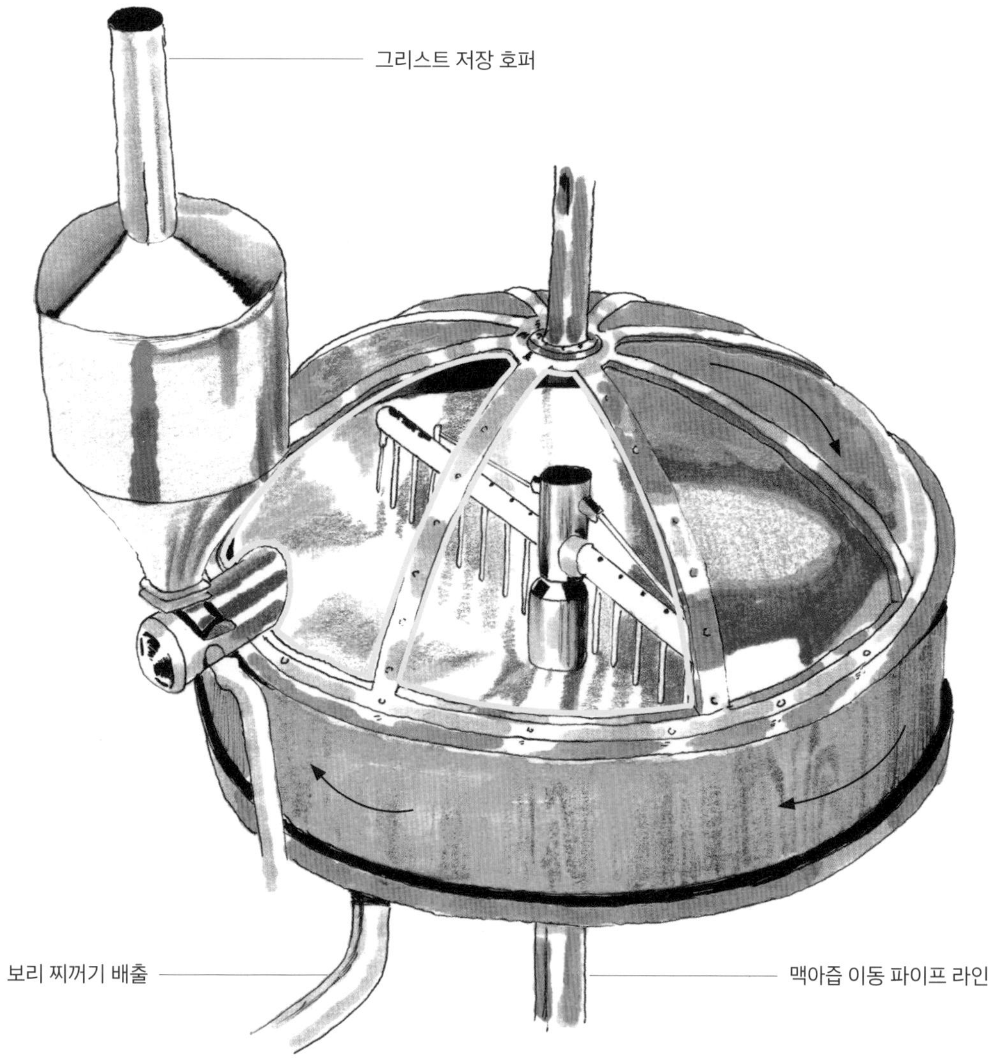

당화조(매시턴)

발효 FERMENTATION

당화된 맥아즙은 목재 혹은 스테인리스로 된 개방형 혹은 폐쇄형 워시백(30쪽 '워시백의 영향' 참조)에서 당을 알코올과 이산화탄소로 변환하는 효모를 만난다. 발효 시간(일반적으로 48~72시간, 최장 120시간)은 과일 향, 꽃 향, 맥아 향, 스파이시 향, 테르펜 향 등 얻고자 하는 아로마 컨제너에 따라 결정된다. 대부분의 에스터는 발효가 끝날 때, 효모가 당분이 부족하여 펩타이드와 그 아미노산을 사용할 수밖에 없을 때 생성된다. 이에 따른 아미노기전이 반응은 고급 알코올을 생성하고, 고급 알코올은 또 다른 에스터를 생성한다. 발효가 끝나면 미세 찌꺼기(응집되고 침전된 유기 화합물)만 남기기 위해 분리(racking) 작업을 한다. 찌꺼기

워시백(발효통): 심각한 온도 상승으로 워시가 과발효되는 것을 방지하기 위해 회전 장치가 발효되는 워시의 거품을 지속적으로 분쇄한다.

를 구성하는 성분은 지방산과 그 에스터를 증가시켜 증류액의 아로마 프로파일의 품질을 높이는 더 잘 녹는 성분으로 가수분해된다.
이 단계를 거쳐 효모는 당화 워트를 6~11도의 알코올을 함유한 워시로 변환한다. 워시는 다시 탱크에 담긴다.

증류 DISTILLATION

증류는 물보다 휘발성이 높고 에탄올에 용해성이 높은 모든 물질을 추출하는 것이다. 그런 다음 발효 단계에서 생성된 알코올과 아로마를 농축한다. 따라서 증류실(스틸 룸, still room)은 위스키 증류소의 최중심부라고 할 수 있다. 위스키를 만드는 데 사용되는 증류기의 종류만큼이나 위스키의 아로마 프로파일도 다양하다. 증류기의 '응축' 부분은 구리로 만드는데 구리의 열 전도체, 촉매제 역할을 하는 동시에 알코올의 황 성분을 정화하기 때문이다.

단식 증류기(팟 스틸) POT STILL

팟 스틸은 일종의 구리 주전자라고 할 수 있다. 나무, 가스 혹은 석탄을 태운 화염으로 직접 가열하면 증기를 이용한 간접 가열보다 위스키에 더 많은 특성을 줄 수 있다. 그러나 이 유서 깊은 증류 과정을 위해서는 뜨거운 곳에 잔여물이 쌓이는 것을 방지하기 위해 스틸 바닥의 구리층을 보강해야 하고, 무엇보다도 러미지(rummager, 캐러멜화된 침전물을 제거하기 위해 스틸 바닥을 긁어내는 회전식 장치)을 사용해야 한다. 스틸 위에는 어니언 스틸(onion still), 보일 볼 스틸(boil ball still), 클래식 팟 스틸(classic pot still), 로몬드 스틸(lomond still), 페어 스틸(pear still), 랜턴 스틸(lantern still) 등 다양한 형태의 헤드(head)가 얹혀 있고, 스완넥 상단은 라인암으로 이어져 나선형 혹은 관 형태의 응축기로 연결된다.

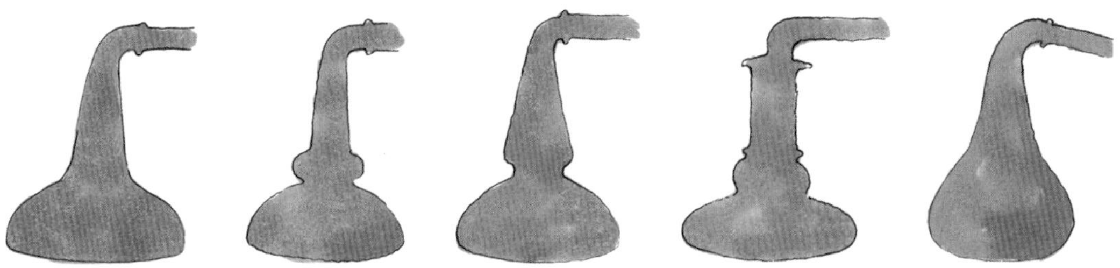

어니언 스틸 / 보일 볼 스틸 / 클래식 팟 스틸 / 로몬드 스틸 / 페어 스틸

1차 증류 FIRST DISTILLATION

발효된 워시를 증류하는 과정이다. 물보다 끓는점이 낮은(78.4℃) 알코올이 분리되고 그 증기가 스완넥을 거쳐 라인암까지 올라간다. 부하 정도, 증류기의 크기와 모양, 스완넥의 높이, 라인암의 기울기 등이 환류량에 영향을 미쳐 결과적으로 무거운 화합물과 가벼운 화합물 중 어떤 것을 선택할지를 결정한다. 1차 증류로 얻은 20~25%의 알코올을 함유한 로우 와인(low wine) 리시버에 담긴다.

2차 증류 SECOND DISTILLATION

로우 와인을 증류하는 단계로, 이전의 2차 증류에서 나온 초류와 후류를 추가하여 증류할 수 있다. 2차 증류는 2차 증류기(스피릿 스틸)로 한다. 알코올 증기는 냉각을 통해 다시 응축되어 뉴 메이크 스피릿(new make spirit)을 만들어내고 초류와 후류는 일반적으로 알코올 농도 60~73% ABV로 흐르는 본류와 분리되어 별도 탱크로 향한다. 이 과정에서 초류의 해로운 휘발성 화합물인 황과 아민, 후류를 구성하는 일부 무거운 화합물을 제거할 수 있다. 따라서 증류 중 컷팅을 하는 순간(초류, 본류, 후류)을 결정하는 것은 위스키의 아로마 프로파일에 직접적인 영향을 미친다.

왼쪽: 튜브형 응축기의 작동 원리를 보여주는 단면
오른쪽: 튜브형 응축기가 달린 워시 스틸과 스피릿 스틸

☑ 자세히 알아보기

나선형 코일 응축기(웜 튜브 형태)는 실용성과 효율성을 이유로 점차 튜브형 응축기로 교체되었다. 스코틀랜드에서는 약 20개의 증류소(벤리네스, 크라이이겔라키, 달위니, 글렌킨치, 몰트락, 오반, 올드 풀티니, 탈리스커 등)만이 무거운 스피릿을 얻기 위해 코일 응축기를 사용한다. 코일 응축기는 알코올 증기가 구리와 접촉하는 지점(및 시간)이 더 적기 때문이다. 실제로 알코올 증기가 구리 벽에 더 많이 접촉할수록 황 성분을 더 많이 손실되어 스피릿도 가벼워진다. 고기 향(바베큐 고기, 미트 파이, 이베리코 햄 등)을 추구하는 증류소(몰트락과 벤리네스)는 부분적으로 스테인리스 스틸로 된 코일 응축기를 사용할 뿐만 아니라 증기가 금속과 접촉하는 것을 최대한 막기 위해 증기가 라인암을 통과하자마자 빠르게 냉각한다.

이중 컬럼을 이용한 연속식 증류기(코페이 스틸) COFFEY STILL

코페이 스틸(Coffey still)은 1830년경 발명된 증류법으로 고순도의 스피릿을 가장 효율적으로 생산할 수 있다.

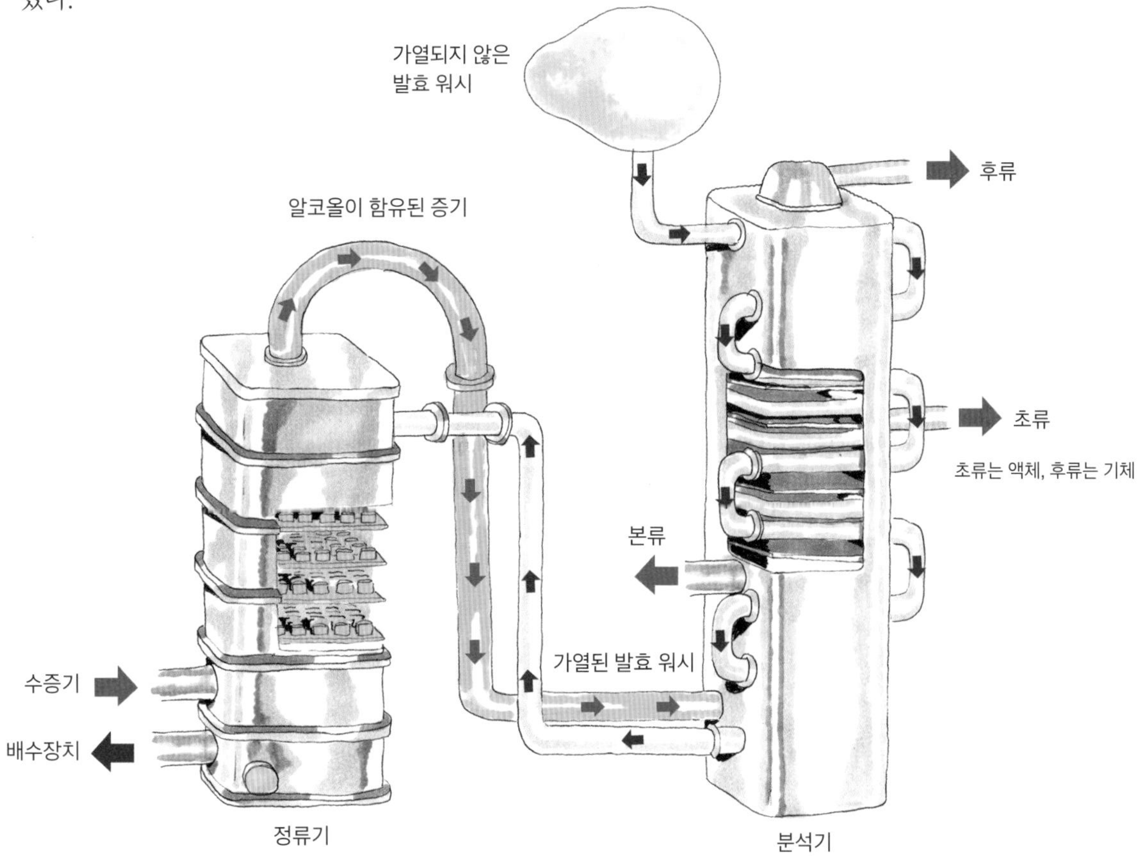

코페이 스틸: 정류기(rectifier)**와 분석기**(analyzer)

분석 컬럼 (추출 컬럼)

'분석기'라고라고도 하는 첫 번째 컬럼은 추출 컬럼이다. 중력을 이용해 액상을 공급하며 발효된 워시가 흐르는 플레이트를 따라 단계별 증류가 이뤄진다. 플레이트가 넘치면 워시가 하부 플레이트로 떨어진다. 즉 하부 플레이트는 상부에서 흘러넘치는 워시로 채워진다. 플레이트의 밸브 혹은 덮개는 분석기 바닥에서 약간의 압력으로 주입된 수증기가 상승할 수 있도록 한다. 증기는 발효된 워시가 흐르는 방향과 반대 방향으로 상승 결로를 따라 올라가며 온도를 높이고 수직 환류를 일으킨다. 증기와 워시는 플레이트의 천공에서 만난다. 증기는 워시와 접촉할 때 알코올을 실어 첫 번째 컬럼의 상부에 도달하여 정류 컬럼으로 향하고 물은 중력의 영향으로 분석 컬럼 아래로 간다.

정류 컬럼 (응축 컬럼)

발효된 워시는 정류기 상단에서 컬럼의 각 단계를 수평으로 감싸고 워시의 온도를 높이는 튜브에 주입된다. 동시에 열교환기는 코일을 순환하는 알코올 증기를 응축하고 냉각한 다음 분석 증류기로 보낸다. 알코올 증기는 정류기 하단에 주입된다. 알코올은 계단식 구리판에서 응축되고 가장 휘발성이 강한 증기(헤드)는 컬럼의 상단에 수집된다. 두 번째 증기는 정류 컬럼 하단에서 수집되며 분석 컬럼 상단에서 재충전된다. 아로마 프로파일을 결정하는 것은 환류 정도와 두 번째 컬럼에서 헤드와 테일의 추출량이다. 요컨대 환류가 많을수록 추출량이 많아지고 증류액은 더욱 가벼워진다. 고급 알코올은 정류 컬럼 하부에 수집하여 별도로 증류하여 분석 컬럼에 다시 주입할 수 있다. 일부 응축물은 컬럼에 다시 투입되어 환류를 생성하고 최종 스피릿의 품질에 영향을 미친다.

블렌딩 BLENDING

19세기 중반, 비중계와 같은 기술 혁신으로 좀 더 일관된 품질의 위스키를 생산할 수 있게 되었다. 그러나 앤드류 어셔, 윌리엄 샌더슨, 조니 앤 알렉산더 워커 등 위스키 제조업체들이 상업적 발전과 제품의 일관성을 유지할 수 있는 유일한 해결책은 캐스크를 블렌딩하는 것이었다. 이로 인해 18세기 말부터, 특히 코냑 지역에서 활동한 셀러 마스터와 같은 마스터 블렌더라는 직업이 생겨났다. 마스터 블렌더의 역할은 무척 중요하다. 공급원이 다양하고 많을수록 동일한 라인의 위스키를 대규모로 재현하기가 더 쉬워진다. 결과적으로 차이점이 줄어드는 것이다.

스코틀랜드와 일본 및 대부분의 생산국에서 블렌딩은 다음 세 가지 주요 위스키 카테고리를 포함한다. 세 가지 카테고리는 동일한 증류소에서 블렌딩한 싱글 몰트, 여러 증류소의 싱글 몰트를 블렌딩한 블렌디드 몰트, 마지막으로 서로 다른 증류소에서 생산된 몰트와 그레인위스키를 블렌딩한 것으로 국제 시장에서 판매량 기준으로 가장 큰 카테고리를 차지하는 블렌디드 위스키(376쪽 참조)다.

싱글 몰트 블렌딩

대부분의 싱글 몰트는 전통적으로 한 증류소에서 블렌딩한다. 공식 라인 제품 전체에 걸친 품질과 아로마를 보장하기 위해 다양한 숙성 기간의 캐스크를 적절한 비율로 선택하고 블렌딩하는 과정이다. 예를 들어 아드벡, 스프링뱅크, 탈리스커 10년과 라가불린, 몰트락 16년은 싱글 몰트 원액으로 블렌딩한 제품이다. 이러한 블렌딩은 새로운 익스프레션으로 기존 제품군을 더욱 풍부하게 하는 데에도 도움이 된다. 엄선된 소수의 캐스크로 블렌딩한 경우 스몰 배치라는 용어를 사용한다. 일반적으로 스몰 배치의 경우 품질이 보장된다. 모든 경우 병 라벨에는 블렌딩에 들어간 가장 어린 싱글 몰트 숙성 기간이 표시되며, 이것은 아주 어린 싱글 몰트가 아주 적은 비중을 차지하더라도 마찬가지다.

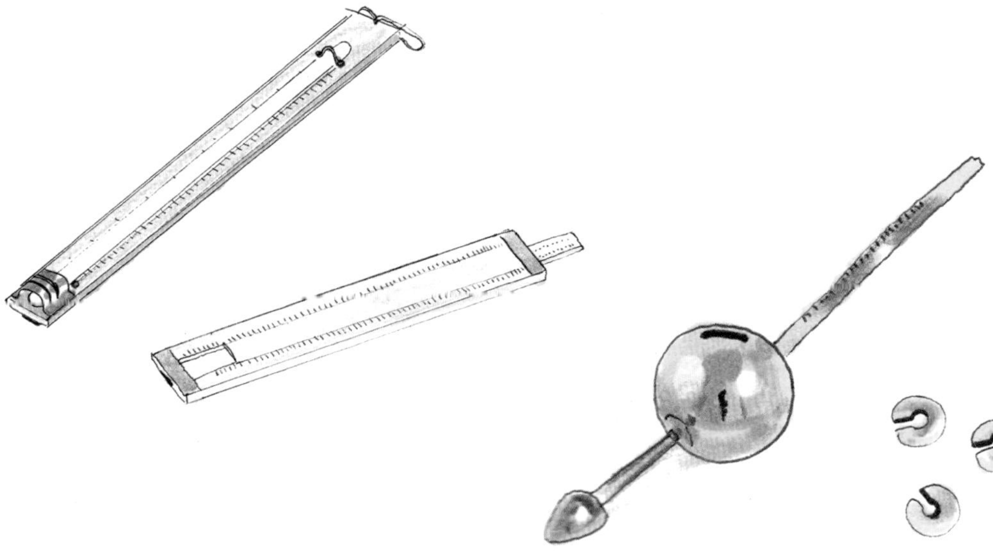

사익스의 비중계(1802년)는 증류 과정에 있어서 대단한 발전으로, 증류액의 부피에 따른 알코올 도수를 측정하여 증류 컷을 결정할 수 있게 해준다.

블렌디드 몰트 블렌딩

블렌디드 몰트는 증류소가 아닌 도매업자가 블렌딩한 위스키다. 블렌디드 몰트는 여러 증류소의 싱글 몰트로 만든다(배티드 몰트라는 옛 이름은 더 이상 쓰지 않는다). 블렌디드 몰트 생산은 오랫동안 대형 블렌딩 하우스의 특권이었으며 닛카의 우아한 위스키 다케쓰루, 풍부한 조니 워커 15년 그린 라벨 또는 조니 워커 앤 선즈 오디세이, 페이머스 그라우스 빈티지 1987, 시바스 리갈의 얼티스, 밸런타인의 퓨어몰트 12년, 신슈 증류소의 마르스 몰티지 코스모 등 훌륭한 버전을 예로 들 수 있다. 매우 독특한 이러한 유형의 블렌딩이 전면 재등장하고 있으며, 더글라스 랭(빅 피트, 락 오이스터, 디 에피큐리언, 티모러스 비스티 등), 존 글레이저의 컴파스 박스(플레이밍 하트, 스파이스 트리, 더 피트 몬스터 등), 엘리먼츠 오브 아일라 드 스페셜티 드링크스(순수 아일라 또는 풀 프루프 버전의 피트), 프랑스 레 비앙외뢰의 벨부아 컬렉션 등 신세대 병입자들이 애호가들에게 잘 알려진 브랜드로 블렌딩하고 있다.

☑ 자세히 알아보기

1853년 앤드류 어셔 2세는 스미스의 글렌리벳을 위해 만든 블렌디드 몰트 '어셔스 올드 배티드 글렌리벳(OVG)'에 대한 영국 관세청(HM Customs & Excise)의 승인을 최초로 획득한 사람 중 한 명이었다. 어셔는 자신의 블렌디드 몰트 브랜드의 품질을 표준화하기 위해 1859년 동생 존과 함께 글렌 사이언스('에든버러 증류소'로 개명)를 인수하여 OVG 블렌디드 싱글 몰트 공급을 확보했다. 그러나 1860년 수익성을 이유로 OVG는 상당한 비율의 그레인위스키를 혼합한 블렌디드 위스키가 되었다.

주요 블렌딩 하우스들이 역사적인 블렌디드 위스키를 내놓았다.

블렌디드 위스키 블렌딩

블렌디드 위스키(376쪽 참조)는 서로 다른 증류소에서 생산된 그레인위스키(싱글 또는 블렌디드 그레인)와 몰트위스키(싱글 또는 블렌디드 몰트)를 혼합하여 만든 위스키다. 1860년 영국에서 윌리엄 글래드스턴의 주류법(Spirit Act)이 처음으로 보세 창고에서 그레인 위스키와 몰트위스키를 블렌딩 하는 것을 허가했다. 이를 계기로 블렌디드 위스키 바람이 불기 시작했다(이는 블렌디드 위스키에 들어가는 싱글 몰트의 생산 공정을 개선하는 데도 도움이 되었다). 1830년 팟 스틸보다 효율이 높은 코페이 스틸이 발명된 후 그레인 위스키를 증류하는 데 쓰이면서 블렌디드 위스키는 더욱 비약적으로 발전했다. 그레인 위스키는 원래 옥수수로 만들었다(1980년 초 스코틀랜드에서는 밀이 옥수수를 대체했다. 노스 브리티시 증류소만이 높은 비율을 옥수수를 사용하고 있다). 옥수수는 몰트위스키보다 가볍고 둥근 위스키를 생산하고, 복합적인 맛과 다양한 풍미를 내기 때문에 마스터 블렌더의 선택 폭이 넓어진다. 이러한 모든 요소가 결합되어 블렌딩이 크게 성공했고 여기에 역사적인 사건까지 더해졌다. 1863년 프랑스에서 시작되어 1875년부터 1895년까지 사이 주요 경쟁자였던 코냑과 아르마냑 생산업체를 전멸시킨 필록세라라는 재앙이다. 이 치명적인 곤충은 포도나무의 뿌리에서 수액을 빨아들여 유럽 전역의 포도밭을 황폐화했다.

블렌딩 기술에 있어서 마스터 블랜더는 싱글 몰트위스키의 사용 비율, 그레인 위스키와 몰트위스키의 품질과 원산지의 다양성, 숙성에 사용되는 캐스크의 종류를 통해 블렌딩의 일관성과 품질을 모두 확보할 수 있게 되었다.

15만 종 이상의 위스키를 테이스팅한 마스터 블렌더도 있다.

☑ 자세히 알아보기

미국에서는 매시 빌로 만든 버번과 기타 위스키는 일반적으로 블렌디드라고 부른다. 그러나 블렌디드 위스키라는 용어는 20% 이상의 풍부한 풍미의 스트레이트 위스키(47쪽 '위스키의 정의' 참조), 더 어리거나 가벼운 다른 위스키 혹은 중성 알코올의 혼합이라는 특정한 블렌딩에만 사용하도록 국가 규정으로 제한했다. 이 용어에 특정 카테고리 명칭이 추가되는 경우(예를 들어, 버번 블렌디드 위스키), 해당 카테고리는 전체 블렌디드 위스키의 51% 이상을 차지해야 한다(버번 블렌디드 위스키는 51% 스트레이트 버번위스키).

오크 캐스크 숙성

숙성은 위스키 제조 과정의 마지막 단계다. 대부분의 국가 규정에 따르면, 숙성은 최소 3년(미국 및 호주 위스키에 대한 구체적인 요건은 47쪽 '위스키의 정의' 참조)에 걸쳐 최대 700리터 용량의 목재 통(1990년 스카치 위스키 법률에 따라 영국에서는 오크 캐스크 사용이 의무화 됨)에서 이뤄진다. 숙성은 그저 수동적인 단계가 아니다. 공기와 나무의 교류를 통해 증류주가 외부 환경과 계속 접촉하는 단계다. 자연 증발을 통해 알코올 도수와 부피가 서서히 줄어드는데 이를 '엔젤스 셰어(Angel's Share)'이라고 한다. 온도, 습도, 온도 변화, 대기압, 공기의 질, 사용되는 오크 캐스크의 종류는 모두 증발 속도와 증발 물질의 성질에 상당한 영향을 미친다. 이러한 복합적인 영향이 오크 캐스크 숙성의 질을 결정하기 때문에 저장고는 보관 장소가 아닌 숙성의 장소여야 한다. 이 때문에 우리는 병 숙성(old bottle effect; OBE, 오래된 병 효과)을 지칭하는 '에이징'이라는 용어보다 숙성이라는 용어를 더 많이 쓴다.

산화·환원과 미세 산화

위스키 제조는 생산 과정(매싱, 발효) 및 숙성 과정에서 산화·환원의 균형(산소와의 접촉으로 인한 산화)이 변하는 매우 역동적인 시스템을 따른다. 숙성 과정에서 오크 캐스크의 패널(stave)을 통해 위스키와 산소, 더 넓게는 위스키와 숙성 저장고의 공기 사이의 미묘한 교환이 일어난다. 나무의 연간 나이테(1.5~3 밀리미터)에 의해 생성되는 자연적인 '미세 혈관'인 입자의 미세함은 무엇보다도 오크의 종에 따라 달라진다. 입자는 다공성을 결정하고 증류주의 미세 산화를 가능케 하여 시간이 지남에 따라 증류주가 향기롭게 진화할 수 있다. 사용된 목재의 특성과 품질, 오크 캐스크의 부피 용량과 위스키와의 접촉하는 표면적의 비율은 위스키의 색상, 투명도, 광택에 직접적인 영향을 미친다. 이러한 위스키와 산소의 교환을 통해 위스키의 최종 아로마 프로파일이 완성된다. 오크 캐스크가 작을수록 위스키가 주변 공기와 더 많이 교환한다(표면적/부피 비율).

습식 저장고와 건식 저장고

기후와 저장고의 유형에 따라 위스키는 연간 1%에서 12% 사이의 비율로 증발하고 가장 극단적인 기후 조건(대만의 아열대 기후, 특히 카발란 증류소의 경우)에서는 15%까지 증발한다고 추정한다. 그러나 동일한 증류액을 담은 동일한 오크 캐스크가 동일한 지하실에서 동일한 기후에 숙성되더라도 저장고 내 위치와 온도 변화로 인해 숙성 시 향과 알코올 함량이 달라질 수 있다. 하지만 몇 가지 일반적인 규칙이 있다.

- 추운 기후일수록, 저장고가 습할수록(상대 습도 90~100%), 물보다 휘발성이 강한 알코올이 더 많이 증발한다. 그 결과 위스키의 알코올 도수는 낮아지지만 부피는 적게 줄어든다. 저온에서 숙성하면 숙성 품질은 좋아지지만 고온에서 숙성할 때보다 훨씬 느리다. 일반적으로 습기가 있는 저장고에서 숙성된 증류주는 더 부드럽고 둥근 특성을 띤다.
- 반대로 더운 기후일수록, 저장고가 건조할수록(상대 습도 40~60%), 더 많은 수분이 증발한다. 즉 위스키의 양은 감소하지만 알코올 도수의 변화는 작다. 따라서 '천사의 몫'이 더 커진다. 일반적으로 이러한 조건에서 생산된 증류주는 화학적 산화·환원 반응으로 인해 더 건조하고 특히 스파이시한 맛과 같은 특성이 두드러진다.

더니지 저장고와 랙형 저장고

더니지 저장고(Dunnage Warehouse)는 전통적인 방식으로 돌벽과 흙바닥을 사용하며 공기 순환이 좋다. 천장이 낮아 최대 3개까지 오크 캐스크를 쌓아올릴 수 있으며, 낮게 깔기 때문에 온도가 비교적 일정하고 습한 편이다. 고습도 숙성에 적합하다. 반면 랙형 저장고(Racked Warehouse)는 나무로 만든 랙에 오크 캐스크를 높이 쌓아올려(최대 12단) 보관하는 방식으로 저장창고와 비슷하다. 바닥 바로 위에 있는 캐스크와 지붕 아래에 있는 캐스크의 온도 차이가 매우 크고(때로 수십 도의 온도차가 난다) 습도도 균일하지 않지만 경제적이고 효율적이다. 미국에서는 랙 하우스로도 불린다.

온도 변화

온도 변화는 위스키의 아로마 생성에 상당한 영향을 미친다. 온도 변화의 폭이 알코올의 부피를 팽창하거나 수축하기 때문이다. 이것이 바로 열역학적 반응이다. 추운 날씨(겨울과 야간)에는 에탄올과 그 컨제너가 응축되어 부피가 작아진다. 반대로 따듯한 날씨에는 팽창하여 에탄올이 목재 깊숙이 침투하여 목재 안에 있는 방향성 화합물을 추출하고 낮은 온도에서 조수처럼 멀리 운반하여 방향성 물질을 다시 농축하고 정제한다. 또한 압력이 증가하면 더 가볍고 은은한 알코올이 방출된다. 온도 변화가 잦고 일교차가 35℃가 넘는 텍사스 주 와코의 극한 기후에서 발코네스 증류소에서는 위스키 숙성이 빠르게 진행된다.

오크 캐스크 주입 시 알코올 도수

오크 캐스크에 증류액을 채울 때 증발에 의한 손실을 막고 오크 캐스크 수가 줄어드는 데 따른 저장 비용을 줄이기 위해 알코올 도수는 정확한 균형을 맞춰야 한다. 이때의 알코올 도수는 추출할 때의 도수에도 영향을 미친다. 이 때문에 영국에서는 전통적으로 몰트위스키의 경우 63.4~63.5%(111 UK 프루프), 그레인위스키의 경우 68%(미국은 62.5%, 아일랜드는 71%)에 맞춰 오크 캐스크에 담는다. 이러한 독특한 도수는 블렌더의 오크 캐스크 교환과 사용을 용이하게 한다. 또한 63.4%라는 알코올 도수에서는 수용성 및 알코올성 방향 화합물이 균형 있고 조화롭게 추출된다. 실제로 부피 대비 알코올 도수가 너무 높을 경우 오크 캐스크의 헤미셀룰로스와 리그닌이 깨져 알코올에 용해되는 특정 아로마 성분이 방출된다. 오크의 엘라직 타닌, 락톤(바닐라, 코코넛 밀크, 통카빈 또는 복숭아 향), 지방산, 알데하이드, 폴리페놀, 페놀 및 그 유기 화합물, 테르펜 향(소나무 수지, 유칼립투스, 왁스, 랍상소우총), 스파이시 향(정향, 생강), 꽃 향(장미)이 나는 유기 화합물이다. 반면 물에 잘 녹고 알코올 도수가 낮을수록 더 효율적으로 추출되는 당류의 추출은 적어진다. 하지만 당과 글리세롤의 고체 입자가 방출되면 용액의 표면 장력이 증가하여 위스키가 더욱 부드러워지고 질감(시럽 상태, 텁텁함, 또는 부드러움)이 변한다.

더니지 저장고(아일라의 라프로익 증류소)

오크 캐스크에 따른 아로마 추출

방향성 화합물의 추출은 오크 캐스크를 구워내는 조건(부시나쥬, bousinage)에 따라 달라진다. 불꽃의 강도와 구워내는 시간에 따라 나무 깊숙이에 닿아 얻고자 하는 최적 농도의 방향성 분자를 찾을 수 있을지가 결정되기 때문이다. 오크 캐스크의 추출 품질은 건조 및 숙성(휘발성 방향성 물질을 생성하는 화학 결합을 변화시킴), 원산지(아래 '사용된 오크의 종류' 참조), 이전에 무엇을 담았었는가(70쪽 참조)에 따라 달라진다. 강한 열을 가하면 헤미셀룰로스가 캐러멜화되어 구아야콜과 같은 페놀 화합물이나 바닐린과 같은 특정 알데하이드를 더 완벽하게 추출할 수 있다. 헤미셀룰로스는 가열하면 쉽게 끊어지는 수백 개의 분자로 이루어진 분지형 사슬을 형성하는 수많은 당분을 함유하고 있어 말린 과일(아몬드, 호두, 헤이즐넛 등), 왁스와 캐러멜, 맥아, 메이플 시럽 또는 감초의 향을 지닌 다양한 추출 가능 화합물을 만들어 낸다. 엘라직 타닌은 처음에는 증류액에 떫은맛을 부여하지만 다양한 산화 반응에 개입하여 유황 풍미를 제거하고 위스키 색상을 안정화한다. 다른 주요 화합물로는 유제놀(정향, 올스파이스, 생강, 육두구 향), 베타 다마세논(블랙커런트, 새싹, 복숭아, 라벤더, 자두, 장미, 사과, 재스민 향), 헥산알(갓 깎은 잔디와 오디 향)이 있다. 새 오크 캐스크(버진 오크)에서 숙성된 위스키는 여러 번 이미 사용된 오크 캐스크에서 숙성된 위스키보다 타닌 추출이 더 많이 이루어진다. 버번, 셰리 와인(올로로소, PX 등) 또는 포트와인을 한 번 채운 오크 캐스크에서 위스키를 숙성하면 방향 추출물이 더욱 두드러지고 색상도 더 강렬하다. 반대로 여러 번 사용한 버번 캐스크는 정제 역할만 할 뿐 위스키의 색상에 영향을 거의 미치지 않는다.

사용되는 오크의 종류

오크 캐스크는 유럽산 참나무 패널로 만든다. 로부르 참나무, 페트라 참나무, 피레네 참나무, 일본 홋카이도와 도호쿠 숲에 서식하는 미즈나라 참나무와 자주 사용되는 미국산 화이트 오크가 있다. 수종에 따라 엘라직 타닌, 락톤, 알데하이드, 폴리페놀 및 페놀의 농도가 다르다. 미국산 화이트 오크는 달콤한 코코넛 향과 짙은 향을 내는 락톤 수치가 매우 높고 로부르 참나무에는 락톤이 거의 존재하지 않는다. 반대로 로부르 참나무는 수용성 타닌 대부분을 함유하고 있다(페트라 참나무보다 3배, 미국산 화이트 오크나 미즈나라 참나무보다 몇 배는 많다).

오크 캐스크의 종류와 오크 캐스크가 아로마에 미치는 영향

초기에 오크 캐스크는 원산지에 관계없이 저장 및 운송 용기로 사용되었다. 따라서 위스키 제조 과정(향과 색 모두)의 필수 단계가 되기 전에는 오크 캐스크가 하나의 판매 수단이었다. 숙성 중에는 애초에 잘못 만들어진 증류주를 보완할 수 없다. 하지만 숙성은 증류 원액의 품질을 떨어트리거나 반대로 향상시킬 수는 있다.

영향을 미치는 요인

온도, 습도, 온도 변화의 폭, 대기압 및 공기의 질(66쪽 '오크 캐스크 숙성' 참조)은 모두 위스키의 아로마 프로파일에 영향을 미친다. 다음 일곱 가지 요인도 오크 캐스크의 종류에 따라 똑같이 동일한 영향을 미친다.

- **이전에 오크 캐스크에 담겼던 술**(버번, 셰리, 포트, 마데이라, 코냑, 소테른, 모리 와인, 마르살라, 럼, IPA 맥주 등)과 그 술이 사용된 목재의 종류(산화, 타닌 추출, 새로운 방향성 화합물 등)와 상호 작용한 방식.
- **패널을 만드는 데 사용되는 목재의 종류.** 예를 들어 미국산 화이트 오크, 로부르 참나무, 졸참나무, 피레네 참나무, 미즈나라 참나무, 다양한 참나무 혼합 등(69쪽 '오크의 종류' 참조). 이러한 다양한 참나무 종류는 위스키와 상호 작용하는 다양한 농축과 방향 성분을 함유하고 있다.
- **오크 캐스크 패널 건조 방식.** 건강한 환경에서 2~4년 동안 야외에서 자연 건조했을 때 목재의 품질이 가장 좋다.
- **오크 캐스크(내부)의 태우기 정도**(낮음에서 중간까지, 토스티드 배럴; 강함에서 매우 강함까지, 차드[탄화] 배럴). 오크 캐스크 제조업에서 부시나쥬는 나무통 내부를 가열하여 추출 향을 끌어내는 것을 가리킨다. 이 층은 증류액에 포함된 유황 성분을 정화하고 촉매 역할을 하기도 한다. 또한 나무 깊숙한 곳까지 도달하여 원하는 향기 분자의 최적 농도를 찾고 여러 가지 향기 반응을 일으킨다.
- **오크 캐스크 주입 시 알코올 도수.** 알코올 도수가 높을수록 알코올에 용해되는 방향족 화합물(락톤, 지방산, 알데하이드, 폴리페놀, 페놀 및 그 유기 화합물)은 더 많이 방출되지만 물에 잘 용해되는 질감을 결정하는 물질, 특히 부드러움을 결정하는 물질은 덜 방출된다.
- **오크 캐스크의 크기**와 그에 따른 목재와 접촉 면적 및 주변 공기와의 교류. 배럴이 작을수록 목재와의 접촉이 많아지지만 미세 산화도 증가한다(오크 캐스크의 크기에 대한 좀 더 자세한 설명은 458쪽 참조).
- **오크 캐스크 사용과 재사용.** 오크 캐스크가 이전에 증류주 숙성에 사용된 횟수를 나타낸다. 새 오크 캐스크(버진 캐스크, virgin oak 또는 new oak)나 첫 번째로 한 번 채운 오크 캐스크(퍼스트 필 캐스크, first fill)에서는 두 번 혹은 세 번 채운 오크 캐스크(세컨드 필 / 서드 필, second fill / third fill)보다 더 많은 방향 화합물이 추출된다. 레드 배럴(너무 많이 사용되어 특징이 사라진 오크 캐스크 – 옮긴이 주)에서는 어떤 물질도 추출되지

않고 미세 산화에 의한 숙성만 이뤄진다. 오크 캐스크 재생은 다시 오크 캐스크의 내부를 태워 새로운 추출층을 형성할 수 있도록 오크 캐스크 내부 표면을 긁어내는 작업이다.

이러한 요소가 중요하기 때문에 추적성 및 투명성에 대한 요구가 있으며 기준을 충족시킬 수 있는 도구를 개발할 필요가 있다.

아메리칸 오크 캐스크

엑스 버번 배럴 또는 아메리칸 스탠더드 배럴: 180~ 200리터
EX-BOURBON BARREL OR AMERICAN STANDARD BARREL(ASB): 180~200L

엑스 버번 배럴 또는 ASB(아메리칸 스탠더드 배럴)은 내부 표면을 태워 바닐린과 같은 특정 케톤을 추출한 미국산 화이트 오크 캐스크이다. 버번을 딱 한 번 채웠던 통이다(이 오크 캐스크는 미국에서 버번에 재사용할 수 없다. 버번은 새 오크 캐스크를 사용해야 한다). 1935년 오크 캐스크 제조업 노조의 압력으로 미국 연방 정부는 모든 위스키(콘 위스키를 제외한 버번, 라이, 테네시 위스키)를 최소 숙성 기간 없이 토스팅한 새로운 오크 캐스크에 숙성하도록 의무화했다. 한 번 사용된 엄청난 양의 오크 캐스크는 위스키 생산국으로 통째로 운송되는데, 일반적으로 해체되어 패널 형태로 운송된다. 배럴, 혹스헤드 또는 쿼터 캐스크로 재조립되면 원하는 아로마를 선택하기 위해 부시나쥬 과정을 거친다. 이러한 오크 캐스크는 숙성에 사용되는 오크 캐스크의 90% 가까이 차지한다.

아로마 바닐라, 코코넛, 캐러멜, 플로럴 크림, 바나나, 시나몬, 육두구, 훈제 …

엑스 버번 혹스헤드: 245~250리터
EX-BOURBON HOGSHEAD: 245-250L

이 영국식 캐스크는 버번 배럴 패널(5통의 버번 배럴로 4통의 버번 혹스헤드를 만들 수 있다)로 만들어지고 새 패널 혹은 사용한 패널로 보강(헤드와 하부 패널은 교체)한다. 아로마 특성은 버번 배럴에서 숙성한 것과 동일하다.

아로마 버번 배럴의 아로마와 동일

쿼터 캐스크: 125~128리터
QUARTER CASK: 125-128L

여기서 말하는 쿼터 캐스크는 45~50리터(ASB의 4분의1)가 아니라 위스키 산업에서 더 일반적으로 사용하는 혹스헤드의 절반에 해당하는 캐스크다. 쿼터 캐스크는 버번 배럴 패널로 만드는 경우가 많다. 버번 배럴 5통으로 쿼터 캐스크 8통을 만들고 새 패널이나 사용한 패널을 추가(헤드와 하부 패널은 반드시 교체한다)한다. 쿼터 캐스크의 경우 증류주와 목재가 접촉하는 표면적이 30% 증가하여 숙성이 더 빨리 이뤄지고 버번 배럴에서 숙성한 것과 동일한 아로마가 더욱 강렬해진다.

아로마 버번 배럴의 풍미와 동일

버진 오크 캐스크(배럴): 180~200리터
VIRGIN OAK CASK: 180-200L

토스팅하지만 태우지 않은 미국산 화이트 오크 ABS로 와인에도 사용된다.

아로마 바닐라, 코코넛, 통카빈, 인센스, 바나나, 생강, 꿀, 초콜릿 …

스페인 오크 캐스크

셰리 와인(스페인어로는 헤레즈)은 스페인 남부 안달루시아의 헤레즈 데 라 프론테라, 엘 푸에르토 데 산타마리아, 산루카 데 바라메다의 보데가(bodega, 포도주를 파는 술집 또는 포도주 저장 창고)에서 생산되는 주정강화 와인 또는 내추럴 스위트 와인이다. 1986년 와인을 병에 담아서 수출해야 하는 법이 생기기 전까지는 이 스페인 와인들은 전부 오크 캐스크에 담겨 영국으로 보내졌고, 이 오크 캐스크들은 다시 위스키 업계에서 재사용되었다. 이 오크 캐스크는 위스키에 풍성하고 깊이 있는 다양한 풍미(말린 과일, 신선 과일, 설탕에 절인 과일, 향신료, 초콜릿, 산화 또는 발사믹 풍미)를 선사할 뿐만 아니라 신선하고 둥근 맛을 내어 빠르게 명성을 얻었다. 당시 운반용 오크 캐스크는 솔레라 시스템(solera system, 주정강화 와인 특히 셰리 와인을 숙성하는 공정 방식으로 오래된 와인과 새로운 와인을 섞어 균일한 품질을 유지한다 – 옮긴이 주)에서 나온 것은 아니었다. 실제로 영구적 블렌딩을 이용한 숙성 과정인 솔레라 시스템에서 가장 오래된 오크 캐스크는 소진될 때까지 절대로 비워지지 않는다. 각 빈티지 와인은 겹겹이 쌓인 오크 캐스크(크리아데라, criadera)에 담기고 가장 아래에서 추출할 때마다 위에 있던 최근 와인이 흘러 아래에 있는 좀 더 오래된 와인과 섞인다. 운송용 오크 캐스크는 배송을 위해 특별히 제작된 젊고 품질이 낮은 오크 캐스크로 일반적으로 보데가에서 오크의 가장 공격적인 방향 화합물을 중화하기 위해 사용했다. 그런 다음 영국 시장에서 병입하기 위해 숙성된 셰리를 채웠다.

오늘날에는 이 모든 것이 새로운 오크 캐스크에 풍미를 입히는 방식(시즈닝 캐스크, seasoning cask)로 대체되었다. 시즈닝 캐스크는 단기간(6개월에서 최대 30개월이지만 일반적으로 18개월에서 24개월) 동안 셰리(주로 어린 셰리)를 채우고 압력을 가하여 나무의 타닌 성분과 이와 관련된 쓴맛을 추출하고 아로마와 당을 배게 하여 길들인(엔비나도, envinado) 오크 캐스크이다. 기술적인 측면에서, 위스키 증류소는 전문 중개인이나 스페인 오크 캐스크 제조업체를 통해 오픈 마켓에서 이러한 오크 캐스크를 구매하거나 같은 오크 캐스크 제조업체(페르난도 데 카스티야, 곤살레스 비아스, 이달고 라 기타나, 루스타우, 페드로 도메크 등)와 협력하여 보데가(파에즈 로바토, 테바사, 토넬리아 델 수르 등)와 계약을 체결할 수 있다. 오크 캐스크 제조업체는 오크 캐스크 용량(혹스헤드, 버트, 펀천), 사용되는 오크의 종류(유럽산 또는 미국산 오크), 아로마 토스팅 타입(일반적으로 가벼운 토스팅), 셰리의 종류(피노, 올로로소, PX), 침투 시간(시즈닝) 등 각자의 사양에 따라 오크 캐스크를 제작한다. 계약에 따라 오크 캐스크는 셰리 숙성을 위해 보데가에 임대되었다가 위스키 숙성을 위해 증류소로 다시 옮겨진다. 오크 캐스크의 용량에 따라 12리터에서 20리터 사이의 위스키가 패널에 흡수되며 동일한 양이 운송 중 건조를 방지하기 위해 오크 캐스크에 들어간다. 마지막으로 DO(denominación de origen, 원산지 증명) 셰리 오크 캐스크는 사양 식별과 추적을 위해 코드화된다.

물론 유럽산 오크(일반적으로 스페인 북부 갈리시아, 프랑스 또는 루마니아 오크) 또는 미국산 화이트 오크 등 사용되는 오크의 종류가 큰 영향을 미친다. 미국산 화이트 오크는 널리 사용되지만 타닌이 많은 유럽산 오크에 비해 아로마가 약하다. 미국산 화이트 오크가 함유한 알데하이드와 락톤만이 유럽산 오크보다 바닐라와 코코넛 밀크, 통카 빈, 인센스 향을 더욱 강하게 낸다. 위스키와의 상호작용도 더 느리다. 미국산 오크는 과일 향이 나는 가벼운 증류액을 숙성시키는 데 더 적합하고 풍미가 진하고 풍부한 무거운 증류액은 유럽산 오크의 로스트 향이 더욱 잘 어울린다.

시즈닝 캐스크는 용량 또는 모양에 따라 세 가지로 나뉜다. 130~140센티미터 패널은 버트(butt)의 패널을 만드는 데에 사용되고, 120센티미터 패널은 버트보다 작지만 다부지고 둥근 펀천(puncheon)을 만드는 데 쓰인다. 마지막으로 가장 크게 잘린 패널은 혹스헤드(hogshead)를 만드는 데에 사용된다.

엑스 셰리 혹스헤드(Ex-sherry hogshead): 245~250리터

엑스 셰리 버트(Ex-sherry butt): 480~520리터

*셰리 쉬핑 버트(Sherry shipping butt)의 용량은 491리터다.

엑스 셰리 펀천(Ex-sherry puncheon): 509~559리터

엑스 피노(Ex-sherry puncheon)

아로마: 효모, 빵의 속살, 바다 물보라, 허브, 로즈마리, 아몬드, 호두, 풋사과, 레몬 제스트 …

엑스 만자니야(Ex-manzanilla)

아로마: 캐모마일, 풋사과, 미라벨, 레몬 제스트, 아몬드 빵, 소금, 초크, 그린 올리브, 바다 물보라 …

*만자니야(manzanilla): 스페인의 주정강화 와인

엑스 아몬티야도(Ex-amontillado)

아로마: 말린 과일(헤이즐넛, 아몬드), 아로마 허브, 담배, 빵 껍질, 효모, 용매제 …

*아몬티야도(amontillado): 스페인 히달고 가문의 주정강화 와인

엑스 팔로 코르타도(Ex-palo cortado)

아로마: 호두, 헤이즐넛, 비터 오렌지, 금귤, 복숭아, 멜론, 진저브레드, 산패한 버터, 계피, 신선한 담배, 가죽 장식품, 커피, 다크 초콜릿, 점토, 실리카, 매니큐어 …

*팔로 코르타도(palo cortado): 셰리 와인의 일종

엑스 올로로소(Ex-oloroso)

아로마: 호두, 구운 아몬드, 말린 과일(건포도, 대추, 무화과, 크랜베리), 검은 과일과 붉은 과일(댐슨 자두, 블랙커런트, 블랙베리, 라즈베리), 과일 케이크, 초콜릿, 가나슈, 발사믹, 담배, 고급 목배, 가죽, 트러플 …

*올로로소(oloroso): 스페인 헤레스 지역의 셰리 와인으로 진하고 묵직하다

엑스 크림 셰리(Ex-cream sherry)

아로마: 호두, 구운 아몬드, 캐러멜, 가나슈, 발사믹, 약한 담배, 가죽, 무화과, 대추야자, 절인 검은 과일(자두, 블랙베리), 건포도, 빵 속살 …

*크림 셰리(cream sherry): 부드럽고 달콤한 타입의 셰리 와인을 총칭

엑스 페드로 히메네스(Ex-pedro ximénez; PX)

아로마: 건포도, 무화과, 대추, 당밀, 꿀, 자두, 캐러멜, 감초, 블랙커런트, 시럽 …

* 페드로 히메네스(Pedro Ximénez; PX): 매우 달콤하고 진한 디저트 와인의 생산에 사용되는 스페인 화이트 와인용 포도 품종.

엑스 모스카텔(Ex-moscatel)

아로마: 머스캣, 재스민, 오렌지꽃, 인동덩굴, 라임, 자몽 …

* 모스카텔(moscatel): 스페인과 포르투갈에서 달콤한 주정강화 와인을 만드는 데 사용하는 포도 품종. 영어로는 머스캣(muscat)

포르투갈 오크 캐스크

포트 파이프(port pipe, 포트와인에 사용하는 통으로 500~560리터 크기 – 옮긴이 주)와 마데이라 캐스크(madeira cask)는 포르투갈에서 가장 유명한 두 가지 아펠라시옹 강화 와인을 담았던 오크 캐스크를 말한다. 포트 파이프와 마데이라 캐스크는 복합적인 아로마로 위스키 업계에서 높이 평가받고 있다. 레드 포트 와인에는 두 가지 종류가 있다. 첫 번째는 오크 캐스크 숙성 없이 병에서 숙성된 환원성(reductive) 와인(루비, 레이트 보틀드 빈티지, 빈티지)으로 강렬한 과일 향과 구조적인 질감이 특징이다. 두 번째는 캐스크에서 2년에서 40년 이상 숙성된 산화성(oxidative) 와인(연령 표시가 있는 토니 클래식, 콜헤이타스)으로 말린 과일, 베르가못, 매운 향(카레), 우디 향이 특징이다. 화이트와 로제 포트 와인 오크 캐스크는 잘 사용되지 않는다. 마데이라는 포르투갈의 마데이라 군도에서 생산되는 내추럴 스위트 와인(알코올 발효 중 주정을 첨가해서 만듦)으로, 랑시오(살구의 중간 아로마, 깊은 견과류와 로스팅 아로마를 내는 산화 숙성이 특징)로 숙성한다. 가장 건조한 것부터 가장 달콤한 것까지 분류된 일곱 가지 포도 품종으로 만든다. 시세랄(아몬드, 캐모마일, 풋사과, 레몬 제스트), 베르델호(해변의 조약돌, 슬레이트, 훈제 아몬드), 테란테즈(복잡한 과일), 보알(꿀과 말린 과일), 말바시아(꿀과 페이스트리) 등이 있다.

엑스 포트 파이프(Ex-port pipe):
528~ 545리터

아로마: 검은 과일(블랙베리, 블랙커런트, 댐슨 자두, 프룬)과 붉은 과일(레드 커런트, 라즈베리, 체리, 딸기), 건청포도, 모란, 커피, 코코아, 견과류, 오크, 향신료, 담배, 가죽, 왁스

엑스 마데이라 캐스크(Ex-madeira cask):
419~437리터, 650리터(드럼)

아로마: 꿀, 그린게이지, 구스베리, 복숭아, 말린 과일(무화과), 캐러멜, 당밀, 커피, 오렌지 껍질, 망고, 넥타린 …

*마데이라(madeira): 아프리카 연안의 마데이라 제도에서 생산되는 일종의 주정강화 와인. 순도 95%의 브랜디를 첨가하고 45도 이상의 고온 숙성 과정을 3~6개월 거친다.

프랑스 오크 캐스크

프랑스는 국토의 3분의 1을 차지하는 숲이 우거진 지역에 다양한 종류의 참나무가 서식하고 있다. 오래된 참나무 숲과 그곳에서 자라는 수종 특유의 물리화학적 특성뿐만 아니라 지리적 테루아는 각 수종에 고유한 페놀 및 방향 화합물에 영향을 미친다. 보주 숲은 결이 곱고 타닌 함량은 낮지만 락톤과 유제놀이 풍부하여 감귤류, 복숭아, 천도복숭아, 커피, 모카치노, 가나슈, 정향 향을 내는 페트라 참나무가 자란다. 부르고뉴 프랑슈 콩테의 베르트랑쥬 숲은 키가 크고 결이 촘촘한 페트라 참나무가 서식하는 독특한 테루아로 백도, 망고, 신선한 백포도, 통카빈의 순수하고 깨끗한 향을 내며, 사르트의 베르세 숲(쥐피유)의 참나무는 가나슈, 다크 초콜릿, 캐러멜, 아몬드 등 바디감을 더해주는 향이 특징이다. 오베르뉴 지방 알리에 숲의 페트라 참나무는 헤이즐넛, 버터 스카치, 감초, 파인애플의 구운 향을 내지만 같은 지방의 트롱세 숲의 참나무는 생강, 계피 등 매운 향과 브리오슈, 코코넛, 구운 사과의 탐스러운 향을 더 많이 낸다. 리무쟁의 결이 큰 로부르 참나무로 만든 오크 캐스크는 더 많은 타닌과 향신료(정향), 캐러맬라이징한 사과 향을 낸다.

엑스 보르도 레드
(Ex-bordeaux rouge):
225리터

아로마: 레드커런트, 딸기, 라즈베리, 체리, 블랙베리, 블랙커런트, 감초, 커피, 초목 …

엑스 부르고뉴 레드
(Ex-bourgogne rouge):
228리터

아로마: 체리, 포도, 자두, 오렌지 껍질, 후추, 타임, 이끼, 트러플, 가죽, 호박 …

엑스 소테른
(Ex-sauternes):
225리터

아로마: 감귤류, 백도, 설탕에 절인 과일, 과일 페이스트, 아카시아꽃, 꿀, 왁스, 파인애플, 백후추 …

*소테른(sauternes): 프랑스산 디저트 와인

엑스 뱅존(쥐라 와인)(Ex-vin jaune):
225~228리터

아로마: 잘 익은 호두, 풋사과, 삿갓버섯, 훈제, 구운 빵, 효모, 브리오슈, 셀러리, 카레, 사프란, 호로파, 러비지, 히솝, 마조람, 쑥, 수레국화, 계피, 넛맥 …

* 뱅존(vin jaune): 프랑스 쥐라(Jura) 지역의 사바냥(savagnin) 포도 품종으로 만드는 드라이한 스타일의 화이트 와인

엑스 코냑(Ex-cognac):
280, 350, 400리터

아로마: 바닐라, 토스트, 초콜릿, 향, 가죽, 단 포도주, 삼나무, 시가 박스, 말린 살구, 오렌지껍질 마멀레이드, 아몬드, 시나몬, 육두구, 사프란, 재스민 …

엑스 칼바도스(Ex-calvados):
용량은 요구 사항 및 재사용된
오크 캐스크에 따라 달라질 수 있다

아로마: 사과, 사과꽃, 타르트 타탱, 배, 모과, 설탕에 절인 감귤류, 잘 익은 미라벨 자두, 달콤한 감초, 캐러멜, 시나몬 …

* 칼바도스(calvados): 프랑스 북서부 노르망디 지역의 사과로 만든 증류주. 브랜디의 일종

이탈리아 오크 캐스크

시칠리아는 세계에서 가장 오래된 포도밭 중 하나를 보유하고 있으며 역동성을 보여주고 있다. 마르살라 오크 캐스크, 드라이 강화 와인(발효가 거의 끝나가는 단계) 또는 그릴로, 카타라토, 인졸리아 품종으로 만든 리큐르 와인은 위스키에 놀라운 아로마를 선사한다.

엑스 마르살라(Ex-marsala):
200 및 396리터

아로마: 그린게이지, 말린 과일(호두, 헤이즐넛), 발사믹, 오렌지 제스트, 망고, 천도복숭아, 향신료 …

* 마르살라(marsala): 이탈리아 시칠리아섬의 마르살라 지방에서 생산되는 주정강화 와인

일본 오크 캐스크

일본 열도 북쪽의 홋카이도와 도호쿠의 숲에서 서식하는 미즈나라 참나무로 만든 전설적인 오크 캐스크는 독창적이면서도 독특한 향을 선사한다. 미즈나라 오크 캐스크는 희귀성, 소량 생산, 천문학적인 가격뿐만 아니라 촘촘한 결을 가공하는 것이 극도로 어려운 것으로도 유명하다.

엑스 미즈나라(Ex-mizunara):
용량은 필요에 따라 달라진다.

아로마: 감, 샌들우드, 오우드, 인센스, 계피, 배, 코코넛 등 …

인터뷰

리처드 패터슨

화이트 앤 맥케이 마스터 블렌더

셰리 캐스크를 선택할 때 중요한 요소는 무엇인가요?

'캐스크가 왕이다!' 제 생각에 셰리 캐스크에서 숙성한 위스키의 아로마 프로파일은 80% 정도가 숙성 과정에서 영향을 받습니다. 그렇기 때문에 선택 과정이 매우 중요하지요. 연애를 포함한 모든 파트너십과 마찬가지로 첫 번째 단계는 서로의 반응과 장단점을 분석하는 것입니다. 셰리 캐스크도 마찬가지입니다. 각 캐스크의 셰리 스타일과 위스키의 성격에 어떤 영향을 미치는지 평가하려면 모든 각도에서 각각의 캐스크를 감정해야 합니다. 달모어는 부드럽고 묵직한 질감과 초콜릿과 오렌지를 기반으로 한 아로마를 갖고 있습니다. 우리가 사용하는 각 셰리 캐스크는 처음부터 이러한 특성을 갖고 있어야 하죠. 곤잘레스 비아스 보데가의 마투살렘 캐스크(30년산 솔레라)는 우리가 위스키에서 원하는 풍부한 바디감을 가진 구조 잡힌 셰리를 담고 있습니다. 달모어에 딱 맞는 캐스크지요. 헤레즈 데 라 프론테라에 가서 아몬티야도, 팔로 코르타도, 올로로소 캐스크에 담긴 다양한 스타일의 셰리를 분석하면 달모어, 주라, 탐나불린 등 생산할 위스키의 성격에 어떤 것이 적합한지 알 수 있습니다. 하지만 최종 결과물을 얻기까지는 몇 년을 기다려야 합니다. 숙성과 위스키의 관계는 교환 관계, 나아가 유혹의 관계라고 할 수 있습니다. 캐스크가 절대로 해서는 안 되는 유일한 것이 있다면, 위스키를 지배하는 것입니다. 오히려 위스키를 부드럽게 어루만져 줘야 하지요.

일반적으로 셰리 캐스크 숙성에는 올로로소 캐스크가 가장 적합하다고 생각하시나요?

대부분의 셰리는 드라이합니다. 따라서 올로로소 캐스크에서 숙성하는 것(팔로미노 피노* 품종의 포도즙을 완전히 발효시킨 것 - 편집자 주)은 페드로 히메네스(PX) 품종을 일정 비율 섞어 숙성하는 것이 가장 유리한 특성을 부여합니다. 마투살렘 캐스크(크림 올로로소)에는 팔로미노 피노 75%와 PX 25%가 함유되어 있는 반면, 아포스톨레스 캐스크(팔로 코르타도)에는 팔로미노 피노 90%에 PX 10%만 함유되어 있습니다. 셰리가 너무 드라이하면 화이트 앤 맥케이 위스키에서 원하는 스타일을 얻지 못합니다. 셰리 캐스크는 각기 다 다르고, 특정 유형의 싱글 몰트 원액의 프로파일에 영향을 미칩니다.

1980년대 중반까지 사용된 운송용 캐스크와 오늘날 시즈닝 캐스크의 차이점은 무엇인가요?

50년 전에는 영국에 도착하는 운송용 캐스크에 대한 추적이 불가능했습니다. 오늘날 사람들은 훨씬 까다로워졌고 캐스크가 어디에서 왔으면 어떤 스타일의 셰리가 담겨 있는가에 대한 정확한 정보를 원합니다. 싱글 몰트에 개성과 일관성을 부여하는 것이 바로 셰리이기 때문에 더욱 중요하지요. 캐스크 선택 과정에서 원하는 종류의 셰리를 얻는 것은 매우 중요하며, 이는 캐스크가 완벽하게 식별되어야만 가능합니다.

이탈리아의 전설적인 독립 병입업자 실바노 사마롤리의 말에 따르면, 20년 정도 캐스크를 사용하다 보면 어느 순간 캐스크가 자신이 준 것을 되찾는다고 합니다. 마스터님의 경험으로 보았을 때 이 분석에 동의하시나요?

첫 번째 숙성은 캐스크의 전반적인 품질을 결정합니다. 하지만 와인과 마찬가지로 캐스크의 종류에 따라 사용 기간이 달라집니다. 12년 동안 사용한 퍼스트 필 셰리 캐스크는 한 번 더 사용될 수 있지만 위스키에 미치는 영향은 줄어듭니다. 서드 필 후에는 캐스크가 더 이상 어떠한 영향도 미치지 않고 소진되어 아무것도 추출할 수 없게 됩니다. 그러나 일반적인 규칙은 없습니다. 캐스크가 원하는 것을 제공하는지 알아보려면 캐스크를 맛봐야 합니다. 달모어에서는 캐스크의 향이 조금이라도 약해지면 그 내용물을 새 캐스크로 옮깁니다. 1년에 두 번, 달모어의 모든 캐스크를 테스트하고 세심하게 모니터링하여 필요할 때 내용물을 새 캐스크로 옮깁니다. 캐스크는 입으면 기분이 좋아지는 새 옷과 같습니다.

---

* 팔로미노 피노(Palomino Pino)는 페드로 히메네스와 같이 스페인의 백포도주용 포도 품종이다

최고의 캐스크는 무엇이라고 생각하시나요?

저는 그라함 토니 포트* 캐스크를 정말 좋아합니다. 하지만 제가 가장 좋아하는 캐스크는 셰리 캐스크입니다. 곤살레스 비아스 보데가의 마투살렘와 아포스톨레스 캐스크는 항상 제가 찾던 특별한 아로마를 선물해 주지요. 하지만 모든 것을 결정하는 것, 모든 잠재력을 표면으로 끌어올리고 스타일을 부여하는 것은 바로 시간입니다. 우리는 단지 시작만 할 뿐이지요.

숙성 측면에서 새로운 지평을 열고 있는 실험은 무엇인가요?

다양한 종류의 오크 캐스크로 작업하는 것은 매우 혁신적입니다. 주라 세븐 우즈 익스프레션은 일곱 가지 오크 캐스크, 즉 퍼스트 필 미국산 화이트 오크 캐스크(버번 캐스크)와 알리에, 리무쟁, 트롱세, 베르트랑쥬, 보주 및 쥐피유에서 온 여섯 가지 프랑스산 오크 캐스크에서 숙성되었습니다. 다양한 종류의 목재가 어떤 기여를 하는지 아는 것은 필수적입니다. 또한 숙성의 미래는 보르도의 최고급 크뤼 와인부터 루아르의 와인까지 다양한 스타일의 훌륭한 와인 오크 캐스크를 더 잘 활용하는 데 있습니다. 우리가 만들고자 하는 위스키와의 궁합, 위스키에 부여하는 질감, 지속력 등을 이해해야 합니다. 저는 확실히 앞으로 이름을 인용할 수 없는 와인 오크 캐스크는 더 이상 사용하지 않을 것입니다. 이 부분에 있어서는 소비자에게도 투명성이 필요합니다.

위스키 숙성에 대한 최고의 기억은 무엇인가요? 기억에 남는 순간이 있나요?

달모어 62년산 올로로소요! 드류 생클레어 시리즈 중 이 캐스크에서는 12병밖에 나오지 않을 것을 알고 있었지요. 남은 액체는 특별한 셰리 캐스크에 옮겨 담았지만 아직 테스트하지는 않은 상태였습니다. 이 값비싼 달모어가 제가 원하는 수준에 도달했는지 알 수가 없었기 때문입니다. 위스키계의 아이콘이자 저술가인 데이브 브룸과 함께 저장고에 가서 캐스크에서 직접 테이스팅 해보았는데 어떤 결과가 나올지 전혀 예상하지 못했죠. 그런데 잭팟이 터졌습니다! 놀라운 순간이었죠. 2020년 6월 초에 26만 6천 파운드(약 30만 유로)에 팔린 것은 그 캐스크에서 나온 병 중 하나였습니다. 모든 것이 한데 어우러지는 이런 순간에 완벽함이 무엇인지 더 명확하게 알게 됩니다.

---

* 그라함 토니 포트(Graham's Port)는 1920년 윌리엄과 존 그라함 형제에 의해 설립된 포르투갈의 주정강화 와인이다.

단위 변환표

알코올 도수 및 부피 측정에 대한 세 가지 주요 표준(국제 표준, 미국 표준, 대영제국 표준)이 공존하는 세계에서는 이를 변환할 수 있는 기능이 필수적이었다. 국제 시스템(SI)은 현재 전 세계 거의 모든 국가에서 공식적인 기준으로 사용되고 있다. 영국도 점진적으로 SI를 도입했다(1963년 계량 및 측정에 관한 법률에 따라 패키지에 영국식 단위를 사용, 1978년 이중 표기, 1995년 SI를 채택). 병에 표시된 단위의 특성상 대략적인 연대 측정이 가능하다. 생산국 중 미국만이 전통적인 측정 단위를 유지하며 특정 분야에만 SI를 도입했다. 따라서 칵테일에 사용되는 미국 갤런, 온스처럼 알코올 도수(ABV)의 정확히 두 배에 해당하는 US 프루프(proof)도 여전히 사용되고 있다(영국 프루프는 사라짐).

%, Alchohol by volume(ABV)	40	43	45,7	46	50	51,4	57	60	100
US 프루프	70	75.25	80	80.5	87.5	90	100	105	175
UK 프루프	80	86	91.4	92	100	102.8	114	120	200

				버번 배럴	BS 혹스헤드	펀천 셰리 버트	포트 파이프	고르다
리터(L) (평균값 용량)	1	3,78541	4,54609	190	245	500	550	600
US 갤런(US gal)	0.264172	1	1.20	50	65	132	145	159
영국 갤런(Imp gal)	0.219969	0.83	1	42	54	110	121	132

							리터	US 갤런	Imp 갤런
센티리터(cl)	1	2,84	2,96	4	70	75	100	378,54	454,61
영국 액량 온스 (UK fl oz)	0.352	1	1.04	1.41	24.64	26.4	35.2	132.49	160
US 액량 온스 (US fl oz)	0.338	0.96	1	1.35	23.67	25.36	33.81	128	153.72

나만의 위스키 셀러 만들기

좋은 위스키 셀러는 병의 개수나 라벨로 판단할 수 없다. 한정판을 선호하든 일반 위스키를 선호하든, 위스키 셀러는 무엇보다도 자신의 선택과 취향을 반영해야 한다. 투기를 위한 구매는 의미가 없다. 마음에 드는 위스키가 있고 여유가 된다면 3병을 구입하자. 첫 번째 병은 친구들과 함께 맛보고, 두 번째 병은 시간을 두고 마시면서 어떻게 변하는지 음미해 보고, 세 번째 병은 보관해 두자(다른 두 병의 가치를 훨씬 뛰어넘거나, 특별한 날에 개봉할 수 있을 것이다!).

나만의 위스키 스타일 정의하기

특정 지역의 위스키에는 특정 성질(예를 들어, 아일라의 소위 '연안' 또는 '강렬한' 위스키)이 있지만, 지리적 기준에 따라 위스키를 선택하기는 어렵다. 따라서 셀러는 기본적으로 자신의 취향에 따라 구성한다. 물론 취향은 계속 변하기 마련이지만 좋아하는 아로마 계열이나 증류소와 연관되는 경우가 많다. 위스키는 숙성하는 동안 변하고 개봉 후에는 산화되면서 더욱 빠르게 변하기 때문에 여러 아로마 계열과 연관될 수 있다. 그러나 특정 표현이 두드러지는 특징적인 프로파일이 존재한다.

셀러의 중심부

'꼭 마셔봐야 할' 익스프레션은 위스키의 역사를 만들어 왔고 지금도 만들어 가고 있는 위스키들이다. 위스키 애호가라면 누구나 한 번쯤은 마셔보았을 것이다. 다른 익스프레션들은 꼭 마셔봐야 할 위스키의 아로마를 더 잘 이해할 수 있도록 도와준다는 점에서 무척 흥미로우며 한번 관심을 가져볼 가치가 있다. 이 익스프레션들이 함께 셀러의 중심부를 형성한다.

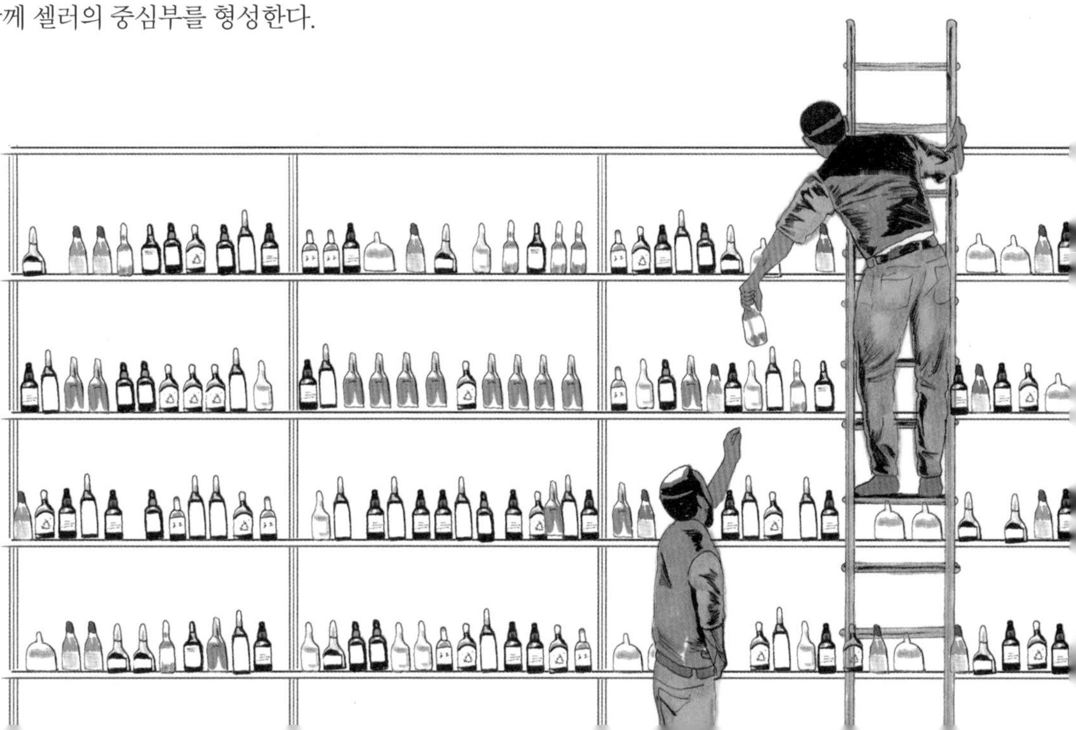

주요 아로마 계열

꽃, 과일, 허브류
섬세한 위스키

곡물, 단맛, 오일리
몰트 향 혹은 달콤한 위스키

우디, 스모키, 유황
강한 위스키

바다, 미네랄
연안 위스키

와인
셰리 위스키 혹은 다른 와인 오크 캐스크에서 숙성된 위스키

꼭 마셔봐야 할 위스키

€ 35유로 이하 • € 35~39유로 • €€ 70~150 유로 • €€€ 150유로 이상

아벨라워, 아부나흐, 60.8% ABV
스코틀랜드, *스페이사이드* €
와인 향, 과일 향(비터 오렌지, 라즈베리, 무화과), 기름진(가죽) 향, 초콜릿 향

암룻, 퓨전, 50% ABV
인도, *방갈로* €
샌들우드, 맥아, 과일 향(파인애플, 살구), 꽃 향

아드벡, 텐, 46% ABV
스코틀랜드, *아일라* €
피트, 바다 내음, 톡 쏘는 과일 향(라임)

오큰토션, 쓰리 우즈, 43% ABV
스코틀랜드, *로우랜드* €
풀 향, 과일 향, 달콤한 꿀 향, 피니시에 레몬그라스 향

블랑톤, 싱글 배럴 골드 에디션, 51.5% ABV
미국, *켄터키* €€
과일 향, 스파이시 향, 헤디 향(튜버로즈, 제라늄), 피니시에 피칸과 감초 향

쿨일라, 12년, 43% ABV
스코틀랜드, *아일라* €€
스모키하고 바다 내음이 나며 후추와 레몬의 뒷맛이 깔끔하게 남음

클라인넬리쉬, 14년, 46% ABV
스코틀랜드, *하일랜드* €
캔들 왁스, 바다 물보라, 단 향, 맥아 및 미네랄(모래 해변)

일라이저 크레이그, 배럴 프루프, 스몰 배치, 67.4% ABV
미국, *켄터키* €€
과일 향(블랙베리, 복숭아), 꽃 향(인동덩굴), 유칼립투스 오일

글렌파클라스, 15년 46% ABV
스코틀랜드, *스페이사이드* €
와인 향, 단 향, 말린 과일과 피트 몰트

글렌피딕, 프로젝트 XX, 47% ABV
스코틀랜드, *스페이사이드* €
과수원 과일, 하얀 꽃, 바닐라와 가벼운 나무 향 프로파일

하이랜드 파크, 12년, 40% ABV
스코틀랜드, *하일랜드* €
헤더 꿀, 맥아, 과일 향(비터 오렌지), 가벼운 피트

잭다니엘, 싱글 배럴 셀렉트, 45% ABV
미국, *테네시* €
우디(시가 박스), 꿀, 아니스, 스파이시(정향), 피니시에 배 향

라가불린, 16년, 43% ABV
스코틀랜드, *아일라* €
맥아, 피트, 초콜릿과 기름진 향

라프로익, 쿼터 캐스크, 48% ABV
스코틀랜드, *아일라* €
기름진 향, 기름진 피트, 풀 향, 과일 향, 바다 내음

**레드브레스트, 12년, 버번 +
셰리 캐스크, 40% ABV**
아일랜드, *미들턴* €
과일 향(전형적인 블랙커런트 새싹), 스파이시 향

리튼 하우스, 스트레이트 라이, 50% ABV
미국, *켄터키* €
기름, 호밀, 참깨, 비터 과일(세비야 오렌지), 계피

로얄 살루트. 21년, 40% ABV
스코틀랜드 (*블렌드*) €€
와인 향, 과일 향(블루베리, 복숭아), 감초 향

스프링뱅크, 10년, 버번 + 셰리 캐스크, 46%
스코틀랜드, *캠벨타운* €
바다 미네랄, 과일 향, 몰트, 왁스 향, 피트한 피니시

탈리스커, 10년 45,8% ABV
스코틀랜드, *하일랜드* €
훈제(해변 모닥불), 뚜렷한, 바다 내음, 라임과 후추

발베니, 12년, 퍼스트 버번 배럴, 47.8% ABV
스코틀랜드, *스페이사이드* €
감초, 맥아, 크림, 과수원 과일

와이저스, 18년, 40% ABV
캐나다 (*블렌드*) €
시리얼, 과일(파인애플, 대추야자), 페이스트리, 단 음식
(사과 사탕)

야마자키, 디스틸러스 리저브, 43% ABV
일본, *야마자키* €€
신선한 붉은 과일, 크림(바닐라), 샌들우드, 꿀

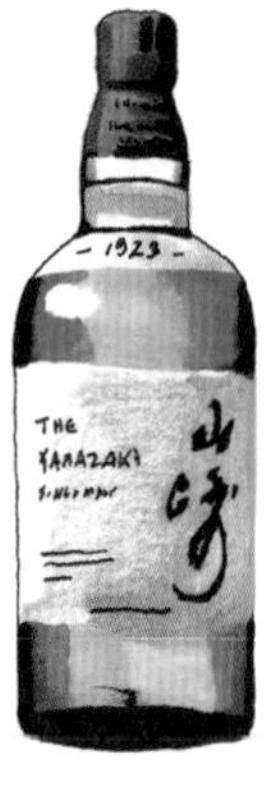

셀러를 완성하는 위스키

벤 네비스, 10년, 46% ABV
스코틀랜드, *하일랜드* €
진한, 과일 향, 몰트, 균형 잡힌 미네랄이 뒷받침

벤리악, 템포리스, 21년, 46% ABV
스코틀랜드, *스페이사이드* €€
바다와 농장의 피트, 열대 과일, 나무 향(삼나무), 스파이스

브룩라디, 비어 발리, 8년, 50% ABV
스코틀랜드, *아일라* €€
지방, 몰트, 생생한 산도, 두드러지는 미네랄과 꿀

달모어, 12년, 세 가지 스타일의 셰리 우드, 40% ABV
스코틀랜드, *하일랜드* €
몰트, 와인, 시트러스, 검은 과일

글렌파클라스, 105 캐스크 스트렝스, 셰리 캐스크, 60% ABV
스코틀랜드, *스페이사이드* €
와인, 달콤한, 균형 잡힌 랑시오, 몰티한 피니시

글렌모렌지, 아스타 미주리 오자크 오크, 57.1% ABV
스코틀랜드, *하일랜드* €€
과일 향(비터 오렌지, 라즈베리, 무화과), 기름진(가죽), 추콜릿 향

킬커란, 8년, 버번 캐스크, 56.2% ABV
스코틀랜드, *캠벨타운* €
미네랄(흑연, 점토), 과일 향, 풀 향(향기 식물), 단맛(보리 설탕)

몰트락, 16년, 플로라 & 파우나, 43% ABV
스코틀랜드, *스페이사이드* €€€
왁스, 몰트, 육류, 검은 과일 향

닛카, 코피 몰트, 45% ABV
일본, *미야기쿄* €
몰트(브리오슈), 단맛(바닐라, 캐러멜), 시트러스 과일 향

올드 풀테니, 15년, 버번 & 스페니시 캐스크, 46% ABV
스코틀랜드, *하일랜드* €€
과일 향(모과, 키위, 서양모과), 밀랍, 풀 향, 바다 내음

포트 샬롯, 브룩라디, 아일라 발리, 50% ABV
스코틀랜드, *아일라* €€
흙냄새 나는 피트, 바다 물보라, 섬세한 과일 향과 꽃 향

스프링뱅크, 로컬 발리, 10년, 56.2% ABV
스코틀랜드, *캠벨타운* €€
도서관 왁스, 피트, 몰트와 검은 과일 향(댐슨자두, 말린 자두)

개봉 전 위스키 보관

위스키는 높은 알코올 도수로 증류된 음료다(최소 알코올 도수 40% ABV). 따라서 와인처럼 불안정하지는 않다. 하지만 몇 가지 주의를 기울여야 한다.

세워서 보관하기

와인과 달리 위스키 병은 반드시 수직으로 세워서 보관해야 한다. 이는 높은 알코올 함량 때문에 '헤드' 코르크 마개의 코르크가 변질(고착)되지 않게 하기 위해서다. 코르크의 단단한 부분은 약 90%가 폴리페놀로 구성되어 있지만, 코르크 자체는 90% 가까이 공기로 구성되었다. 코르크에는 입방센티미터당 4천만 개의 세포가 들어 있어 일종의 복잡한 벌집(실제로는 14개의 면을 가진 다면체 프리즘에 가깝다)을 형성하고 있는 격으로 가스 교환이 이뤄진다. 바로 이 세포들이 알코올에 의해 변화될 수 있다. 세포가 알코올에 의해 변형되면 코르크가 압축되어 탄력을 잃고 부피가 줄어든다. 더 이상 밀봉이 잘되지 않고 산화환원 현상도 통제가 안 된다. 코르크는 시간이 지나면서 동적으로 변할 수 있는 탄성 메모리를 지녀서 압력 차이에 적응하고 주변 온도로 인해 유리병과 내용물이 팽창, 수축하는 것을 상쇄한다. 이러한 속성은 또 다른 장점이 있다. 병을 열기 전 몇 분 또는 몇 시간 동안 수평으로 놓아두면 코르크가 초기 탄성을 회복하는 것이다(병을 세로로 오래 보관할수록 보관 온도가 높아지고 습도가 낮을수록 병을 개봉하기 전에 수평으로 오래 놔둬야 한다). 병의 머리를 약간 아래로 기울이면 코르크에서 기포가 흘러나와 내부 벽을 따라 미끄러져 내려가는 것을 볼 수 있다 거품이 더 이상 보이지 않으면 병을 조심스럽게 따면 된다. 일본 위스키는 이러한 문제를 극복하기 위해 종종 스크류캡을 사용한다.

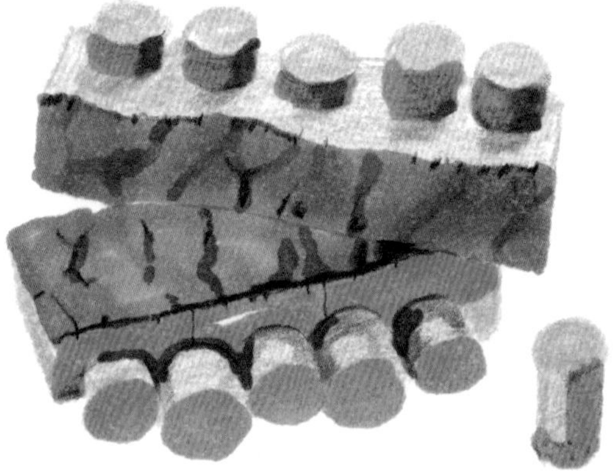

천연 코르크 마개는 코르크참나무를 결이 가장 고운 부분 즉 중심부에 가장 가깝게 통으로 잘라 만든다.

☑ **꼭 알아보기**

위스키 병은 똑바로 세워서 보관해야 한다. 그러나 개봉하기 전 코르크를 다시 축축하게 적시기 위해 잠시 동안 수평으로 놓아두는 것을 잊지 않도록 한다.

일정하고 약간 높은 습도

코르크의 탄성을 유지하려면 60~70% 사이의 습도가 가장 이상적이다. 습도 조절에는 두 가지 목적이 있다. 첫 번째는 코르크가 말라서 개봉할 때 깨지는 것을 방지하는 것이다. 두 번째는 코르크의 다공성이라는 특성을 이용해 코르크가 미세 산화 작용을 조절하여 공기와 위스키의 교환을 조절하고 흡착 역할을 충분히 할 수 있도록 하는 것이다. 코르크는 폐와 필터의 역할을 한다. 필요한 경우 가습기(특히 거실에 병을 보관할 때)로 습도를 유지하거나 지하실에 흙이나 자갈 바닥을 적셔서 습도를 유지할 수 있다. 따라서 위스키는 와인 저장고에 아무런 어려움 없이 보관할 수 있다. 보관하려는 병의 라벨이 습기로 손상되는 것을 방지하려면 플라스틱 필름으로 보호하면 된다(라벨이 열로 부착된 경우에도 해당). 단 주의할 점이 있다. 필름은 라벨만 덮고 코르크 마개는 덮지 않아야 한다(코르크 마개는 주변 공기와 접촉하는 것을 도와주고 산소 부족으로 위스키가 변질되는 것을 방지해야 한다). 위스키를 장기간 보관할 경우, 같은 이유로 위스키 병을 금속 또는 판지 튜브(또는 케이스)에서 꺼내 놓아야 한다. 또한 습기가 스며들어 불쾌한 냄새를 유발할 수도 있는 배송 상자에서도 꺼내야 한다.

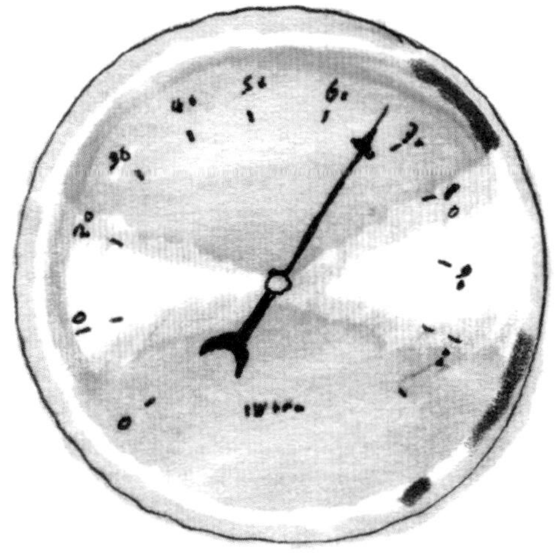

습도계: 코르크의 탄성을 유지하기 데 가장 이상적인 습도는 60~70% 사이이다.

온도 제한 없음

위스키를 적당한 온도에 보관한다면, 위스키 보관에 이상적인 온도는 없다. 온도 변화 또한 급격하지 않다면 위스키에 해를 끼치지 않는다. 단 하나의 불변율이 있다면 보관 장소의 온도가 낮을수록 위스키의 숙성 속도가 느려지고 시간이 지나도 변화가 적다는 것이다. 위스키의 알코올이 교환되는 산소의 대부분을 포집하기 때문에 미세 산화가 와인보다 위스키에 미치는 영향이 훨씬 적은 게 사실이다. 위스키를 밀봉하면 위스키에 포함된 유기 화합물의 반응 과정이 매우 느리고 수십 년이 걸린다. 완전히 밀봉된 병에 담긴 위스키는 미세 산화 반응보다 산소 부족으로 인해 변질될 가능성이 더 높다. 이러한 위스키의 산소 감소는 방향족 분자가 서로 반응하는 방식(특히 지방산 사슬)을 변화시킨다. 결과적으로 더 많은 석유 및 유황 풍미와 바닐라와 과일 풍미(열대 과일과 과수원 과일 향)가 포함된다. 반면 타닌의 떫은맛은 줄고 이와 관련된 페놀 및 시트러스 풍미는 사라지는 경향이 있다. 오랫동안 병에 보관된 셰리 캐스크 위스키의 경우 요리 소스, 특히 간장 향이 나타날 수 있다.

빛과 먼지로부터 보호하기

위스키 병은 위에 명시된 습도 규칙을 준수하여 빛과 먼지로부터 멀리 떨어진 곳에 보관해야 한다. 밝은 빛은 방향족 화합물을 손상시키고(결과적으로 에테르, 쓴맛, 유황 향-가열된 플라스틱, 비닐-용해제 향이 난다), 특히 위스키에 캐러멜 색소 E150a(가장 엄격한 규정에서도 이를 허용하고 있다, 47쪽 참고)로 인위적으로 색을 입힌 경우 색을 침전시킨다.

위생적이고 냄새 없는 보관 장소

위생적이고 냄새가 없는 환경에서 보관하면 코르크의 여과 기능이 소진되어 미세 산화 교환이 변질되는 것을 방지할 수 있다. 와인 및 증류주를 다른 액체 또는 고체 제품과 보관하지 않는다(예: 세제 등).

세심하게 다루기

위스키 병을 너무 자주 다루거나 옮기지 않는다. 와인 병보다 단단한 건 사실이지만 위스키도 다른 모든 증류주와 마찬가지로 평화롭고 조용하게 지내야 한다. 따라서 여행지에서 돌아온 위스키 병은 몇 달 동안 '가만히' 보관해야 병에 담긴 넥타르가 안정을 되찾고 잠재력을 최대한 발휘할 수 있다.

개봉 후 위스키 보관

개봉하지 않은 병에 적용되는 모든 규칙은 개봉한 위스키 병에도 적용된다.

산화와 관련된 제약

개봉한 위스키 병을 보관할 때 생기는 제약은 더 이상 미세 산화가 아닌, 산화가 문제가 된다는 사실에서 생긴다. 이는 액체가 공기와 직접 접촉하고 그 결과 특정 방향족 화합물이 재구성되기 때문에 발생한다. 새로운 방향족 화합물이 생성되는가 하면 기존에 있던 다른 화합물이 사라지는 것이다. 일부 훌륭한 위스키는 수년에 걸쳐 매우 좋은 방향으로 진화하는 경향이 있지만(50쪽 '훌륭한 위스키란 무엇인가?' 참조), 이것은 예외적인 경우다. 일반적으로 증류주는 나이가 들면서 본래의 특성을 잃고 약해지는 경향이 있다. 병에 담긴 위스키의 수위가 '어깨 밑(즉, 병의 둥근 몸체 아래쪽)'에 도달하자마자 위스키와 공기의 접촉면이 최대가 되면서 산화가 진행된다. 이 시점부터 향후 6~8개월 동안 위스키는 변할 것이다. 이 기간이 지나면 다른 아로마 프로필을 갖게 되지만 꼭 덜 좋은 것만은 아니다(특정 유황 성분이 사라지기도 한다). 더 이상 얼마 전에 개봉한 위스키와 정확히 같은 특성을 갖지는 않는다. 일반적으로 바디감과 감귤류, 붉은 과일과 검은 과일 향이 사라진다.

산화를 막는 방법

산화를 막는 첫 번째 방법은 위스키 병(또는 카라프)에 유리구슬을 넣어 위스키의 수위를 목까지 서서히 올려 산화의 표면적을 줄이는 것이다. 두 번째 방법은 남은 위스키를 작은 용기(예: 10리터 유리병)에 옮겨 담아 공기와 접촉면을 최소화하는 것이다.

유리구슬이 담긴 카라프는 위스키의 수위를 높여 산화 표면적을 줄여준다.

인터뷰

알렉상드르 리카

페르노리카 회장 겸 최고경영자

위스키 컬렉션을 어떻게 구축할 수 있을까요?

가장 먼저 고려해야 할 요소는 누구도 완벽하게 통제할 수 없는 시간입니다. 위스키 컬렉션은 며칠 만에 만들 수 있는 것이 아닙니다. 저는 20여 년 전 위스키 컬렉션을 시작했고, 점차 아로마 특성과 역사적, 지리적 풍부함에 따라 다양한 스타일의 위스키를 구분하는 방법을 배웠습니다. 그래서 아일랜드와 스코틀랜드처럼 쉽게 갈 수 있는 나라부터 시작해서 미국, 캐나다, 일본처럼 좀 더 먼 나라로 여행을 다녔습니다.

위스키를 어떻게 분류하나요?

저는 원산지, 즉 국가 지역 및 다양한 제품군을 중심으로 컬렉션을 구성합니다. 우리는 아펠라시옹 사업을 하고 있는데, 저에게 있어 분류의 핵심은 테루아입니다. 각 테루아에는 고유한 특성, 그에 맞는 증류 방법 및 시스템이 있습니다. 위스키를 만드는 데 사용되는 증류기 수만큼이나 다양한 위스키 아로마 프로파일이 존재하고 바로 이 점이 저를 매료시킵니다. 그리고 각 지역 내에서 위스키는 싱글 몰트, 블렌드 등으로 분류할 수 있습니다. 저희 그룹의 브랜드가 무척 다양해서 그것으로도 충분하지만, 물론 저는 우리 그룹의 브랜드만 갖고 있지는 않습니다. 저는 새로운 것을 발견하는 것을 좋아하고 최대한 모든 것을 갖춘 컬렉션을 구축하려 하기 때문입니다.

컬렉션에 꼭 포함해야 할 유럽 위스키는 무엇이라고 생각하시나요?

저희 그룹 포트폴리오 안에서 꼽아보자면, 제가 가장 좋아하는 시바스 리갈 18년을 꼽고 싶습니다. 초콜릿과 완벽하게 어울리는 디저트 위스키라고 생각합니다. 같은 숙성연도에서는 제임슨 18년 캐스크 스트렝스를 좋아하지만, 매우 드문 위스키죠. 저는 이 위스키의 복숭아 향을 살리기 위해 깨끗한 물 몇 방울을 떨어뜨리는 것을 좋아합니다. 발렌타인 17년도 완벽한 밸런스를 자랑하는 최고 블렌드 중 하나입니다. 개인적인 취향의 문제이긴 하지만 제 생각에는 이 위스키가 브랜드를 가장 잘 표현한 제품이라고 생각합니다. 저는 일반 대중에게 덜 알려진 레드브레스트 15년을 정말 좋아합니다. 제가 생각하기에 1830년경 연속 증류와 코피 증류기의 발명으로 시작된 블렌디드 위스키가 유행하기 전인 19세기 중반 이전에 세계를 지배했던 아이리시 위스키의 향에 가장 근접한 위스키입니다(연속식 증류 공정의 생산성이 훨씬 높다 – 편집자 주). 이 증류기는 아일랜드에서 아이네아스 코페이(Aeneas Coffey)가 발명했는데 아이러니하게도 정작 아일랜드 증류소는 이런 증류기를 원치 않았던 데 반해 스코틀랜드에서는 그 잠재성을 훨씬 더 빨리 알아차렸지요. 이 사건이 아일랜드 독립 전쟁과 맞물리면서 힘의 균형이 아일랜드 증류업자들에게 불리하게 역전되었습니다. 레드브레스트 15년은 이러한 역사적 맥락에서 우리가 재출시하여 싱글 팟 스틸 아이리시 위스키로 명명한 카테고리의 위스키입니다. 이 카테고리에는 '아이리시 싱글 몰트'라는 개념으로 그린 스팟, 레드 스팟 등 모든 라인이 포함됩니다. 이 카테고리가 위스키 세계에서 가장 빠르게 성장하는 카테고리 중 하나가 되면서 큰 성공을 거두었죠. 또한 무척 흥미롭고 어떤 컬렉션에서도 빠져서는 안 될 싱글 그레인위스키도 많습니다.

미국이나 다른 지역에서 생산된 위스키 중 컬렉션에 꼭 추가하고 싶은 위스키는 무엇인가요?

저는 최근 멕시코산 콘 위스키인 아바솔로(Abasolo)를 정말 좋아했습니다(토종 옥수수를 알칼리성 나무 잿물에 담가 익혀서 그 향을 드러내게 하는 오랜 기법인 닉스타말화 과정을 거침으로써 인상적인 아로마를 가진 위스키 – 편집자 주). 미국으로 여행을 가면 정말 흥미로워서 저희가 인수하기로 결정하기까지 한 버번을 만날 수 있습니다. 제퍼슨 버번, 특히 오션 익스프레션(역동적인 숙성 과정이 부분적으로 바다의 배 위에서 이루어지기 때문에 해양 향을 풍김 – 편집자 주)을 예로 들 수 있습니다. 또한 댈러스 외곽 포트 워스에서는 레오나드 파이어스톤과 트로이 로버트슨이 설립한 증류소에서 생산되는 TX 버번을 맛볼 수 있습니다. 증류소가 골프 애호가들을 위해 골프 코스에 둘러싸여 있습니다. 루이빌에서는 래빗홀(Rabbit Hole)의 방돔 구리 원통에서 증류한 켄터키 스트레이트 버번을 놓치지 마세요. 래빗홀의 설립자 카베 자마니안은 품질을 위해 끊임없이 노력하고 있습니다. 이들 브랜드 뒤에는 항상 열정적인 사람들이 있습니다. 위스키 자체가 선구자들의 역사, 선구적인 아이디어의 역사이기 때문입니다. 바로 이것이 중국 쓰촨성 아미산에 위치한 위스키 증류소 프로젝트에 영감을 주었습니다. 이 프로젝트는 우리의 노하우를 전수하는 동시에 고유한 특징(원재료, 발효, 오크 캐스크에 사용되는 나무 등)을 가진 중국 위스키를 만든다는 원칙에 기반합니다. 첫 번째 증류주는 2021년 봄에 출시될 예정이지만, 시간이 지나면 모든 내로라하는 수집가나 애호가들이 소장하고 싶어 하는 제품이 될 것이라고 확신합니다.

가장 기억에 남는 시음은 무엇인가요?

시음을 하는 동안 저는 창립자나 마스터 디스틸러와 동행하며 그들의 모든 경험을 음미할 수 있는 특권을 누립니다. 예를 들어, 은퇴를 앞둔 70세가 넘은 배리 크로켓과 함께한 시음이 가장 기억에 남습니다. 배리 크로켓은 미들턴 증류소 오두막집에서 태어났습니다. 전설이 아니라 사실이에요! 시음 당일 저는 그에게 말했습니다. “당신이 가장 자랑스러워할 위스키를 만들어 보세요. 즐기세요!” 그는 눈물을 흘렸지요. 배리 크로켓은 반세기에 걸친 경험을 팟 스틸 아이리시 위스키에 집약했고, 우리는 그 위스키를 미들턴의 프랜차이즈인 배리 크로켓 레거시라는 이름으로 만들었습니다. 스코틀랜드에서는 콜린 스콧(전 시바스 리갈의 마스터 블렌더 – 편집자 주)과 함께 최고의 스카치위스키를 발견했습니다. 저는 열정을 삶으로 만들고 저의 할아버지처럼 제품에 대한 무조건적인 사랑을 공유하는 이 크리에이터들에게 배우며 자랐습니다.

위스키의 연대 추정하기

위스키 병에는 반드시 빈티지나 병입 연도가 표시되어 있지는 않다. 1990년대 중반부터 영숫자로 구성된 일련 코드(보틀 코드)가 병입 날짜를 식별하는 데 사용되었지만(키가 있는 경우 가능), 모든 증류소가 이 방식을 따르는 것은 아니다. 그러나 병이 시장에 출시된 기간을 빠르게 파악할 수 있는 몇 가지 단서가 있다.

1900년까지: 위스키 병에 오늘날 와인 병에 사용하는 것과 비슷한 '헤드 없는' 코르크 마개에 납 캡슐을 씌었다. 1920년대 말과 1930년대 초까지는 주석 캡슐을 사용했다.

1910년까지: 병은 입으로 불어 만든 유리로 만들다가, 주조한 유리 덩어리를 붙여서 만들었다.

1930년대: '헤드'가 있는 코르크 마개가 만들어졌다.

1945년 이후: 스프링 캡(스프링 캡슐 따기가 부착되어 재고정이 가능한 시스템. 144쪽 참조)가 등장했다.

1959년: 프랑스 생 고뱅의 샬롱 자회사에서 발명한 스크류캡이 일본에서 블렌디드와 다수 싱글 몰트의 표준이 되었다.

1980년 1월 1일: 유럽 공동체에서 판매되는 모든 병에는 알코올 도수를 부피 대비 백분율(% vol)로 표시해야 한다. 오랫동안 공존해 왔던 알코올 도수 표시 단위, 즉 부피 비율과 비슷한 게이뤼삭 도수(°GL), 캐나다와 영국에서 사용되는 US프루프(0.5°GL에 해당)와 UK프루프(0.57°GL에 해당. 'Sikes 도수' 혹은 'Sykes' 라고도 함)는 사라지거나 보조 단위로만 표기되었다. 82쪽 참조.

1984년부터 2000년까지: 프랑스 시장용 라벨에 '사회보장 분담금(Cotisation Sécurité sociale)'이라는 스탬프가 찍혔다.

1991년 이후: 유럽 시장에서 증류주의 표준 병 크기는 70cl이다. 이전까지는 75cl이었다.

1994년 12월: 폐기물 재활용 시스템 가입을 표시하는 라벨인 '그린 도트(Green Dot)' 도입(유럽 지침서 94/62/EC).

2007년 10월 23일 이후: 프랑스에서 임산부 실루엣에 줄이 그어진 '임산부 금지' 표시, '임신 중 음주는 소량이라도 아이의 건강에 심각한 영향을 미칠 수 있습니다'라는 메시지가 의무화되었다(2006년 2월 10일 법령).

2011년 3월부터: 영국에서 용기당 알코올 함량 단위(필수) 및 용량당 알코올 함량 단위(선택), 임신 경고(텍스트 혹은 실루엣), 'drinkaware.co.uk' 표기 도입

위스키 시음

시음의 기술과 시음의 즐거움

시음은 감각을 일깨우는 것이다. 작은 것에서 많은 것을 얻을 수 있기 때문에 언제 어디서나 자연스럽게 이뤄져야 한다. 그러나 위스키의 아로마 특성을 정확하게 파악하려면 연습 과정이 필요하며 때로는 생각보다 훨씬 복잡하지만 일단 숙달되면 큰 만족감을 준다. 물론 이를 위해서는 위스키에 대한 전반적인 이해가 필요하다.

주요 원칙

위스키를 시음하는 일은 종종 오해를 받기도 하고 풍자적으로 묘사되기도 한다. 그러나 위스키를 시음하고 위스키를 구성하는 아로마를 식별함으로써 애호가와 위스키 사이의 진정한 관계가 확립된다. 이 단계에서는 위스키가 생산된 테루아 또는 위스키를 생산한 증류소의 전문성을 바탕으로 위스키의 원산지를 파악하고, 위스키를 만드는 데 사용된 기술 및 숙성 방법과 연계된 위스키의 특성을 파악할 수 있다.

감각적 표현

시음을 통해 인간의 감각이 감지하는 유기 화합물을 정의할 수 있다. 따라서 어떤 위스키의 향기를 지각하는 것은 코를 통해 감지하는 감각 표현의 결과로서 후각을 결정하는 것이며, 위스키를 입에 넣었을 때의 미각(풍미), 온도와 질감 같은 3차 감각, 코나 목을 통한 감각에 의해 완성되어 맛과 피니시를 특징짓는다. 미각이 어떻게 작용하는지 그 원리를 잘 이해할수록 더 많은 즐거움을 얻을 수 있다.

식별 단계

시음 기술을 익히면 시음한 위스키를 더 쉽게 기억할 수 있다. 방향족 화합물을 식별함으로써 아로마를 정확하게 표현할 수 있고, 이를 단어로 바꿀 수 있다. 이것은 아마추어든 전문가이든 시음하는 모두가 사용하는 공통 문법이 된다. 그리고 시음자들은 추론과 비교를 통해 각 위스키의 주된 향을 발견하는 방법을 배우게 된다. 예를 들어, 특정 위스키에서는 오렌지(과일 향)와 장미(꽃 향), 바다 향이 나는데 스모키 향은 나지 않는다는 식이다. 우리의 문화, 출신 국가의 요리 특성, 경험과 지식, 위스키에 대한 기대치(위스키의 영향력, 명성, 원산지 등)에 따라 제품에 대한 인식이 모두 다르기 때문에 위스키를 객관적으로 분석하는 것은 더욱 어렵다. 온도, 기압 또는 습도, 실내 환기와 같은 외부 요인도 아로마 지각에 영향을 줄 수 있다.

시음 장소

시음하는 장소도 시음에 영향을 미칠 수 있다. 통풍이 잘되는 공간에서 위스키를 시음할 때와 그렇지 않은 곳에서 시음할 때 느끼는 방향족 화합물은 다를 수 있다.

특정 장소는 술의 고유한 특성을 강조할 수 있다. 직접 경험해 보길 바란다! 바다를 항해하는 배 위에서 피티드 아일라 위스키를 맛본 후 도시로 돌아와 똑같은 위스키를 마셔보면 바다에서 느끼는 바다 향이 훨씬 더 강렬하다는 것을 알 수 있을 것이다.
특히 피해야 할 냄새는 페인트, 먼지 혹은 화학적, 생물학적, 물리적 오염 물질로 손상된 공기질 같은 '근접' 냄새다. 또한 청각적이든 시각적이든 방해가 되는 요소도 피해야 한다. 장기적으로 볼 때 위스키의 특성은 집중해서 마시면 더 잘 기억할 수 있다.
물론 시음하는 장소마다 특정한 냄새가 항상 존재하지만, 뇌는 이러한 냄새를 스스로 제거한다. 후각적 완충기(보통 약 10분 정도 소요됨)를 만들어 이러한 향이 인지된 아로마 틀에 지배적인 영향을 미치지 않도록 하는 것이다. 이러한 뇌의 역량은 무의식적으로 발휘되므로 지나치게 강한 향기 때문에 후각이 방해받지 않는다. 이 버퍼는 자동적으로 작동하지만 경험의 결과이기도 하다. 시음 연습을 통해 이 완충기를 만드는 법을 배울 수 있다.

시음자의 중립성

시음 장소와 마찬가지로 시음자도 가능한 한 '중립'을 유지하기 위해 노력해야 한다. 향수를 뿌리거나 담배를 피우거나 위스키의 아로마 프로파일에 영향을 줄 수 있는 강한 향(커피, 감초, 멘톨 등)이 있는 음식이나 음료를 먹거나 마시지 않는다. 각 위스키를 시음하기 전과 시음하는 동안 미네랄워터(상온)를 마셔 위스키에서 방출되는 휘발성 화합물의 온도 변화와 입안의 산도(pH)를 중화한다.

위스키 서빙

위스키는 에어링(위스키를 공기에 접촉시켜 맛과 향을 더욱 강조하는 일)이 필수다. 위스키의 향은 병을 개봉한 순간부터 몇 시간, 며칠 또는 몇 달이 지나면서 변한다. 향이 중첩되어 있기 때문이기도 하고 산화 때문이기도 하다. 또한 한 번도 개봉한 적이 없는 병을 미리 공기에 노출하는 것도 잊지 말아야 한다. 위스키가 오크 캐스크에서 오랫동안 숙성된 경우 아로마가 꽃을 피우다가 다시 집중하는 데 시간이 필요하기 때문에 에어링 단계가 더욱 중요하다.
위스키는 18~22℃의 실온으로 제공해야 한다. 실온 이하에서는 아로마를 충분히 느낄 수 없고 실온 이상에서는 아로마 화합물의 휘발성이 강해져 알코올을 인지하기 어렵다. 일반적인 생각과는 달리 위스키 한 병을 반드시 실온에서 보관할 필요는 없다(지하실이 9~10℃인 경우). 보관 온도가 너무 높으면(22℃도 이상) 위스키 병을 냉장고에서 몇 분 동안 식혀서 적절한 서빙 온도로 맞출 수 있다.

☑ 팁

대부분의 위스키 병에는 코르크 마개가 있다. 위스키를 구입하거나 보관하는 장소의 주변 온도가 매우 높고 건조한 경우, 병을 몇 분 동안 수평으로 놓아두면 마개 안의 코르크가 촉촉해져서 개봉 시 깨지지 않는다.

시음할 때는 양보다 질이 더 중요하므로 잔에 위스키 몇 센티미터(10~20mL)만 있으면 충분하다. 중앙에서 위로 갈수록 좁아지는 튤립 모양에 테두리가 얇으면서 벽면이 너무 높지 않은 스템 글라스에 따른다. 아로마의 농도와 휘발성 입자가 퍼지는 속도는 유리잔의 모양과 섬세한 정도에 따라 달라진다. 글라스 웨어에 대한 자세한 내용은 119쪽 '시음자의 필수품'을 참조한다. 위스키가 잔의 내벽 전체에 완전히 분산되어 묻도록 하려면 시음잔을 가능한 수평으로 천천히 돌려서 360° 회전시켜야 한다. 이렇게 하면 공기와 접촉하는 표면적이 증가하여 잔의 내벽에 마른 잔여물이 남고 잔 바닥에 있는 무거운 방향족 화합물을 끌어올릴 수 있다.

물 추가하기

위스키에 물을 추가하는 것은 종종 유용하기는 하지만 시음에 필수적인 준비 단계는 아니다. 니트(neat, 얼음이나 물을 섞지 않고 위스키 자체 그대로 마시는 것)로 시음한 후 위스키가 닫혀 있는 것 같으면 물을 추가할 수 있다. 물이 위스키의 구조나 질감을 깨뜨리지 않아야 한다. 물은 풍미를 살리는 용도로 사용해야만 한다. 위스키의 아로마 프로파일을 방해하지 않도록 차갑거나 실온의 매우 부드러운 미네랄워터만 넣을 수 있다. 물을 넣으면 위스키의 알코올 함량이 감소하기는 하지만 물을 첨가하는 것은 위스키를 희석하려는 목적이 아니다. 그렇기 때문에 시음 중인 위스키의 구조를 깨지 않고 최대한 정밀하게 탐색하고 새로운 아로마를 방출시키기 위해 물을 한 방울씩 떨어뜨려야 한다. 일부 위스키는 물을 추가하면 향이 완전히 드러나거나 아로마 프로파일이 바뀌는('굿 스위머' 즉 '좋은 수영 선수'라고도 함) 반면 일관성을 잃는 위스키도 있다. 일반적인 규칙은 없지만 셰리 캐스크에서 오랫동안 숙성된 위스키, 특히 알코올 함량이 높지 않은 위스키는 와인 화합물 때문에 '굿 스위머'인 경우가 거의 없다.

☑ 자세히 알아보기

물을 첨가하면 지방이 재결합하면서 코뿐만 아니라 미각에서도 감지할 수 있는 아로마가 드러나거나 사라진다. 물방울은 잔 안에서 회오리치는 작은 기름진 소용돌이를 만들어낸다. 이것을 점성 난류라고 한다. 점성 난류는 위스키의 알코올 도수와 점도에 따라 달라지다가 빠르게 사라진다.

시각

시음잔이 투명하기 때문에 가장 먼저 자극받는 감각은 시각이다. 시각으로 위스키의 색상, 투명도를 판단할 수 있다.

색상

위스키는 다양한 색으로 출시된다. 가장 밝은 골드부터 어두운 호박색, 붉은색의 아마란스부터 짙은 갈색의 마호가니까지, 심지어 1964년 출시된 전설적인 다섯 가지 버전 보모어의 검은색까지 정말 다양하다. 종종 금빛, 분홍빛, 구릿빛, 불그스름한 빛, 청동빛 또는 녹색빛이 돌기도 한다. 그런데 증류기에서 바로 나온 증류액(뉴 스피릿)은 무채색의 투명한 액체다. 즉 위스키에 색을 입히는 것은 오크 캐스크 숙성 과정이다. 그렇기 때문에 인공 색소를 첨가하지 않은 위스키의 경우(아래 '팁' 참조), 색상을 통해 숙성에 사용된 오크 캐스크의 종류를 추측할 수 있다. 가장 밝은 위스키는 버번 캐스크 숙성, 분홍빛이 도는 위스키는 포트 캐스크 숙성, 구릿빛이 강한 위스키는 내추럴 스위트 와인 캐스크 숙성, 호박빛이 강한 위스키는 올로로소 캐스크 숙성을 거쳤을 것으로 추정할 수 있다.
좀 더 민감한 부분이긴 하지만 위스키의 색은 숙성 기간을 알려주는 지표가 될 수 있다. 이미 많이 사용한 캐스크일수록 위스키의 색이 덜 나타난다.

☑ 팁

캐러멜 색소 E150a를 사용해 인위적으로 착색한(가장 엄격한 규정에서도 이를 허용한다) 위스키는 되도록 피하도록 한다. 착색되거나 채도가 높은 색상은 더 이상 의미가 없을 뿐만 아니라 질감이 너무 강한 캐러멜색소를 첨가하면 위스키의 초기 아로마를 가려버릴 수 있기 때문이다.

투명도

위스키의 투명도는 품질의 동의어가 아니다. 알코올 도수가 46% ABV 미만인 위스키의 투명도는 냉각여과*를 거쳤음을 의미한다. 위스키에 함유된 지방산은 알코올 도수 46% ABV 이상에서만 용해되며(일반적으로 알코올 도수 46% ABV 이상의 위스키가 냉각 여과 대상에 해당하지 않는 이유) 일반적으로 특정 온도 이하 또는 물을 첨가하면 흐려지는 경향이 있기 때문이다. 하지만 냉각 여과는 위스키에 영향을 미친다. 위스키의 지방산, 단백질, 에스터가 손실되어 아로마 프로파일의 풍부함과 복잡함이 사라지기 때문이다.

---

* 냉각여과(Chill Filter)는 위스키 숙성 이후 온도를 0~4℃ 정도로 낮춘 뒤 얇은 종이에 한 번 걸러주는 작업이다. 위스키에 표시된 Non Chill Filter는 이 과정을 거치지 않은 위스키이다. – 편집자 주

냉각 여과는 위스키의 균형 부족이나 특정 결함을 가리기 위해 사용하기도 한다.

☑ **팁**

냉각 여과를 하지 않은 위스키를 선택하는 이유는 첫째로 불투명도가 위스키의 아로마 프로파일에 영향을 미치지 않고, 둘째로 위스키의 풍부함과 복잡성을 더 잘 보존할 수 있기 때문이다.

점도

잔을 완전히 한 바퀴 돌린 후 잔 안쪽 벽 전체에 형성되는 눈물은 위스키에 포함된 알코올과 물 사이 표면 장력 차이에 의해 생긴다(이것이 마랑고니 효과로, 위스키뿐 아니라 와인과 커피에서도 언급된다). 눈물은 알코올 함량, 지방산 및 숙성을 정확하게 알려준다.

알코올 함량: 눈물이 많이 생기고 천천히 내려갈수록 알코올 함량이 높다. 알코올은 물보다 표면 장력이 낮기 때문에 알코올 도수가 높을수록 눈물이 더 많이 생기고 더 천천히 흘러내린다. 알코올 도수가 높을수록 병입 전에 물로 희석하는 양이 적고 위스키가 더 강력하고 강렬하다.

지방산: 눈물이 진할수록 위스키에 더 많은 지방산이 함유되어 풍부하고 복합적인 맛을 낸다.

위스키 색상은 가장 밝은 골드부터 가장 어두운 마호가니까지 매우 다양하다.
왼쪽부터 클라인넬리쉬 1971 M & 셀렉션; 몰트락 1991, 27년, S.V.; 롱로우 1973;
가루이자와 1980, 34년; 블랙 보모어 1964, 29년, 퍼스트 에디션.

숙성: 눈물이 느슨하고 간격이 넓을수록 위스키가 오크 캐스크에서 더 오래 숙성된 위스키다. 숙성이 잘 관리된 경우, 이는 매우 긍정적인 지표라고 할 수 있다.

후각

위스키의 균형, 특성, 아로마 및 강도를 결정할 때 후각은 가장 중요한 감각이다. 인간의 후각 시스템은 천억 개가 넘는 다양한 휘발성 자극을 분석할 수 있다. 따라서 후각은 인간뿐만 아니라 동물계에서도 가장 강력한 감각이다.

후각을 설명하자면, 들숨은 콧구멍으로 들어가 비강의 윗부분까지 흐른다. 이곳이 후각 상피가 있는 곳이다. 상피에서 분비되는 점액이 냄새 분자를 흡착하여 농축한다. 감각 세포는 점액 내부를 떠다니고 감각 세포의 섬모에는 냄새 분자와 결합하는 수용체 단백질이 포함되어 있다. 따라서 냄새 분자는 점액을 통화한 다음 상피를 통과하여 후각 수용체에 도달한다. 감각 세포는 후각망울까지 이어지는 섬유에 의해 연장되고, 후각망울은 다시 뇌의 후각 영역으로 연결된다. 인간의 후각 시스템에는 수백 개의 특정 냄새 분자에 반응할 수 있는 5천만 개의 수용체가 있다. 냄새의 강도는 뇌로 전달되는 전기 신호(electrical impulses)의 주파수에 의해 코드화되는데, 냄새 분자의 수가 많을수록 주파수가 높아져 냄새 감지도 두드러진다. 지배적인 아로마가 명확하게 식별되면 뇌는 두 번째 아로마에 집중할 수 있다. 그렇기 때문에 같은 위스키를 여러 번 시음하여 매번 새로운 측면을 발견해야 한다. 반복적인 시음으로 다음 세 가지를 분석해 볼 수 있다.

- 아로마 휠(125쪽 참조)에 정의된 12가지 계열(곡물, 단맛, 꽃 향, 과일 향, 풀 향, 바다 향, 미네랄, 기름진, 스모키, 유황, 와인, 나무) 각각에 대한 아로마의 존재 유무를 식별한다.
- 정밀하게 식별된 아로마는 배제하고 더 미세한 노트를 감지하여 아로마의 깊이를 발견한다. 아로마(예: 사과, 인동덩굴, 장작불 등)의 식별이 정확할수록 제외하고 생각하기 쉽다. 이는 시음하는 동안 향이 중첩(두 가지 방향족 화합물이 결합하여 다른 향을 낼 수 있다)될 뿐만 아니라 산화로 인해 향이 변하기 때문에 더욱 중요하다.
- 발견된 모든 향의 강도를 정량화한다.

세 가지 유형의 아로마

위스키를 시음할 때 느껴지는 아로마는 일반적으로 위스키의 제조 및 숙성 과정에 따라 세 가지 그룹으로 나뉜다.

- **1차 아로마 (품종 및 몰팅 아로마):** 곡물 향, 양조 또는 몰트 향과 같이 보리의 종류와 몰팅에서 오는 아로마
- **2차 아로마 (발효 및 증류):** 효모 향, 과일 향, 금속 향 또는 우유 향 등
- **3차 아로마 (숙성):** 위스키가 숙성되는 동안 일어나는 산화환원 반응과 관련한 향과 위스키가 숙성된 오크 캐스크의 종류와 관련한 추출 향. 여기에는 페이스트리, 크림, 초콜릿 또는 바닐라 향, 구운 빵, 코코아, 커피 또는 감초 향, 견과류, 프랄린(praline, 일종의 사탕 과자) 또는 마지팬(marzipan) 향, 향신료, 시가 박스, 캐스크에 사용된 목재의 향이 포함될 수 있다.

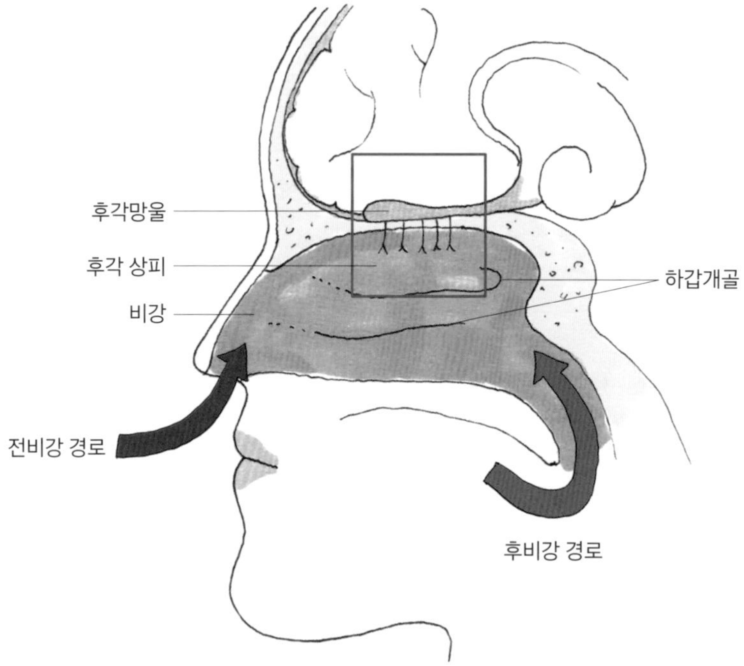

후각 회로: 후각과 역후각

☑ 알아두기

12가지 주요 아로마 계열 중 하나인 스모키 향은 피트 향, 약재 향, 훈연 향, 태우거나 구운 나무 향을 포함하며, 킬닝 과정으로 인해 스모키 향이 나면 1차 아로마, 부시나쥬가 (마무리 열의 강도로 인해) 강하게 된 오크 캐스크나 이전에 피트 위스키가 담겼던 오크 캐스크에서 숙성된 향이 나면 3차 아로마가 되는 특징이 있다.

두 가지 유형의 방향족 화합물

냄새는 많은 수의 농도 낮은 물질로 구성될 수 있다. 서로 다른 두 분자가 같은 향을 지닌 경우는 없다.

후각은 후각 시스템에서 감지하는 두 가지 유형의 휘발성 화합물에서 비롯된다.

- **특정적 방향족 화합물**: 그 자체만으로도 후각적인 경험(예: 정향의 유제놀, 바닐라의 바닐린, 페퍼민트의 멘톨, 라벤더의 리날릴 아세테이트 등)을 주는 화합물이다.
- **융합 방향족 화합물**: 융합 방향족 화합물의 경우, 휘발성 화합물 그룹이 서로 융합하여 완전한 아로마를 낸다(예: 사과 향은 여러 산성 에스터 및 기타 유기 화합물이 합쳐진 결과이며, 복숭아 향은 특정 락톤과 산성 에스터가 합쳐진 결과다).

☑ 자세히 알아보기

하나의 방향족 화합물이 다른 화합물의 강도에 대한 인지를 강화하거나, 감소시키거나, 시너지 효과를 통해 관련된 두 요소의 전체적인 인지를 강화할 수 있다. 어떤 경우든 방향족 화합물은 복잡하기 때문에 일반화할 수 없다. 화합물의 분자 구조에 약간의 변화만 있어도 후각 인지가 완전히 달라지는가 하면 반대로 완전히 다른 분자 구조가 비슷한 향기를 낼 수 있다. 예를 들어, 테르펜 계열에서 S-카르본 분자는 미나리과의 초본식물 캐러웨이와 허브 딜의 향을 내는 반면 유사한 R-카르본 분자는 스피어민트 향을 낸다. 마찬가지로 테르펜 계열에 속하는 α-이오논 분자는 제비꽃 향을, β-이오논은 소나무속 나무인 시더우드 향과 라즈베리 향을 낸다. 각각의 경우, 분자의 화학적 구성은 동일하지만(중첩되지는 않는다) 다른 후각적 감각을 생성한다. 반대로 매우 다른 구조를 가진 방향족 화합물들이 같은 향을 낼 수도 있는데, 10가지가 넘는 화합물에서 발견되는 머스크 향을 예로 들 수 있다.

위스키의 다양한 아로마층 분석하기

방향족 화합물은 분자량이 낮기 때문에 후각 수용체에 도달하기에 충분한 휘발성을 지녔다. 그러나 화합물의 질량이 서로 다르며 질량이 낮을수록 휘발성이 높다. 논리적으로 이러한 화합물들은 서로 다른 방식으로 유리잔에서 빠져나간다.

따라서 다양한 아로마층을 최대한 감지하려면 시음잔을 완전히 수평으로 유지해야 가장 무거운 휘발성 화합물이 잔 아래쪽에 집중된다. 흙 향, 스모키 향, 우디 향, 스파이스 향, 꿀 향, 과일 향, 꽃 향이 시음잔의 림을 따라 연속적인 층을 이루며 나타난다. 아로마가 가벼울수록 더 높은 층으로 올라간다. 이 중 가장 휘발성이 강한 향(꽃향기 포함)은 잔 중앙에서 1센티미터 떨어진 곳에서도 느껴진다. 이는 잔의 공기 순환이 아로마와 가벼운 성분(인지하기 어려운 산성 및 꽃 향 같은)을 잔 바깥쪽, 윗부분으로 향하게 하기 때문이다.

☑ 팁

숨을 내쉴 때는 실수로 바람을 불어 아로마층을 훼방하지 않도록 잔을 멀리 떨어뜨린다.

이러한 방향족 화합물 간의 휘발성 차이, 일부 화합물의 융합 및 산화는 방향족 화합물이 왜 모두 동시에 감지되지 않는지를 잘 설명해 준다. 따라서 개봉 당시의 아로마와 에어링 한 후의 아로마를 분리하기 위해 한동안 후각 분석을 지속해야 한다. 이 단계에서는 공기와의 접촉에 의한 산화가 핵심인데, 증류하지 않은 와인 등과는 달리 개봉 후 몇 주가 지나도 산화가 위스키의 향을 온전히 표현하기 때문이다.

들숨과 날숨의 속도 변화시키기

아로마를 더욱 잘 인지하려면 시음하는 동안 들숨 및 날숨이 흐르는 속도를 바꿔줘야 한다. 여기에는 두 가지 방법이 있다.

- 첫 번째는 후각(들숨)에 따른 호흡 흐름의 속도를 변화시키는 것이다. 먼저 천천히 숨을 들이마신 다음 더 빠르게 들이마시면 된다. 들숨을 순환시키는 힘을 조절하면 서로 다른 방향족 분자를 발견하게 된다.
- 두 번째는 한쪽 콧구멍에서 다른 콧구멍으로 냄새를 맡는 것이다. 이는 콧구멍이 자연적으로 2~3시간을 주기로 공기를 흡입하는 능력을 조절하기 때문인데, 한쪽 콧구멍이 공기 흐름의 80%를 담당할 때 다른 쪽 콧구멍은 3개의 내부 비갑개가 부어서 닫힌다. 그 결과, 한 콧구멍에서 다른 콧구멍으로 공기가 같은 속도로 흐르지 않고 각각의 흡입 채널에 따라 후각 인지가 달라진다. 그렇기 때문에 잔을 수평으로 세운 상태에서 각 콧구멍을 통해 위스키의 향을 차례로 들이마셔 서로 다른 속도의 들숨 흐름이 흘러들어오게 해야 한다. 이 방법은 후각 표면의 점액에 의한 흡착 정도에 따른 방향족 분자의 결합

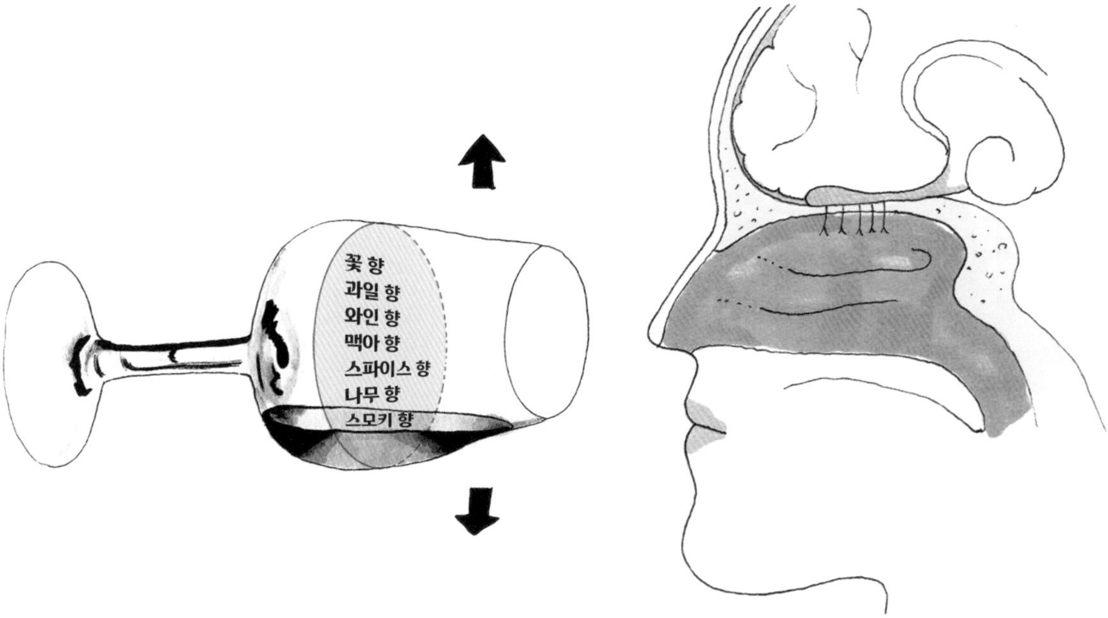

위스키의 아로마층

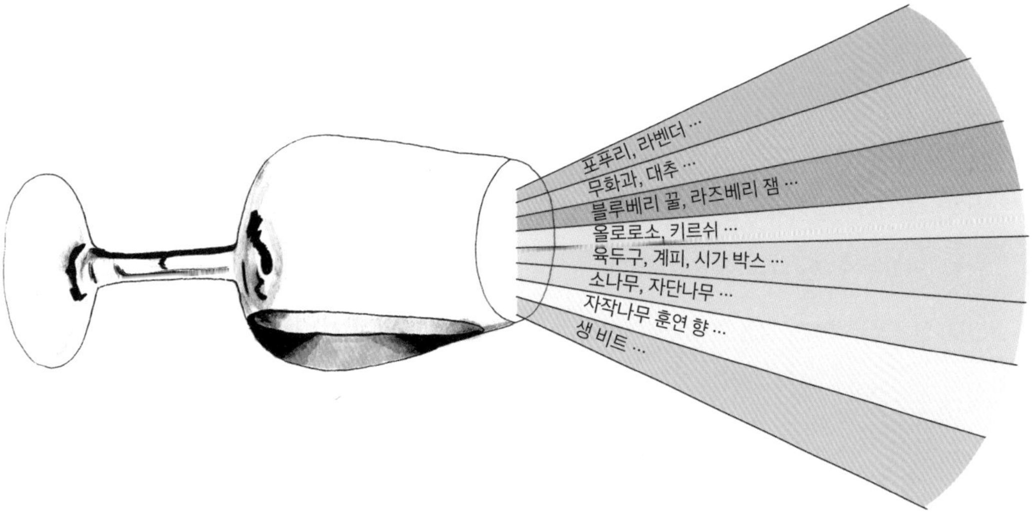

가루이자와 1972 아로마층

을 최적화한다.

논리적으로도 방향족 분자는 후각 점액에 서로 다르게 결합한다. 천천히 결합하는 저흡착 분자는 공기의 흐름이 빠를 때는 잘 감지되지 않고 흐름이 느릴 때 더 잘 감지된다. 반대로 후각 점액에 쉽게 결합하는 고흡착 분자는 빠른 흐름에서는 잘 감지되지만 흐름이 느리면 전체 후각 표면을 자극할 시간도 없이 상피 영역의 첫 부분을 포화시킨다. 따라서 상피가 모든 냄새 분자를 받아들일 수 있도록 들숨 및 날숨의 속도를 다양하게 조절하는 것이 중요하다.

미각

일반적인 생각과 달리 우리가 음식을 입에 넣었을 때 느끼는 맛은 단순히 미각세포들이 감지하는 맛이 아니다. 만약 그렇다면 우리는 단맛, 짠맛, 신맛, 쓴맛, 우마미(감칠맛을 가리키는 일본어에서 유래한 용어로 특히 글루탐산나트륨을 지칭)의 다섯 가지 기본 맛 중 한두 가지만을 포함하는 제품의 맛만 인식할 것이다. 그렇다면 왜 우리는 이 다섯 가시 기본 맛보다 훨씬 더 정확한 향을 감지할 수 있을까? 입안에서 느끼는 경험에는 미각 이외의 감각적 지각이 포함되기 때문이다. 먼저 역후각(retro-olfaction) 작용으로, 날숨에 의한 공기 순환으로 방향족 화합물이 입천장 뒤쪽을 통해 비강으로 올라와 후각 시스템을 자극하는 것이다. 둘째, 위스키 같은 음료의 열에 의한 감지 혹은 기계적 감지를 가능케 하는 두 개의 삼차 신경이 전달하는 삼차신경감각이 있다. 신선함, 질감, 매운맛, 떫은맛 또는 타는 듯한 느낌을 주는 것이 바로 이러한 뉴런이다. 이 세 가지 감각(미각, 후각, 삼차신경)이 함께 작용하여 위스키의 정확한 아로마 프로파일을 명확하게 규명할 수 있도록 한다.

☑ 알아두기

미각은 음식의 영양가와 위험성을 파악할 수 있게 해준다.

단맛: 에너지 또는 단백질이 풍부한 음식.

짠맛: 신체의 전해질 균형을 유지하는 데 도움이 되는 음식.

신맛: 음식의 숙성도와 감염의 위험성을 나타냄.

쓴맛: 식물성 알칼로이드 등 독성 화합물.

미각 수용체와 맛의 범주

'맛'은 주로 혀에 있는 감각 수용체인 미뢰*에 의해 생성되는 미각 인식을 뜻한다. 맛은 음식에 존재하는 비휘발성 분자가 주는 것이다. 가까운 미래에는 현재까지 밝혀진 다섯 가지 기본 맛에 다른 맛, 특히 알칼리성, 지방성, 광물성, 금속성 맛이 추가될 수 있다. 이것은 위스키를 구성하고 맛을 내는 맛 분자다. 이러한 물질은 타액에 용해된 다음 미뢰에 있는 화학 수용체의 자극에 의해 용액 형태로 식별된다.

그러나 일반적인 생각과 달리 혀에는 미각 지도가 존재하지 않는다. 일차적인 맛의 지각에 특화된 영역으로 나눈 혀 지도는 잘못된 해석의 결과다. 실제로 어떤 맛 카테고리에 특별히 민감한 영역은 없다. 혀의 모든 영역은 특정한 배타성 없이 다섯 가지 주요 맛의 전체 스펙트럼을 감지할 수 있고, 미뢰의 민감도 차이는 거의 감지할 수 없을 정도로 미미하다. 게다가 미각 수용체는 후두개,** 인두,*** 입천장, 볼 안쪽 등 혀가 아닌 곳에도 존재한다.

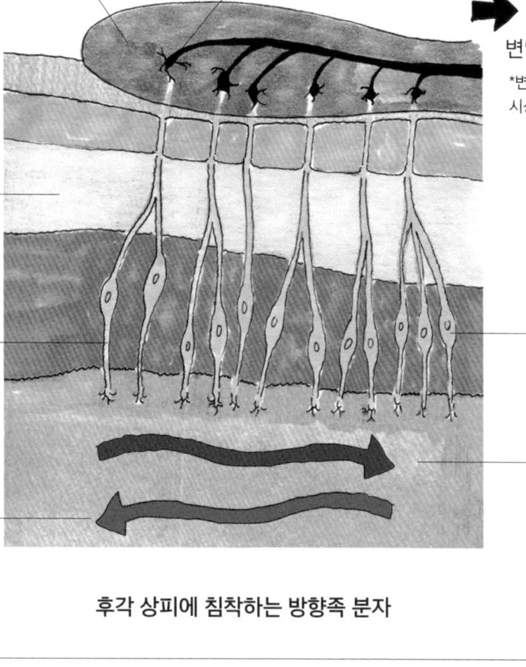

후각 상피에 침착하는 방향족 분자

---

* 혀나 연구개 등 구강에 있는 세포로, 맛세포가 꽃잎처럼 겹쳐진 형태이며 맛봉오리라고도 불린다.

** 후두개는 음식을 삼킬 때 음식물이 기도로 넘어가지 않게 막아주는 역할을 한다. 후두덮개라고도 한다.

*** 인두는 혀의 뒷부분부터 식도 사이에 위치하는 짧은 관이다.

입안에서 느껴지는 촉각

촉각은 위스키가 입안의 미각 및 삼차신경 수용체와 접촉해서 생기는 촉감이다. 이 촉각으로 위스키의 품질이 좋은지, 일관성이 있는지, 크리미한지, 부드러운지, 윤기가 있는지, 지방이 느껴지는지 판단하거나 또는 반대로 위스키의 결함을 판단하고 질감을 분석할 수 있다. 혀의 특정 돌기(혀에 존재하는 5,000~8,000개의 사상 돌기)는 촉각의 중심에 있다(이 돌기에는 미각 수용체가 없다). 혓바닥 돌기를 통해 우리는 물질의 유무, 쫄깃함, 긴장감, 생동감, 벨벳 같은 질감 또는 타닌으로 드러나는 숙성의 모난 부분과 같은 전반적인 질감(양조학자들은 이를 '입안에서 느껴지는 촉각'이라고 한다)을 느낄 수 있다.

미각 자극

위스키를 아주 조금씩 마시면 미각이 알코올의 강도에 익숙해지면서 위스키를 구성하는 모든 맛 성분을 더 잘 파악할 수 있다. 혀의 감각 수용체는 액체 환경에서만 작동하기 때문에 위스키를 입안에 오래 머금어 침샘을 자극하고 입안 전체를 감싸서 마른 잔여물을 최대한 많이 침전시키고 빠른 분자를 방출해야 한다. 이렇게 하면 위스키의 맛이 더욱 돋보인다. 또한 입안에서 위스키가 따뜻해지면 처음에는 휘발성이 낮았던 분자의 아로마를 역후각으로 지각할 수 있다. 역후각은 후각적 이미지를 명확하게 하는 데 도움이 되므로 위스키 시음에 있어서는 기본적인 요소다.

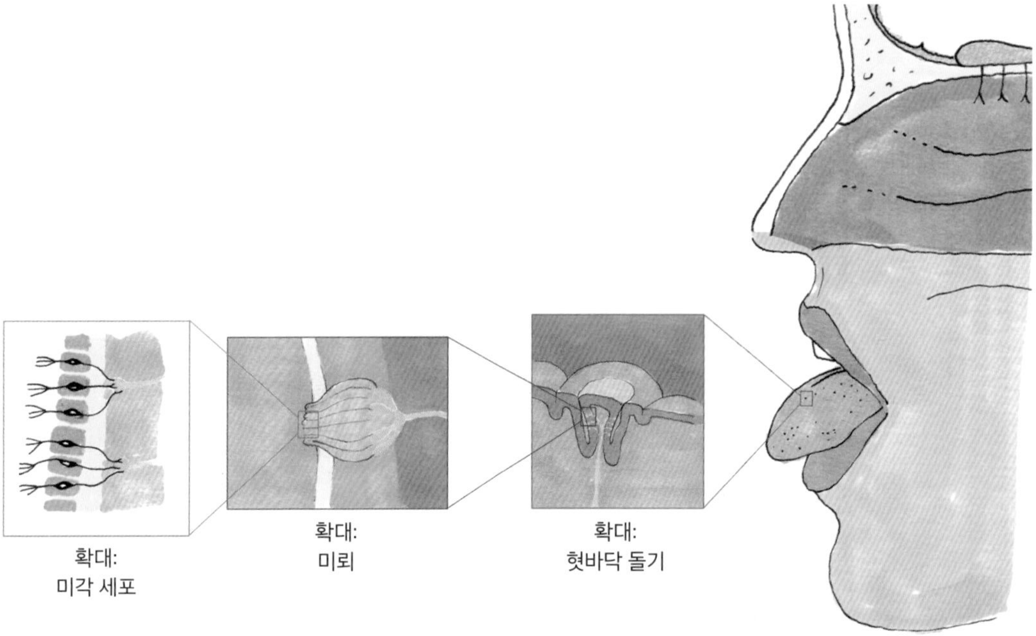

혓바닥 돌기부터 미각세포까지

피니시

피니시는 방향족 분자에 의한 감각 수용체 자극의 마지막 단계다. 이 분자는 입안에서 입천장 뒤쪽을 통해 비강으로 올라가 후각 시스템에 도달한다.

역후각 RETRO-OLFACTION

역후각에 의한 지각을 최적화하려면 위스키를 입안에 충분히 머금고 뱉어내거나 삼킨 후 코로 많은 공기를 오랫동안 내뱉어야 한다. 이 날숨의 급류가 전체 후각 표면을 자극한다. 또한 입안으로 공기를 끌어들여 선순환을 일으킨다. 코를 비롯해서 인두와 후두 영역 전체에 공기가 공급되면 위스키가 휘발성 화합물을 모두 방출할 수 있다.

아로마 지속성

역후각과 코와 입 사이의 공기의 흐름으로 인해 향기로운 느낌이 지속된다. 이러한 향기로운 느낌의 지속 시간(persistance aromatique intense; PAI)이 위스키의 구조적 깊이를 결정한다. 최신 연구에 따르면 타액 단백질이 특정 향을 유지했다가 연구개 뒤쪽을 통해 점진적으로 후각 상피로 보내면서 지속 현상을 일으키는 것일 수 있다. 어쨌든 피니시가 길수록 위스키는 더욱 흥미로워진다. 훌륭한 위스키의 경우 피니시에서 느끼는 아로마 지속성이 수십 분 동안 지속될 수도 있다!

아로마 결합

향기로운 느낌이 지속될 때 위스키를 한 모금 더 입에 넣으면 어떻게 될까?

- 두 번째 아로마 느낌이 이전 느낌과 일치하여 확인된다.
- 또는 두 번째 아로마 느낌이 이전 아로마 느낌과 겹치면서 완성되어 시음이 진행됨에 따라 다른 아로마 풍미가 나타난다. 실제로 방향족 화합물이 합쳐지면서 새로운 휘발성 화합물 일체가 생성되어 새로운 아로마가 만들어지기도 한다. 이는 위스키에 방향족 화합물이 함유되어 있어 복잡한 프로파일을 가진 경우에 가장 빈번하게 발생한다. 따라서 아로마 지속 시간이 길수록 아로마가 확장되어 새로운 풍미가 드러날 가능성이 높아진다.

☑ 알아두기

방향족 화합물에는 알코올, 페놀 및 지방산과 그 에스터, 알데하이드, 아세탈 및 케톤 같은 다양한 유기 유도체가 포함된다.

베이스 노트

휘발되지 않은 모든 물질(위스키의 건조 추출물)은 빈 잔의 테두리와 바닥에 원형 패턴을 형성하는 얇은 막으로 남는다. 소위 '베이스 노트'라고 하는 이 물질은 위스키의 아로마 파일이 형성된 틀의 집중적인 이미지를 제공한다. 어떤 의미에서 위스키의 골격이라고 할 수 있다. 이러한 건조 추출물은 시음 후 몇 분 또는 몇 시간 동안 드러난다. 이 물질은 산화 후 남는 나무 성분 혹은 불투명한 수지 막에 해당하는 퇴적 갈색 막을 형성한다. 따라서 시음 후 잔을 단단히 덮어 잔에 들어 있는 비휘발성 잔류물의 향을 농축하는 것이 중요하다. 일반적으로 위스키의 아로마 프로파일이 더 풍부하고 나무 향이 강할수록 빈 잔에 더 많은 건조 추출물이 남는다.

시음 동작

위스키를 시음할 때 제스처는 최대한 자연스럽고 정확해야 하며, 서비스를 할 때는 움직임을 최대한 줄여야 한다.

위스키 개봉하기

'헤드' 코르크 마개로 밀봉한 위스키병 열기

위스키병은 똑바로 세워 보관해야 한다(88쪽 참조). 때로 위스키병이 아주 오랫동안 보관되고, 보관 온도가 지나치게 높거나 습도가 지나치게 낮을 수 있다.

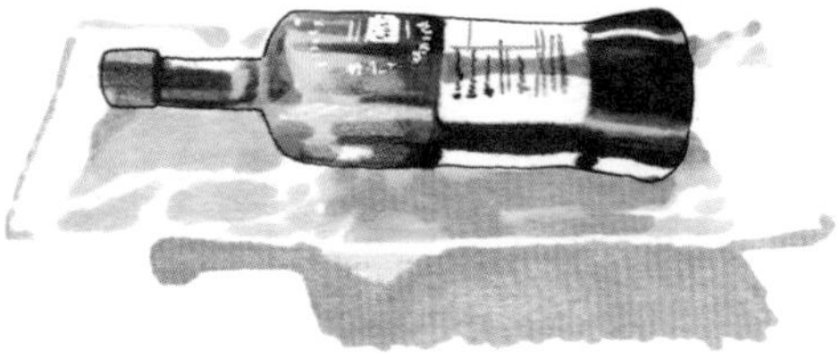

1. 안전을 위해 병을 열기 전, 몇 분 또는 몇 시간 동안 수평으로 놓아두면 코르크가 초기 탄력을 되찾을 수 있다.

2. 코르크 마개를 열기 전, 병의 머리를 약간 아래로 기울인다. 코르크에서 기포가 조금씩 빠져나와 내벽을 따라 미끄러져 내려간다. 거품이 사라지면 병을 다시 똑바로 세우고 약 10분간 그대로 둔다. 병목에 걸린 태그를 제거한다. 저항이 느껴지지 않도록 주의하면서 코르크를 부드럽게 돌린다. 저항이 느껴지면 병을 다시 수평으로 놓고 몇 분간 더 기다린 다음 코르크를 반대 방향으로 다시 돌린다.

빌라메 코르크 스크류로 위스키병 열기

'헤드'가 없는 일반 와인 코르크 마개 형태의 오래된 위스키, 또는 개봉 시 '헤드'가 부러진 코르크의 경우, 꼬인 부분으로 인해 코르크 조각이 병 안으로 떨어질 수 있는 소믈리에 나이프보다는 빌라메 스크류(Bilame Screw)를 사용하는 것이 바람직하다.

3. 긴 날을 병의 주둥이와 마개 상단 사이로 밀어 넣는다. 그런 다음 짧은 날을 반대쪽 병과 주둥이 사이에 끼운다..

4. 두 날을 한쪽씩 흔들면서 아래쪽으로 밀어서 코르크 마개를 벽에서 떼어낸다.

5. 빌라메의 손잡이가 병목 끝에 닿으면 빌라메를 시계 방향으로 가볍게 돌려 캡을 제거한다.

흥미로운 이야기

1900년까지 위스키병에는 일반 와인 코르크 마개가, 1920년대 말까지는 주석 캡이 사용되었다. 스파클링 와인 코르크 마개는 1930년대에 도입되었다. 전쟁이 끝난 후 스프링 캡(스프링 릴리스 시스템이 통합된, 재조임이 가능한 캡)이 등장했다. 1959년 프랑스 생 고뱅의 샬롱 자회사에서 발명한 스크류 캡이 일본에서 블렌디드와 다수 싱글 몰트의 표준이 되었다.

왼쪽부터 일반 와인 코르크와 주석 캡(블랙앤화이트, 1920년경), 스파클링 와인 코르크(스튜워츠, 1930년경), 스프링 캡(화이트호스, 2차대전 이후)

시음용 잔 준비하기

최상의 조건에서 위스키를 즐길 수 있도록 위스키의 아로마를 다시 깨우고 집중해 보자.

1. 양보다 질을 선택한다. 위스키는 10~20mL면 충분하다. 튤립 모양의 유리잔에 담아 실온(18~22℃)에서 제공한다(119쪽 참조).

2. 잔을 천천히 360℃ 회전시키면서 위스키를 잔 안쪽 벽면 전체에 고루 펴 바른다. 잔을 최대한 수평으로 들어 공기와 접촉하는 표면적을 늘리고 잔 바닥에서 더 무거운 향을 끌어낸다.

3. 잔 내벽 전체에 형성되는 눈물을 관찰한다. 알코올 및 지방산 함량, 숙성 기간에 대한 정보를 얻을 수 있다(102쪽 참조).

4. 잔을 똑바로 세워 놓는다. 잔 뚜껑 또는 유리 뚜껑으로 잔 입구를 밀봉하고 아로마가 농축될 때까지 몇 분 기다린다(122쪽 참조). 오래된 위스키일수록 위스키의 아로마 구조를 온전히 느낄 수 있도록 농축 단계를 더 길게(10분을 넘기지 않는다) 유지해야 한다.

시음 단계

시음하는 동안 입안의 온도와 산도 변화를 피하고 냉장하지 않은 생수를 마셔 중립을 유지하는 것이 중요하다.

코

1. 잔을 코에서 멀리 떨어뜨렸다가 서서히 가까이 가져가면서 첫 번째 아로마를 포착한다.

TIP. 위스키의 향이 농축되도록 와인처럼 잔을 휘젓지 않는다. 공기가 통하지 않도록 하는 것이 매우 중요하다.

2. 잔을 얼굴과 수직이 되도록 수평으로 잡는다(위스키를 흘리지 않도록 주의한다). 잔을 수직으로 움직인다. 처음에는 위쪽으로 움식인 다음 아래쪽으로 움직여 다양한 아로마층을 감상한다. 잔을 수평으로 세운 상태에서 몇 분간 위스키 향을 맡으며 처음에 느껴지는 아로마와 공기가 들어간 후 느껴지는 아로마를 구분한다.

ADD. 이 단계에서는 위스키와 공기의 접촉에 의한 산화가 중요한 역할을 한다. 산화는 위스키의 아로마 프로파일을 변질시키지 않으면서 위스키의 향을 변화시킬 수 있다. 와인과 달리 싱글 몰트는 개봉 후 몇 주, 심지어 몇 달(최고급 위스키의 경우 몇 년)이 지나도 그 풍미를 충분히 표현할 수 있다.

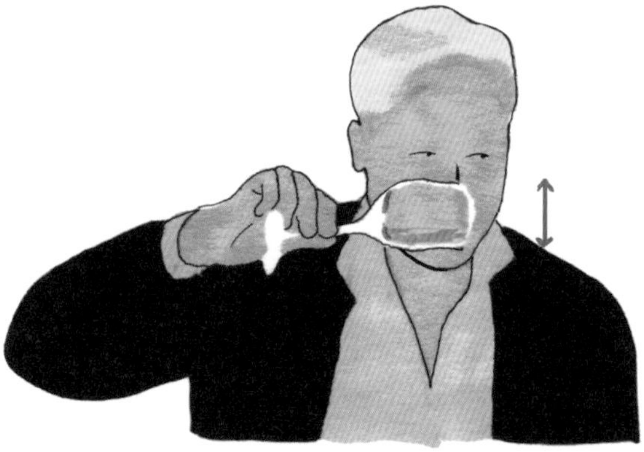

3. 림(rim, 입술이 닿는 잔의 입구와 윗부분의 테두리)의 각 부분에서 아로마가 가장 잘 느껴지는 부분을 살펴본다. 무거운 방향족 화합물의 아로마는 림의 아래쪽에, 휘발성이 가장 높은 입자는 위쪽에 집중되어 있다.

4. 코를 잔의 중앙 바로 위(계속 잔을 완벽한 수평으로 유지한다), 바깥쪽 윗부분, 림에서 1센티미터 떨어진 곳에 댄다. 바로 이 지점에서 잔 안의 공기가 순환하면서 더 강한 아로마와 섞여 거의 감지할 수 없었던 가벼운 아로마(꽃향기와 산미)가 올라온다.

ADD. 흙냄새, 스모키 향, 우디 향이 먼저 잔 아래쪽에서 분해되고, 그 다음에는 스파이스 향과 와인 향이, 마지막으로 잔 위쪽에서 가장 가볍고 휘발성이 강한 향(과일 향과 꽃 향)이 분해된다.

5. 들숨의 순환 속도에 변화를 준다. 콧구멍을 번갈아 가며 닫으면 3개의 내부 비갑개가 부풀어 오르며 자연스럽게 속도가 달라진다. 한쪽 콧구멍에서 다른 쪽 콧구멍으로 냄새를 맡아 각기 다른 기능을 활용해 본다. 각 들숨 경로는 서로 다른 후각 이미지로 이어진다(103쪽 참조).

ADD. 후각 점액에 쉽게 결합하지 않는 분자는 공기 흐름이 느릴 때 가장 잘 감지되고, 쉽게 결합하는 분자는 흐름이 빠를 때 더 잘 감지된다. 일반적으로 후각 표면은 모든 영역에서 같은 수의 분자를 수용하지 않는다.

입

6. 위스키 한 모금(와인보다 알코올 도수가 훨씬 높기 때문에 조금만 넣는다)을 입에 넣어 모든 맛 화합물과 아로마의 효과를 확인한다.

7. 위스키를 입안, 특히 혀 아래에서 30초 이상 천천히 굴려 침샘을 자극하고 액체에서 어떤 아로마가 감지되는지 확인한다.

TIP. 위스키를 혀의 앞쪽, 가운데, 뒤쪽으로 굴려보면 다양한 아로마 느낌을 최대한 살릴 수 있다.

피니시

8. 위스키를 삼킨 후 코로 다량의 공기를 내뿜어 역후각 작용을 최적화한다.

9. 두 번째로 위스키를 아주 조금 한 모금 마신 후 입안으로 공기를 한 번 더 통과시킨다. 이렇게 하면 후각적 느낌이 강해지고 역후각 아로마가 더욱 빛을 발한다.

ADD. 에어링과 데우기, 산화는 처음에 휘발성이 낮았던 분자를 역후각으로 감지하게 해준다. 역후각은 시음의 후각적 이미지를 명확하게 해주기 때문에 매우 중요하다.

시음자의 필수품

위스키 시음에 필요한 장비는 거의 없지만 아래의 도구는 필수적이므로 신중하게 선택해야 한다.

시음용 잔

위스키 잔은 와인잔과 마찬가지로 튤립 모양이어야 한다는 한 가지 기본적인 원칙이 있다.

입이 좁아지는 튤립 형태 잔

튤립 모양은 잔 바닥에서 공기와 접촉하는 위스키의 표면적을 증가시키고 잔의 내벽에 건조한 잔여물을 생성한다. 이것은 역학적 효과로, 잔 바닥에 있는 무거운 아로마 화합물을 끌어올려 림 높이에서 다시 농축한다. 어떤 잔을 선택하든 잔의 모양은 튤립 형태를 띠어야 한다.

☑ 알아두기

주로 바에서 쓰는 잔인 스템 없는 넓은 글라스 '텀블러'는 아로마를 세밀하게 분석할 수 없다. 위스키의 가장 가벼운 향만을 내보낸다. 텀블러가 위스키 잔이라는 이미지는 오래된 미국 영화에서 시작되었고, 셰이커의 지름과 비슷하기 때문에 주로 위스키와 소다를 담는 데 사용되었다. 또한 위스키를 온더락(특히 잔에 꼭 맞는 완벽하게 둥근 형태의 단단하고 맑고 투명한 얼음조각으로 위스키를 희석하지 않으면서 신선함을 주는 아이스 볼과 함께 마시는 경우)으로 제공하거나 물을 첨가하는 일본식 미즈와리(137쪽 참조) 기술에 사용할 수 있다.

온더락 글라스 또는 올드 패션드 글라스

위스키 잔. 정식 명칭은 셰리 코피타(Sherry Copita)이다.

스템이 달린 유리잔

스템은 잔을 잡을 때 손에 의해 잔에 열이 가해지는 것을 방지하고 손에서 나는 냄새를 막아준다. 잔의 균형을 맞추려면 스템의 무게가 잔의 컵 부분 무게와 같아야 한다.

림이 얇은 유리잔

림의 두께가 얇고 버미첼리(잔 네두리의 살짝 볼록하게 나온 부분)가 없는 것이 좋다. 아로마의 농도와 휘발성 입자가 퍼지는 속도는 유리의 모양과 두께에 따라 달라진다. 유리가 얇을수록 열전도율이 낮아 알코올 성분을 더 잘 감지할 수 있기 때문에 아로마 분석이 더욱 섬세해진다. 크리스털은 잔은 매우 섬세하게 세공할 수 있고 미세한 요철이 있어 아로마를 무척 잘 드러낸다. 실제로는 유리가 얇을수록 깨지기 쉬우므로 특별히 조심해야 한다.

90~100MM 높이의 잔

잔의 벽면이 너무 낮으면 가벼운 휘발성 화합물이 너무 빨리 빠져나가고, 너무 높으면 무거운 화합물이 림에서 감지되지 않는다.

정확한 림과 볼의 직경

볼의 지름(위 그림 참조)은 60~70밀리미터, 림의 지름은 45~50밀리미터 사이여야 한다. 림 위치에서의 아로마 농도와 위스키가 공기와 접촉하는 표면적(즉 위스키의 산소화 및 산화)에 따른 볼에서의 이상적인 에어링을 결합하는 것이 관건이다. 볼/림의 비율과 휘발성 입자가 퍼지는 속도(잔의 모양과 미세도에 따라 달라짐)를 기준으로 이상적인 시음용 잔을 선택하자.

☑ 알아두기

두 가지 위스키를 비교 분석하려면 볼의 용량이 같은, 동일한 잔을 사용한다. 반드시 기억해야 할 중요한 사항이다!

위스키를 마시기에 완벽한 튤립 모양의 잔 6종.
다양한 형태의 잔으로 시음해 보고 자신에게 가장 잘 맞는 잔을 선택한다.

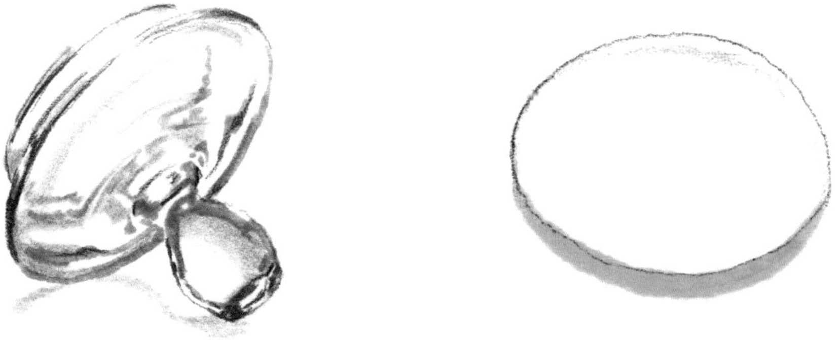

시음 잔 뚜껑(테이스팅 캡)
시음용 잔을 덮고 아로마를 다시 농축하는 데 사용한다.

시음 잔 뚜껑 (테이스팅 캡)

시음용 잔에 위스키 10~20mL를 따른 후 위스키가 잔 안쪽 벽면 전체에 고루 퍼지도록 잔을 거의 수평으로 360° 로 천천히 돌린다(113쪽 '시음 동작' 참조). 이렇게 완전히 회전하면 위스키가 공기와 접촉하는 표면적이 넓어져 방향족 화합물이 더 잘 퍼진다(98쪽 '시음의 기술과 즐거움' 참조). 이 과정이 끝나면 잔을 다시 똑바로 세워두고 아로마가 다시 농축되도록 기다린다. 이때 아로마가 잔 안에 남도록 향기가 없는 유리 뚜껑으로 덮어야 한다. 숙성연도가 가장 오래된 위스키의 경우에도 총 10분 이상 걸리지 않도록 한다(오크 캐스크 숙성 기간 10년당 2분).

물 추가용 피펫

최적의 정밀도를 위해 물을 한 방울씩 떨어뜨려야 한다. 시음 중인 위스키의 아로마 구조를 방해하지 않으면서 새로운 아로마를 방출하는 것이 목표다(100쪽 참고). 물은 빨대(한쪽 끝을 닫고 압력을 조금씩 떨어뜨린다)를 사용하거나 사용 중인 생수병의 뚜껑을 사용하여 추가할 수도 있다. 하지만 피펫(pipette, 적은 양의 액체를 옮기는 데 쓰이는 도구)을 사용하는 것이 가장 정확하다.

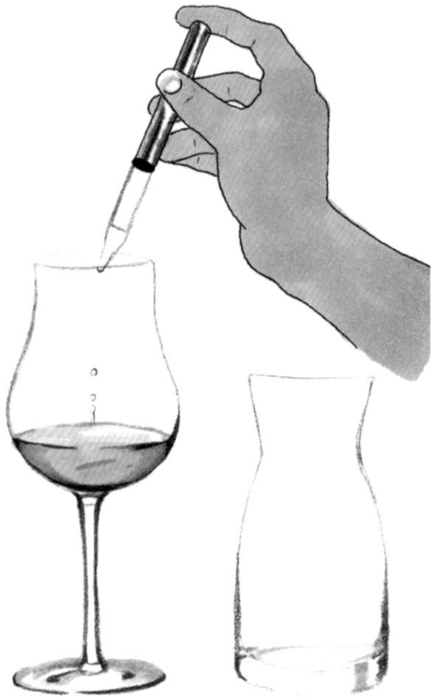

피펫으로 물 추가하기.
아무것도 넣지 않은 채로 시음한 후, 물을 추가하여 위스키를 열어준다.

말드-뱅티에 아로마 휠©*

술에 대한 감각적 지각은 지속적인 시음 연습을 통해 향상되지만, 후각이 감지하는 수만 가지의 단순 또는 복합 향을 어떤 단어로 표현해야 할지 모르는 경우가 종종 있다. 말드-뱅티에 아로마 휠©은 이러한 요구에 부응하면서 시음 경험을 더 쉽게 공유할 수 있도록 도와줄 것이다.

아로마 휠의 필요성과 진화

1970년대와 1990년대 사이에 개발된 최초의 아로마 휠은 모두 스코틀랜드에서 산업용으로 개발되었다. 이 제품들은 단일 산업(위스키)의 표준과 단일 문화(스코틀랜드)의 용어를 기반으로 만들어졌다. 아로마 휠을 통해 애호가들은 스카치위스키를 중심으로 한 위스키 어휘를 갖추게 되었고, 전문가들은 생산 과정의 다양한 단계에서 아로마의 특징을 더 잘 파악할 수 있었을 뿐만 아니라 화합물을 더 정확하게 정의하여 일관된 프로파일을 가진 빈티지를 생산할 수 있었다.

그러나 과학적 발견이 가속화되면서 이러한 초기 아로마 휠은 더 이상 쓰이지 않게 되었다. 과학의 발전으로 인해 위스키를 구성하는 방향족 분자를 식별하여 특징적인 아로마 계열로 위스키를 분류할 수 있게 된 것이다. 실제로 동일한 화합물에 대한 인식은 다를 수 있지만 성분 자체는 그대로 유지된다. 말드-뱅티에 아로마 휠을 사용하면 아로마를 구성하는 화합물을 기반으로 아로마를 객관적으로 분석할 수 있다. 모든 주류와 모든 문화에 보편적으로 적용될 수 있도록 설계되었다. 따라서 전 세계적으로 점점 더 다양해지는 위스키 스타일에 더 완벽하게 적용할 수 있는 보다 국제적인 버전의 아로마 휠이다.

말드-뱅티에 아로마 휠©의 올바른 사용법

아로마 휠을 사용하면 초심자든 전문가든 추론과 비교를 통해 시음하는 법을 배우면서 코와 미각을 더 잘 훈련할 수 있다. 위스키의 아로마 층과 그 안에 포함된 풍미를 파악하는 데 도움이 된다. 우선 해당 위스키에 존재하지 않는 계열을 제외한 다음, 나머지 12개 계열 중 한두 개의 계열의 존재 여부를 판단한다. 과일 향이 느껴진다면 신선한 과일, 말린 과일 또는 익힌 과일로 세분화할 수 있다. 신선한 과일이라면 감귤류 및 / 또는 과수원 과일 및 / 또는 열대 과일로 분석하여 자세히 살펴본다. 경험이 쌓이면 이미 맡아보았거나 반복되는 향을 빠르게 식별할 수 있고, 이를 제외하고 좀 더 식별이 어려

---

* 이 책의 저자인 시릴 말드와 함께 《아이코닉 위스키*Iconic Whisky*》를 쓴 알렉산더 뱅티에르가 같이 개발한 아로마 휠이다.

운 배경 향을 찾는 것이 더 쉬워진다. 주요 아로마 계열로 분류하면 감각을 더 잘 기억할 수 있기 때문에 위스키에 대한 좀 더 객관적이고 종합적인 설명이 가능해진다.

위스키 선택에 상관없이 반복적인 분석 연습을 통해 각자의 감수성, 관심사, 취향을 발전시킬 수 있다. 사실 위스키의 다양성을 광범위하게 경험하지 않고서는 어떤 시음자도 자신의 선호도를 완전히 파악할 수 없다. 아로마 휠을 사용하면 시음자 간에 가장 공통적인 언어를 만들어 서로를 완벽하게 이해할 수 있다. 또한 아로마 휠을 사용할 경우, 표현을 끊임없이 분리해야 하기 때문에 아로마 표현이 중첩되는 일을 피할 수 있다. 예를 들어 '스파이시한 감귤류'가 아닌 레몬과 계피라고 하고, '블루베리 타르트'가 아닌 맥아와 블루베리(익힌 것 혹은 잼)라고 하는 것이다. 모든 사람이 이해하는 기본 아로마에 최대한 가까워야 복잡한 위스키에 대한 접근이 더욱 쉬워진다.

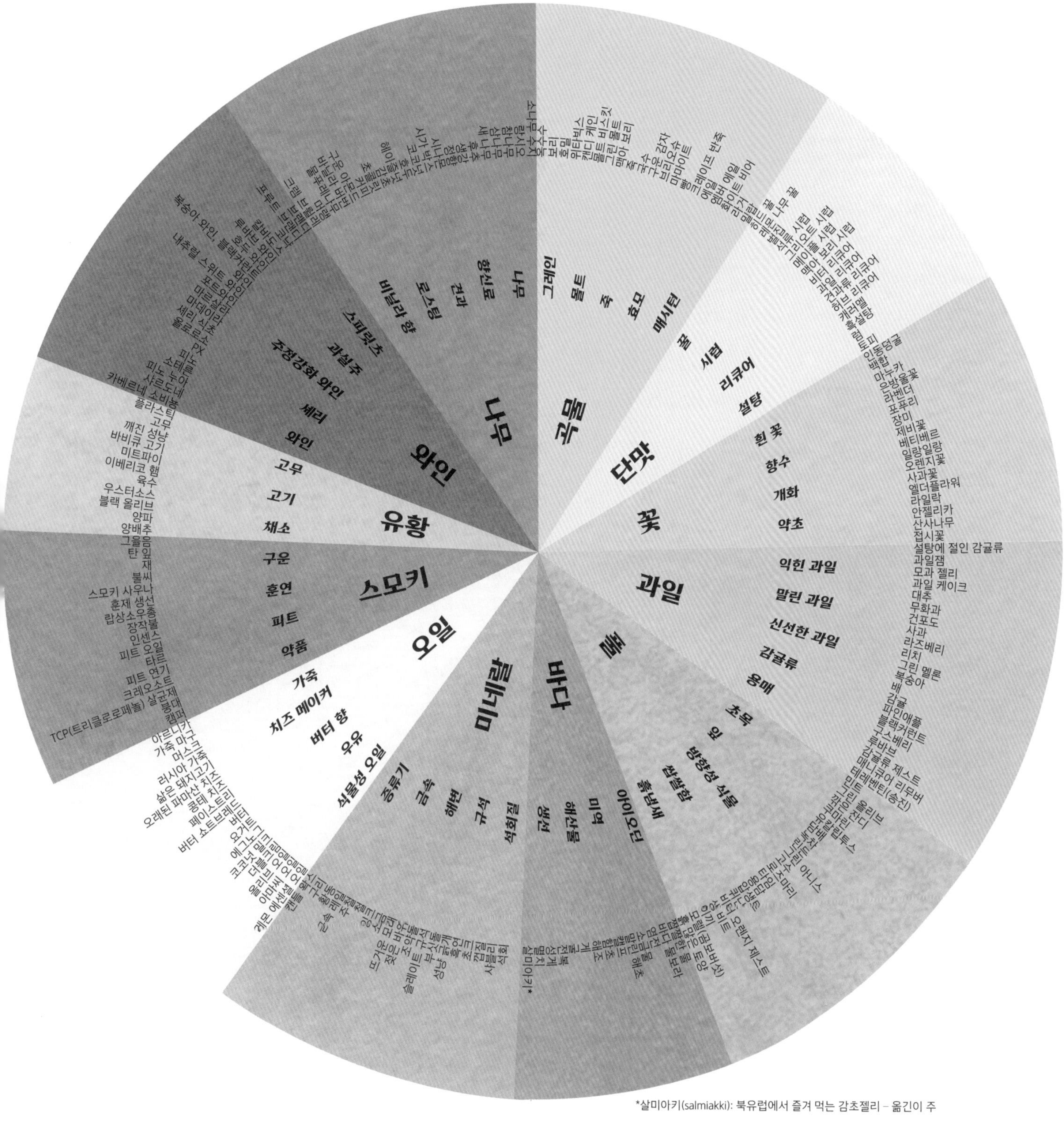

*살미아키(salmiakki): 북유럽에서 즐겨 먹는 감초젤리 – 옮긴이 주

말드-뱅티에 아로마 휠©

위스키와 음식 페어링

위스키의 풍부한 아로마는 다양한 미식 조합으로 미각에 새로운 즐거움을 준다. 음식과 위스키의 페어링은 메시지가 단순할 때 더욱 돋보인다. 위스키나 요리가 너무 복잡하면 원하는 페어링 효과를 낼 수 없기 때문이다. 조화로운 페어링에는 두 가지 유형이 있다. 첫째, 대비를 기반으로 한 페어링. 위스키의 아로마가 음식이나 요리의 구조를 두드러지게 하여 반향을 일으키고 마무리까지 함께 한다. 둘째, 유사한 아로마를 기반으로 한 페어링. 위스키가 요리의 아로마를 둥글게 마무리하고 질감에 녹아들어 요리의 강렬함을 전달한다. 드물기는 하지만 대비와 상응을 결합한 페어링도 있다. 어떤 경우든 음식과 함께 마시는 위스키가 서로를 돋보이게 하면 그 경험은 완벽에 가까워진다.

해산물과 생선

조개류, 갑각류(꽃게, 로브스터, 랑구스틴*…),
기름진 생선(그라브락스, 절인 청어, 장어…), 보타르가(어란)**
섬세한 피트 위스키: 탈리스커 10년, 라프로익 쿼터 캐스크, 쿨일라 12년

해산물(조개류 및 갑각류)과 기름진 생선을 기본으로 한 요리는 섬세하고 바다 향이 나는 피트 위스키와 잘 어울린다. 이 조합은 대조적인 아로마 페어링이다. 차갑게 소스 없이 먹는 굴은 바다 및 미네랄 뉘앙스가

---

* 랑구스틴(langoustine)은 노르웨이산 가시발 새우이다.

** 그라브락스는 향신료에 절인 스칸디나비아 지역의 연어 요리이다.

지방이 많은 살과 대조를 이루고 짭짤한 강도를 잡아주는 가벼운 훈제 향의 위스키와 짝을 이룬다. 훈제 굴 또는 게메네 앙두이유*의 기름진 스모크 향이 짭짤함과 어우러지는 육해공 요리와 마찬가지로, 피트 위스키와 굴 아로마의 조합은 조개류의 짠맛을 잡아내고 속살의 볼륨을 완벽하게 드러낸다.
보타르가는 숭어나 참치의 알을 소금 건조한 지중해식 요리로 강력한 향을 지닌 바다 농축물이다. 그 존재감이 너무나도 뚜렷하여 가장 단순한 요리도 초월한다. 그러나 무엇보다도 작은 거품 같고 살짝 절인 듯한 질감이 풍부한 섬세한 요리다. 소스 없이 상온으로 먹는 보타르가는 피트한 맥아의 강렬함과 과일 향이 바다에서 압착한 숭어알의 미세하고 진주 같은 질감을 드러내는 스모키한 위스키와 잘 어울린다.

훈제 생선(연어, 송어, 광어, 대구…), 살코기 생선(가자미, 대구, 도미, 넙치…), 게살 또는 꽃게살, 가리비
섬세한 과일 향이 나는 바다 위스키: 올드 풀티니 15년, 스프링뱅크 10년, 클라인넬리쉬 14년

섬세한 시트러스 계열의 바다 내음 위스키가 훈제 생선의 풍미에 밀도를 더해주는 세련된 페어링을 제안한다. 과일 향의 바다 위스키가 지닌 미세한 미네랄 비터와 톡 쏘는 맑고 투명한 노트는 생선의 살코기나 게살과 뚜렷이 대조를 이루면서도 식감이 부드럽고 세련된 요리와 조화를 이룬다. 소금기가 느껴지는, 미네랄이 함유된 단단한 피니시와 약간 왁스 같은 녹청은 가리비의 여운이 긴 맛과 섬세한 단단함, 견과류의 풍미를 포착해 낸다.

샤퀴테리

푸아그라, 페이스트리 샤퀴트리(파테 앙 크루트, 투르트 등)**
미네랄이 풍부한 시트러스 계열 몰트위스키: 브룩라디 비어 발리, 글랑 아르 모르 마리스 오터, 벤네비스 10년

많은 종류의 샤퀴테리(Charcuterie, 베이컨, 소시지 등 육류를 가공해 만드는 프랑스식 요리를 총칭) 특선 요리가 있지만 위스키와는 항상 대조적인 페어링을 한다. 특히 지방을 상쇄하고 요리의 풍성함을 잡아주는, 미네랄 밀도가 높은 위스키와 페어링한다. 예를 들어, 소금과 후추로 간을 한 반조리 푸아그라는 입안에서 사르르 녹는 식감과 섬세한 향을 지니고 있기 때문에 밀도가 높으면서도 신선한 몰트위스키를 곁들여야

* 돼지 창자에 내장과 부속 고기를 넣어 소시지 모양으로 만든 샤퀴테리의 일종 – 옮긴이 주
** 파이 크러스트에 고기, 채소 등으로 갈아 만든 소를 채워 만든 프랑스식 요리 – 편집자 주

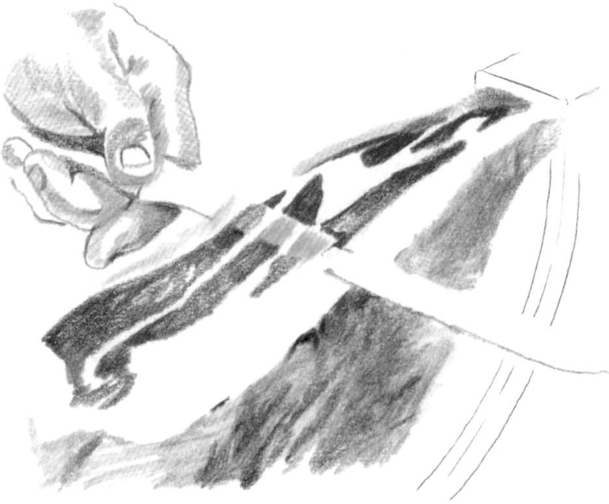

한다. 위스키에는 요리의 양념에 녹아들 수 있는 구운 곡물(구운 보리) 향과 지방과 뚜렷이 대조를 이루는 동시에 균형을 잡아줄 수 있는 산뜻한 과일 향(파인애플, 시트러스)이 있는 정확한 피니시가 있어야 한다. 푸아그라와 페이스트리 샤퀴테리의 섬세한 지속력을 드러내면서 과하지 않고 길고 풍성한 입맛을 선사하려면 피니시에 미네랄이 더 많이 들어 있어야 한다.

햄, 테린, 파테

섬세한 과일 향이 느껴지는 몰트위스키: 달모어 12년, 클렌파클라스, 105, 몰트락 16년

이 몰트위스키들은 차가운 육류의 식감을 높여주고 음식에 활력을 불어넣는 에너지와 긴장감을 선사한다. 기본을 이루는 과일 향은 산미를 받쳐주고 입안에서 변화하다가 요리의 지속성을 완성하고 풍부한 지방에 에지(edge)를 더한다.

육류

오리, 지비에, 구운 고기, 소스를 뿌린 고기 요리

셰리 몬스터 위스키: 아벨라워 아부나흐, 글렌드로낙 셰리 펀천, 카발란 솔리스트 셰리 캐스크

소스를 넣든 안 넣든 오리의 밀도를 그대로 유지할 수 있는 요리 방법은 거의 없다. 그래서 오리는 균일한 분홍빛을 띠도록 살짝 구워서 제공한다. 오리 가슴살의 풍미를 변질시키지 않고 최대한 살리려면 셰리

캐스크(올로로소 또는 페드로 히메네즈)에서 숙성된 위스키를 선택한다. 이러한 위스키는 레어로 익힌 오리의 가슴살 육질에 어울리는 충분한 볼륨과 길이를 제공하고 블랙 체리와 초콜릿 향이 가미된 블랙커런트와 모란의 풍미가 상쾌함을 더한다. 또한 고기와 육즙이 입안에서 만들어 내는 변화를 두드러지게 한다. 피니시에서 느껴지는 신선한 향신료는 이 섬세한 살코기의 과일 향과 쫄깃함을 강조한다. 강하면서도 신선하고, 강렬하면서도 조화로운 이 위스키는 오리 가슴살의 육질뿐만 아니라 소스를 곁들인 요리와도 완벽한 조화를 이룬다. 긴장감 덕분에 입안을 덮는 요리의 맛에 가려지지 않는다.

바비큐 소갈비, 돼지갈비, 소고기 양지머리, 조림 및 훈제 고기

버번위스키: 믹터스 10년, 블랑톤 싱글 배럴 골드 에디션, 일라이저 크레이그 배럴 프루프

어떤 화학반응은 위스키와 선택한 음식 사이의 연결 고리를 형성하기도 한다. 고온에서 아미노산에 작용하는 당의 환원 기능이 여기에 해당한다. 이는 고기 표면의 캐러멜화와 크러스트 형성(마이야르 반응)을 일으켜 고기에 특유의 풍미를 더한다. 10년 정도 숙성한 버번은 바비큐 고기의 바삭한 겉면에 안성맞춤이다. 이러한 버번위스키는 에너지가 넘치고 초콜릿의 쓴맛이 고기의 육즙과 조화를 이루며 생동감을 더한다. 또한 지속력이 매우 뛰어나고 메이플 시럽과 섬세한 향신료의 향이 부드러운 고기와 어우러져 더욱 풍성한 볼륨을 선사한다. 마지막 스파이시 향은 고기의 크러스트를 더욱 돋보이게 한다. 버번은 조림이나 훈제 고기의 모든 향을 살려준다. 버번 몇 방울을 고기에 직접 떨어뜨리면 고기의 지방에 날카로움을 더할 수 있다.

치즈

블루치즈(영국산 스틸턴, 이탈리아산 고르곤졸라, 프랑스산 로크포르…)

스모키 위스키: 벤리악 템포리스, 포트 샬롯 아일라 발리, 라가불린 12년 캐스크 스트렝스

응축된 아로마를 함유한 블루치즈는 파워풀한 향과 섬세하고 지속적인 여운이 특징이다. 블루치즈의 질감과 조화를 이루고 감칠맛과 섬세한 조직을 향상시키는 동시에 지방에 날카로움을 줄 수 있는 위스키로 치즈의 강렬한 아로마의 균형을 찾고 아로마를 한 방향으로 모아야 한다. 스모키한 위스키는 페니실륨(푸른곰팡이)을 가리지 않으면서도 쓴맛에 견고하고 균형 잡힌 틀을 부여한다. 로크포르(Roquefort) 또는 스틸턴(Stilton) 치즈의 강력함과 끝에 나는 약간의 쓴맛 또한 바다 향이 두드러지는 위스키의 염분에

상쇄되어 이러한 페어링에 입체감이 더해진다. 피니시에서 느껴지는 피망과 후추의 풍미는 이러한 스모키 위스키의 특징이며 블루치즈의 순수함과 개성을 모두 깊이 존중한다.

경질 치즈(프랑스산 보포르, 콩테, 미몰레트, 톰 치즈, 스위스산 그뤼에르, 이탈리아산 파마산…)
섬세한 과일 향이 나는 몰트위스키: 달위니 15년, 주라 12년, 글렌로시스 1995

이러한 유형의 치즈 특성과 풍부한 아로마를 고려할 때 위스키는 아로마의 반주를 해주는 동시에 밸런스를 맞춰주는 역할을 한다. 압착 치즈의 크리미함과 대조를 이루고 강렬함을 포착하기 위해서는 몰트위스키(미네랄이 풍부해야 함)와 과즙이 풍부한 과일 향(추출물 거의 없는)을 가진 위스키와 페어링해야 한다. 페어링에서 우선시해야 하는 것은 깔끔함과 지속적인 조화, 즉 치즈의 풍미를 약화하지 않으면서 풍부한 맛과 향을 끌어올리는 것이다.

초콜릿

카카오 함량 70% 다크 초콜릿, 가나슈, 초콜릿 타르트
와인 향 위스키: 글렌모렌지 콤판타, 아란 아마로네 캐스크, 암룻 인터미디엄 셰리

카카오에는 응축된 타닌이 함유되어 있어 다크 초콜릿에 강렬함과 떫은맛을 낸다. 카카오의 섬세함과 복잡성을 지켜주기 위해 위스키의 아로마는 모든 형태의 카카오를 표현해야 하며 쓴맛을 상쇄할 수 있는 세련된 과일 향을 지니고 있어야 한다. 숙성에 사용된 오크 캐스크(포트, 레드 와인 또는 프랑스산 내추럴 스위트 와인, 셰리, 마데이라, 마르살라)에 따라 어떤 위스키는 카카오 또는 초콜릿과 커피의 구운 향이 나며, 초콜릿 아로마가 치고 올라오다가 피니시에서는 은은한 붉은 과일 향이 난다. 글렌모렌지 콤판타는 대조적인 두 가지 조합을 동시에 즐길 수 있는 위스키다. 부르고뉴 클로 드 타르 캐스크와 라스토(Rasteau) 내추럴 스위트 와인 캐스크에서 숙성된 이 위스키는 당밀과 다크 초콜릿, 감초로 채워진 견고한 구조와 함께 크랜베리처럼 과육이 많고 진한 과일 향이 길고 진한 여운을 남긴다. 와인의 특징을 가리지 않으면서도 쓴맛의 기본 구조를 잡아준다.

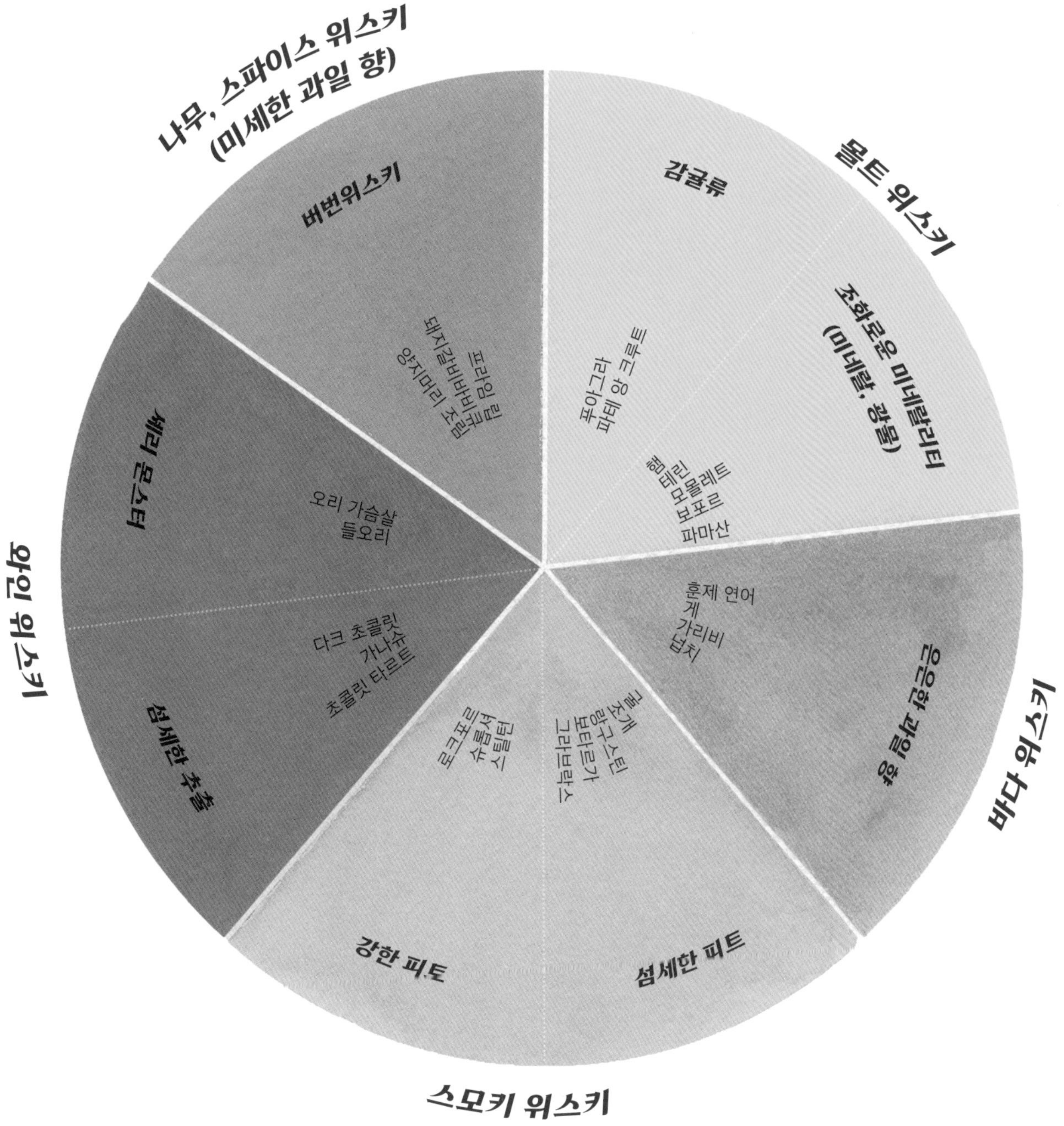

나무, 스파이스 위스키 (미세한 과일 향)
버번위스키
프라임 립
돼지갈비바비큐
양지머리 조림
몰트 위스키
감귤류
푸아그라
파테 앙 크루트
조화로운 미네랄리티 (미네랄, 광물)
콩테
미몰레트
보포르
파마산
바다향 위스키
은은한 과일 향
훈제 연어
게
가리비
넙치
스모키 위스키
섬세한 피트
굴
조개
랑구스틴
보타르가
그라브락스
강한 피트
스틸턴
슈롭셔
로크포르
와인 위스키
셰리 몬스터
오리 가슴살
들오리
섬세한 추출
다크 초콜릿
가나슈
초콜릿 타르트

페어링 휠

믹솔로지

믹솔로지란 술을 혼합하고 창조하는 기술이다. 믹솔로지에 필요한 경험과 정확성에는 지속적인 훈련이 필요하다. 이런 점에서 일본의 다도와 가장 가까운 의식이라고 할 수 있다. 그러나 다도가 느림의 미학이라면 믹솔로지는 민첩함의 미학이다.

칵테일

1806년 5월 뉴욕. 역사가 만들어지고 있었다. 간행물 〈밸런스 앤 컬럼비아 리포지토리〉가 증류주와 설탕, 물, 비터(비터스로도 표기한다. 약으로 사용되던 허브를 주정에 넣고 추출한 일종의 술)로 구성된 자극적인 음료를 지칭하기 위해 최초로 '칵테일'이라는 용어를 사용했다. 이 구성에 위스키가 더해져 역사상 최초의 클래식 칵테일이자 현대 칵테일의 기조가 된 올드 패션드(Old Fashioned)가 되었다. 이러한 초기 칵테일 레시피는 최초의 칵테일 관련 책인 제리 토마스의 《바텐더 가이드*The Bar-Tender's Guide*》(1862), 조지 J. 카펠러의 《모던 아메리칸 드링크*Modern American Drinks*》(1895, 1906), 《칵테일*Cocktails*》(1922)에 실렸다.

올드 패션드(19세기 초)

유리잔에 바로 준비 — 위스키 50mL — 탄산수 5mL — 앙고스투라 비터 2 대시* — 설탕 시럽 ½ 티스푼 — 오렌지 껍질 및 브랜디 체리로 장식

위스키 사워 (19세기 중반)

셰이커에 — 위스키 50mL — 프레스 레몬주스 35mL — 사탕수수 시럽 15mL — 신선한 달걀흰자 15mL (선택 사항).

아이리쉬 커피 (19세기 중반)

유리잔에서 바로 준비 — 아이리시 위스키 30mL — 데메라라 설탕 시럽 10mL — 따뜻한 커피 60mL — 따뜻한 유화 크림 30mL.

맨해튼(1860-1880년)

롭 로이와 브루클린은 맨해튼이 변형된 것이다

믹싱 글라스에 — 버번 또는 라이 위스키 50mL — 스위트 베르무트 25mL — 오렌지 비터 2 대시 — 마라스키노 체리로 장식

---

* 대시(dash)는 칵테일의 계량 단위로 1 dash=1mL=5방울

롭 로이(1894년, 뉴욕 월도프-아스토리아 바)

믹싱 글라스에 — 위스키 50mL — 스위트 베르무트 15mL — 앙고스투라 비터 4 대시 — 마라스키노 체리로 장식

브루클린(1907년, 세인트 조지 호텔)

믹싱 글라스에 라이 위스키 50mL — 드라이 버무스 20mL — 마라스키노(체리 리큐어) 10mL — 아메 피콘(비터 오렌지, 용담, 퀴닌 리큐어) 10mL

페니실린(신고전주의: 2005년, 뉴욕 밀크 앤 허니)

최고의 바 메뉴에 있다

셰이커에 — 블렌디드 위스키 45mL — 진저 리큐어 15mL — 피티드 위스티 10mL — 프레스 레몬주스 20mL — 꿀 시럽(꿀 3: 물 1) 20mL — 설탕에 절인 생강 슬라이스로 장식

칵테일 도구

셰이커 Shaker

바텐더의 컬트 아이템인 셰이커는 정확한 움직임으로 칵테일을 섞고 차갑게 만들 뿐만 아니라 재료의 에멀션을 촉진한다. 얼음을 넣거나 또는 넣지 않고 셰이크(또는 드라이 셰이크) 할 수 있다. 위스키 베이스 칵테일의 경우 블러드 앤 샌드, 페니실린, 빈티지 마니아, 위스키 사워 등을 만드는 데 사용한다.

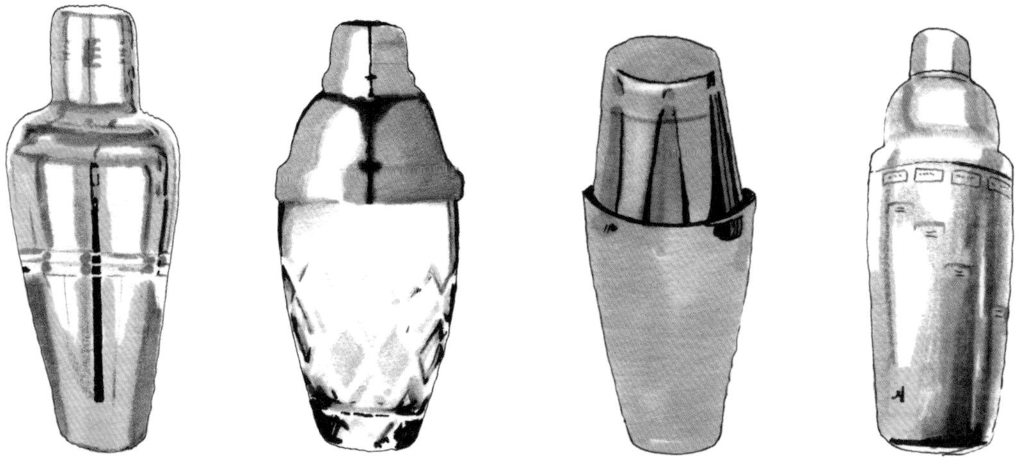

왼쪽부터: 금속 및 유리 봄버 셰이커 3개, 코블러 셰이커 1개

지거 Jigger, Jigger glass

바텐더의 두 번째 컬트 아이템이다. 다양한 모양과 재질의 지거가 있으며 따르는 액체의 양과 흐름을 매우 정확하게 측정하는 데 사용한다. 다양한 종류의 위스키(블렌디드, 버번, 아이리시, 라이, 스카치, 피티드 등)를 아로마가 다른 레시피에 따라 대체로 사용할 수 있지만, 그 강도에 따라 정확한 양을 지켜야 한다.

다양한 형태의 지거

믹싱 글라스 Mixing glass

맨해튼이나 주스가 들어 있지 않은 다른 칵테일을 균일하게 만드는 데 사용한다. 바 스푼, 스트레이너와 함께 사용한다. 위스키 베이스 칵테일의 경우 브루클린, 데블스 소울 더블린, 갓파더, 맨해튼, 롭 로이 등을 만들 때 특히 유용하다.

유리 및 금속 믹싱 글라스

스트레이너 Strainer

셰이커나 믹싱 글라스의 내용물을 걸러내고 얼음이 쏟아지는 것을 방지하는 스트레이너에는 네 가지 유형이 있다. 이 스트레이너들은 이중 여과(더블 스트레인)의 경우 일반 스트레이너와 함께 사용할 수 있다. 위스키 베이스 칵테일의 경우 블링커, 블러드 앤 샌드, 브루클린, 더블리너, 갓파더, 맨해튼, 민트 줄렙, 페니실린, 롭 로이, 빈티지 마니아, 워드 에이트, 위스키 픽스, 위스키 스매시, 위스키 사워를 만드는 데 사용한다.

다양한 종류의 스트레이너: 호손 스트레이너, 파인 스트레이너, 줄렙 스트레이너, 칼라브레이스 스트레이너

바스푼 Barspoon

스크루 형태의 손잡이가 달린 긴 스푼(25~40cm)으로 약제사가 쓰는 스푼에서 영감을 받았다. 셰이커에서 재료를 섞고, 시원하게 만들거나 에멀션을 할 때 쓰거나 셰이커를 쓸 때 혹은 잔으로 직접 서빙할 때 사용한다.

바스푼

인터뷰

레미 세비지

생디카 칵테일 클럽(Syndicat Cocktail Club)의 파트너 & 크리에이티브 디렉터

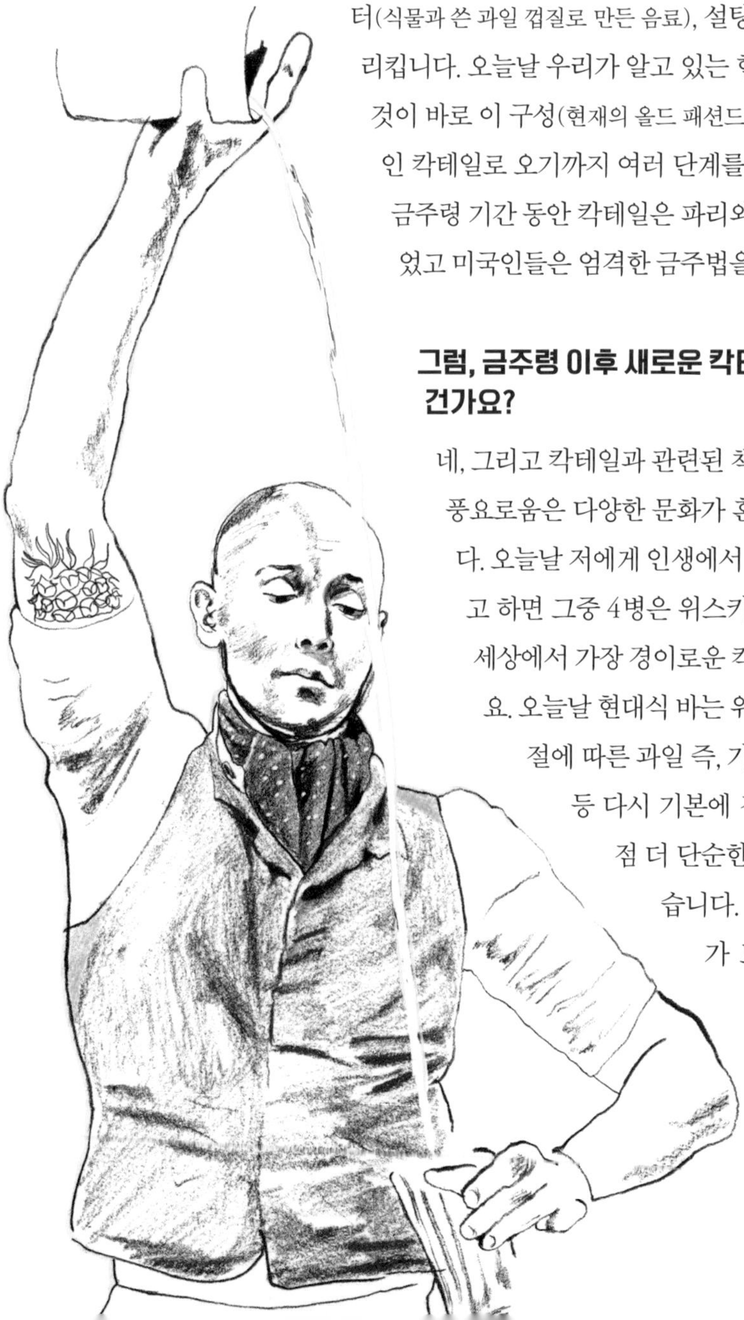

칵테일의 역사에서 위스키는 얼마나 중요한가요?

역사적으로 볼 때 '칵테일'이라는 말은 우선 위스키와 연관이 있었습니다. 칵테일은 1806년 5월 3일 뉴욕 간행물인 더 밸런스 앤 컬럼비아 리포지토리에서 처음 사용되었습니다. 칵테일은 위스키, 물, 비터(식물과 쓴 과일 껍질로 만든 음료), 설탕으로 만든 자극적인 음료를 가리킵니다. 오늘날 우리가 알고 있는 현대 칵테일의 기초를 형성하는 것이 바로 이 구성(현재의 올드 패션드)입니다. 하지만 이렇게 현대적인 칵테일로 오기까지 여러 단계를 거칠 수밖에 없었지요. 미국의 금주령 기간 동안 칵테일은 파리와 유럽의 다른 지역으로 수출되었고 미국인들은 엄격한 금주법을 피해 쿠바에 모여들었습니다.

그럼, 금주령 이후 새로운 칵테일이 개발되었다는 건가요?

네, 그리고 칵테일과 관련된 책들도 나왔지요. 위스키 세계의 풍요로움은 다양한 문화가 혼합되기 때문에 더욱 중요합니다. 오늘날 저에게 인생에서 가장 의미 있는 20병을 고르라고 하면 그중 4병은 위스키일 겁니다. 위스키의 다양함은 세상에서 가장 경이로운 칵테일을 만들 수 있을 정도니까요. 오늘날 현대식 바는 위스키와 같은 고급 증류주와 계절에 따른 과일 즉, 가장 신선한 제철 과일을 갖추는 등 다시 기본에 집중하고 있습니다. 그 결과 점점 더 단순한 구조의 칵테일이 등장하고 있습니다. 두 가지 요소가 넘어가는 경우가 드뭅니다. 이것이 바로 현대식 칵테일이죠.

위스키 베이스 칵테일에서 물은 얼마나 중요할까요?

칵테일은 항상 넓은 의미에서 생각해야 합니다. 맨해튼이든 위스키 사워든 칵테일은 무엇보다도 액체의 조합입니다. 우선 희석 즉, 위스키 그 자체를 표현하고 이상적으로 만들기 위해 일정량의 물을 넣는 것이 있습니다. 사람들에게 위스키는 너무 복잡하거나 반대로 1차원적으로만 느껴지는 경우가 많지요. 예나 지금이나 칵테일 바에서 만들어지는 모든 액체 조합의 목적은 한 가지입니다. 꼭 맛이 있는 건 아니지만 맛을 향상시킬 수 있는 재료들의 기초 역할을 하는 증류주의 아로마를 한데 모으는 것입니다. 그리고 의심할 여지 없이 물이 가장 중요한 요소입니다. 일본의 미즈와리(말 그대로 '물을 타다 또는 묽게 하다'는 뜻)를 예로 들어보겠습니다. 디스틸러의 작업과 유사한 점이 있으니까요. 위스키를 희석하여 병에 담아 판매함으로써 디스틸러는 이미 약간의 믹솔로지 작업을 한 것이 사실입니다! 그러나 이 작업은 더 나아가 바텐더의 작업 즉, 술에 대한 접근성 문화로 이어질 수 있습니다. 이 작업은 일본의 위스키 소비문화에도 기여합니다. 식사 내내 마실 수 있으니까요.

일본에서는 어떤 미즈와리를 선보이고 싶은가요?

제가 하는 작업은 상당히 미니멀합니다. 저는 아주 적은 재료로 아주 단순한 것을 만들어서 증류주 자체에 집중합니다. 저는 글렌피딕 15년으로 미즈와리를 만들었는데 위스키가 아닌 위스키에 첨가할 물에 변화를 주었습니다. 서로 다른 네 가지 물을 섞었는데, 그중 일부는 많은 TDS*를 함유한 미네랄이 풍부한 물이었습니다. 우리는 증류 과정을 견딜 수 있는 미네랄 환경을 만들고 싶었습니다. 그래서 미네랄 염분만 남도록 물을 증류했습니다. 미네랄 함량을 유지하면서 우리가 분리할 수 있었던 것이 바로 이 농축액이었습니다. 결과는 어떠했냐고요? 저희는 자작나무 수액의 아로마 구조를 재현했습니다. 증류수로 만든 얼음 위에 제공하는 위스키 위에 셰프가 하듯이 증류 과정에서 나온 미네랄 농축액을 뿌렸습니다.** 진공을 이용하면 용액의 끓는 온도를 액체에 따라 30~50℃로 낮출 수 있어서 민감한 화합물의 아로마를 보존할 수 있습니다. 이 과정을 통해 신선하고 향기로운 증류액과 더 농축된 향을 지닌 증류 찌꺼기인 농축액, 두 가지를 얻을 수 있습니다.

---

* total dissolved solids, 총 용존 고형물, 즉 물에 포함된 칼슘, 마그네슘, 칼륨, 나트륨 등 미네랄 염류의 농도를 말한다. -편집자 주

** 특정 분자 요리 과정과 마찬가지로 증류할 제품이 포함된 용액을 농축하고 물과 알코올 같은 액체를 분리하는 회전증발농축기(rotary evaporator)를 사용하여 저온에서 진공 상태로 증류한다. -편집자 주

물이 칵테일의 베이스 중 하나가 되었나요?

물은 위스키에 신선함을 더해줄 뿐만 아니라 위스키를 더 친근하게 느끼고 이해하기 쉽게 만들어 줍니다. 우리는 미각이 마비되는 이른바 '마비 효과'를 피하려고 노력합니다. 온도가 낮을수록 알코올 도수가 낮아지고 아로마가 덜 느껴집니다. 이 균형을 반드시 고려해야 합니다. 올드 패션드의 서빙 온도는 −3℃입니다. 마실 때는 −2~0℃ 사이로 안정화됩니다. 위스키 50ml, 시럽 7.5ml(설탕과 물은 동량), 비터 3 대시(dash, 다른 것에 첨가할 때 '소량', '약간'을 뜻하는 단위)를 넣으면 얼음과 함께 기본 부피의 40%가 물이 됩니다. 따라서 올드 패션드의 알코올 도수는 사용하는 위스키에 따라 약 22~28%입니다. 하지만 싱글 몰트를 직접 마시지 못하는 사람이 싱글 몰트의 복잡함을 그대로 느끼기 위해서는 희석이 초기 용량의 30%를 넘으면 안 된다고 생각합니다. 그러나 이것 또한 당신이 칵테일에서 추구하는 것이 무엇인가에 달려 있습니다. 개인적으로 저는 라가불린 8년 같은 증류주를 한 대시 정도 넣는 것을 선호합니다. 칵테일이면서도 위스키의 상쾌한 식물성 아로마를 강조하는 방법이기도 하니까요. 라이 위스키나 크라이겔라키 23년도 잘 어울립니다. 물 250ml에 위스키 15ml를 넣으면 재스민, 꿀을 마시는 듯한 느낌이 들지요. 아로마는 그대로지만 항상 변합니다.

바텐더님이 칵테일에 부여하는 미묘한 구조를 통해 칵테일을 마시는 사람들에게 칵테일이 주류에 입문하는 하나의 의례가 될 수 있을까요?

네. 칵테일은 세대를 막론하고 증류주를 접할 수 있는 발판이 되기 때문입니다. 칵테일에 첨가되는 액체는 젊은 사람들이 보다 쉽게 주류의 직설적인 맛을 접할 수 있게 해줍니다. 또한 예상치 못했던 미묘한 맛을 발견할 수 있게 해주지요. 2000년대까지만 해도 칵테일에 들어가는 증류주는 마시고 즐기기 위한 발판이었을 뿐, 맛이 펼쳐지는 플랫폼은 아니었습니다. 하지만 오늘날에는 칵테일의 기반이 되는 주류를 돋보이게 하는 맛의 플랫폼이 되었습니다.

미니멀한 페어링을 위해 위스키에 어떤 재료를 섞으시겠습니까?

물, 설탕, 미네랄이면 충분합니다. 마드리드 칵테일 위크에서 저는 1990년산 디켐(Chateau d'Yquem, 프랑스 소테른 지역을 대표하는 최고급 디저트 와인)을 증류하여 산미와 단맛을 유지하는 살구와 랑시오 향의 농축액을 얻었습니다. 정말 놀라웠습니다. 제가 샤또 디켐을 증류할 자격을 있을까요? 아마 아니겠지요. 저는 디켐을 증류했다고 비판을 받았지만 그 결과는 너무 매혹적이어서 한 번 맛을 본 사람들은 평생 그것을 기억할 것입니다. 칵테일의 전체적인 산도를 높이는 탄산수를 넣은 하이볼 위스키도 마찬가지로 경이로운 칵테일이 될 수 있습니다. 일반적으로 재료가 적을수록 읽기 쉬운 칵테일이 됩니다. 개인적으로는 재료가 적을수록 더 좋아합니다! 향수에서와 마찬가지로 때로는 여러 성분이 합쳐져 단 하나의 놀라운 결과를 낳습니다. 실용적인 관점에서 볼 때, 고정된 것은 없고 그 자체로 왜곡되는 것도 없습니다. 우리가 테스트할 때는 모든 것이 가능합니다. 따라서 모든 종류의 조합을 시도할 수 있고 때로는 만족스러운 결과를 얻을 수 있지요. 하지만 이것은 저의 접근 방식이 아닙니다. 우리가 간과할 때가 많은데, 증류주는 이미 그 자체로 칵테일입니다. 그 자체로 강조되어야 할 필요가 있습니다.

디스틸러가 위스키를 희석하기 위해 바텐더로 변신한다면, 재료를 증류하는 바텐더님도 디스틸러 역할을 한다고 할 수 있을까요?

맞습니다. 예를 들어 위스키와 제철 딸기라는 두 가지 재료로 칵테일을 만들면 수압으로 딸기 증류액을 만듭니다. 즉 물로 딸기를 증류하여 딸기 하이드로졸(플로럴 워터)을 만들고, 특히 그린 스팟 아이리시 위스키에서 발견되는 딸기의 강력한 아로마를 유지하여 딸기의 윤곽을 강조하고 부드럽고 섬세한 질감을 살립니다. 그리고 증류액을 탄산 처리하여 전체적인 아로마를 강조합니다. 결과는 무척 놀랍습니다. 일본에서는 세계에서 가장 피트한 위스키 중 하나인 옥토모어로 칵테일을 만들었는데, (젖산과 약간의 구연산을 추가하기 위해) 우유로 여과한 후 보드카와 결합하여 전체적인 활력을 불어넣었지요.

칵테일은 조합을 통해 주류를 돋보이게 하는 방법일까요?

흄이 말했듯이 우리가 창의성에 대해 이야기하는 것은 사실 창조에 대해 이야기하는 것입니다. 철학적 관점에서 보면 창조란 조합 아이디어를 만들어 내는 것입니다. 예를 들어 분홍색 코끼리는 상상의 산물이지만 창의적인 행위이기도 합니다. 동시에 코끼리도 이미 존재하고, 분홍색도 이미 존재합니다. 사실 창의적인 과정은 이 둘을 결합하는 것입니다. 그것이 바로 칵테일입니다!

믹터스 라이 앤 피어

맨해튼

위스키 세계 일주

북극해
스코틀랜드
p. 144
아일랜드
p. 264
캐나다
p. 316
잉글랜드
웨일스
p. 402
독일
p. 396
프랑스 p. 358
미국
p. 286
스페인
p. 416
벨기에
네덜란드
p. 412
대서양
라틴 아메리카
p. 440
멕시코
브라질
아르헨티나
태평양

북유럽 p. 418
아이슬란드
노르웨이
핀란드
스웨덴
덴마크
알프스 국가 p. 407
오스트리아
스위스
이탈리아
이스라엘 p. 427
인도
p. 430
일본
p. 340
대만
p. 434
태평양
인도양
오스트레일리아
p. 443
남아프리카 공화국
p. 438
뉴질랜드
p. 449

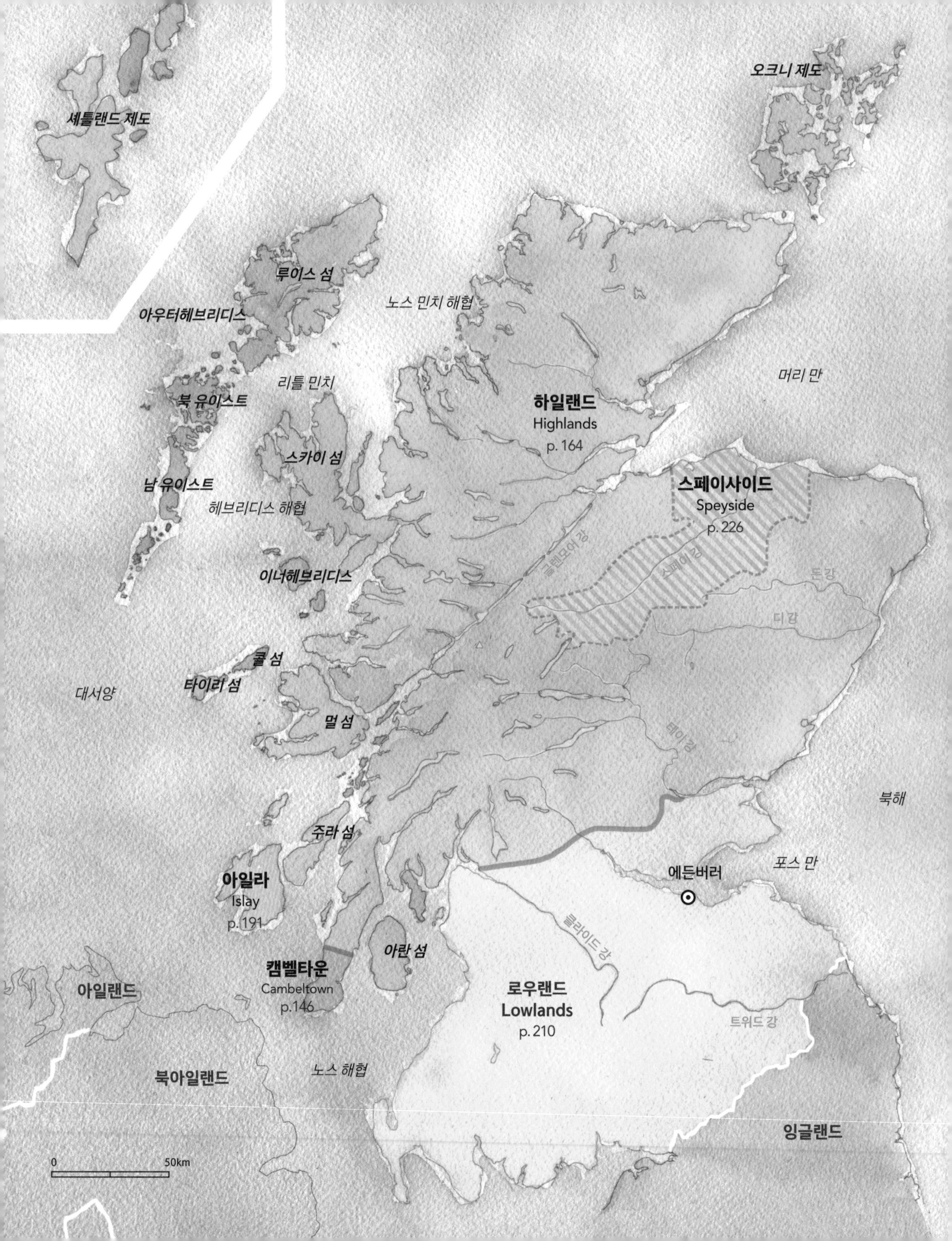

셰틀랜드 제도
오크니 제도
루이스 섬
아우터헤브리디스
노스 민치 해협
머리 만
리틀 민치
북 유이스트
하일랜드
Highlands
p. 164
스카이 섬
남 유이스트
헤브리디스 해협
스페이사이드
Speyside
p. 226
글렌모어 강
스페이 강
돈 강
이너헤브리디스
디 강
콜 섬
타이리 섬
대서양
멀 섬
테이 강
북해
주라 섬
포스 만
아일라
Islay
p. 191
에든버러
클라이드 강
아란 섬
캠벨타운
Cambeltown
p.146
로우랜드
Lowlands
p. 210
아일랜드
트위드 강
노스 해협
북아일랜드
잉글랜드
0
50km

스코틀랜드 지도

캠벨타운

킨타이어 반도의 남쪽 끝에 위치한 캠벨타운은 동쪽으로는 아란 섬, 서쪽으로는 아일라 섬, 남쪽으로는 아일랜드 북부 해안을 마주하고 있다. 이상적인 입지 조건을 갖춘 이곳은 1823년부터 1923년까지 위스키의 수도였으며, 수많은 증류소의 본거지이자 싱글 몰트 생산의 중심지 중 하나였다. 1796년에서 1834년 사이에만 스프링뱅크(1828년)와 스코시아 디스틸러리(1832년)를 포함해 29개 이상의 새로운 증류소가 허가를 받았고, 총 34개의 증류소가 캠벨타운에 설립되었다. 이 도시는 개성이 강한 복합적 위스키를 생산하는 것으로 명성이 높았는데, 스타일은 매우 다양하지만 과일 향과 바다 또는 피트의 영향을 받은 것이 특징이다.

이 번영의 시기는 정확히 한 세기 동안 지속되었다. 품질을 떨어뜨리는 생산성 경쟁, 미국 수정헌법 제18조에 따른 금주법(1920~1933년), 1929년 경제 대공황, 아일라 증류소와 마시기 편한 스페이사이드의 블렌디드 위스키와의 경쟁으로 인해 1923년부터 1936년 사이 모든 캠벨타운 증류소가 문을 닫을 때까지 경제 상황은 계속 악화되었다. 그중 단 세 곳이 운영을 재개했다. 1933년 스코시아 디스틸러리(글렌 스코시아라는 이름으로 재개), 1935년 스프링뱅크, 2004년 글렌가일이 문을 다시 연 것이다. 스프링뱅크는 캠벨타운의 대표 증류소이자 스코틀랜드에서 보리 몰팅(맥아 100% 현지 생산)부터 병입까지 위스키 생산의 모든 단계를 직접 관리하는 마지막 증류소 중 하나다. 글렌파클라스와 함께 대기업이 아닌 한 가족이 소유하고 있는 두 곳의 유서 깊은 증류소 중 하나이기도 하다.

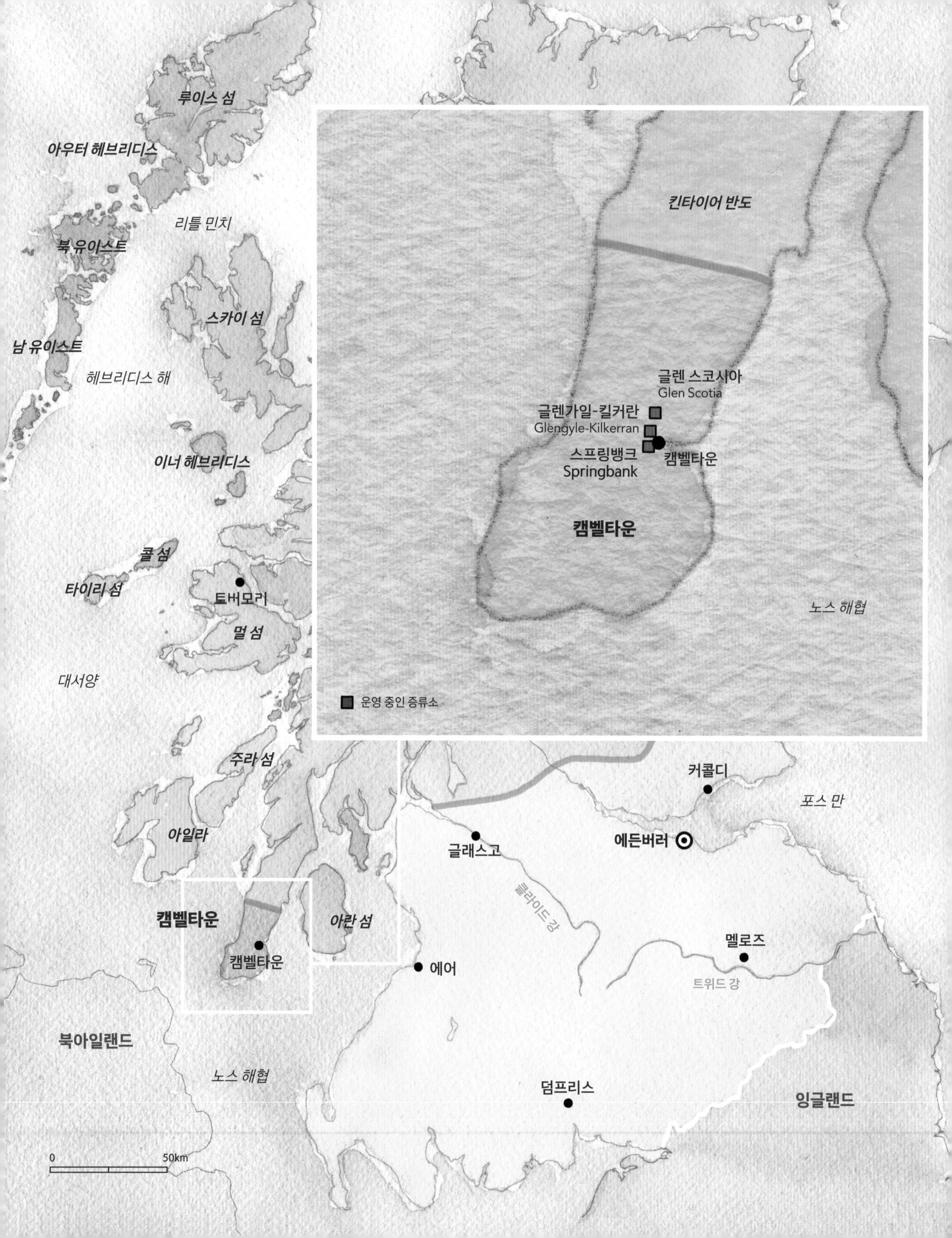

루이스 섬
아우터 헤브리디스
리틀 민치
북 유이스트
스카이 섬
남 유이스트
헤브리디스 해
이너 헤브리디스
콜 섬
타이리 섬
토버모리
멀 섬
대서양
주라 섬
아일라
캠벨타운
캠벨타운
아란 섬
북아일랜드
노스 해협
킨타이어 반도
글렌 스코시아
Glen Scotia
글렌가일-킬커란
Glengyle-Kilkerran
스프링뱅크
Springbank
캠벨타운
캠벨타운
노스 해협
운영 중인 증류소
커콜디
포스 만
글래스고
에든버러
클라이드 강
에어
멜로즈
트위드 강
덤프리스
잉글랜드
0
50km

증류소 분류

AAA
스프링뱅크

A
글렌가일-킬커란

BB
글렌 스코시아

특별히 뛰어난 증류소(AAA)부터 보다 일반적인 증류소(C)까지.
N: 새로운 증류소 †: 문 닫은 증류소

간단한 역사

1591년 위스키에 대한 최초의 기록이 발견됨
1700년 캠벨 가문의 수장 아가일 백작이 이 마을에 자신의 이름을 붙임
1823년 증류 활동의 합법화
1828년 스프링뱅크 설립
1832년 스코시아 디스틸러리 설립
1834년 캠벨타운에 29개의 증류소가 운영 중
1927년 거의 모든 증류소 폐쇄
1933년 스코시아 디스틸러리가 글렌 스코시아라는 이름으로 운영 재개
미국 헌법 제21차 개정안이 채택되어 금주법이 폐지되고 볼스테드 법이 무효화된 해
1935년 스프링뱅크 운영 재개
2004년 글렌가일 운영 재개

기본 정보

이벤트
캠벨타운 몰트 축제(Campbeltown Malts Festival)
5월 넷째 주 화요일부터 금요일까지

꼭 가봐야 할 장소
아드쉴 호텔(Ardshiel Hotel) 바
Kilkerran Road-PA28 6JL

스프링뱅크

SPRINGBANK

설립연도

1828년

소유주

스프링뱅크 디스틸러스(J. & A. 미첼)

대표 빈티지

1958년, 1965~1969년, 1972~1975년

증류기 대수

외부 화덕과 내부 스팀 코일을 갖춘 워시 스틸 1대
스피릿 스틸 2대

연간 생산량

용량: 연간 750,000리터의 순수 알코올
실제 생산량: 연평균 180,000리터의 순수 알코올

브랜드

스프링뱅크, 롱로우, 헤이즐번

위치

Well Close-Campbeltown-Argyll PA28 6ET

SPRINGBANK

1828년 설립된 스프링뱅크는 캠벨타운의 열다섯 번째 공식 증류소다. 1837년 소유주인 리드 형제가 파산한 후 존과 윌리엄 미첼이 인수했다. 이로써 비록 당시에는 불법이었지만 스프링뱅크는 진정한 설립자인 미첼 가문과 다시금 직접적인 관계를 맺게 되었다. 이 증류소는 캠벨타운의 중심부에 위치하고 있으며, 1828년 스프링뱅크가 세워진 맥아 제조 공장뿐만 아니라 이전의 롱로우, 리클라찬, 유니온, 스프링사이드, 아가일 증류소 부지를 포함하고 있다.

스프링뱅크는 전통적인 기술을 보존하기 위해 거의 변화를 주지 않았다. 보리(일부는 유기농으로 재배)는 전통적으로 증류소의 몰팅 플로어에서 직접 몰팅한다(살라딘 박스나 몰팅 드럼은 사용하지 않는다. 53쪽 참조). 증류소에는 개방형 주철 3.5톤 매시턴(당화조)과 스칸디나비아 낙엽송으로 만든 워시백(발효조) 6대가 설치되어 있다. 특히 느린 발효는 70~110시간이 걸린다. 개방형 통에서 발효하기 때문에 천연 효모가 충분히 활동할 수 있다. 따라서 발효된 맥아즙의 알코올 도수가 낮고(약 4.5~5.5% ABV) 농도는 높고 아로마가 복합적이기 때문에 드물고 독특한 2.5회 증류로 약간 완화할 필요가 있다. 증류소에는 이중 가열(외부 직화 및 내부 증기 코일) 되는 워시 스틸과 두 대의 스피릿 스틸이 있고, 워시 스틸에는 하나는 쉘 앤 튜브 응축기가, 스피릿 스틸에는 웜 튜브 응축기가 장착되어 있다. 초류와 후류를 삼중 증류하는 이중 증류를 한다. 더 자세히 설명하자면, 발효된 맥아즙(워시)을 한 번 증류하고 본류를 초류와 후류에서 분리한다. 그런 다음 로우 와인(1차 증류액)을 재증류하여 다시 한번 초류와 후류를 분리해 낸다. 마지막 증류에서 나온 초류와 후류는 첫 번째 증류에서 나온 로우 와인과 함께 두 번째 증류기에서 증류된다. 이 부분 삼중 증류 방식은 몰트락과 벤리네스 증류소의 증류 방식과는 다르다. 스프링뱅크 위스키는 냉각 필터링을 하거나 색소를 첨가하지도 않는다. 엄선된 셰리 캐스크와 이제는 전설이 된 익스프레션(100 프루프, 로컬 발리)을 포함한 혁신적인 리미티드 에디션 정책(스몰 배치)도 스프링뱅크의 우수한 위스키 이미지에 크게 기여하고 있다.

스프링뱅크 증류소는 스프링뱅크(Springbank), 롱로우(Longrow), 헤이즐번(Hazelburn) 등 세 가지 종류의 싱글 몰트를 생산한다. 생산되는 싱글 몰트 18만 리터 중 롱로우와 헤이즐번이 차지하는 비중은 각각 10%에 불과하다. 스프링뱅크는 또한 자체 블렌디드 위스키인 캠벨타운 로크(Campbeltown Loch) 5년과 미첼스(Mitchell) 12년도 생산한다.

스프링뱅크, 2.5 증류, 미디엄 피트(12~15ppm), 연평균 순수 알코올 14만 4,000리터 생산

그린 몰트를 이탄 연기로 6시간 동안 건조한 다음 뜨거운 공기로 30시간 동안 건조한다. 그 결과 미디엄 피트 싱글 몰트가 탄생한다. 클래식 제품군에는 스프링뱅크 10년, 12년(배럴 숙성), 15년, 18년, 21년, 25년과 함께 매년 사용되는 보리의 종류와 숙성 기간에 따라 달라지는 로컬 발리(Local Barley) 익스프레션이 있다.

롱로우, 이중 증류, 헤비 피트(60~55ppm), 연평균 순수 알코올 18,000리터 생산

롱로우는 이웃에 있던 증류소(1824~1896)의 이름으로, 이 증류소의 마지막으로 남아 있는 지하 저장고에 스프링뱅크 보틀링 라인이 있다. 그린 몰트를 이탄 연기로 48시간 동안 완전히 건조해 훨씬 더 뚜렷한 스모키 풍미를 선사한다. 1973년부터 1989년까지 스프링뱅크가 실험적으로 생산한 이 피트 위스키는 1990년이 되어서야 본격적으로 생산되기 시작했다. 클래식 롱로우 제품군은 현재 NSA(숙성연도 미표기) 피트와 2008년부터 판매되는 18년, 이렇게 두 가지 주요 버전으로 판매되고 있다. 두 위스키의 공통점은 이탄의 식물성 아로마를 정확하게 표현하는 능력이다. 두 번째 숙성을 거쳤거나 와인 캐스크(카베르네 소비뇽, 쉬라즈, 포트, 피노 누아, 말벡, 마데이라, 카베르나 프랑 등)에서 마무리 숙성을 한 11~15년 위스키로 구성된 레드 컬렉션도 있다.

헤이즐번, 삼중 증류, 논피티드, 순수 알코올 연평균 18,000리터 생산

1997년 스프링뱅크는 세 번째 몰트를 증류하기 시작했다. 헤이즐번은 1925년 문을 닫기 전까지 캠벨타운에서 가장 큰 증류소 중 하나였던 증류소의 이름이다. 헤이즐번 생산에 사용되는 맥아는 뜨거운 공기로만 건조된다. 생산량의 약 70%는 싱글 몰트로 판매되며 나머지는 캠벨타운 로크와 미첼스 12년 블렌드에 사용된다. 클래식 제품군에는 헤이즐번 10년, 13년, 셰리 우드가 포함된다.

인터뷰

로스 핀들리
스프링뱅크 생산 감독

이 지역의 과거와 미래를 어떻게 바라보시나요?

캠벨타운이 스코틀랜드의 역사적인 위스키 수도이자 스코틀랜드 5대 위스키 생산 지역 중 하나였다는 사실은 부인할 수 없습니다. 캠벨타운은 비교적 외딴곳에 있지만 지역 공동체는 결속이 강하고 역사와 유산, 주변 경관을 자랑스럽게 여깁니다. 이곳은 모든 방문객을 따듯하게 맞이합니다. 이 지역은 환상적인 자연 항구와 아름다운 해변, 훌륭한 골프 코스로도 유명하지요.

캠벨타운 위스키는 아로마 측면에서 정말 독특한가요?

캠벨타운은 다른 네 곳의 스코틀랜드 지역과는 전혀 다른 고유한 스타일의 위스키를 생산합니다. 합의된 바는 아니지만, 캠벨타운 위스키는 복잡하고 기름진 질감, 소금 터치가 강조된 과일 향 아로마 팔레트가 특징입니다. 예전(1828~1926년 사이)에는 현지에서 생산된 보리와 피트를 사용했지만 이미 과거부터 이러한 요소가 캠벨타운의 특징이었을 것이라고 생각합니다. 어쨌든 그 시대의 위스키는 남아 있지 않기 때문에 비교 대상이 없이는 말하기 어렵지요.

스프링뱅크에서 생산되는 위스키의 테루아에 대해 이야기해 주실 수 있나요?

가장 좋은 예는 지난 5년 동안 지속적으로 생산해 온 로컬 발리 제품군이지만 과거에 이미 훌륭한 버전이었고 그중 가장 유명한 것은 의심할 여지없이 1966년입니다. 캠벨타운은 동부 해안보다 강우량이 높기 때문에 이상적인 보리 재배 환경은 아닙니다. 그러나 이곳에서 재배되는 '역사적인' 품종(특히 로우 마크리모어 농장의 프리즈마 품종 – 편집자 주)은 질소 함량이 약간 높아 발효 중 아미노산을 증가시켜 증류액에 독특한 프로파일을 부여합니다.

스프링뱅크의 독특한 장인 정신이 위스키의 풍미에 영향을 미치나요?

스프링뱅크는 지금까지도 매우 전통적인 방식을 고수하고 있고, 기계나 컴퓨터 기술을 사용하기보다는 항상 수작업으로 하려고 합니다. 저희 목표는 위스키를 더 많이 생산하는 것이 아니라 전통적인 방법으로 고품질의 위스키를 만드는 것입니다. 제가 맡은 임무도 전통적인 방식을 유지하는 것입니다. 위스키에 있어서는 기술적인 발전이 반드시 필요하지는 않다는 것이 분명하기 때문이지요. 저희가 하는 방식은 생산 과정의 모든 단계에서 위스키의 아로마 프로파일에 영향을 미칩니다. 몰팅 플로어, 상대적으로 밀도가 낮은 맥아즙을 만드는 빅토리아식 매시턴, 스칸디나비아 낙엽송 워시백에서 이루어지는 긴 시간의 발효, 외부에서 열을 가하는 워시 스틸, 느린 증류 등 모든 것이 독특한 위스키를 만드는 데 기여합니다.

스프링뱅크의 독특한 증류 과정은 어떤 건가요?

궁금증을 자아내는 부분이지요. 워시 스틸에 발효된 맥아즙을 채우고 증류하여 브루이를 얻고 이를 리시버에 보관합니다. 이 로우 와인을 1번 2차 증류기에 넣고 증류하면서 초류와 본류, 후류 일부를 컷팅합니다(컷팅은 증류액의 알코올 도수가 1% ABV까지). 이 모든 것을 커팅 리시버에 저장합니다. 그리고 워시 스틸에서 생성된 로우 와인과 혼합하여 2번 2차 증류기에 넣고 같은 컷팅 포인트에 따라(초류, 본류) 최종 증류액을 얻습니다. 이러한 방식으로 위스키의 일부는 두 번(로우 와인), 다른 일부는 세 번(컷) 증류됩니다. 그 결과 평균적으로 2.5회 증류한 증류액이 만들어집니다. 간단하지 않나요?

과거에 뿌리를 둔 스프링뱅크 스타일이지만 진화하고 있나요?

절대 불변은 없습니다. 예를 들어 보리 품종은 약 10년마다 바뀌기 때문에 증류 원액의 아로마 프로파일에 미묘한 변화가 생깁니다. 하지만 기본적으로 저희는 위스키 스타일에 대한 자부심이 매우 강하기 때문에 가능한 한 그 스타일을 유지하기 위해 최선을 다하고 있습니다.

스프링뱅크와 관련해 가장 기억에 남는 일은 무엇인가요?

2018년 캠벨타운 몰트 축제를 준비하던 때가 가장 기억에 남습니다. 매년 5월 열리는 페스티벌이지요. 라널드 왓슨(그룹의 커머셜 디렉터 – 편집자 주)과 저는 스프링뱅크, 헤이즐번, 롱로우에서 가장 오래된 캐스크를 찾고 있었어요. 유일한 방법은 모든 캐스크에서 샘플을 채취하는 것이었지요. 일주일 동안 이 환상적인 싱글 캐스크 위스키를 모두 맛보았으니, 이보다 더 좋은 게 있을까요?

내가 사랑한 위스키

€ 35유로 이하 • € 35~39유로 • €€ 70~150 유로 • €€€ 150유로 이상

♥ 스프링뱅크 10년, 버번+셰리 캐스크, 46% ABV €

Springbank, 10 years old, bourbon+sherry cask, 46% ABV

정확한 피니시 길이와 밀도 높은 미네랄이 돋보이는 클래식한 아로마 프로파일의 위스키다. 구조가 단단하고 균형이 잘 잡혀 있으며 천도복숭아, 배, 이란산 블랙 레몬(loumi) 등 가벼운 과일 향이 느껴진다. 뒤를 이어 바다 물보라, 레몬 캔들 왁스, 짭짤한 견과류의 3박차 왈츠가 나온다. 입맛은 오일리한(아마유) 풍미에 비스킷 향에 가까운 맥아, 고사리, 신선한 담배 향이 어우러지며 후추 향도 살짝 난다. 미디엄 피트가 이 모든 것을 강조한다.

♥ 스프링뱅크 12년, 풀 푸르프 셰리+버번 캐스크, 56.3% ABV €€

Springbank, 12 years old, full proof sherry+bourbon casks, 56.3% ABV

이 위스키의 각 측면은 지배적인 미네랄(굳지 않은 시멘트, 굴 껍질), 과일 향(레몬, 카피르 라임, 자몽, 블랙 앨더베리)과 스파이스 향(시가 박스, 롱 페퍼)을 모두 나타낸다. 이 모든 요소가 어우러져 오래 지속되는 지방질의 기름진 맛을 만들어낸다. 루이보스부터 엘더플라워, 페퍼민트부터 피트모스에 이르기까지 아로마 스펙트럼이 확장되는 복잡한 구조가 특징이다. 더 뚜렷한 스모키 풍미(석탄)와 짭짤한 풍미(어망)가 전반적으로 풍미에 뚜렷한 윤곽을 부여한다.

♥ 스프링뱅크 21년, 46% ABV €€€

Springbank, 21 years old, 46% ABV

이 위스키의 기름진(왁스, 라놀린) 특성과 미네랄(삼베)은 식물인 레세다, 양조주 및 부식토에서 생기는 완전무결한 신선함을 제공한다. 맛(건포도가 간간이 드러나는 루바브의 산도, 새콤달콤한 감귤류와 모과 처트니)이 아로마 층을 새롭게 하여 아로마가 섬세하게 지속된다. 유칼립투스, 스타아니스, 오징어 먹물의 향은 해변의 장작불, 점토, 실리카, 그을음 향을 변질시키지 않으면서 강조하기에 충분한 볼륨감을 준다.

♥ 롱로우, 피티드 캠벨타운, 46% ABV €
Lognrow, Peated Compbeltown, 46% ABV

6~14년 숙성된 위스키를 셰리(올로로소), 포트, 버번 등 다양한 캐스크에서 피니시한 후 블렌딩해 만든 익스프레션이다. 이 위스키는 기름진 피트 향(그을음, 왁스, 아르니카, 플로럴 크림 등)을 지닌 아일라 위스키의 상쾌한 대안이 될 수 있다. 바다 물보라에 휩싸인 연기는 식물성 향(낙엽, 부식토)으로 가득 차 있다. 루바브, 베르쥐, 패션푸르트가 강조하는 지배적인 짭짤한 향, 미세한 레몬 향이 밀도와 정교함을 선사한다. 마무리는 바다 향, 미네랄(젖은 바위), 식물성 향(퀴닌)으로 길게 남는다.

♥ 롱로우 18년, 46% ABV €€
Longrow, 18 years old, 46% ABV

미네랄(바다 물보라에 젖은 모래와 암석)이 과일(배, 사과 리큐어)과 결합한, 악보를 보는 듯한 위스키이다. 그 음악 뒤로 독특한 풍미(아마유, 셀럽 페퍼, 퀴닌)와 시트러스 과일(만다린, 베르가모트) 풍미가 새겨진 강력한 각본(다소 톡 쏘는 피트모스, 바다와 농장의 피트)이 연출된다. 잿빛 마무리에는 미묘하게 떫은맛(감)이 느껴진다.

전설적인 위스키

★전설적인 위스키의 가격은 모두 150유로 이상이다.

★ 스프링뱅크 12년, 100 프루프, 사마롤리 임포트, 셰리 우드(80년대), 57.1% ABV

Springbank, 12 years old, 100 proof, Samaroli Import, sherry wood (80's), 57.1% ABV

이 특별한 위스키는 전체적으로 감싸는 모과 젤리가 부각시키는 밀랍의 왁스 같은 기름진 강렬함을 전달한다. 과일 향(미라벨 자두, 금귤, 무화과)이 더 뚜렷한 아로마(연기, 모카, 도서관 광택제)와 어우러지면 설탕에 절인 살구와 말린 과일 중간의 랑시오에서 오래된 소테른처럼 섬세한 윤곽이 느껴진다. 이 전체가 프로폴리스와 해변 자갈의 기름진 질감으로 녹아들어 바다의 강렬함이 돋보인다.

★ 스프링뱅크, 1969, 40년, 시그나토리 빈티지 캐스크 스트렝스 컬렉션, 셰리 버트, 캐스크 #263, 54.4% ABV

Springbank, 1969, 40 years old, Signatory Vintage Cask Strengh Collection, sherry butt, cask #263, 54.4% ABV

이 위스키의 단단한 골격(밀랍, 도서관 광택제)과 미네랄이 과일 베이스(감, 블러드 오렌지, 살구)를 감싸고, 전체적으로 꽃 향(장미, 금작화)으로 마무리되는 미각의 변화를 느낄 수 있다. 크리스테 마린의 식물성 향이 크리미한 피트 향, 몰트 향이 따뜻한 스파이스 향과 대조를 이루는 등 대비되는 향이 인상적이다.

★ 스프링뱅크 24년, 1966~1990, 로컬 발리, 오크 셰리 캐스크, 캐스크 #443, 58.1% ABV

Springbank, 24 years old, 1966-1990, Local Barley, oak sherry cask, cask #443, 58.1% ABV

위스키에 각인된 피트 향(나무 연기)과 꿀 풍미를 과일(오렌지 리큐어, 살구 리큐어, 설탕에 절인 레몬)의 향기로운 강렬함, 나무 풍미의 구조(발사믹, 감초) 및 기름진 질감(벨로타, 가죽)이 두드러지는 도서관 왁스 향이 강조한다. 모과와 자두, 건포도가 이 전체를 완성한다.

★ 롱로우, 1987~1999, 드림스-몬지아르디노, 문 임폴트 포 사마롤리, 캐스크 #334, 45% ABV

Longrow, 1987-1999, Dreams-Mongiardino, Moon import pour Samaroli, cask #334, 45% ABV

농밀한 동시에 신선한(안젤리카, 설탕에 절인 생강) 이 위스키는 강렬한 톤(먹, 감초 사탕)과 균형을 이루는 풍미(헤더, 맥아 보리)로 질감에 입체감을 준다.

★롱로우, 1974~2000, 25년, 블루 박스 46% ABV

Longrow, 1974-2000, 25 years old, blue box, 46% ABV

특정한 아로마의 조화가 테르펜 풍미(소나무 진, 멘톨)와 기름진 피트 및 섬세한 과일(키위, 구아바) 사이에 순수하고 섬세한 연결고리를 만들 때가 있다. 유황과 고사리, 바다 물보라를 연상시키는 이 전설적인 위스키노 마찬가지다.

★롱로우, 1973, 셰리 우드, 46% ABV

Longrow, 1973, sherry wood, blue box, 46% ABV

꿀(밤꿀), 왁스(오래된 도서관), 고기(벨로타 이베리코)의 뉘앙스가 유칼립투스의 신선함과 대조를 이루면서 깊고 섬세한 질감의 강렬함을 드러낸다. 이 대조는 과일 풍미(잭푸르트, 타마린드, 아세로라)와 잘 어울리지만, 특정 향신료(사테)의 볼륨을 드러내고 소금에 절인 버터 캐러멜과는 뚜렷하게 구분된다.

꼭 알아야 하는 증류소

€ 35유로 이하 • € 35~39유로 • €€ 70~150 유로 • €€€ 150유로 이상

글렌가일-킬커란 GLENGYLE-KILKERRAN

1872년 설립된 글렌가일은 1925년 문을 닫았다가 2004년 3월 25일 헤들리 라이트(설립자의 조카)의 주도로 다시 운영되기 시작했다. 이 증류소는 지금으로부터 125년 전인 1879년 아르들루사 이후 캠벨타운에 설립된 최초의 증류소가 되었다. 스프링뱅크 바로 뒤, 글렌가일 로드에 위치하고 있으며 스프링뱅크의 소유주인 J. & A. Mitchell and Co. Ltd.에 속해 있다. 글렌가일이 재개하면서 캠벨타운의 증류소 수는 2개에서 3개로 늘어났으며, 이는 로우랜드(글렌킨치, 오큰토션, 블라드녹)의 증류소 수와 같았다. 2개의 증류소만으로는 별도의 지역 명칭을 지정하기 충분하지 않다고 선언한 스카치위스키 협회는 캠벨타운이 다시 한번 본격적인 위스키 생산 지역으로서의 자격을 갖추게 된 것을 인정할 수밖에 없었다. 글렌가일 증류소는 글렌가일 브랜드가 더 이상 증류소 소유가 아니기 때문에 싱글 몰트에 길커란 브랜드를 사용한다. 몰팅은 인근 스프링뱅크 증류소에서 하며 제분기는 클라이겔라키에서 중고로 구입했다. 워시 스틸은 벤 위비스에서 왔다. 맥아는 스프링뱅크에서 공급하고 있다. 글렌가일 증류소는 72시간에서 110시간까지 걸리는 긴 발효를 하며 두 대의 팟 스틸을 갖추고 있다. 글렌가일은 연간 11만 리터의 순수 알코올을 생산한다. 미네랄과 피트 향이 나는 이 위스키는 기름진 느낌을 주며 왁스, 과일, 감초 향이 풍미를 더해준다.

♥ 킬커란 8년, 56.2% ABV €
Kilkerran, 8 years old, 56.2% ABV

풋사과나 카피르 라임의 산뜻한 과일 향과 솔잎 리큐어가 어우러져 표현력이 풍부하고 구조적(흑연, 점토)이며, 아로마 식물(레몬밤, 마조람, 히숍)을 연상시킨다. 바디감이 풍부하고 단맛(캔디 케인)과 복합적인 향(그린 올리브, 루바브, 감초)이 긴 여운을 남긴다.

♥ 킬커란, 2004~2019, 15년, 버번 우드, 싱글 캐스크, 53.1% ABV €€
Kilkerran, 2004-2019, 15 years old, bourbon wood, single cask, 53.1% ABV

주요 아로마는 피트(아르니카, 그을음), 바다(오징어 먹물), 미네랄(돛 벙커, 해변 자갈)이다. 과도한 성격이 매력적인 이 위스키는 섬세한 풀 향기 가득한 베일(삼베, 짚)로 덮여 있다. 알코올은 맥아 보리와 오렌지잼의 복잡성으로 인해 부드러워진다. 녹색 과일(올리브, 라임), 페퍼민트 및 감초가 이 그림을 완성한다.

글렌스코시아 GLEN SCOTIA

1832년 제임스 스튜어트, 존과 윌리엄 갤브레이스 형제가 스코시아 디스틸러리로 설립한 이 증류소는 다른 대부분의 캠벨타운 증류소보다 아로마가 덜 진하고 가벼운 증류액을 생산했다.
1928년 중단된 생산은 1933년(1984년까지)과 1996년 두 번에 걸쳐 재개되었다. 현재 로크 로몬드가 소유하고 있는 글렌스코시아는 생산 기계를 현대화한 로크 로몬드 디스틸러리 유한회사(Loch Lomond Distillery Co. Ltd.)에 의해 부활했다. 하지만 건물은 옛 모습을 그대로 간직하고 있으며 증류실과 더니지 저장고는 모두 원래의 모습을 유지하고 있다. 글렌스코시아는 연간 약 55만 리터의 순수 알코올을 생산하며, 이 중 10%만이 하이 피트(20~55ppm) 위스키다. 이 위스키는 미네랄(연필심)과 바다(해변 조약돌) 향에 꿀과 향신료가 가미되어 있으며, 삼베, 신선한 과일, 솔티드 버터 캐러멜이 위에서 펼쳐진다.

♥ 글렌스코시아 15년, 아메리칸 오크 캐스크, 46% ABV €
Glen Scotia, 15 years old, American oak cask, 46% ABV

클래식한 향신료(생강, 계피, 바닐라)가 가미된 보다 신중한 표현(비터 오렌지, 귤, 헤더)이 특징이며 바디는 신선한 과일의 과육(멜론, 살구, 감)을 기반으로 하고 바다 물보라와 레몬그라스 풍미는 아주 어린 오크의 구조와 결합하여 활기를 더한다.

캠벨타운 증류소 연대

증류소	활동 연대
발레그레간Ballegreggan	1790년 이전~1797년 이후
헤이즐번Hazelburn	1796~1925년
캠벨타운Campbeltown	1815~1924년
글렌람스킬Glenramskill	1820~1852년경
칼레도니안Caledonian	1823~1851년
킨로크Kinloch	1823~1926년
롱로우Longrow	1824~1896년
달라루안Dalaruan	1824~1922년
메도우번Meadowburn	1824~1918년
로크헤드Lochhead	1824~1928년
킨타이어Kintyre	1825~1921년
번사이드Burnside	1825~1924년
리클라찬Rieclachan	1825~1934년
유니언Union	1826~1850년
스프링뱅크	1826~1926년 · 1935년~현재
아가일(맥키넌스)Argyll(McKinnon's)	1827~1844년
하일랜드Highland	1827~1852년
로크사이드Lochside	1830~1852년
웨스트 하일랜드West Highland	1830~1860년
글렌사이드Glenside	1830~1926년
스프링사이드Springside	1830~1926년
앨빈Albyn	1830~1927년
달린토버Dalintober	1832~1925년
글렌스코시아	1832~1928년 · 1996년~현재
브룸브래Broombrae	1833~1834년
로크루안Lochruan	1833~1925년
드루모어Drumore	1834~1837년
모스필드Mossfield	1834~1837년
마운틴 듀(시슬)Mountain Dew(Thistle)	1834~1837년
토버랜라이Toberanrigh	1834~1860년
아가일Argyll	1844~1923년
벤모어Benmore	1868~1936년
글렌가일	1872~1925년 · 2004년~현재
글렌네비스Glen Nevis	1877~1923년
아르들루사Ardlussa	1879~1927년

캠벨타운 여행하기

킨타이어 반도의 남쪽 끝에 위치한 캠벨타운은 동쪽으로는 아란 섬, 서쪽으로는 아일라 섬을 마주하고 있다. 위스키의 수도였던 이곳을 방문하는 것은 그 자체로도 더할 나위 없이 좋은, 의미 있는 여행이지만 주변 지역의 명소를 발견할 수 있는 기회이기도 하다. 행사 및 주소에 대한 자세한 내용은 149쪽을 참고하자.

캠벨타운과 주변 지역

루트 1. 글래스고

웨스트앤드의 고풍스러운 자갈길인 애쉬톤 레인, 트렌디한 피니스톤 지구, 스코틀랜드의 운송 역사를 들려주는 클라이드 강변의 리버사이드 박물관, 포스 앤 클라이드 운하와 도시의 화려한 대학을 따라 산책한다.

글렌고인 증류소는 덤고인 화산 원뿔구 기슭의 작은 계곡에 숨어 있다.

루트 2. 아란 섬

클라이드 만에서 가장 큰 섬인 아란 섬은 브로딕 베이를 통해 들어갈 수 있고 산봉우리, 성, 모래사장과 조약돌 해변, 울창한 녹색 숲, 아란 치즈숍과 다양한 치즈가 있다. 붉은 사슴과 회색 바다표범이 있는 로크란자 마을과 블랙워터풋 근처에 있는 습지 마크리 무어의 여섯 개의 스톤 서클(기원전 2030~180년)을 둘러보자.

섬 북쪽의 로크란자에 있는 **아란** 증류소와 남쪽 킬모리에 있는 **라그** 증류소에서는 피트 향 익스프레션을 선보인다.

루트 3. 캠벨타운 및 주변 지역

새들 수도원(1148년)과 새들 성(1508년), 진달래와 동백나무, 수많은 관목이 무성하게 자라고 있는 안케르다크 정원, 다바르 섬과 해변, 가장 오래된 등대 중 하나인 멀 오브 킨타이어 등대, 동지와 하지를 결정하기 위해 특정 지점과 일치하도록 늘어서 있는 3개의 수직 운모편암 돌로 구성된 발로크로이 선돌 유적지가 있다.

글렌스코시아(160쪽 참조), **스프링뱅크**(151쪽 참조), **글렌가일-킬커란** 증류소(159쪽 참조)가 있다.

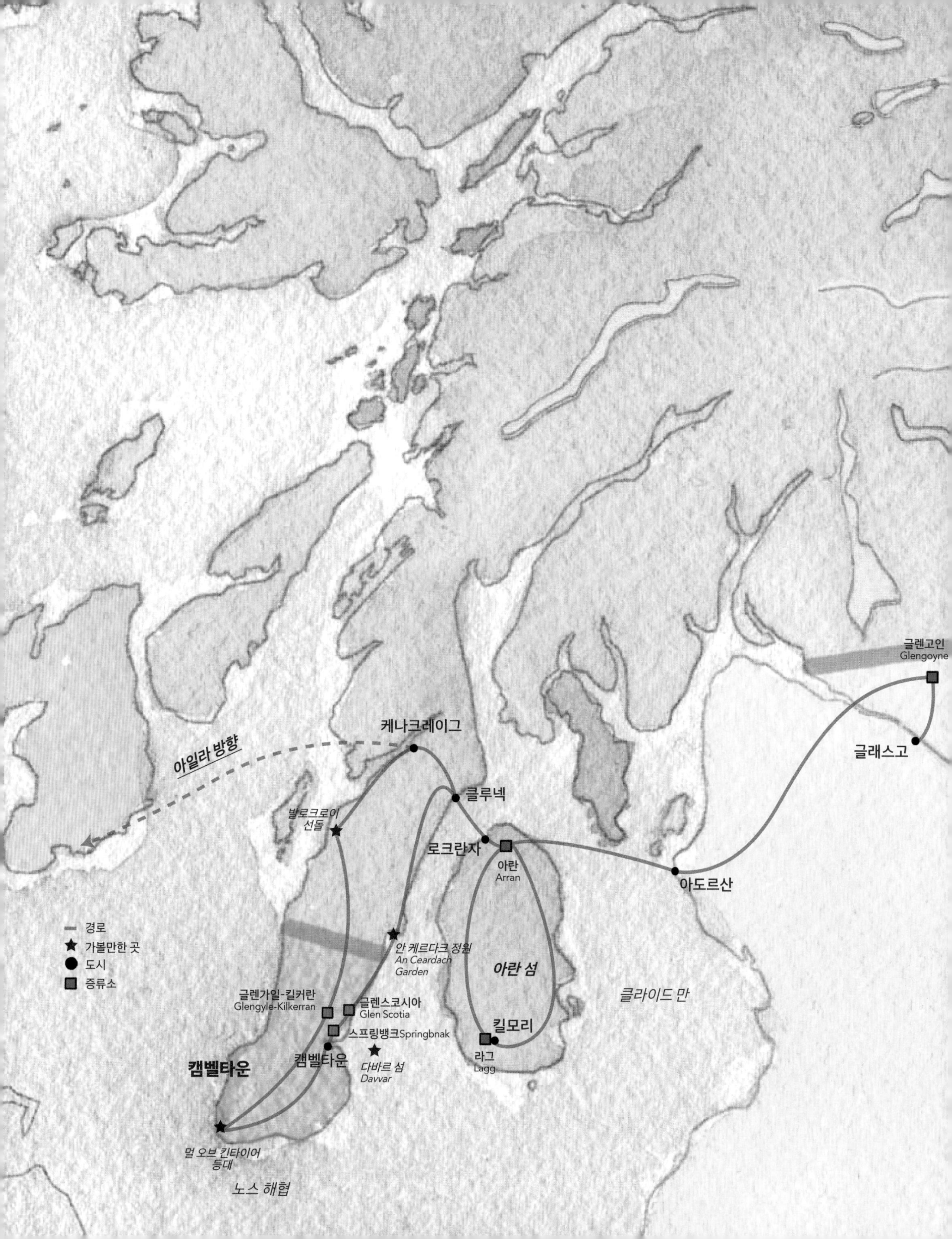

케나크레이그
아일라 방향
클루넥
발로크로이 선돌
로크란자
아란
Arran
아도르산
글렌고인
Glengoyne
글래스고
경로
가볼만한 곳
도시
증류소
안 케르다크 정원
An Ceardach Garden
아란 섬
클라이드 만
글렌가일-킬커란
Glengyle-Kilkerran
글렌스코시아
Glen Scotia
스프링뱅크Springbnak
킬모리
라그
Lagg
캠벨타운
캠벨타운
다바르 섬
Davvar
멀 오브 킨타이어 등대
노스 해협

하일랜드

아란 섬에서 글래스고 북부 교외까지, 던디에서 펜틀랜드 해협까지, 스카이섬의 가파른 절벽에서 밍얼레이의 푸른 해변까지 그리고 인버네스 호수에서 링 오브 브로드거까지, 하일랜드는 가장 큰 위스키 생산 지역이자 가장 다양한 위스키를 생산하는 지역이다. 그리고 그 다양성은 이곳에서 생산되는 몰트위스키에도 그대로 반영된다. 그리녹과 테이포트를 잇는 선의 북쪽(던디의 남쪽)에 위치한 이 다면적인 '고지대'는 거칠고 야생적인 특징을 지니고 있다.

센트럴 하일랜드의 가벼운 과일 향 싱글 몰트(에버펠디, 토마틴 등)부터 이스트 하일랜드의 풀 향과 꽃향기 싱글 몰트(글렌기리, 글렌글라사 등), 노스 하일랜드의 풍부하고 꿀 향이 나며 때로는 열대과일 향을 머금은 싱글 몰트(발블레어, 클라인넬리쉬, 올드 풀티니 등), 웨스트 하일랜드의 엄격하고 복잡한 싱글 몰트(벤 네비스, 오반 등) 또는 하일랜드 섬의 바다를 낀 피트가 특징인 싱글 몰트(아란, 하이랜드 파크, 아일 오브 주라, 탈리스커, 토버모리-르첵)에 이르기까지 '하일랜드'는 무한한 아로마와 질감을 발견하도록 우리를 초대한다.

몰트 증류소
운영 중
폐업
프로젝트 중
그레인 증류소
운영 중
폐업
오크니 제도
링 오브 브로드거
커크웰
롱쉽 Longship
하이랜드 파크 Highland Park
스캐퍼 Scapa
서소
더네스
울프번 Wolfburn
윅
올드 풀티니 Old Pulteney
스토너웨이
아빈제라크 Abhainn Dearg
루이스 섬
노스 민치 해협
아우터헤브리디스
아일 오브 해리스 Isle of Harris
리틀 민치 해협
북 유이스트
로크 에베 Loch Ewe
울라풀
클라인넬리쉬 Clynelish
던로빈 성
브로라 Brora
머리 만
달모어 Dalmore
도녹 Dornoch
발블레어 Balblair
글렌모렌지 Glenmorangie
아드로스 Ardross
툴바디 Toulvaddie
티니닉 Teaninich
인버고든 Invergordon
글렌 위비스 Glen Wyvis
벤 위비스 Ben Wyvis
아일 오브 라세이 Isle of Raasay
스카이 섬
남 유이스트
하일랜드
글렌모어 Glen Mhor
글렌오드 Glen Ord
로열 브라클라 Royal Brackla
맥더프(데브론) Macduff (Deveron)
글렌글라소 Glenglassaugh
밴프 Banff
프레이저버러
글렌앨빈 Glen Albyn
밀번 Millburn
인버네스
탈리스커 Talisker
헤브리디스 해협
토라벡 Torabhaig
토마틴 Tomatin
글렌드로낙 GlenDronach
글렌우기 Glenugie
아일 오브 바라 Isle of Barra
이너헤브리디스
글렌모어 강
스페이 강
아드모어 Ardmore
글렌기리 Glen Garioch
론울프 Lonewolf
밍얼레이
돈 강
애버딘
로얄 로크나가 Royal Lochnagar
포트 윌리엄
벤 네비스 Ben Nevis
아드나머칸 Ardnamurchan
디 강
디사이드 Deeside
글렌로키 Glenlochy
콜 섬
토버모리
눅니안 Nc'nean
토버모리-르첵 Tobermory-Ledaig
애니스턴 팜 Anniston Farms
글렌누리 로열 Glenury Royal
에드라두어 Edradour
페터캐런 Fettercairn
블레어 애톨 Blair Athol
글렌에스크/힐사이드 Glen Esk / Hillside
노스 포트-브레킨 North Port/Brechin
로크사이드 Lochside
멀 섬
오반
에버펠디 Aberfeldy
테이 강
글렌카담 Glencadam
아르비키 Arbikie
대서양
글렌터렛 Glenturret
퍼스
던디
스트라선 Strathearn
툴리바딘 Tullibardine
북해
주라 섬
로크로몬드 Loch Lomond
딘스턴 Deanston
글렌고인 Glengoyne
포스 만
주라 Jura
포타바디 Portavadie
아일라
그렌녹
글래스고
에든버러
아란 Arran
킨타이어 반도
아란 섬
클라이드 강
라그 Lagg
0
50km

증류소 분류

AAA
글렌로키†
글렌우기†
로크사이드†
브로라†
클라인넬리쉬
탈리스커
하이랜드 파크

AA
글렌기리
글렌드로낙
밀번†
밴프†
벤 네비스
올드 풀티니
티니닉

A
글레너리 로열†
글렌글라사
글렌모렌지
글렌앨빈†
노스 포트-브레킨†
달모어
아일 오브 주라
에버펠디
토버모리-르첵

BBB
글렌모어†
글렌 에스크†-힐사이드
글렌오드
글렌카담
로열 브락클라
발블레어
벤 위비스†
스캐퍼
아드나머칸**
아드모어
아란
오반

BB
글렌고인
글렌터렛
눅니안*
도녹*
딘스턴
로얄 로크나가
로크 로몬드
블레어 애톨
아르비키**
아일 오브 라세이*
에드라두어
울프번
토마틴

B
로크 에베
릴*
맥더프
삭사보드-셰틀랜드
스트라선*
아빈 제리크
툴리바딘
페터캐런

N
글렌위비스
던로빈
라그*
론 울프
롱쉽
브로라
아드로스
아일 오브 바라
아일 오브 해리스
애니스턴 팜
토라벡
툴바디
포타바디

특별히 뛰어난 증류소(AAA)부터 보다 일반적인 증류소(C)까지.
N: 새로운 증류소 †: 문 닫은 증류소 *주목할 만한 증류소 **매우 주목할 만한 증류소

간단한 역사

1591년 위스키에 대한 최초의 기록이 발견됨

1797년 글렌기리 설립

1798년 하이랜드 파크 설립

1819년 클라인넬리쉬 설립
새로운 증류소가 1967년 설립. 오래된 증류소(현 브로라)는 1983년 문을 닫고 2021년 재개업함

1825년 벤 네비스 설립
1978년부터 1984년까지, 1986년부터 1990년까지 휴업했으며 그 이후부터 운영을 재개함

1826년 올드 풀티니 설립

1830년 탈리스커 설립

1839년 달모어 설립

1843년 글렌모렌지 설립

기본 정보

이벤트

하일랜드 위스키 페스티벌(Highlands Whisky Festival)
5월 둘째 주 금요일부터 셋째 주 금요일까지

헤브리디안 위스키 트레일 페스티벌(Hebridean Whisky Trail Festival)
5월 넷째 주 화요일부터 토요일까지

꼭 가봐야 할 장소

캐스크 바(CASC BAR)
Aberdeen-AB11 6ND

도녹 캐슬 호텔 바(Dornoch Castle Hotel Bar)
Dornoch-IV25 3SD

피들러스 바 앤 레스토랑(Fiddler's Bar & Restaurant)
Drumnadrochit-IV63 6UU

더 케이브 바 멜드럼 하우스(The Cave Bar Meldrum House)
Oldmeldrum-AB51 0AE

더 그릴 에버딘(The Grill Aberdeen)
AB11 6BA

토리든 리조트 바(Torridon Resort Bar)
Wester Ross-IV22 2EY

클라인넬리쉬-브로라

CLYNELISH-BRORA

설립연도

1819년

소유주

디아지오 PLC (Diageo PLC)

대표 빈티지

1972년, 1973년, 1978년

증류기 대수

1차 증류기(워시 스틸) 1대
2차 증류기(스피릿 스틸) 1대

연간 생산량

연간 순수 알코올 480만 리터

위치

Clynelish Road – Brora – Sutherland KW9 6LR

BRORA SUTHERLAND
CLYNELISH
Single Malt
CLYNELISH
COASTAL HIGHLAND

BRORA
DISTILLERY RESURRECTION

1819년 서덜랜드의 공작 스태포드 후작이 설립한 클라인넬리쉬는 19세기 말 스코틀랜드에서 가장 유명하고 값비싼 위스키를 생산했다. 제임스 엔슬리가 인수한 이 증류소는 1897년에서 1898년 사이에 완전히 재건되었다. 1916년 클라인넬리쉬를 블렌딩에 사용하던 조니워커 앤 선즈(Johnnie Walker & Sons)가 소수 지분을 인수하고 1921년 클라인넬리쉬를 소유한 앤슬리 앤 헤일브론 디스틸러스(Ainslie & Heilbron Distillers Ltd)가 설립되었다. 1925년에는 디스틸러스 컴퍼니(DCL)가 클라인넬리쉬와 조니워커를 인수했다. 2차 세계대전이 끝난 후 클라인넬리쉬는 블렌더들의 수요가 폭증하여 생산이 최대에 이르렀다. 1961년에는 두 개의 석탄 직화 방식 증류기에 내부 증기 나선관을 설치했고, 1965년에는 몰팅 플로어를 저장고로 개조했다. 1967년에는 전체 생산 라인을 현대화하기 위해 클라인넬리쉬라는 동일한 이름의 새로운 증류소가 건설되었다. 기존의 증류소를 엄격하게 계승하는 이 증류소는 1968년부터 운영이 중단된 기존 증류소의 증류기를 그대로 복원한 6개의 증류기로 구성되어 있다. 하지만 같은 해 여름, 아일라를 강타한 가뭄으로 인해 조니워커 블렌딩에 필요한 피트 위스키 공급에 차질이 생겼다. 물량 손실을 만회하기 위해 1969년 1월 기존 증류소(같은 해 말 '브로라'로 개명)를 재가동시켜 새 증류소와 함께 1972년(아일라에서 피트 위스키 대량 생산이 다시 재개된 시기)까지 피트 위스키를 생산했다. 1973년부터 1983년까지 진자 효과로 인해 브로라에서 피트 위스키 생산이 산발적으로 이루어졌으며 브로라는 1975년 초 매싱 공간을 개조하면서 부분적으로 문을 닫았다. 1978년부터는 피트 위스키의 비율이 감소했다. 결국 1983년 브로라는 운영이 중단되었지만, 클라인넬리쉬 증류실의 탁 트인 통유리창을 통해 브로라가 다시 살아나는 모습을 볼 수 있다.

인터뷰

스튜어트 보먼
브로라 마스터 디스틸러

클라인넬리쉬에서 생산되는 싱글 몰트에 특별한 아로마가 있나요?

클라인넬리쉬는 생산 공정의 발효 단계에서 생성되는 에스터에서 비롯되는 강렬한 과일 향(망고와 파인애플)을 가지고 있습니다. 파인애플 향이 핵심적인 요소예요. 나무 발효통에서 파인애플 향이 올라오기 시작하면 발효가 잘되고 있다는 것을 알 수 있습니다. 우리가 사용하는 테루아 요소 중 하나는 증류소 위 언덕에 있는 터바르낙 호수의 지하 샘에서 나오는 물입니다. 인근 계곡 중 일부는 금이 풍부한 것으로 유명한데 우리가 사용하는 물은 폭포처럼 흘러내립니다. 그래서 이 물을 '칼레도니아 골드'라고 부릅니다.

위스키의 아로마 틀에 가장 큰 영향을 미치는 생산 공정은 무엇인가요?

발효와 증류가 가장 큰 영향을 미칩니다. 발효 시간이 길고 맥아와 물, 효모 등 원재료에 특히 주의를 기울입니다. 그 결과, 에스터가 누렷하여 과일 향이 강한 아로마 프로파일이 만들어집니다. 이러한 요소 중 하나라도 제대로 관리하지 않아서 에스터화 단계가 원활하게 진행되지 않으면 원하는 특징을 지닌 증류액을 만들 수 없습니다. 증류할 때는 액체가 환류하여 구리와 충분히 접촉하고 매우 가벼운 증류액을 얻을 수 있도록 주의를 기울입니다. 하일랜드는 느린 증류로 유명합니다. 저희의 가열 수준은 통상적인 가열 수준보다 훨씬 낮습니다. 이렇게 하면 구리와의 접촉 시간이 길어지지요. 클라인넬리쉬는 왁스 향으로 유명한데, 브로라도 마찬가지였습니다. 위스키의 역사에서 중요한 부분을 차지하지만 어떻게 만들어지는지는 아무도 모릅니다. 단지 증류실에서 나타난다는 것만 알고 있을 뿐이지요. 그래서 이러한 아로마를 잃을까 하여 아무것도 바꾸지 않습니다.

과거에 뿌리를 둔 클라인넬리쉬 스타일이지만, 진화하고 있나요?

변함없는 생산 공정에도 불구하고 클라인넬리쉬는 1967년 설립 이후 처음으로 리노베이션과 개선 작업(2016년 중반부터 2017년 6월까지)을 거쳤습니다. 위스키 고유의 특성을 유지하기 위해 모든 노력을 기울였습니다. 각각의 장비를 설치하기 전에 개별적으로 테스트했지요. 전통에 대한 애착이 얼마나 큰지 알 수 있는 대목이지요!

클라인넬리쉬와 관련된 가장 기억에 남는 추억은 무엇인가요?

저는 증류소가 내려다보이는 창문이 있는 집에서 자랐습니다. 항상 일하고 싶었던 곳이지요. 매니저 교육을 받을 수 있는 기회를 얻었을 때가 제게는 매우 특별한 순간이었습니다. 그러니 제가 브로라 증류소를 관리할 기회를 제안받았을 때 얼마나 기뻤는지 상상할 수 있을 거예요! 증류실은 제가 가장 좋아하는 장소입니다. 집중이 필요할 때마다 그곳에 가죠. 그곳에 들어섰을 때 맡게 되는 증류주 냄새를 정말 좋아합니다.

다시 맛보고 싶거나 시음하고 싶은 위스키가 있나요?

브로라 40년 200주년 기념(브로라 1978-2019, 49.2% ABV -편집자 주)을 시음하면서 말 그대로 숨이 멎을 정도로 독특하고 희귀한 위스키를 맛볼 수 있었습니다. 이 위스키는 저에게 동기 부여가 되었고 이런 품질의 위스키를 다시 만들기 위해 갈 길이 얼마나 먼지 깨닫게 해주었습니다. 이 익스프레션은 토피, 부드러운 캐러멜, 과일 케이크의 향이 어우러져 엄청나게 복합적이었습니다. 40년 위스키의 경우, 캐스크에서 나오는 3차 아로마 뒤에 숨어 있는 초기 풍미를 구별해 내기가 매우 어렵습니다. 개인적으로 저는 캐스크에 초기 톤을 부여하는 기본 틀(언더라잉 리퀴드)에 관심이 많습니다. 몇 년 전에는 아주 어린 위스키 시리즈 중 하나인 클라인넬리쉬 7년을 맛본 적이 있습니다. 그 위스키에는 증류소의 모든 특징이 담겨 있었지요. 제게는 그 점이 무척 중요합니다.

'새로운' 브로라 증류소는 언제 가동되나요?

새로운 브로라 증류소는 이제 막 생산에 들어갔습니다. 기존 팟 스틸은 그대로 유지됩니다. 이 증류기는 과거에 사용된 다양한 설정과 증류 방법에 대한 모든 기록을 보유하고 있는 디아지오를 위해 알로아에 있는 애버크롬비 코퍼스미스가 개조했습니다. 이 기록들은 새로운 증류소를 설립할 때 지침으로 사용되었습니다. 저희는 제품의 품질을 위해 필요한 경우 특정 혁신 기술을 사용하기도 하지만 가능하면 200년 된 전통적인 방법을 고수하려고 합니다. 하지만 명백한 사실 하나는 직시해야 합니다. 새로운 브로라와 예전 브로라를 비교할 수 있는 첫 번째 위스키는 10년 후에나 나온다는 것이지요. 하지만 그것 또한 위스키를 만들고 숙성하는 즐거움의 일부입니다.

아로마 프로파일과 관련하여, 증류소가 폐쇄되기 전 브로라에서 만든 위스키를 재현하는 것이 목표라고 알고 있습니다. 그런데 이것이 1969년부터 1973년 7월 사이에 만든 강력한 피트 위스키일까요, 아니면 1974년 7월부터 1983년 사이에 만든 피트가 좀 더 약한 위스키일까요, 아니면 둘 다일까요?

저희는 발효, 증류 및 숙성 조건 등 모든 면에서 유명한 이전 위스키들과 견줄 수 있는 아로마 구조와 품질을 갖춘 위스키를 생산하기 위해 최선을 다하고 있습니다.

내가 사랑한 위스키

€ 35유로 이하 • € 35~39유로 • €€ 70~150 유로 • €€€ 150유로 이상

♥ 클라인넬리쉬 14년, 46% ABV €

Clynelish, 14 years old, 46% ABV

기름진 녹청(캔들 왁스)과 짭짤한 뉘앙스(바다 물보라, 보리지꽃)가 과일향(오렌지, 앙고스투라 껍질, 모과)을 강조하고 맥아, 미네랄의 강렬함(모래 해변)이 포착된다. 고전적인 익스프레션이다.

♥ 클라인넬리쉬, 셀렉트 리저브, 54.9% ABV €€€

Clynelish, Select Reserve, 54.9% ABV

이 증류소의 특징인 밀랍은 금귤과 모과의 섬세함과 볼륨감을 드러낸다. 오일이 쌓이면 캔들 왁스, 마조람, 젖은 기름종이가 층층이 나타난다. 구성 요소가 조화를 이루면서도 대조가 완벽하다.

전설적인 위스키

★전설적인 위스키의 가격은 모두 150유로 이상이다.

★ 클라인넬리쉬 프레스턴필드 33년, 1973, 시그나토리 빈티지, 싱글 캐스크 #8912, 54.3% ABV

Clynelish Prestonfield, 33 years old, 1973, Signatory Vintage, single cask #8912, 54.3% ABV

이 전설적인 익스프레션의 아로마는 전적으로 (신선하고 발효된) 딸기에 초점이 맞춰져 있다. 아로마(밀랍, 칼라만시, 살구, 귤꽃 꿀)의 수직성을 식물(회양목, 라임꽃)과 미네랄(젖은 슬레이트)이 뒷받침한다 바디의 여운과 긴장감은 정교하고 기품 있는 기교로 강조된다.

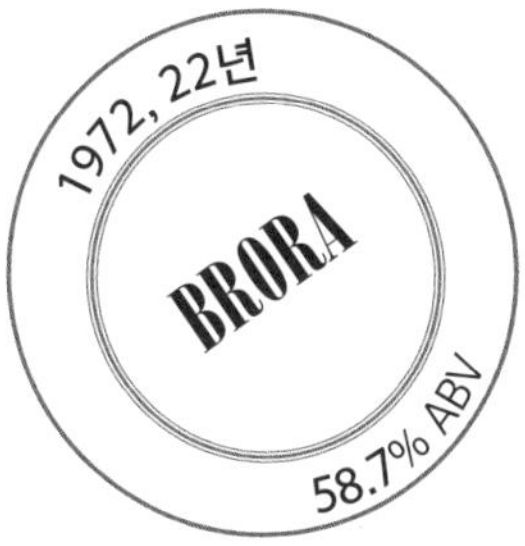

★ 브로라, 1972, 22년, 레어 몰트 셀렉션, 1995년 병입, 58.7% ABV

Brora, 1972, 22 years old, Rare Malts Selection, bottled in 1995, 58.7% ABV

약재(장뇌)와 농가(마구간)의 강렬한 피트 향이 이 전설적인 익스프레션의 기름진 질감과 조화를 이루는 복잡한 구조는 발달한 아로마(파라핀, 대마, 피망, 레몬, 패션프루트)로 가득 차 있으며 강력한 바다(다시마)와 테르펜(소나무 수지) 향을 상쇄한다.

꼭 알아둘 증류소

€ 35유로 이하 • € 35~39유로 • €€ 70~150 유로 • €€€ 150유로 이상
★전설적인 위스키의 가격은 모두 150유로 이상이다.

Ben Nevis Distillery (Fort William) Ltd.

벤 네비스 BEN NEVIS

1825년 케포크의 존 '롱' 맥도널드가 영국 제도에서 가장 높은 봉우리 산기슭의 서쪽 가장자리, 로키 강 동쪽 기슭에 설립한 이 증류소는 1989년 일본 닛카가 인수했다. 현재 증류소 생산량의 75%가 닛카 블랙(Nikka Black) 블렌드에 사용되고 있다. 맥아 효모와 위스키 업계에서 가장 긴 발효 시간, 스테인리스 스틸과 오리건 소나무 통에서 하는 발효가 특징인 이 증류소는 전통적인 증류 시스템에서 태어난 싱글 몰트의 풍부하고 파워풀한 맛으로 유명하다.

♥ 벤 네비스, 10년 46% ABV €
Ben Nevis, 10 years old, 46% ABV

진하고(자두 과일 페이스트) 풍부한(맥아, 가죽) 이 위스키는 미림과 피트모스의 놀라운 활력을 보여준다. 비터 오렌지의 베일 아래에서 섬세한 미네랄(젖은 바위)이 전체를 받쳐준다.

♥ 벤 네비스, 1966, 51년 숙성, 싱글 캐스크 #4278, 혹스헤드, 41.5% ABV
Ben Nevis, 1966, 51 years old, single cask #4278 hogshead, 41.5% ABV

증류소에서 가장 유명한 빈티지 중 하나인 이 위스키는 밀감과 절인 생강, 러시아 가죽과 어우러진 모든 종류의 붉은 과일을 드러내며 복잡성(밀랍, 블랙체리)과 나이에 비해 오만한 신선함을 선사한다. 이 전체를 블루베리 리큐어, 마롱 글라세, 헤이즐넛이 강조한다.

THE DALMORE SINGLE HIGHLAND MALT SCOTCH WHISKY

달모어 DALMORE

1839년 알렉산더 매더슨이 크로마티 퍼스 북쪽 연안에 설립한 증류소. 이 북해만은 수터스(Sutors)라는 두 개의 곶이 지키고 있고, 큰돌고래, 돌고래, 기타 밍크고래가 서식하고 있다. 달모어는 언제나 높은 명성을 누려왔지만 화이트 앤 맥케이(Whyte and Mackay)의 새로운 경영진과 전설적인 마스터 블렌너 리처드 패더슨(79쪽 참조)의 리드 아래 뛰어난 싱글 몰트 생산에

주력하기 시작한 것은 2000년대였다. 4대의 1차 증류기에는 평평한 지붕이 달린 후드가 덮여 있고, 크기와 모양이 다양하여 로우 와인의 아로마 품질을 다양화할 수 있다. 2차 증류기의 넥은 유압 덮개로 덮여 있어 냉각수가 환류 볼(reflux bowl)과 라인암 사이를 순환하며 증기를 냉각시키고, 구리 벽에 액체를 재주입하여 특정 아로마를 선택하는 정류가 일어난다. 마찬가지로 4대의 스피릿 스틸의 크기와 모양이 다양하여 다채로운 증류액이 만들어지고 따라서 아로마의 범위도 넓고 다양하다. 숙성 과정은 위스키에 구조를 부여하고 위스키의 특성을 가리지 않으면서 모난 부분을 둥글게 마무리하도록 설계되었다.

♥ 달모어, 12년, 세 가지 스타일의 셰리 우드, 40% ABV €

Dalmore, 12 years old, three styles of sherry wood, 40% ABV

맥아 보리, 로즈힙, 과일 케이크의 아로마가 특징인 이 익스프레션은 감귤류(오렌지 잼, 비터 오렌지 제스트), 블랙커런트의 과일 향과 향신료(계피)도 드러낸다.

♥ 달모어, 킹 알렉산더 3세, 40% ABV €€€

Dalmore, King Alexander III, 40% ABV

처음부터 초콜릿 향의 몰트, 금귤, 오렌지 잼, 구운 보리 등 입체감이 느껴지는 위스키다. 전체적으로 깔린 랑시오와 감귤류(오렌지 잼, 설탕에 절인 레몬)는 무화과, 코코아 및 아몬드 나무 꿀, 훌륭한 압생트 향을 드러낸다.

글렌드로낙 GLENDRONACH

1826년 제임스 앨러디스(James Alladres, 일명 'Alladice')가 이끄는 소유주 컨소시엄이 설립한 이 증류소는 증류소 옆을 흐르는 샘, 드로낙 번에서 이름을 따왔고, 이 샘물을 걸러내는 퇴적층에서 미네랄이 풍부한 물을 끌어온다. 패들 오븐 시스템이 장착된 구리 돔 형태의 메인 탱크에서 천천히 회전하면서 매싱하여 과일 향의 전구체라고 할 수 있는 더 맑고 순수한 워트를 만들고, 스코틀랜드 낙엽송으로 만든 통에서 오랫동안 발효시켜 지방산을 생성하며, 환류를 강조하지 않고 천천히 증류하는 과정을 거친다.

수익성을 위해 바꾼 것은 단 두 가지다. 1996년 이후 몰팅 플로어 운영을 멈추고 2005년 석탄으로 증류기를 직접 가열하는 방식을 포기한 것이다. 하지만 나머지 생산 방식은 셰리 캐스크의 강렬한 과일 향과 긴 숙성에 중점을 둔 전통적인 방식을 유지하고 있다.

♥ 글렌드로낙, 12년, 오리지널 PX & 올로로소 셰리 캐스크, 43% ABV €
GlenDronach, 12 years old, original PX & oloroso sherry casks, 43% ABV

미디엄 랑시오, 인삼, 로즈힙이 특징인 미식가적 위스키(과일 케이크, 참깨, 아몬드, 밀크 초콜릿)다.

♥ 글렌드로낙, 18년 앨러디스, 올로로소 셰리 캐스크, 46% ABV €€
GlenDronach, 18 years old, Allardice, oloroso sherry cask, 46% ABV

전체적으로 올로로소(그리오트 시럽, 호두, 라즈베리 와인, 랑시오)에 초점을 맞춘 이 익스프레션은 신선함(블랙커런트)과 향신료(시가 박스)를 느러내고 있다.

글렌기리 GLEN GARIOCH

1797년 존 메이슨이 기리 지역의 올드멜드럼에 설립한 이 증류소는 이듬해 토마스 심슨이 라이선스를 받아 스모키한 하일랜드(하일랜드 위스키)를 생산하기 시작했고, 1994년 몰팅 플로어가 폐쇄될 때까지 그 명맥을 유지했다. 그 이후로 글렌기리의 위스키는 피트 향은 없지만, 아로마 프로파일은 그 어느 때보다도 풍부하고 몰트 향이 강한 풀바디의 위스키가 되었다. 1968년 물 공급 문제로 디스틸러스 컴퍼니(DCL)가 글렌기리의 운영을 중단했지만 2년 후 보모어의 소유주 스탠리 P. 모리슨이 글렌기리를 인수했다. 1972년 지하 샘이 발견되어 1973년 증류소 재가동 당시 생산량은 10배 증가했다. 글렌기리의 역사는 글렌기리와 간접적으로 연결되어 있는 브로라의 역사와는 정반대라고 할 수 있다. DCL이 조니워커 블렌딩에 필요한 피트 위스키를 생산하기 위해 선택한 곳이 바로 브로라였기 때문이다. 따라서 DCL은 브로라 재가동과 동시에 글렌기리의 문을 닫았다. 거울 효과로, 1973년 글렌기리가 생산을 전면 재개했을 때 북부 경쟁 증류소에서 생산은 산발적으로 이뤄졌다.

♥ 글렌기리, 12년, 48% ABV €€
Glen Garioch, 12 years old, 48% ABV

매혹적인 향은 배, 커피, 꽃, 인동덩굴에 집중된다. 아몬드와 헤이즐넛 오일은 꿀 향(헤더 꿀, 프로폴리스)을 입고 증류소 특유의 강렬한 과일 향(스위트오렌지, 복숭아, 그린 게이지)을 강력하게 재현한다.

♥ 글렌기리, 1978, 30년, 빈티지 에디션 57.8% ABV €€€
Glen Garioch, 1978, 30 years old, Vintage Edition, 57.8% ABV

이 위스키는 놀라운 신선함(귤, 멜론, 유자, 구아바, 파파야, 리치)과 가구 목재, 오래된 책, 캔들 왁스, 파라핀, 광택제 등 30년이라는 숙성연도에 걸맞는 전형적인 특징으로 구분된다. 또한 향신료(후추, 계피)와 페놀 향(재, 구운 초록 피망)이 두드러지는 복합성도 느껴진다.

글렌글라사 GLENGLASSAUGH

1875년 제임스 무어가 북해 바로 옆 샌드앤드 베이에 설립한 이 증류소는 해풍과 역사의 풍파를 고스란히 겪어왔다. 하지만 여러 번의 일시적인 운영 중단과 잇따른 소유주 변경을 거쳤음에도 항상 재창조를 거듭해 왔다. 현재 2013년 스캔트 그룹(Scaent Group)으로부터 글렌글라사를 인수한 벤리악 디스틸리리(브라운-포맨)의 지원을 받고 있다.

♥ 글렌글라사, 에볼루션, 50% ABV €
Glenglassaugh, Evolution, 50% ABV

몰트 풍미(뻥튀기 시리얼, 캐러멜 몰트, 맥아 보리)와 새콤한 과일 향(구스베리, 풋사과, 루바브)을 커스터드 애플과 바닐라가 강조한다.

★ 글렌글라사, 1972, 41년, 레어 캐스크 릴리즈 배치 1, 리필 셰리 버트, 캐스크 #2114, 50.6% ABV

Glenglassaugh, 1972, 41 years old, Rare Cask Release Batch 1, Refill Sherry Butt, cask #2114, 50.6% ABV

신선함과 녹청 사이를 오가는 이 전설적인 익스프레션은 전체적인 과일 향(멜론, 살구, 레드커런트, 포도 주스)에 가벼운 꿀 향(오렌지나무 꽃, 밀랍)이 첨가되어 있고, 소스 향(대두, 타마린드, 석류, 블루베리)과 섬세한 타닌(로즈우드, 시나몬)이 활력을 불어넣는다. 꽃향기(포푸리)의 여운이 전체적으로 우아함을 더한다.

글렌로키† GLENLOCHY†

1898년 패티슨(영국에서 가장 많이 팔린 블렌디드 위스키 생산업체, 18쪽 '간단한 역사' 참조)이 사기로 파산한 같은 해에 네이비드 맥앤디가 웨스트 히일랜드의 인버로키에 있는 네비스 강 북쪽 기슭에 설립한 이 증류소는 1901년에야 비로소 운영을 시작할 수 있었다. 그런데도 벤 네비스, 네이비스와 함께 포트 윌리엄의 3대 증류소 중 하나가 되었다. 1953년 DCL에 매각된 글렌로키는 1983년 완전히 문을 닫았고, 1986년과 1992년 사이 해체되었다.

★ 글렌로키, 1969, 25년, 레어 몰트 셀렉션, 62.2% ABV

Glenlochy, 1969, 25 years old, Rare Malts Selection, 62.2% ABV

구두약, 사과, 레몬, 통카빈은 물론 페놀(연기, 엔진오일), 곡물(맥아 보리), 미네랄(젖은 바위, 부싯돌)이 특별한 순서 없이 완벽하게 통합된, 믿을 수 없을 정도로 복잡한 아로마 프로파일이 특징이다.

글렌모렌지 GLENMORANGIE

1843년 윌리엄과 존 매더슨이 로스셔 테인의 도녹 만 서쪽 연안에 설립한 이 증류소는 1849년에야 위스키를 생산하기 시작했다. 이 증류소에는 스코틀랜드에서 가장 높은(5.14미터) 단식 증류기 12대가 있다. 라인암의 경사가 강한 환류를 일으켜 최대한 많은 액체가 다시 증류기 내벽을 타고 흘러내리고 기체와 구리와의 접촉도 길어지기 때문에 가벼운 화합물(과일 향과 꽃 향)을 많이 남기는 정제가 일어난다. 1977년 이후 글렌모렌지는 자체 몰팅을 하지 않지만 생화학 박사인 빌 럼스덴의 지휘 아래 아메리칸 오크 캐스크를 통한 이중 숙성, 정제와 피니싱(마지막에 다른 캐스크에서 빠르게 숙성하여 마무리) 측면에서 선구적인 모습을 보여주었다.

♥ 글렌모렌지, 넥타 도르, 12년, 버번 캐스크+소테른 와인 피니시, 46% ABV €
Glenmorangie, Nectar d'Or, 12 years old, bourbon cask+sauternes wine finish, 46% ABV

위에 육두구를 뿌리고 화이트 초콜릿을 얹어 파인애플과 패션프루트, 미나리, 머랭을 완벽하게 표현했다.

♥ 글렌모렌지, 퀸타 루반, 14년, 버번 캐스크+루비 포트 파이프 피니시, 46% ABV €
Glenmorangie, Quinta Ruban, 14 years old, bourbon cask+ruby port pipe finish, 46% ABV

과일 향(귤, 댐슨 자두, 체리, 오렌지 잼)과 꽃 향(안젤리카)을 루비 포트 와인(다크초콜릿, 가죽, 로즈마리)과 향신료(시나몬, 넛맥)가 우아하게 강조한다.

Glenugie
RARE MALT
SCOTCH WHISKY

글렌우기† GLENUGIE†

1831년 스코틀랜드 북동쪽 끝 어촌 마을 번헤이븐에 있는 인버네티에 도널드 맥러드 컴퍼니(Donald McLeod & Co.)가 설립한 이 증류소는 1956년까지 간헐적으로 운영되었다. 1956년 글렌우기는 이 증류소를 인수한 뉴욕 기업 쉔리 인더스트리즈의 결정으로 현대화되었다. 플딩 플로어는 1963년 저장고로 개조되었다. 회사 자체는 1983년 완전히 문을 닫았고 장비는 매각되었다. 따라서 글렌우기는 글레나덴, 커크타운, 롱사이드와 함께 피터헤드 지역에서 사라진 네 개의 증류소 중 하나가 되었고, 그중에서도 단연 유명했던 증류소다. 단 네 번의 공식 병입이 있었고 그중 세 번은 현재 브랜드 소유주인 시바스 브라더스(Chivas Brothers, 페르노리카 그룹의 자회사)를 위한 병입이었다. 생산의 나머지는 항상 블렌딩에 사용되었다. 그렇기에 글렌우기가 문을 닫은 후 몇 년 동안 전설이 된 것은 독립 병입자들의 익스프레션 덕분이었다.

★ 글렌우기, 1967, 세스탄테 셰리 우드, 버드 라벨(1989년 병입), 59.5% ABV

Glenugie, 1967, Sestante sherry wood, Bird Label (bottled in 1989), 59.5% ABV

절대적인 복잡성과 오만한 과일의 신선함(블러드 오렌지, 체리, 망고, 파파야, 레드 키위)을 지닌 전설적인 위스키. 강렬한 랑시오, 신선한 담배, 피트모스, 해양 소나무의 균형이 완벽하다. 끊임없이 변하는 레드페퍼, 가죽, 감초, 신선한 댐슨자두의 향이 연속적으로 이어지며 전체를 강조한다.

하이랜드 파크 HIGHLAND PARK

1798년 데이비드 로버트슨이 아북극 오크니 제도의 커크월이 내려다보이는 언덕에 설립한 하이랜드 파크는 오랫동안 스코틀랜드 최북단 증류소였고 공식 허가를 받지 못하다가 1826년에서야 경영권을 맡은 로버트 보윅에 의해 세워졌다. 바람이 휩쓰는 높은 절벽으로 된 이곳에는 나무가 자랄 수 없었다. 호비스터 무어에서 수확한 피트는 주로 헤더로 구성되어 있어 아일라나 메인랜드의 피트보다 좀 더 가벼운 페놀 느낌을 준다. 하이랜드 파크가 필요한 피티드 몰트(30~40ppm) 전체를 자체 생산하는 것도 이러한 특수성을 반영하기 위해서다. 하이랜드 파크는 논피티드 몰트(필요량의 70~80%)를 심슨 몰팅에서 공급받는다. 5단계 몰팅 플로어, 2대의 파고다 지붕 가마, 12대의 오리건 소나무 발효통, 느린 증류, 19개의 더니지형 저장고(돌벽, 흙바닥, 슬레이트 지붕, 3열 저장의 높이), 4개의 랙형 저장고(높이와 깊이가 수 미터에 이르는 금속 선반) 등 하이랜드 파크는 전통적인 방식으로 운영된다. 하이랜드 파크는 증류소에 고유의 정체성을 준 이 섬에서 역사와 우수성이 집약된 증류소로 자리매김하고 있다.

♥ 하이랜드 파크 15년, 40% ABV €

Highland Park, 15 years old, 40% ABV

증류소의 클래식한 특징(헤더 꿀, 피티드 몰트, 가나슈)은 설탕에 절인 감귤류, 오렌지 및 해변 장작불 풍미에 온전한 생명을 불어넣는다.

♥ 하이랜드 파크, 오딘, 16년, 발할라 컬렉션, 스페니시 셰리 캐스크 + 리필 혹스헤드, 55.8% ABV €€€

Highland Park, Odin, 16 years old, Valhalla Collection, spanish sherry casks+refill hogsheads, 55.8% ABV

육두구, 숯, 맥아 보리 향을 오가는 이 위스키의 아로마 프로파일은 호두와 자두 와인으로 확장되고 비터 오렌지가 더해져 질감과 완벽하게 조화를 이룬다.

JURA
SINGLE MALT SCOTCH WHISKY

아일 오브 주라 ISLE OF JURA

아일 오브 주라는 1810년 아치볼트 캠벨이 주라 섬(섬에는 수천 마리의 사슴이 살고 있었는데, 바이킹 언어인 고대 노르웨이어로 사슴을 '주라'라고 했다)에 설립했다. 2018년에 이전 제품보다 훨씬 더 일관성이 있는 새로운 라인의 위스키가 출시되었다. 이 라인의 전체 익스프레션은 후각과 미각에서 느껴지는 섬세함, 과일과 꿀이 들어간 꽃, 캐러멜, 풍부한 감초에 세워진 복잡한 아로마, 그리고 이 전체를 끌어올리는 약간의 피트 피니시 등 주라 섬 위스키를 풍부하게 만든 특성에 초점을 맞췄다. 그레이엄 로건(마스터 디스틸러)와 그레그 글래스(마스터 블렌더) 그리고 뛰어난 팀원들은 연속성과 새로운 실험 사이에서 잘 제어된 놀라움을 선사할 것을 약속한다.

♥ 아일 오브 주라, 12년, 40% ABV €

Isle of Jura, 12 years old, 40% ABV

이 위스키는 아메리칸 오크 캐스크에서 숙성하고 올로로소 셰리 캐스크에서 다듬은 덕분에 풍부하고 복합적이다. 으깬 아몬드와 파인애플, 감귤류의 과일 향과 나무 향(로스팅한 원두, 캐러멜), 올로로소 캐스크 피니시에서 비롯된 풍미(다크 초콜릿, 붉은 과일과 자두 리큐어)가 완벽한 균형을 이룬다. 여운은 말린 바나나와 감초, 미디엄 피트로 길고 매콤하다.

♥ 아일 오브 주라, 투원투, 13년, 버번 배럴+친커핀 화이트 오크 피니시, 47.5% ABV €€

Isle of Jura, Two-One-Two, 13 years old, bourbon barrels+chinkapin white oak finish, 47.5% ABV

레몬 쇼트브레드의 첫 향에 과수원 과일(백도, 배, 천도복숭아, 유자)과 시나몬, 설탕에 절인 오렌지, 박하, 초콜릿 향이 이어진다.

로크사이드† LOCHSIDE†

로크사이드는 사우스 에스크 강 하구 북쪽 기슭의 몬트로즈에 찰스 도이그가 설계(1899년)한 '브라우하우스' 스타일의 건물에 1957년 조셉 홉스가 설립한 증류소로 1786년부터 운영 중이다. 로크사이드는 싱글 몰트, 싱글 그레인 그리고 1964년까지 증류기에서 바로 나온 증류액을 혼합하여 블렌디드 위스키를 생산했다. 이 블렌디드 위스키는 맥냅 증류소에 매각되었고, 맥냅 증류소는 이를 훌륭한 샌디 맥냅(Sandy McNab)의 블렌딩에 사용했다. 1973년 데스틸리아스 이 크리안자 델 위스키(Destilerías Y Crianza del Whisky; DYC)가 자신의 블렌디드 위스키에 들어갈 싱글 몰트 공급을 위해 로크사이드를 인수하고, 싱글 그레인 생산을 중단하면서 사용되던 코피 스틸 증류기도 폐쇄했다. 1992년 얼라이드 디스틸러스(Allied Distillers)가 DYC를 인수했고, 같은 해 로크사이드의 운영을 중단했다. 1997년 로크사이드의 장비와 재고가 매각되었다. 로크사이드는 2006년 증류소의 상징적인 이미지와 함께 철거되었다. 오늘날 남아 있는 것은 1987년부터 1996년 사이에 병입된 희귀 위스키지만 로크사이드의 뛰어난 명성을 이어가고 있는 것은 독립 병입자들의 익스프레션이다.

♥ 로크사이드, 1991, 고든&맥페일, 코노세어스 초이스(2006), 맵 라벨, 리필 버번 배럴, 43% ABV €€€

Lochside, 1991, Gordon & MacPhail, Connoisseurs Choice (2006), Map Label, refill bourbon barrels, 43% ABV

풀 바디에 잘 익은 용과, 파파야, 망고 등 이국적인 풍미와 키위, 패션프루트 등 상쾌한 과일의 산미가 바닐라와 아몬드, 오래된 책, 약간의 스모키 풍미와 균형을 이룬다.

★ 로크사이드, 1981, 20년, 블랙애더 로 캐스크 #614, 59% ABV

Lochside, 1981, 20 years old, blackadder raw cask #614, 59% ABV

자몽, 오렌지, 망고의 우아한 과일 향에 강황의 향이 더해진다. 섬세한 연기와 블루 아가베의 풀 향이 짭짤한 흔적으로 가리지 않으면서 만다린과 베르가모트의 쌉싸름한 맛에 구조를 부여한다.

올드 풀티니

OLD PULTENEY

1826년 제임스 핸더슨이 옛 케이스네스주 윅에 설립한 올드 풀티니는 1958년 재건되었고 1959년 몰팅 플로어는 폐쇄되었다. 비스듬히 비치는 햇빛과 매서운 바람이 부는 이 항구 도시에서 올드 풀티니는 혹독한 기후만큼이나 과일 향이 풍부하고 섬세한 위스키를 생산한다. 증류소의 특징은 전구형 베이스와 좁은 라인암을 받치는 좁은 측관이 달린 납작한 뚜껑이 장착된 1차 증류기와 정화기, 고도로 곡선 처리된 스완넥이 장착된 2차 증류기에 있다. 이 전체 시스템 덕분에 증기가 웜 튜브에서 응축되기 전에 구리 벽에 액체가 재주입되면서 상당한 환류가 일어나 위스키에 바디감과 깊이가 더해진다.

♥ 올드 풀티니 15년, 더 마리팀 몰트, 버번 & 스페니시 오크 캐스크, 46% ABV €

Old Pulteney, 15 years old, The Maritime Malt, bourbon & spanish oak cask, 46% ABV

밀랍과 양치류 풍미가 한데 섞여 이 익스프레션의 과일 향(모과, 감, 서양모과, 구운 사과)에 입체감을 더한다. 전체적으로 레몬 에센셜 오일의 절제된 아로마 지속성, 계피와 육두구의 견고한 여운, 섬세한 미네랄 염분이 드러난다.

♥ 올드 풀티니 18년, 더 마리팀 몰트, 버번 & 스페니시 오크 캐스크, 46% ABV €€

Old Pulteney, 18 years old, The Maritime Malt, bourbon & spanish oak cask, 46% ABV

다크초콜릿, 과일 케이크, 화이트 페퍼, 생강의 아로마 지속성이 과일 향(자두, 건포도, 유자)과 꽃 향(보리지꽃, 금작화), 미네랄(젖은 바위)이 가득한 이 익스프레션에 밀도와 정교함을 더한다.

EST^D 1830
TALISKER

탈리스커 TALISKER

1830년 휴 맥아스킬과 케네스 맥아스킬이 스카이섬 카보스트의 로크 하포트 남쪽 연안에 설립한 탈리스커는 이너 헤브리디스에서 가장 아름다운 곳 중 하나에 자리하고 있다. 하지만 이 아름다운 경관도 증류소를 비극으로부터 지켜줄 수 없었다. 1960년 11월 22일, 증류소에 대형 화재가 발생하여 시설 일부가 파괴되었다. 탈리스커는 1962년에야 다시 문을 열었는데 소실된 증류기와 동일한 5대의 새로운 증류기를 설치했다. 공랭식 정화기와 환류를 촉진하는 특정 각도의 볼형 스타일의 헤드가 장착된 두 대의 워시 스틸과 알코올 증기를 천천히 고르게 냉각시켜 위스키의 기름진 질감을 만들어내는 목재 웜 튜브가 연결된 3대의 스피릿 스틸이다. 장기 발효에 사용하는 8개의 오리건 소나무 발효조도 복구되었다. 몰팅 플로어는 1972년에 폐쇄되었다. 그러나 증류소에서 생산되는 밀도 높은 위스키는 위스키를 만들어낸 풍경과 여전히 직접적으로 맞닿아 있다.

♥ 탈리스커, 10년, 45.8% ABV €

Talisker, 10 years old, 45.8% ABV

윤곽이 뚜렷하고 바다 향(어망, 바다 물보라)이 더해진 강렬한 프로필(해변 장작불, 단풍나무 연기)의 이 클래식 위스키는 라임과 후추를 뽐낸다.

♥ 탈리스커, 57 노스, 57% ABV €

Talisker, 57 North, 57% ABV

이 예리한 위스키는 밀도 높은 바다(물보라)와 스모크(재, 후추가 강조하는 피트 스모크)를 드러낸다. 주니퍼 오일, 레몬 에센셜 오일의 기름진 구조는 이 자연적인 강도에서 더욱 인상적으로 다가온다.

TEANINICH

티니닉 TEANINICH

1817년 휴 먼로 선장이 블랙 아일 반도에 설립한 티니닉은 분쇄, 매싱(섞기, 당화, 라우터링) 및 발효 과정에 특히 주의를 기울여 수많은 아로마 화합물을 만들어낸다. 전분을 추출하기 위해 맥아는 해머(아스농 해머 밀)로 맥아 가루로 분쇄하는데, 이는 분쇄 정도를 매우 정밀하게 조정할 수 있어 전통적인 롤러 밀로 가공하는 것보다 더 다양한 보리 종류를 사용할 수 있다. 이 두 가지 요소는 아로마를 만드는 데에 결정적인 역할을 한다. 또한 티니닉의 기름진 특성은 맥아즙의 부유물을 걸러내는 정화 탱크와 투명하고 수율이 높은 맥아즙을 만드는 유동 막이 장착된 '뫼라 2001' 필터를 통한 체질 덕분이다. 크로마티 만과 마주한 새로운 증류실은 구리와의 접촉을 최적화하기 위해 생산력을 두 배로 늘렸다.

♥ 티니닉, 10년, 플로라 & 파우나, 43도 €

Teaninich, 10 years old, Flora & Fauna, 43% ABV

이국적 풍미(레몬그라스, 그린 파인애플)와 맥아(갱엿, 흑맥주, 검은 빵)가 뒷받침하는 풀 향(녹차, 버펄로 그래스, 풀, 건초)과 꽃 향(포푸리, 캐모마일)의 아로마 일체가 특징이다.

★ 티니닉, 1982, 21년(2004), 더 보틀러스, 리필 셰리 버트, 캐스크 #7202, 62.3도

Teaninich, 1982, 21 years old (2004), The Bottlers, refill sherry butt, cask #7202, 62.3% ABV

캐스크가 이 위스키의 모난 부분(도서관 광택제, 가죽, 왁스)을 둥글게 다듬었지만, 타닌 향(육두구, 소금, 월넛 스테인) 사이의 대화와 긴밀하게 연결된 강렬한 과일 향(무화과, 오렌지, 댐슨 자두) 자극은 그대로 두었다.

토버모리-르첵 TOBERMORY-LEDAIG

1798년 존 싱클레어가 멀 섬 북동쪽에 설립한 증류소는 이너 헤브리디스 제도에서 가장 아름다운 항구 마을 중 하나인 토버모리 해협 가장자리에 자리하고 있다. 이 증류소는 1930년 문을 닫았다가 1972년과 1975년 사이에 르첵이라는 이름으로 다시 살아난 굴곡 있는 역사를 지니고 있다. 이 시기에 생산된 위스키 중 일부는 1972년산 헤롤드 커리 컬렉션(Harold Currie Collection)과 같이 전설적인 위스키가 되었다. 1979년부터 1993년 사이에는 생산이 좀 더 산발적으로 이루어지다가 남아프리카 디스텔 그룹의 자회사인 번 스튜어트(Burn Stewart)가 증류소를 인수하면서 생산이 다시 온전히 재개되었다. 그 이후로 두 가지 이름(토버모리와 르첵)이 모두 사용되었으며, 르첵은 피트 버전(30~40ppm)에만 쓰였다. 이 그룹은 2018년과 2019년 사이에 생산 시설을 전면 재정비했다.

♥ 토버모리, 12년, 퍼스트 필 버번 캐스크 & 버진 오크, 46.3% ABV €

Tobermory, 12 years old, 1st fill bourbon cask & virgin oak, 46.3% ABV

몰트(비스킷 몰트, 몰트 보리)와 과일(사과, 자두, 파인애플, 파파야, 레몬)의 아로마 골조에서 오렌지 꽃의 꿀과 가벼운 담배 향이 전개된다.

★르첵, 18년, 스몰 배치, 스페니시 셰리 우드 피니시, 46.3% ABV €€

Ledaig, 18 years old, small batch, spanish sherry wood finish, 46.3% ABV

이 활력이 넘치는 익스프레션은 모든 아로마(태운 풀, 랍상소우총)에서 피트 연기를 느낄 수 있다. 이 피트 연기는 위스키의 과일 향(무화과, 오렌지)을 드러내고 바다 내음을 자극한다.

하일랜드 여행하기

험준하고 거친 하일랜드는 세계에서 가장 큰 위스키 생산지인 동시에 가장 다양한 위스키를 생산하는 지역이다. 이곳의 풍경은 이곳에서 생산하는 몰트 원액만큼이나 다양한 모습을 지니고 있다. 놓치지 말아야 할 이벤트와 주소는 167쪽을 참고하자.

루트 1. 피트로크리 - 발모랄 성 - 프레이저버러

그림 같은 피트로크리 마을과 물고기 가득한 주변의 강, 영국 왕실의 여름 별장이기도 한 스코틀랜드 귀족 스타일의 발모랄 성(1390년. 1853~1856년 증축), 해산물이 풍부한 항구 프레이저버그를 둘러보자.
블레어 애톨 증류소, 작고 매력적인 **에드라두어** 증류소, **로얄 로크나가**, **아드모어**, **글렌기리**(176쪽 참조), **글렌드로낙**(175쪽 참조) 증류소가 있다.

루트 2. 인버네스

찰스 에드워드 스튜어트의 재커바이트 군대가 컴벌랜드 공작의 정부군에 패하여 스튜어트 가문을 영국 왕좌에 복귀시키려던 봉기가 종식된 드럼모시 무어의 컬로든 전투지(1746), 보트 투어가 가능한 네스호수와 그 서쪽 연안에서 내려다보이는 어쿼트 성(13~16세기, 1692년 파괴됨) 유적지가 있다. 북쪽에는 서덜랜드 백작(15세기)의 프랑스 르네상스와 스코틀랜드 귀족 스타일의 성(15세기, 1845년 확장)이 위풍당당하게 자리 잡고 있다. 헤더가 늘어선 브로라 야생 해변에서는 머리 만과 바다표범, 북극제비갈매기의 장관을 감상할 수 있다.
달모어 증류소(174쪽 참조), **발블레어** 증류소, **클라인넬리쉬** 증류소(169쪽 참조)가 있다.

루트 3. 윅

싱클레어 기르니고 성(1476년)과 바위 곶에서 싱클레어 만을 내려다보는 타워 하우스가 있다.
항구 마을에 있는 **올드 풀티니** 증류소(183쪽 참조)도 가보자.

루트 4. 커크월 - 스트롬니스 - 오크니 제도

스캐퍼 만과 링 오브 브로드거가 있다. 링 오브 브로드거는 신석기 시대의 주요 유적지(기원전 2,700~2,500년)로 원형 도랑에 세워진 27개의 거석(원래는 60개)으로 구성된 직경 104미터의 고리다. 스카일 만에 자리한 스카라 브레(Skara Brae)는 신석기 시대(기원전 3,180~2,500년) 돌집 8채로 구성되어 있으며, 각각 40제곱미터 크기로 땅속에 묻혀 있다.
하이랜드 파크 증류소(180쪽 참조)가 있다.

루트 5. 서소-더네스

서핑이 가능한 세 개의 보호된 만을 구분하는 상고 만과 황금빛 모래사장이 있다. 동쪽에는 바다가 형성하고 담수 유출이 깎아 만든 두 개의 큰 공간이 이어져 있는 스무 해식 동굴(Smoo Cave)과 폭포(일반인에게 개방)가 있다. 샌드우드 만은 래스 곶에서 해안으로 이동하거나 블레어모어에서 트랙을 타고 갈 수 있다. 1.6킬로미터 길이의 해변에서는 민치 해협과 남쪽의 65미터 사암 더미인 부아차일레의 웅장한 전망을 감상할 수 있다.

부두가 만 앞바다에 걸쳐 있는 해안 산책로와 케언즈의 탁 트인 바다 전망을 감상할 수 있는 스쿼리(Scourie)(선택 사항)도 있다. 항구 마을은 낚시터다. 맞은편에는 19세기 중반부터 사람이 살지 않지만 페리로 갈 수 있는 한다 섬이 있다. 이곳은 스코틀랜드 야생동물 신탁이 관리하는 자연보호구역으로 10만 마리 이상의 길모트를 포함하여 150여 종의 조류, 216종의 식물, 100여 종의 이끼가 서식하고 있다.

울프번 증류소가 있다.

루트 6. 플록톤-포트리

하일랜드에서 가장 아름다운 마을 중 하나인 플록턴은 보호된 만의 중심부에 자리 잡고 있으며 캐런 호수와 썰물 때 드러나는 산호초의 전망을 감상할 수 있다. 일반인에게 공개되는 에일린 도난 성(13세기, 1715년 버려졌다가 1912년에서 1932년 사이에 맥레이 가문에 의해 재건됨)은 두이치 호수의 섬에 위치하고, 아치형 돌다리로 육지와 연결되어 있다. 스카이 섬의 포트리 마을은 이너 헤브리디스 제도에서 가장 아름다운 곳 중 하나에 자리하고 있다. 쿠일린 화산 산맥의 들쭉날쭉한 봉우리를 배경으로 만이 내려다보이는 경치를 감상할 수 있다.

탈리스커 증류소(184쪽 참조)가 있다.

루트 7. 토버모리-오반

멀 섬과 오반 섬에 위치한 **토버모리-르첵** 증류소(185쪽 참조)는 마을의 관광 중심부에 있다.

루트 8. 포트 윌리엄

그램피언스 산맥에 있는 벤 네비스 산은 해발 1,345미터의 영국 제도에서 가장 높은 곳으로, 하이킹으로 갈 수 있다. 전망 조건이 좋을 때 정상에서 바라보는 풍경은 거의 200킬로미터에 걸쳐 펼쳐진다. 스틸 폭포(105미터)도 있다. 글렌코 화산 계곡은 영국 윌리엄 3세에게 충성을 다하지 않았다는 이유로 정부군에 의해 맥도널드 가문의 38명이 학살된(1692년) 현장이다.

벤 네비스 증류소(174쪽 참조)가 있다.

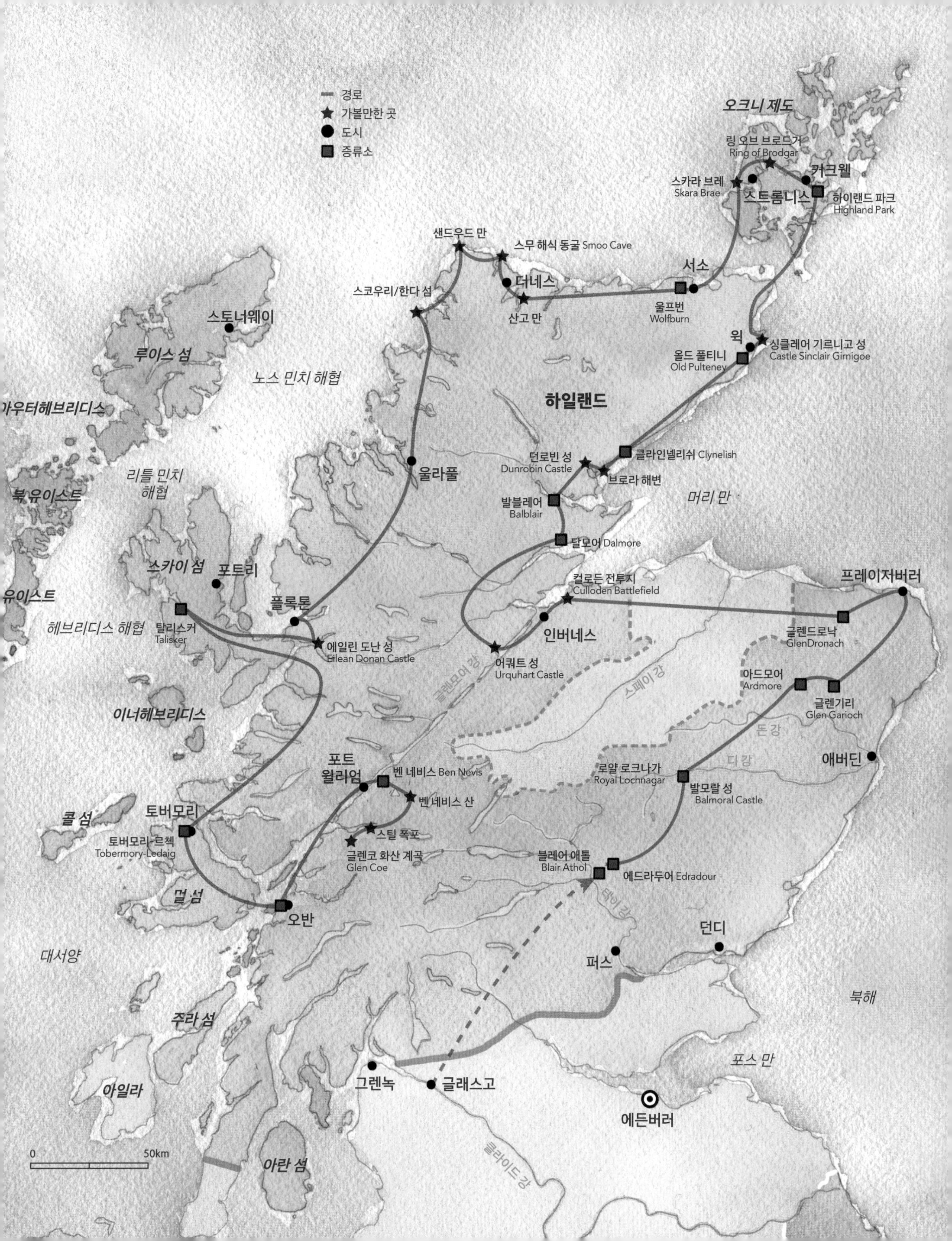

경로
가볼만한 곳
도시
증류소
오크니 제도
링 오브 브로드거
Ring of Brodgar
스카라 브레
Skara Brae
커크웰
스트롬니스
하이랜드 파크
Highland Park
샌드우드 만
스무 해식 동굴 Smoo Cave
서소
더네스
산고 만
울프번
Wolfburn
스코우리/한다 섬
스토너웨이
루이스 섬
노스 민치 해협
윅
싱클레어 기르니고 성
Castle Sinclair Girnigoe
올드 풀티니
Old Pulteney
하일랜드
우터헤브리디스
클라인넬리쉬 Clynelish
던로빈 성
Dunrobin Castle
브로라 해변
울라풀
리틀 민치
해협
북 유이스트
머리 만
발블레어
Balblair
달모어 Dalmore
스카이 섬
포트리
컬로든 전투지
Culloden Battlefield
프레이저버러
유이스트
플록톤
헤브리디스 해협
탈리스커
Talisker
에일린 도난 성
Eilean Donan Castle
인버네스
글렌드로낙
GlenDronach
어쿼트 성
Urquhart Castle
글렌모어 강
스페이 강
아드모어
Ardmore
글렌기리
Glen Garioch
이너헤브리디스
돈 강
애버딘
포트
윌리엄
벤 네비스 Ben Nevis
로열 로크나가
Royal Lochnagar
디 강
발모랄 성
Balmoral Castle
벤 네비스 산
토버모리
콜 섬
스틸 폭포
토버모리-르첵
Tobermory-Ledaig
글렌코 화산 계곡
Glen Coe
블레어 애톨
Blair Athol
에드라두어 Edradour
멀 섬
오반
테이 강
던디
대서양
퍼스
북해
주라 섬
포스 만
그린녹
글래스고
아일라
에든버러
0
50km
아란 섬
클라이드 강

아일라

헤브리디스 제도의 최남단에 위치한 아일라는 북동쪽으로는 주라 섬, 동쪽으로는 27킬로미터 떨어져 있는 킨타이어 반도, 남쪽으로는 아일랜드 북쪽 해안과 마주하고 있다. 켈트와 픽트족, 아일랜드, 북아일랜드, 바이킹-게일 문화가 결합된 풍부한 역사를 지닌 아일라는 225킬로미터의 해안선을 따라 펼쳐져 있다. 1302년 아일랜드 북부에 위치한 키나트 남작의 딸인 아이네 오 카하인이 남편인 아일라의 앵거스 오그 맥도널드에게 살레르노와 몽펠리에 의과대학에서 개발한 증류 원리를 알고 있는 의료진을 지참금으로 준 것으로 알려졌다. 1336년 맥도널드 가문의 존 오그는 최초로 섬의 군주라는 칭호를 얻었고 아일라의 핀라간에 권좌를 마련했다. 1493년 맥도널드 가문이 몰락하고 수많은 무력 충돌이 발생하면서 캠벨 가문이 권력을 장악한다. 아일라에서는 풍부한 수자원, 보리, 피트의 혜택으로 수세기에 걸쳐 증류주 제조 활동이 발전했다. 과세 제도의 도입도 아일라의 비밀스러운 증류 활동에 아무런 영향을 미치지 못했고, 1797년이 되어서야 치안 판사가 이를 종식 시킬 수 있었다.

아일라섬이 세계적으로 유명한 건 아일라 해협에 몰려드는 고래와 돌묵상어, 인달 호수의 프랙탈 해안선을 순찰하는 물개와 해달 때문이 아니다. 바람이 부는 비옥한 땅, 안개가 자욱한 피트 습지, 수많은 만과 해변, 호수가 있는 들쭉날쭉한 해안선 때문도 아니다. 아일라는 스코틀랜드 전체에서 가장 독특한 위스키, 세계에서 가장 피트한 위스키로 유명하다. 아일라의 테루아는 섬 토양과 피트모스, 헤더, 유기물, 목본 식물로 구성된 피트 습지뿐만 아니라 바다와 바다를 둘러싼 해초와 수생 식물로 정의된다.

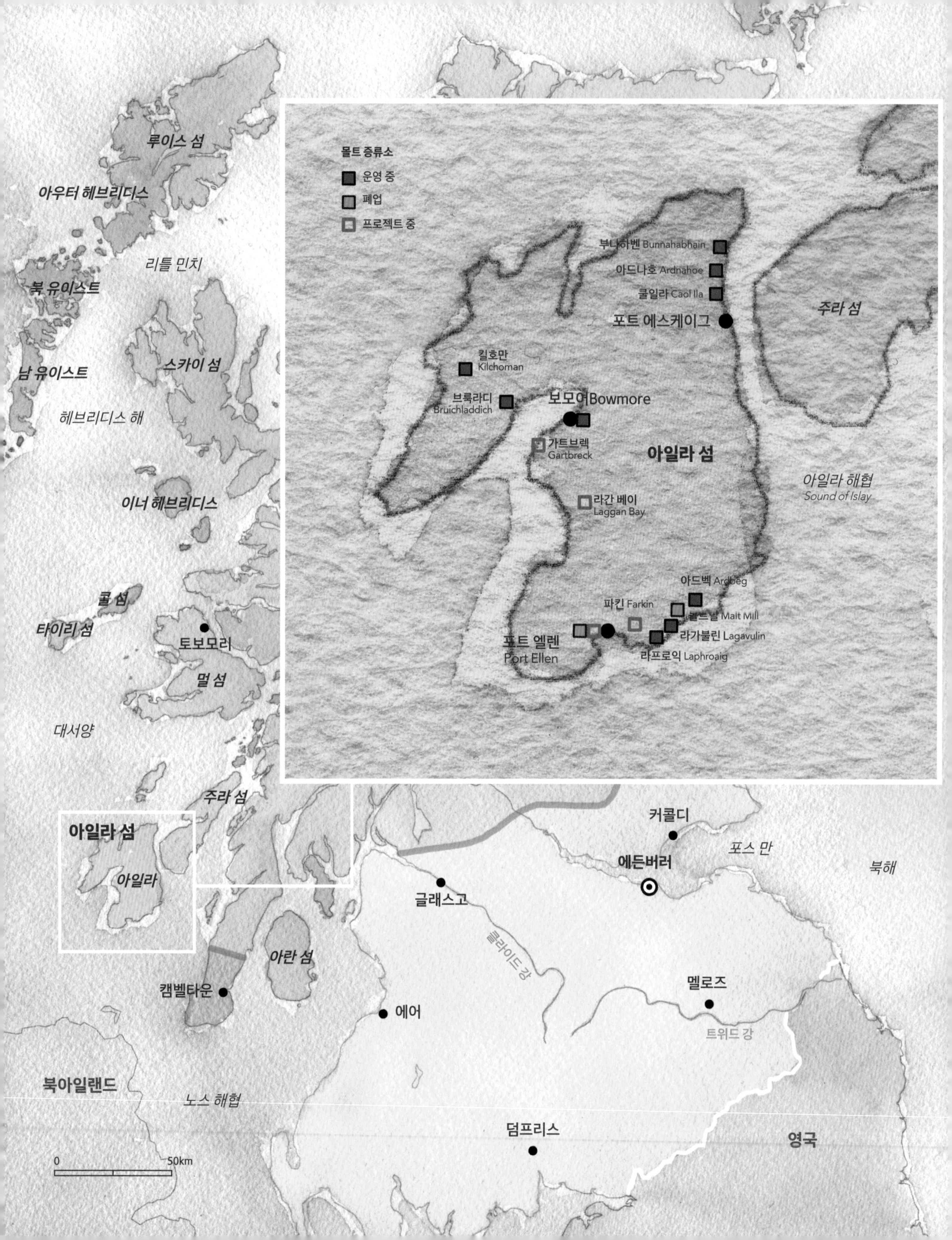
몰트 증류소
운영 중
폐업
프로젝트 중
부나하벤 Bunnahabhain
아드나호 Ardnahoe
쿨일라 Caol Ila
포트 에스케이그
주라 섬
킬호만 Kilchoman
브룩라디 Bruichladdich
보모어Bowmore
가트브렉 Gartbreck
아일라 섬
아일라 해협 Sound of Islay
라간 베이 Laggan Bay
아드벡 Ardbeg
파킨 Farkin
Malt Mill
라가불린 Lagavulin
라프로익 Laphroaig
포트 엘렌 Port Ellen
루이스 섬
아우터 헤브리디스
리틀 민치
북 유이스트
스카이 섬
남 유이스트
헤브리디스 해
이너 헤브리디스
콜 섬
타이리 섬
토보모리
멀 섬
대서양
주라 섬
아일라 섬
아일라
아란 섬
캠벨타운
커콜디
포스 만
에든버러
북해
글래스고
클라이드 강
멜로즈
에어
트위드 강
북아일랜드
노스 해협
덤프리스
영국
0
50km

증류소 등급

AAA
라가불린
라프로익
몰트 밀†
포트 엘렌†

AA
보모어
아드벡

A
부나하벤
브룩라디
쿨일라

BBB
킬호만

N
가트브렉
라간 베이
아드나호*
파르킨
포트 엘렌

특별히 뛰어난 증류소(AAA)부터 보다 일반적인 증류소(C)까지.
N: 새로운 증류소 †: 문 닫은 증류소 *주목할 만한 증류소

간단한 역사

14세기 아일라에 증류 기술 도입

1779년 보모어 설립

1815년 아드벡 설립 / 라프로익 설립

1816년 라가불린 설립

1825년 포트 엘렌 설립
1930년 운영 중단, 1967년 재개업, 1983년 폐쇄, 1987년 해체. 현재 맥아제조소만 남아 있음.

1846년 쿨일라 설립

1881년 브룩라디 설립 / 부나하벤 설립

1908년 몰트 밀 설립
1962년 영구 폐업

2005년 킬호만 설립

2017년 아드나호 설립

2024년 새로운 포트 앨렌 증류소 활동 개시

기본 정보

이벤트

아일라 페스티벌(Islay Festival)
5월 넷째 주 금요일부터 그 다음주 토요일까지

꼭 가봐야 할 장소

발리 그랜트 인(Ballygrant Inn)의 로보일(Roboil) 바
Ballygrant-PA45 7QR

더 셀틱 하우스 서점
Shore Street-Bowmore-PA43 7LD

아드벡

ARDBEG

설립연도

1815년

소유주

더 글렌모렌지(LVMH 그룹) The Glenmorangie Co.(LVMH)

대표 빈티지

1967년, 1972년, 1974년부터 1976년

증류기 대수

1차 증류기(워시 스틸) 2대, 2020년부터
2차 증류기(스피릿 스틸) 2대, 2020년부터

연간 생산량

생산량(2019년): 연간 순수 알코올 140만 리터
생산량(2020년부터): 연간 순수 알코올 240만 리터

위치

Isle of Islay – Argyll and Bute – PA42 7EA

Ardbeg

산호초와 부서진 듯한 작은 만으로 둘러싸인 아일라 남부의 킬달튼 해변은 비밀 증류가 가장 왕성했던 곳 중 하나였다. 아드벡의 비밀스러운 역사의 굴곡 많은 흐름 속에서 알렉산더 스튜어트의 증류 활동은 1794년 초에 언급되었다. 증류 과정은 1798년 맥두걸 가문에 의해 인수되었다. 하지만 증류소는 1815년이 되어서야 존 맥두걸에 의해 합법적으로 설립되었다. 아드벡은 섬에서 가장 큰 규모의 증류소 중 하나가 되었으며 170여 년 동안 상당한 발전을 거듭한 끝에 1981년 3월에 문을 닫았다. 1989년 포트 엘렌 맥아 제조소의 맥아 보리를 사용하면서 운영을 재개했다. 1996년 7월 한 차례 더 가동이 중단되었다가 이듬해 다시 가동을 시작했고, 뛰어난 품질을 자랑하는 익스프레션의 변함없는 명성에 힘입어 빠르게 입지를 회복했다. 1997년 아드벡 17년과 프로비넌스(Provenance) 첫 번째 버전이 출시되었다. 2000년에는 아드벡 텐(Ardbeg Ten), 2001년에는 로드 오브 더 아일라(Lord of the Isles)가 처음 판매되었다. 이 위대한 빈티지는 아일라의 정체성을 가장 잘 표현한 것으로 인정받는다. 아드벡은 피트 향이 강하지만 놀라운 단맛이 가득한 위스키를 생산하면서 이러한 DNA를 발전시켰다. 이 독특한 특성이 아드벡 성공의 열쇠다. 증가하는 수요를 충족하기 위해 2020년 4개의 팟 스틸을 갖춘 새로운 증류실을 건설했다. 긴 발효, 2차 증류기와 결합되어 있고 스완넥 아래에 위치한 정화 장치(증류액을 가볍게 하고 특유의 과일 향을 강조하는 환류를 생성하는 장치), 엄격한 퍼스트 필 아메리칸 오크 캐스크 선택 등이 아드벡을 전설적인 증류소로 만든 비결이다.

인터뷰

마이클 헤즈

**아드벡 마스터 디스틸러,
아드벡 위원회 전 회장**

스코틀랜드의 다른 지역 및 세계와 비교했을 때 아일라의 정체성을 어떻게 정의하시겠습니까?

스코틀랜드 서해안은 스코틀랜드의 문화와 건강한 삶을 경험하고 공유하고자 하는 방문객이 끊이지 않는, 각기 다른 개성을 지닌 많은 섬으로 구성되어 있습니다. 아일라는 '메인랜드'에서 약 30킬로미터 떨어진 작은 섬으로 싱글 몰트 증류로 유명합니다. 스카치위스키는 스코틀랜드의 주요 수출품 중 하나지만, 아일라 위스키는 특히 풍부하고 스모키한 아로마 프로파일이라는 고유한 특징을 갖고 있습니다. 하지만 이 섬에서는 모든 취향에 맞는 위스키가 생산됩니다.

아드벡에서 생산하는 위스키의 테루아에 대해 말씀해주실 수 있나요?

아드벡의 테루아는 향으로 역사를 전하는 이 섬과 불가분의 관계에 있습니다. 물론 피트의 흙 향과 바다 물보라가 수는 짭짤한 향이 공존하지만, 위스키에 복합성과 균형을 부여하는 위스키 메이커의 노하우도 함께합니다. 증류소는 바다를 마주하고 있고 자체 수원을 보유하고 있어서 위스키 증류에 이상적이지요. 그리고 우리가 사용하는 피트는 섬에서 나옵니다. 1815년부터 같은 방식으로 증류하고 있습니다.

아드벡 위스키의 아로마가 정말 독특한가요?

아드벡의 아로마 프로파일은 매우 복잡합니다. 물론 시트러스와 바다 소금의 터치가 있는 풍부한 피트 연기의 풍미가 있습니다. 입안에서는 단맛과 함께 짠맛, 해초의 향을 피트 연기가 강조합니다. 시음하는 내내 전체적으로 기름지고 따뜻한 크리미함이 느껴지고요. 커피, 감초, 바닐라의 피니시는 정말 놀랍습니다.

위스키의 아로마 프로파일에 가장 큰 영향을 미치는 공정은 무엇인가요?

가장 큰 영향은 피트 연기와 페놀 화합물입니다. 나무 발효조는 달콤한 과일 향을 만드는 데 중요한 역할을 합니다. 또한 2차 증류기 상단에 있는 정화 장치(무거운 방향족 화합물의 환류를 일으킴)는 피트 향을 부드럽게 하는 동시에 복잡성을 줍니다. 덕분에 위스키는 시음의 시작부터 끝까지 다양한 아로마층이 형성됩니다.

새로운 증류실은 가동 중인가요? 새로운 장비(4대의 증류기, 새로운 발효통 등)가 위스키 스타일에 영향을 미칠까요?

새로운 증류실은 2020년 봄부터 준비되었습니다. 위스키의 특징을 하나라도 바꾸고 싶지 않았기 때문에 모든 요소를 최대한 비슷하게 재현하려고 노력했습니다. 새로운 장비들이 열성적인 팬들이 수십 년 동안 즐겨온 위스키와 정확하게 동일한 위스키를 계속 생산할 수 있는지 확인했습니다.

아드벡은 미래를 향하고 있습니다. 그 스타일도 수년에 걸쳐 항상 진화해 왔나요?

아드벡10년이 아드벡의 주력 제품인 것은 사실이지만 우리 생산의 본질이기도 합니다. 하지만 그렇다고 해서 아드벡10년과 바로 비교될 수 있는 흥미롭고 새로운 몰트위스키를 만드는 것을 멈추지는 않습니다! 우리는 위스키를 맛보는 사람들에게 행복을 가져다주는 독특한 위스키를 만들려고 노력합니다. 가장 중요한 부분이지요! 우리는 우리의 일 자체에 즐거움을 느끼지만 항상 팬들의 기대에 부응하는 위스키를 만들어야 합니다. 이것이 바로 몰트의 품질을 최우선시하는 이유입니다.

아드벡에서 가장 좋았던 기억은 무엇인가요?

좋은 기억이 너무 많아요. 이 섬에서 매일 제 일을 하는 것만으로도 특별한 경험입니다. 세계에서 가장 아름다운 곳 중 한 곳에서 살고 일할 수 있는 특권을 누리고 있으니까요.

다시 맛보고 싶거나 시음하고 싶은 위스키가 있나요?

잊을 수 없는 경험 중 하나가 아드벡1977이었는데, 언젠가 다시 맛보고 싶습니다. 엘리게이터(Alligator)도 제가 가장 좋아하는 위스키 중 하나였습니다. 아드벡10년과 우거다일은 가장 많이 다시 찾게 되는 익스프레션입니다.

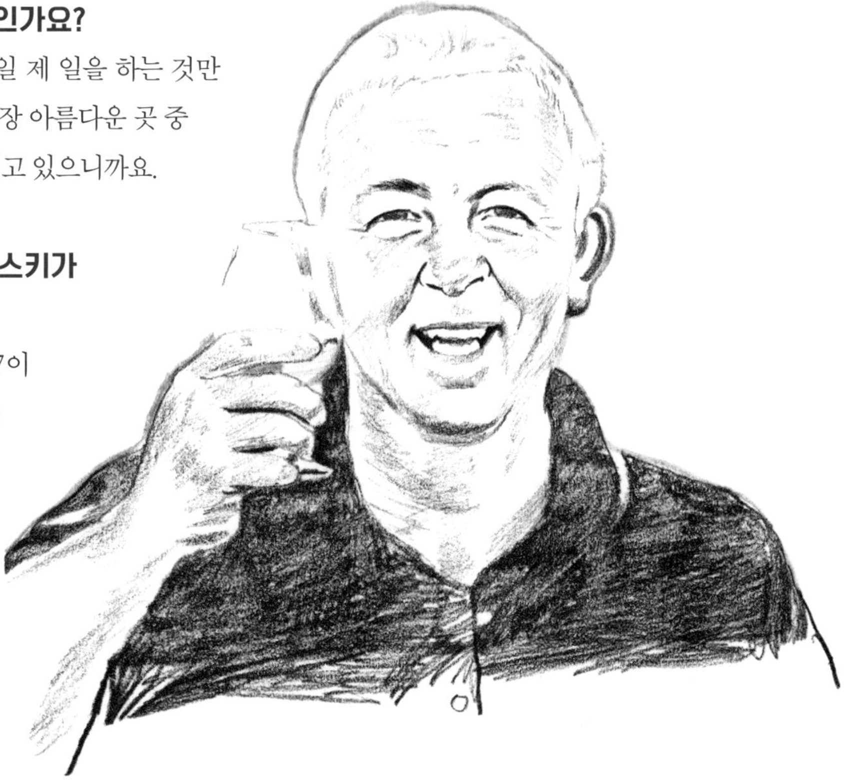

내가 사랑한 위스키

€ 35유로 이하 • € 35~39유로 • €€ 70~150 유로 • €€€ 150유로 이상

♥ 아드벡, 텐, 46% ABV €
Ardbeg, Ten, 46% ABV

텐은 아드벡 위스키의 전설 중 하나인 익스프레션이다. 위스키는 라임 타르, 바다 물보라의 향으로 시작해서 훈제 대구의 향으로 확장되는 아로마의 풍요로움 이외에는 비길 만한 것이 없는 복합적인 향을 제공한다. 질감은 기름지고 부드러우며 메스칼, 훈제한 말린 과일, 코코아 향이 드러난다. 스피어민트에서 달콤한 감초, 파인애플, 당밀에 이르기까지 신선하고 폭넓은 아로마 프로파일이 자연스럽게 이어진다. 꼭 마셔봐야 할 위스키다.

♥ 아드벡 우거다일, 버번 & 셰리 캐스크, 54.2% ABV €€
Ardbeg, Uigeadail, bourbon & sherry casks, 54.2% ABV

아드벡 증류소의 이탄이 풍부한 물은 우거다일 호수에서 공급받는다. 증류소와 이탄 습지를 분리하는 이 물은 이탄 습지를 통과하면서 아로마를 강화하여 10년과 13년 캐스크와 1970년대 캐스크를 섞어 만든 이 위스키에 대추야자와 설탕에 절인 감귤류 과일이 들어간 크리스마스 푸딩의 아로마를 준다. 셰리의 무화과 풍미는 피트한 보리, 꿀을 발라 구운 고기(커피 원두, 감초)와 같은 스모키함으로 점점 더 깊어지는 복잡한 아로마 프로파일(블랙올리브, 아마씨유)에 실크 같은 부드러움을 더한다.

♥ 아드벡, 트라이 반, 19년, 46.2% ABV €€€
Ardbeg, Traigh Bhan, 19 years old, 46.2% ABV

활기차고 틀이 잘 잡힌 이 위스키는 아드벡 제품 라인의 최신 레퍼런스로, 이름은 게일어로 '노래하는 모래'를 뜻하는 아일라의 한 해변에서 따왔다. 이 해변은 산책하는 사람들의 발밑에서 모래가 만들어내는 독특한 음악으로 유명하다. 아로마는 훈연한 차, 붉은 과일, 칠리 초콜릿으로 이어지다가 연기와 자단 향 풍미와 대조를 이룬다. 라임 셔벗과 엽록소, 피트와 페퍼민트 사이에서 끊임없이 이어지는 맥동이 위스키에 뛰어난 복합성을 부여한다.

전설적인 위스키

★전설적인 위스키의 가격은 모두 150유로 이상이다.

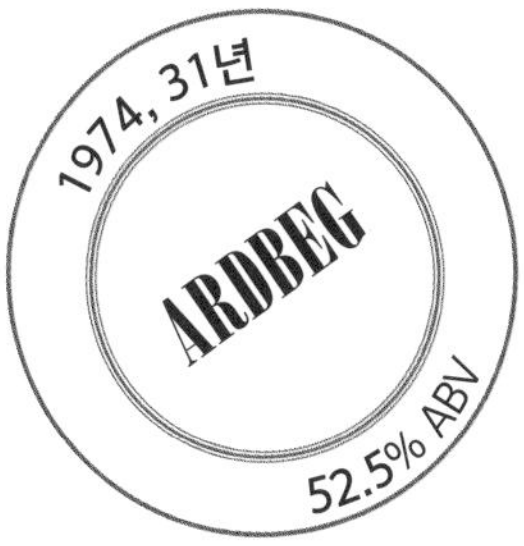

★ 아드벡, 1974, 32년, 버번 배럴 LMDW, 싱글 캐스크 #3309, 52.5% ABV

Ardbeg, 1974, 32 years old, bourbon barrel LMDW, single cask #3309, 52,5% ABV

마지팬, 레몬밤, 엽록소가 섞인 미세한 지속력을 드러내어 시음의 즐거움을 더욱 새롭게 하는, 살짝 설탕에 절인 듯하고 미세한 기포가 느껴지는 피트의 풍부한 질감이 돋보인다. 오래된 외관(도서관 광택제)의 섬세한 윤곽이 감초와 샌들우드 풍미에 깊이와 날카로움을 더한다.

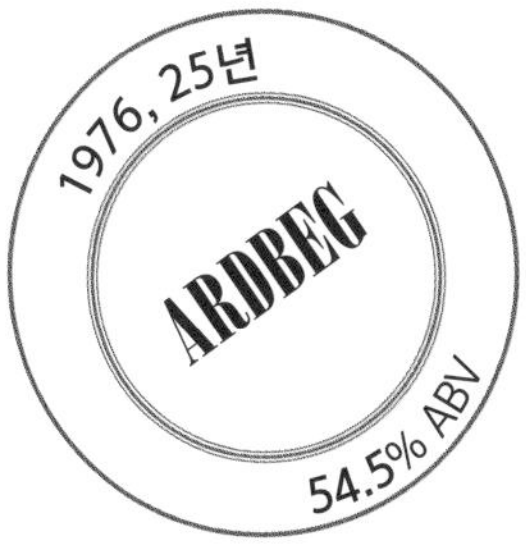

★ 아드벡, 1976, 25년, 셰리 버트, 싱글 캐스크 #2395, 54.5% ABV

Ardbeg, 1976, 25 years old, sherry butt, single cask #2395, 54,5% ABV

극도로 층을 이룬 전설적인 익스프레션이다. 오래된 책, 유목, 습지 머틀, 오래된 오렌지 리큐어 등 향기로운 층이 서로를 확대하며 끝없이 이어진다. 바다와 그을음의 뉘앙스가 셰리(무화과, 건포도, 호두)의 풍부함과 대조를 이루며 그 강렬함을 포착한다.

꼭 알아둘 증류소

€ 35유로 이하 • € 35~39유로 • €€ 70~150 유로 • €€€ 150유로 이상
★전설적인 위스키의 가격은 모두 150유로 이상이다.

보모어 BOWMORE

1779년 존 P. 데이비드 심슨이 인달 호수의 동쪽 연안에 있는 동명의 마을에 설립한 보모어는 이 섬에서 가장 오래된 증류소다. 증류소를 품고 있는 바위 지대에 뿌리를 두고 있다. 보모어는 스코틀랜드에서 몇 안 되는 자체 몰팅 플로어를 보유한 증류소이며 필요한 맥아의 30%를 자체 생산하고 있다. 나머지는 심슨 몰팅에서 공급받는다. 6개의 오리건 소나무 통은 라인에 따라 짧거나 긴 발효를 하는 데 사용된다. 생산되는 싱글 몰트는 피트 향이 가장 강하지는 않지만(맥아의 페놀 농도는 25ppm), 바다 향이 가장 강한 몰트 중 하나이다. 하지만 아로마 프로파일은 시간이 지남에 따라 많이 변해왔다(1975년 이전의 열대과일 향 익스프레션이 가장 유명하다). 보모어에는 세계에서 가장 오래된 위스키 숙성 저장고인 볼트 No.1이 있다. 지금도 운영 중인 이 저장고에서 전설적인 바이센테너리(Bicentenary)와 퍼스트 필 다크 올로로소 호그헤드 블랙 보모어(Black Bowmore)를 만든 1964년산 오크 캐스크가 숙성되었다. 이중 습식 저장고는 보관된 오크 캐스크의 품질뿐만 아니라 뛰어난 위치로도 전 세계적으로 유명하다. 실제로 저장고의 일부가 해수면보다 낮다. 라프로익과 마찬가지로 보모어도 빔 산토리(Beam Suntory)가 소유하고 있다.

♥ 보모어, 볼트 에디션, 퍼스트 에디션 아틀랜틱 씨 솔트, 51.5% ABV €€

Bowmore, Vault Edition, 1st Edition Atlantic Sea Salt, 51.5% ABV

과일 향과 바다 향을 모두 지닌 이 위스키는 과수원 과일(귤, 복숭아), 피트 오일, 타마린드의 아로마 프로파일을 충분히 표현하기 위해 충분한 에어링이 필요하다.

★ 보모어, 1964, 바이센테너리(1779~1979), #1 웨어하우스, 셰리 & 아메리칸 캐스크, 43% ABV

Bowmore, 1964, Bicentenary (1779-1979), #1 warehouse, sherry & american casks, 43% ABV

1966년 사마롤리 부케(Samaroli Bouquet)와 마찬가지로 진정한 전설이다. 간결한 동시에 믿을 수 없을 정도로 복잡한 이 익스프레션은 지배적인 피트(바다 및 농가), 과일(자몽, 구아바, 무화과), 녹청(도서관, 오래된 식물도감, 프로폴리스)이 결합하여 비교할 수 없는 강도와 길이를 선사하는 역사 깊은 익스프레션이다.

브룩라디 BRUICHLADDICH

1881년 섬의 서쪽 반도인 린스 오브 아일라 중심부에 설립된 브룩라디는 굴곡 있는 과거를 지니고 있다. 하지만 2000년 짐 맥이완과 마크 레이니어가 브룩라디(논 피티드), 포트 샬롯(하이 피트: 40ppm), 옥토모어(세계에서 피트가 가장 강한 익스프레션, 최대 309ppm)를 생산하면서 전환점을 맞이했다. 이 세 가지 싱글 몰트에는 혁신과 실험을 우선시하고 리미티드 에디션(스몰 배치)의 수를 늘리고 아일라의 테루아와 고대 보리 품종에 다시 집중한다는 공통점이 있다. 2012년 브룩라디는 레미 쿠앵트로 그룹의 소유가 되었고, 2015년에는 앨런 로건(43쪽 참조)이 맥이완의 뒤를 이어 브룩라디를 운영하게 되었다.

♥ 브룩라디, 베어 발리, 2010, 8년, 50% ABV €€

Bruichladdich, Bere Barley, 2010, 8 years old, 50% ABV

맥아 보리, 잡곡 통밀빵의 복잡한 아로마 팔레트와 생기 넘치는 산미(구스베리, 잘 익은 배), 뚜렷한 미네랄(젖은 까치밥나무, 신선한 아마)과 결합한 풍부하고 기름진 질감이 마지막에 가시 금작화의 미세한 꿀맛과 조화를 이룬다.

♥ 포트 샬롯, 아일라 발리, 2011, 6년, 50% ABV €€

Port Charlotte, Islay Barley, 2011, 6 years old, 50% ABV

이 독특한 디자인의 위스키는 흙냄새가 나는 이탄, 타르, 바다 물보라의 풍부한 아로마를 섬세한 과일(백포도, 복숭아, 구아바)과 꽃(히아신스), 은은한 스파이스(백후추)가 강화한다.

♥ 옥토모어 7.3/169, 5년, 아일라 발리, 옥토-모어, 버번 배럴 & 리베라 델 두에로 와인 캐스크, 63% ABV €€€

Octomore 7.3/169, 5 years old, Islay Barley, Ochdamh-mòr, bourbon barrels & riber a del duero wine casks, 63% ABV

순순한 아로마(레몬, 강가의 자갈, 안젤리카)의 실키한 질감이 섬세하고 우아하게 느껴진다. 재(ash) 향이 있지만 알로에 베라와 블루 아가베의 신선함이 이를 관통한다.

부나하벤 BUNNAHABHAIN

1881년 섬의 북동쪽 해안에 설립된 부나하벤은 사운드 오브 아일라(The Sound of Islay, 아일라 해협)와 이곳의 난파선, 바위 곶을 마주하고 있다. 이 증류소는 1963년 자체 몰팅 플로어를 폐쇄한 이후 생산한 논피트 위스키로 가장 잘 알려져 있지만, 2004년부터 부나하벤 브랜드로 증류소의 과거를 반영하면서 명성을 높이고 있는 바다 아로마 프로파일의 피티드 익스프레션(모이네, 크루아모나, 토흐카흐)을 생산하고 있다. 독립 병입자들이 특히 사랑하는 부나하벤의 피트 위스키(35~45ppm)는 현재 백만 리터 가까이 생산되고 있으며 전체 생산량의 35%를 차지하고 있다.

♥ 부나하벤, 2008, 모이네, 9년, 보르도 레드 와인 캐스크 웨어하우스 #8, 58.1% ABV €€

Bunnahabhain, 2008, Mòine, 9 years old, bordeaux red wine casks warehouse #8, 58.1% ABV

기름지고 전체를 덮는 피트는 레드 보르도 배럴에서 숙성되었음을 나타내는 과일(라즈베리, 블랙 체리, 블랙커런트, 잘 익은 멜론), 꽃(바이올렛), 감초 향과 어우러진다. 모카와 간장의 단맛으로 마무리된다.

★ 부나하벤, 1968, 34년(2002년), 올드 어퀘인텐스, 43.8% ABV

Bunnahabhain, 1968, 34 years old (2002), Auld Acquaintance, 43.8% ABV

고서의 오래된 가루, 완벽하게 일체된 셰리(말린 댐슨자두, 모카치노, 크렌베리)의 섬세한 질감, 블랙커런트 새싹, 바다 물보라에 젖은 왁스의 향을 아가스타슈, 바나나, 달콤한 감초가 섬세하게 강조한다.

쿨일라 CAOL ILA

1846년 포트 에스케이그에서 섬의 북동쪽 해안을 따라 설립한 쿨일라는 갈라진 해안선의 빈 공간에 자리하고 있다. 이곳 증류소에서는 게일어로 '사운드 오브 아일라'를 뜻하는 아일라 해협이 내려다보인다. 1972년에서 1974년 사이에 지하 저장고를 제외한 모든 건물이 재설계되었다. 현재 6대의 증류기가 있는 증류실을 갖추고 있는데, 증류실의 대형 유리 통창을 통해 해협을 가로질러 북동쪽 팹스 오브 주라의 정상까지 볼 수 있다. 증류소의 대용량 장비는 650만 리터의 고품질의 순수 알코올을 생산한다. 생산된 알코올은 주로 모기업인 디아지오, 특히 조니워커 레이블의 다양한 블렌딩과 수많은 독립 병입자의 블렌딩에 사용된다. 블렌더의 수요에 따라 쿨일라는 피티드(35~40ppm) 또는 논피티드 증류액을 생산한다.

♥ 쿨일라 12년, 43% ABV (€)

Caol Ila, 12 years old, 43% ABV

스모키 향(피트 오일, 베이컨, 불에 그을린 조개껍질)과 뛰어난 바다 향(바닷물, 말린 해초)이 섬세한 후추와 레몬 향의 긴 여운을 선사한다.

★ 쿨일라 15년, 더 매니저스 드램, 셰리 캐스크, 63% ABV

Caol Ila, 15 years old, The Manager's Dram, sherry cask, 63% ABV

기름지고 고기 향이 가미된 피트와 바다의 흔적(해변의 불, 젖은 바위)이 매력적인 바로크 스타일 위스키로 완벽하게 블렌딩된 셰리(포푸리, 블랙커런트, 댐슨자두)와 풍부한 발사믹 여운(물푸레나무, 그랑 브뇌르 소스)으로 묵직해진다.

킬호만 KILCHOMAN

KILCHOMAN
Islay Farm Distillery
ISLAY SINGLE MALT SCOTCH WHISKY

2005년 린스 오브 아일라의 서쪽 연안 록사이드 팜에 설립된 킬호만은 스코틀랜드에서 자체 보리밭과 몰팅 플로어를 갖춘 몇 안 되는 증류소 중 하나로 필요한 피티드 몰트의 30%를 자체 생산한다. 나머지는 포트 엘렌 몰트하우스에서 더 페놀 농도가 높은(50ppm) 맥아를 공급받는다.

♥ 킬호만, 로크 곰, 올로로소 셰리 버트, 46% ABV (€€)

Kilchoman, Loch Gorm, oloroso sherry butts, 46% ABV

올로로소 배럴(체리, 아르부즈, 블랙커런트)의 영향으로 긴장이 풀린 촘촘한 연기(피트 그을음)에 신선한 길이감(오렌지 제스트), 올스파이스의 복잡성이 더해진 위스키다.

라가불린 LAGAVULIN

라가불린은 현재 양옆에 있는 아드벡과 라프로익이 설립되고 1년이 지난 1816년에 섬 남쪽 해안에 설립되었다. 맥도널드 가문의 해군 기지였던 더니벡 성 유적과 마주하고 있다. 복잡하고 풍부하며 우아한 증류주는 페놀 농도 35~40ppm의 맥아, 환류와 로우 와인의 접촉을 줄이기 위한 2차 증류기 가득 채우기, 적당한 가열로 천천히 증류하기와 같은 증류소 자체 기술의 결과다. 피에르 기욤은 콜린 고든(현 아드벡)과 새로운 포트 엘렌 증류소를 지휘하는 조지 크로포드로부터 경영권을 이어받아 라가불린의 운영을 책임지고 있다. 증류소의 대용량 장비는 260만 리터를 생산하며, 모회사인 디아지오의 화이트호스의 블렌딩에도 사용된다.

♥ 라가불린, 12년, 캐스크 스트렝스, 스페셜 릴리즈, 56.5% ABV €€

Lagavulin, 12 years old, Cask Strength, Special Release, 56.5% ABV

기름지고 스모키한 풍미(피트 오일, 아르니카, 피티드 몰트), 과일 향(풋사과, 칼라만시, 핑크 자몽)을 드러내는 피니시, 압생트와 해양 소나무의 식물성, 감초-계피의 스파이스 향, 해변 조약돌의 미네랄이 복합적으로 느껴지는 피니시가 특징이다.

♥ 라가불린, 1991, 24년, 200주년, 셰리 버트, 52.7% ABV €€€

Lagavulin, 1991, 24 years old, 200th Anniversary, sherry butt, 52.7% ABV

복합적이고(프로폴리스, 다크초콜릿, 얼그레이), 스모키하고(해변의 불, 타오르는 솔잎), 신선한 스파이스 향(유칼립투스, 시가 박스)을 지닌 이 위스키는 키르슈와 앙고스투라 풍미로 전혀 새로운 차원을 보여준다.

★ 라가불린 1985, 21년, 스페니시 셰리 유러피언 오크 캐스크, 56.5% ABV

Lagavulin 1985, 21 years old, spanish sherry european oak casks, 56.5% ABV

도서관의 오래된 책과 바다 물보라가 전면에 등장한다. 배경에는 물푸레나무와 다크초콜릿에 배어든 과일(설탕에 절인 감귤류, 검은 딸기나무 열매, 자두)이 있다. 이 과일 향은 미묘한 뉘앙스 차이가 있는 아로마(유칼립투스 오일, 알파인 아스터 꿀)의 복잡한 아로마 프로파일(타오르는 솔잎, 헤이즐넛)에 빛과 색을 더한다.

LAPHROAIG®

라프로익 LAPHROAIG

1815년 아일라 섬의 남쪽 해안인 라프로익 만에 설립된 라프로익은 게일어로 '브로드베이 크릭'을 뜻하는 'Lag Bhròdhaig'에서 유래한 이름으로 포트 엘렌에서 킬달튼으로 가는 길목에 있는 첫 증류소이다. 증류소에는 자체 이탄 습지가 있고, 아르데니스티엘 증류소(Ardenistiel, 1821~1868)에서 어렵게 확보한 킬브라이드 샘물의 물도 이탄에 여과된다. 또한 라프로익은 스코틀랜드에서 자체 몰팅 플로어를 보유한 몇 안 되는 증류소 중 하나로, 필요한 피티드 몰트(40~60ppm)의 20%를 자체 생산한다. 나머지는 포트 엘렌에서 페놀 농도 35~45ppm 맥아를 공급받는다. 두 가지 맥아를 따로 매싱, 발효, 증류, 숙성한다는 점에서 생산 공정이 매우 특별하다. 여기에 3대의 1차 증류기와 4대의 2차 증류기(이 중 1대는 다른 증류기보다 두 배의 용량을 갖고 있다)라는 독특한 조합에서 비롯되는 증류의 유연성이 더해진다. 보모어와 마찬가지로 라프로익도 빔 산토리가 소유하고 있다.

♥ 라프로익, 10년, 캐스크 스트렝스, 배치 #11, 58.6% ABV €€
Laphroaig, 10 years old, Cask Strength, batch #11, 58.6% ABV

밀리미터 단위로 분할되는 이 익스프레션은 약재 향(아르니카)의 부드러운 이탄 오일이 두드러지고 과일(체리), 스파이스(육두구), 바다(김, 해변의 불) 향으로 매혹적인 인상을 남긴다.

♥ 라프로익, 16년, 퍼스트 필 버번 배럴, 48% ABV €€
Laphroaig, 16 years old, 1st fill bourbon barrels, 48% ABV

피티드 몰트, 야생 꽃(금작화, 헤더), 시트러스(베르가모트)의 풍부한 아로마 향이 아로마 틀에 배어든 메이플 시럽으로 인해 부드러워진다.

★ 라프로익, 1981, 27년(2008년 병입), 올로로소 셰리 캐스크, 56.6% ABV
Laphroaig, 1981, 27 years old (2008), oloroso sherry casks, 56.6% ABV

약재 풍미가 가미된 기름진 피트(TCP 타입의 살균제), 두툼한 타닌(소나무 수지, 에스프레소, 볶은 감초), 독특하게 밀도 있고 층층이 쌓인 올로로소의 와인 구조(마호가니, 다크초콜릿, 자두, 라즈베리, 무화과)가 이룬 아로마 모자이크가 특징이다.

★ 라프로익, 1967, R. W. 더치 & 코 푸어 사마롤리, 셰리 캐스크, 57% ABV

Laphroaig, 1967, R. W. Duthie & Co pour Samaroli, sherry casks, 57% ABV

무엇 하나 뺄 것 없는 완벽함. 테르펜(소나무 진), 약재, 바다(유칼립투스 오일, 바닷가의 케이퍼 나무, 랍스터 트랩), 짙은 초콜릿과 과일 향(모렐로 체리 시럽, 검은 딸기나무 열매, 구아바)의 틀이 끝없이 변화하는 피니시에 동화된다.

몰트 밀† MALT MILL†

당시 라가불린 증류소의 소유주였던 피터 맥키 경은 라프로익과 수십 년간 맺어온 판매 중개 계약이 종료된 1908년 자신의 회사 맥키 앤 코(Mackie & Co.)를 통해 몰트 밀을 설립했다. 사실 라프로익의 새로운 소유주인 이안 헌터는 맥키 앤 코가 라프로익 생산량의 대부분을 자체 블렌딩에 사용하기 때문에 계약이 라프로익에 불리하다고 생각했다. 피터 맥키 경은 라프로익의 맛을 똑같이 재현하려 했고, 심지어 라프로익의 직원을 고용하기도 했다. 하지만 라프로익과 다른 수원을 사용했기 때문에 결국 성공하지 못했다(라프로익의 수원을 가로채려다 법정 소송에 휘말려 원상 복귀 시키라는 판결을 받았다). 하지만 몰트 밀은 1962년 문을 닫을 때까지 맥키 앤 코 블렌딩 전용 고품질 증류주인 화이트호스(White Horse)와 맥키스 앤시언트 스카치(Mackie's Ancient Scotch)를 생산했고, 라벨에 증류소 이름까지 새겨 넣었다. 몰트 밀 증류액 품질의 비결은 작은 직화 팟 스틸을 사용하는 것 외에도 매시턴 안의 그리스트에 야생 헤더를 첨가하여 매우 독특한 맥아즙을 만드는 것이었다. 그러나 첫해 생산량은 순수 알코올 115,000리터였다. 같은 기간 동안 라가불린이 58만 리터를 생산한 것에 비하면 저조한 생산량이었다. 역사가들에 따르면 싱글 몰트로 병입된 캐스크는 단 한 통도 없었다고 한다. 몰트 밀 캐스크의 발견은 전설적인 사건으로 2012년 켄 로치 감독의 영화 〈엔젤스 셰어〉의 소재가 되기도 했다. 1962년 몰트 밀 증류소는 영원히 문을 닫았고 장비는 라가불린으로 이전되었다. 1974년부터 방문객 전용 공간이 옛 몰트 밀 건물에 자리하고 있다.

ESTABLISHED. 1825
PORT ELLEN
ISLAY SINGLE MALT SCOTCH WHISKY

포트 엘렌† PORT ELLEN†

1825년 알렉산더 멕케이와 월터 캠벨이 설립한 이 증류소는 1933년 존 램지가 인수하여 사업을 확장했다. 최대 170만 리터에 달했던 증류소의 생산 대부분은 블렌디드 위스키에 사용되었다. 이 시기에는 싱글 몰트는 생산하지 않았다. 1930년 문을 닫은 포트 엘렌은 1967년 재건되었고 4대의 팟 스틸로 생산량을 두 배로 늘렸다. 1980년 8월 9일 엘리자베스 2세 여왕이 증류소를 방문했다. 이를 기념하기 위해 엄청난 가격의 기념 보틀이 제작되었다. 하지만 포트 엘렌의 성공은 1983년 문을 닫은 후에도 이어졌다. 1973년 세워진 몰팅 공장만이 유일하게 여전히 가동 중이며, 아일라의 거의 모든 증류소에 몰트를 공급하고 있다. 2001년 첫 출시(증류소가 문을 닫은 지 18년 만에 출시된 첫 번째 공식 익스프레션으로 1998년과 2000년 출시된 두 개의 레어 몰트 셀렉션과 포트 엘렌 몰팅 제외) 이후 포트 엘렌만큼 뜨거운 관심을 불러일으킨 증류소는 없었다. 이러한 성공은 훌륭한 숙성 능력을 입증한 보틀링 덕분이다. 2017년 소유주인 디아지오는 이러한 열기에 힘입어 포트 엘렌의 2020년 재개장을 결정했다.

♥ 포트 엘렌, 1975, 23년, 오크 캐스크 시그나토리 빈티지 컬렉션, 싱글 캐스크 #155, 43% ABV €€€

Port Ellen, 1975, 23 years old, Oak Cask Signatory Vintage Coll., single cask #155, 43% ABV

이 위스키의 아로마는 잔과 입안에서 계속 전개된다(오래된 책, 광택제, 블랙 엘더베리, 구운 아몬드, 젖은 모래, 샤모아 가죽). 이 아로마는 톡 쏘는 풍미(패션 프루트, 카피르 라임, 꽈리)와 공명하면서 강조되고, 스모크 풍미(토바코 파이프 주스, 타르 처리된 밧줄)가 나타나 대조를 이룬다.

★ 포트 엘렌, 1978, 텐스 릴리즈(2010년), 31년, 리필 셰리 54.6% ABV

Port Ellen, 1978, 10th Release (2010), 31 years old, refill sherry, 54,6% ABV

유향, 광택제, 레몬 에센스가 새콤한 사과, 타르, 시트론과 어우러져 총체적인 경험을 제공한다. 조밀한 바다 향(바닷물이 드나드는 늪, 해변의 불, 젖은 바위, 그을음)과 우아함(캐러웨이, 버베나)의 조화가 위스키의 진정한 정체성을 형성한다.

아일라 여행하기

헤브리디스 제도의 최남단에 위치한 아일라는 위스키 애호가, 특히 피트 위스키를 즐기는 사람들에게는 필수 여행지다. 또한 주변 섬에서 생산하는 바다 연안 위스키 루트의 출발점이기도 하다. 이벤트와 주요 장소에 대한 내용은 193쪽을 참고하자.

루트 1. 포트 엘렌

킬노튼 비치와 모래 언덕에 있는 하얀 별장들, 노래하는 모래가 있는 트라이 반 해변이 있다. 라가불린 베이의 더니벡 성 유적지(11세기, 1493년 요새화), 아드모어 포인트 방향으로는 7세기에 지어진 것으로 켈트, 픽트, 아일랜드, 북아일랜드의 모티브로 구성된 킬달튼의 높은 십자가(13쪽 참조)가 있다. **포트 엘렌**의 몰팅 공장과 새로운 증류소(207쪽 참조), **라프로익** 증류소(205쪽 참조), **라가불린** 증류소(204쪽 참조), **아드벡** 증류소(195쪽 참조)가 있다.

루트 2. 보모어

작은 어항, 뉼개와 해달이 있는 인달 호수의 웅장한 해안선이 유명하다. 만 건너편의 포트 샬롯 마을에서 기어레이크로 향하는 길에는 킬키아란 예배당(13세기)이 있다. 그뤼나트 호수에는 돌 십자가와 킬나브 예배당(14세기 말~15세기 초)이 있다. 더 남쪽으로 가면 살리고 베이의 고운 모래 해변과 난파선이 누워 있는 마키어 베이가 있다. **보모어** 증류소(200쪽 참조), **브룩라디** 증류소(201쪽 참조), **킬호만** 증류소(203쪽 참조)가 있다.

루트 3. 포트 에스케이그

핀라간 성 유적지가 있다. 사운드 오브 아일라 주변의 섬에는 크레이그 성 유적이 있는 암 프루흐, 브로스데일, 글라스 에일란이 있다. 해협에서는 때때로 고래, 돌고래, 돌묵상어를 볼 수 있다.
부나하벤 증류소(202쪽 참조), **아드나호** 및 **쿨일라** 증류소(202쪽 참조)가 있다.

루트 4. 크레이그하우스

웅장한 주라 만이 있다. 700미터가 넘는 세 개의 원뿔형 산으로 이루어진 팹스 오브 주라와 섬에서 가장 높은 곳인 베인 안 오르(Beinn an Òir, 785미터)가 있다. **아일라 오브 주라** 증류소(181쪽 참조)가 있다.

루트 5. 코리브레칸

남쪽의 주라 섬과 북쪽의 스카바 섬 사이에 있는 세계에서 세 번째로 큰 소용돌이다. 배로만 접근 가능하다. 인근에는 조지 오웰이 자신의 디스토피아 걸작《1984》를 완성한 집인 반힐 팜하우스가 있다.

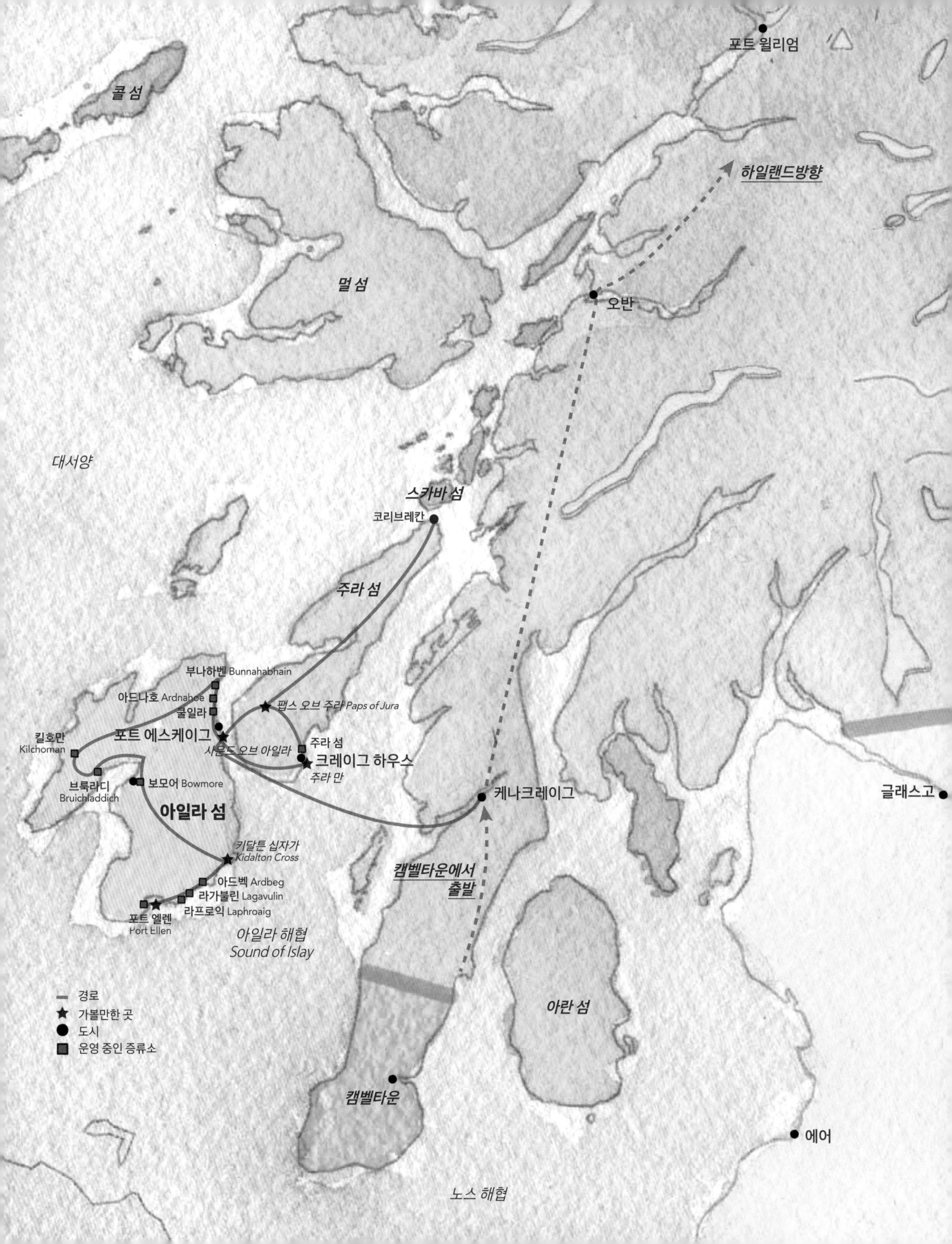

포트 윌리엄
콜 섬
하일랜드방향
멀 섬
오반
대서양
스카바 섬
코리브레칸
주라 섬
부나하벤 Bunnahabhain
아드나호 Ardnahoe
쿨일라
팹스 오브 주라 Paps of Jura
킬호만 Kilchoman
포트 에스케이그
사운드 오브 아일라
주라 섬
크레이그 하우스
주라 만
케나크레이그
글래스고
브룩라디 Bruichladdich
보모어 Bowmore
아일라 섬
키달튼 십자가 Kidalton Cross
아드벡 Ardbeg
라가불린 Lagavulin
라프로익 Laphroaig
포트 엘렌 Port Ellen
캠벨타운에서 출발
아일라 해협 Sound of Islay
경로
가볼만한 곳
도시
운영 중인 증류소
아란 섬
캠벨타운
에어
노스 해협

로우랜드

스카치위스키 규정(Scotch Whisky Regulations)이 그은 로우랜드와 하일랜드의 경계는 글래스고 북쪽을 지나 그리녹에서 테이포트(던디 남쪽)까지 이어지는 선의 남쪽에 있으며, 북쪽의 지질학적 하일랜드 경계 단층과 일치하지 않는다. 원래 이 경계는 1784년 워시 법(Wash Act)에 의해 설정되었는데, 하일랜드 증류소는 증류기의 용량에 따라 세금이 부과되고 로우랜드 증류소는 워시 생산량에 비례하여 세금이 부과되었다. 이러한 체계로 인해 하일랜드 증류소는 혜택을 받았지만 로우랜드 증류소는 빠른 배수가 가능한 대용량 증류기를 사용하여 더 많은 양을 생산할 수밖에 없었다. 역사적으로 로우랜드의 주요 항구와 남쪽의 154킬로미터에 이르는 영국과의 직통 국경 덕분에 영국 시장에 쉽게 접근할 수 있었다.

로우랜드는 하일랜드보다 덜 거칠고 덜 야생적이지만, 그래도 기복이 심하고 작은 화산 덩어리로 파편화되어 있다. 들쭉날쭉한 해안선은 서쪽으로는 클라이드 강, 동쪽으로는 포스 강과 테이 강이 이어지는 긴 하구로 끝나는데, 이는 해상 교통을 원활하게 해준다. 서쪽의 아일랜드해와 대서양을 연결하는 노스 해협과 동쪽의 북해 사이에 위치한 로우랜드는 비교적 온난한 기후와 충분한 강우량을 자랑한다. 중앙 하천에서 영양을 공급받는 비옥한 퇴적 토양은 보리와 밀을 재배하기에 이상적이다. 따라서 블렌디드와 품질 좋은 싱글 그레인을 생산하는 수많은 그레인 증류소가 이곳에 자리 잡았다. 때로 세 번 증류하기도 하는 싱글 몰트의 경우, 향이 가볍고 은은한 꽃 향과 초본 향이 특징이다. 최근 일부 피트 위스키(50ppm의 아일사 베이와 45ppm의 애넌데일)가 등장했지만, 석탄 매장량이 풍부했던 이 지역과는 관련이 없다.

스트라스레븐 Strathleven
인버레븐 Inverleven
덤바튼 Dumbarton
리틀밀 Littlemill
오큰토션 Auchentoshan
클라이드사이드 The Clydeside
포트 던다스 Port Dundas
글래스고 디스틸러리 The Glasgow Distillery
클루서 Clutha
글래스고
킨클레이스 Kinclaith
스트라스클라이드 Strathclyde
던디
퍼스
린도어스 아베이 Lindores Abbey
에덴 밀 Eden Mill
애버라기 Aberagie
다프트밀 Daftmill
킹스반스 Kingsbarns
북해
스트라스모어 Strathmore
캠버스 Cambus
카스브리지Carsebridge
인치더니 InchDairnie
캐머런브리지 Cameronbridge
레벤 Leven
커콜디
포스 만
로즈뱅크 Rosebank
폴커크 Falkirk
세인트 막달렌 린리스고
체인 피어-크래비 Chain Pier-Crabbie
아드고완 Ardgowan
포트 던다스 Port Dundas
간헤더 Garnheath
홀리우드 Holyrood
리스 항
에딘버러
글래스고
글렌 플래글러-킬리로크 Glen Flagler-Killyloch
스타로우
글렌키치 Glenkinchie
번브레-JG 디스틸러스 Burnbrae-JG Distillers
ICBD 닥터 크리스 그렉 ICBD Dr Chris Greig
노스 브리티시 North British
칼레도니안 Caledonian
클라이드 강
로크리 Lochlea
멜로즈
트위드 강
에어
로우랜드
보더스 The Borders
워커번 Walkerburn
리버스-제드버러 Reivers-Jedburgh
모스번 Mossburn
아일사 베이 Ailsa Bay
레이디번-에어셔 Ladyburn-Ayrshire
거반 Girvan
영국
덤프리스
크래프티 Crafty
애넌데일 Annandale
블라드녹 Bladnoch
몰트 증류소
운영 중
폐업
프로젝트 중
그레인 증류소
운영 중
폐업
프로젝트 중
실험용 증류소
0
50km

증류소 분류

AAA
세인트 막달렌†-린리스고

AA
로즈뱅크†
리틀밀†

A
글렌킨치
다프트밀*
오큰토션
킨클레이스†

BBB
글렌 플래글러†-킬리로크 인버레븐†
블라드녹
아일사 베이

BB
글래스고 디스틸러리*
레이디번†-에어셔
스트라스모어
킹스반스

B
애넌데일
에덴 밀*

N
로즈뱅크
로크레아
리버스-제드버러
린도어스 아베이
번브레-JG 디스틸러스
보더스
아드고완
애버라기
워커번
인처더니
체인 피어-크래비
클라이드사이드
클루서
포트 오브 리스
폴커크
홀리루드

특별히 뛰어난 증류소(AAA)부터 보다 일반적인 증류소(C)까지.
N: 새로운 증류소 †: 문 닫은 증류소 *유망한 증류소

간단한 역사

1772년 리틀밀 설립†
1992년 폐업, 1996년 해체

1795년 세인트 막달렌 설립†
1983년 폐업, 1993년 해체

1817년 블라드녹 설립

1823년 오큰토션 설립

1837년 글렌킨치 설립

1840년 로즈뱅크 설립
1993년 폐업, 2008년 불법 해체, 2022년 재개장

기본 정보

이벤트

파이프 위스키 페스티벌(Fife Whisky Festival)
3월 첫째 주 금요일부터 일요일

에든버러 위스키 스트라마실라(The Edinburgh Whisky Stramashla)
5월 넷째 주 토요일과 일요일

로열 마일 위스키 프린지(Royal Mile Whiskies' Annual Whisky Fringe)
8월 둘째 주 금요일부터 일요일

글래스고 위스키 페스티벌(Glasgow's Whisky Festival)
11월 셋째 주 토요일

드램버스터즈 위스키 페스티벌(Drambusters Whisky Festival de Dumfries)
11월 마지막 토요일

꼭 가봐야 할 장소

더 본 어코드(The Bon Accord)
153 North Street - Glasgow G3 7DA

더 팟스틸(The Potstill)
154 Hope Street - Glasgow G2 2TH

디 아티잔(The Artisan)
249-251 Main Street - Wishaw ML2 7NE

더 위스키 룸(The Whiski Rooms)
119 High Street - Edinburgh EH1 1SG 4-7 (바-레스토랑), N Bank Street - Edinburgh EH1 2LP

보우 바(Bow Bar)
80 West Bow - Edinburgh EH1 2HH

앰버(Amber)
354 Castlehill - Edinburgh EH1 2NE

로즈뱅크

ROSEBANK

설립연도

1840년

소유주

이안 맥클라우드 디스틸러스(Ian Macleod Distillers; IMD)

대표 빈티지

1973년, 1974년, 1979년, 1990년

증류기 대수

1차 증류기 1대
2차 증류기 2대

연간 생산량

생산량: 연간 순수 알코올 100만 리터

위치

Rosebank Distillery – Falkirk FK1 5JR

Established 1840

ROSEBANK

LOWLAND SINGLE MALT
SCOTCH WHISKY

로즈뱅크의 역사는 18세기 후반으로 거슬러 올라가지만, 현재의 증류소는 1840년 제임스 랭킨이 스털링셔주 폴커크에 설립한 곳이다. 1861년 포스-클라이드 운하 서쪽 강둑에 위치한 카멜론 증류소와 합병하고 몰팅 플로어를 개조했다. 여러 차례 주인이 바뀐 후 로즈뱅크는 1993년 문을 닫았다. 2008년에는 증류기 세 대와 매시턴, 일부 장비를 도난당하기도 했다. 2017년 이안 맥클라우드 디스틸러스(IMD)가 스코티시 캐널로부터 증류소 부지를 인수하고 1920년부터 증류소를 소유하고 있던 디아지오로부터 브랜드와 기존 재고도 인수했다. 그리고 2017년 10월 IMD는 2021년 하반기에 로즈뱅크 증류소를 재개장할 것이라고 발표했다.

로즈뱅크가 뛰어난 명성이 있는데도 디아지오가 클래식 몰트 오브 스코틀랜드(Classic Malts of Scotland) 컬렉션을 위해 글렌킨치를 선택한 이유는 단지 글렌킨치가 에든버러와 더 가까워 더 많은 방문객을 확보할 수 있다는 점 때문이었다. 최근까지 매우 저렴한 가격에 판매되던 로즈뱅크의 일부 제품이 컬트 위스키가 되면서 현재 가격이 천정부지로 치솟고 있다. 로즈뱅크의 생산은 역사적으로 그랬던 것처럼 3중 증류 방식으로 재개된다.

인터뷰

고든 던다스
로즈뱅크 글로벌 앰버서더

**'새로운' 로즈뱅크 증류소는 언제쯤 가동되어 생산이 가능할까요?
새 장비는 기존 장비와 똑같은가요?**

현재 증류소는 2021년 하반기 재개장했습니다. 모든 장비는 역사적 특징을 고려하여 재건되었습니다. 새 증류기의 크기와 모양은 이전 증류기와 동일합니다. 당시와 유사한 증류주를 생산하는 데 결정적인 요인이지요. 또한 구리와의 상호작용이 적어 증류액에 결정적인 영향을 미치는 오리지널 웜 튜브도 그대로 재현했습니다. 구리와의 상당한 접촉, 그리고 그와 정반대인 냉각을 통해 증류기에서 가벼운 증류액의 생산을 촉진하는 것은 정말 독특하지요. 바로 여기에 로즈뱅크 스타일의 비밀이 있습니다.

로즈뱅크 스타일의 아로마 특징은 무엇인가요?

로즈뱅크의 아로마 프로파일은 꽃 향이 풍부한 동시에 어떤 힘이 느껴집니다(아마도 응축기의 영향일 것이다 – 편집자 주). 일반적으로 로즈뱅크의 위스키는 활성도가 낮은 세컨드 필 캐스크에서 숙성되어 아로마가 진전하는 데 많은 시간이 걸리지만 그 결과는 매우 훌륭합니다. 시트러스와 열대 과일 향이 바닐라와 사랑스러운 우디한 단맛과 어우러지지요. 입안에서 느껴지는 둥글둥글함은 타의 추종을 불허합니다.

오리지널 스타일을 재현하는 데 도움이 되는 원료(보리 품종, 효모 등)와 공정에는 어떤 것이 있나요? 이 부분에 대한 연구를 수행한 적이 있나요?

보리 선택은 생산이 시작되기 전 자세한 분석을 거쳐 결정됩니다. 증류액에 미치는 영향을 연구하기 위해 여러 가지 실험을 진행합니다. 또 다른 결정적인 요소는 증류소 특유의 플로럴 스타일을 유지하기 위해 사용하는 효모의 종류입니다. 이러한 변수는 증류, 가열 온도는 물론 컷팅 포인트까지 포함하는 총체적인 접근 방식을 통해 조정됩니다.

로즈뱅크의 역사적인 생산 공정인 3중 증류를 공정에 다시 도입하는데, 어떤 단계가 위스키에 가장 큰 영향을 미친다고 생각하시나요?

3중 증류가 클래식한 로우랜드 위스키를 만드는 데에 있어 가장 중요한 요소임은 분명합니다. 오래된 장비의 복원과 소유주인 이안 맥클라우드의 능력 덕분에 우리는 누구도 따라 할 수 없는 로즈뱅크 스타일을 재현할 수 있을 뿐만 아니라 세 대의 스틸과 웜 튜브의 구성 덕분에 그 스타일을 최적화할 수 있을 것이라고 확신합니다. 저희의 노하우가 무척 중요합니다. 그 노하우로 훌륭한 위스키를 생산할 수 있을 것입니다.

로즈뱅크와 관련된 가장 좋은 기억은 무엇인가요?

2006년 로즈뱅크를 처음 맛봤습니다. 12년 플로라 앤 파우나(Flora & Fauna) 컬렉션의 공식 보틀링이었죠. 당시 저는 위스키 매거진에서 일하고 있었습니다. 이전에 마셔본 위스키와는 전혀 다른 꽃향기와 밀도 있는 스타일에 매료되었습니다. 잊을 수 없는 경험이었습니다. 로즈뱅크를 인수한 이후에는 독립 병입 위스키를 포함해 다양한 익스프레션을 맛볼 수 있었습니다.

다른 증류소에서 생산된 위스키 중 다시 맛보고 싶거나 마셔보고 싶은 위스키가 있나요?

여러 가지가 있지만 제가 피트 위스키를 좋아하기 때문에 보모어 위스키를 꼽을 수 있을 것 같습니다. 사실 저는 운이 좋게도 여러 종류의 1964년산 보모어 위스키를 맛볼 수 있었습니다. 저는 보모어에서 6년 동안 근무했는데, 증류소의 위스키뿐만 아니라 그곳에서 일하는 사람들, 그리고 아일라 섬을 열정적으로 사랑합니다. 제가 특히 좋아하는 또 다른 증류소는 발블레어로, 2000년대 중반에 생산된 38년(1966/2004, 리미티드 에디션, 스페니시 오크 캐스크, 44% ABV - 편집자 주)을 가장 좋아합니다. 제가 마셔본 위스키 중 최고의 위스키 중 하나입니다!

전설적인 위스키

★전설적인 위스키의 가격은 모두 150유로 이상이다.

★ 로즈뱅크, 1990, 26년, 버번 배럴, 향기로운 정원에서, SMWS 더 볼트 컬렉션, 싱글 캐스크 #25.70, 58.3% ABV

Rosebank, 1990, 26 years old, bourbon barrel, In a perfumed garden, SMWS The Vaults Collection, single cask #25.70, 58.3% ABV

장미, 포푸리, 라벤더, 가시덤불 등 꽃향기 가득한 이 익스프레션은 증류소의 특징(맥아 보리, 레몬, 귤, 백차, 유칼립투스)을 놀라운 방식으로 재구성했다. 신선한 담배와 계피의 부드러운 짜릿함, 바닷가 소나무의 신선함, 꽈리와 석류의 약간 건조한 산미가 조화를 이룬다.

★ 로즈뱅크, 1979, 20년, 레어 몰트 셀렉션, 60.3% ABV

Rosebank, 1979, 20 years old, Rare Malts Selection, 60.3% ABV

밀도 있고 복합적인 이 위스키는 마누카 꿀과 해양 소나무의 아로마틱한 강렬함을 전달한다. 오래된 밀랍, 아마씨유, 달콤한 멜론 향의 균형이 달콤한 레몬, 화이트 페퍼와 확연히 구분된다. 들꽃과 고사리가 통나무집 수지와 꽈리의 자극을 받은 세일 락커 풍미와 어우러진다.

★ 로즈뱅크, 20년(1967년 경), 언블렌디드 시리즈, 제니스 이탈리아, 본판티. 57% ABV

Rosebank, 20 years old (vers 1967), Unblended Series, Zenith Italia, Bonfanti, 57% ABV

초본 향의 공격(통카빈, 잘린 풀), 이국적인 여운(파파야, 파인애플, 금귤), 구조적인 우디 향(소나무, 프로폴리스)의 놀라운 복잡성이 특징이다. 미네랄의 강렬함은 뉘앙스(슬레이트)가 과일 향(유자, 밀감, 꽈리)을 가리지 않으면서 쓴맛을 구조화한다. 완벽하게 통합된 프로파일을 선보이는 위스키다.

꼭 알아둘 증류소

€ 35유로 이하 • € 35~39유로 • €€ 70~150 유로 • €€€ 150유로 이상
★전설적인 위스키의 가격은 모두 150유로 이상이다.

THE TRIPLE DISTILLED
AUCHENTOSHAN
SINGLE MALT SCOTCH WHISKY

오큰토션 AUCHENTOSHAN

1823년 존 블로흐가 킬패트릭 힐스와 클라이드 강 사이에 설립한 오큰토션은 (헤이즐번 익스프레션을 생산하는 로즈뱅크와 함께) 스코틀랜드에서 3중 증류 싱글 몰트를 체계적으로 생산하는 몇 안 되는 증류소 중 하나이다. 이 증류 기법은 19세기 로우랜드에 널리 보급되었는데, 당시 이 증류법이 보편화되어 있던 아일랜드의 증류업자들이 로우랜드에 대거 정착했고, 3중 증류한 증류액의 부드러운 질감과 우아한 과일 향이 당시 큰 인기를 끌었기 때문이다.

♥ 오큰토션, 쓰리 우드, 버번+올로로소+PX캐스크, 43% ABV €
Auchentoshan, Three Wood, bourbon+oloroso+PX casks, 43% ABV

탐스럽고 섬세하게 구운 로즈우드, 약간의 초본 향(건초)이 있지만 과일 향(블랙커런트, 자두, 설탕에 절인 감귤류)이 풍부하게 느껴지는 합리적인 가격의 복합적인 위스키다.

♥ 오큰토션, 2006, PX, 싱글 캐스크 #2547, 59.9% ABV €€
Auchentoshan, 2006, PX, single cask #2547, 59.9% ABV

이 셰리 몬스터의 크리미한 질감은 검은 과일(블랙커런트), 건포도, 가시나무(블랙베리)의 모든 아로마에서 드러나고, 무화과로 부드러워지고, 모란과 제비꽃, 베르가모트 향이 흩뿌려지고, 진저 쿠키와 도서관 광택제 풍미로 더욱 나듬어신다.

블라드녹 BLADNOCH

1817년 토마스와 존 맥클레랜드가 위그타운 근처 블라드녹 강 유역에 설립한 이 증류소는 스코틀랜드 최남단에 위치한다. 매우 굴곡 많은 과거와 여러 소유주를 거쳐 2015년 마침내 호주인 투자자 데이비드 프라이어에 인수되었다.

♥ 블라드녹 탈리아, 25년, 200주년 기념, 버번 & 셰리 캐스크+ 뉴 아메리칸 오크 피니시, 49.2% ABV €€€

Bladnoch Talia, 25 years old, Celebrating 200 Years, bourbon & sherry casks+new american oak finish, 49.2% ABV

꽃(로즈힙, 프리지아)과 과일(잘 익은 황도, 구스베리) 향이 리넨과 농장에서 만든 사과주의 신선함과 어우러져 매력적인 로우랜드의 첫인상을 선사한다. 잘 어우러진 우디 향(왁스 처리된 도서관, 실키한 버번 바닐라)이 즙이 풍부하고 스파이스 느낌(진저브래드, 카다멈)을 더한다.

DAFTMILL

다프트밀 DAFTMILL

2005년 파이프주 중심부에 설립된 다프트밀은 프란시스와 이안 커스버트가 소유하고 운영하는 농장형 증류소다. 1년에 두 번(여름과 겨울)의 증류 시즌이 있고 보리(특히 채리엇)를 직접 재배한다. 긴 발효, 환류 및 브루이와 구리의 접촉을 강화하는 위를 향한 스완넥, 적당한 가열을 통한 느린 증류, 좀 특별한 초류 커팅으로 다프트밀은 소량(연간 100통 미만일 때도 있다)의 고품질 위스키를 생산한다.

♥ 다프트밀, 2006, 퍼스트 버번 배럴, 싱글 캐스크 #44, 로열 마일 위스키, 56% ABV €€€

Daftmill, 2006, 1st bourbon barrel, single cask #44, Royal Mile Whiskies, 56% ABV

과일(딸기, 블랙커런트, 레몬, 그린 게이지)의 육즙이 풍부하게 느껴진다. 맥아 보리와 흰 꽃(인동덩굴, 아스트란시아, 갈레가)을 기반으로 한 과격한 특성이 대초원의 허브로 생생하게 그려진다.

글렌킨치 GLENKINCHIE

1837년 존과 조지 레이크가 펜케이트랜드의 킨치 강 계곡에 설립한 글렌킨치는 디아지오가 클래식 몰트 오브 스코틀랜드 컬렉션에 선정한 최초의 6개 증류소 중 하나다. 높은 벽돌 건물이 은은한 매력을 자아낸다. 에든버러에서 서쪽으로 20킬로미터 떨어진 최고급 보리밭이 펼쳐진 고요한 펜케이트랜드의 풍경과 조화를 이루고 있다. 글렌킨치는 쿨일라, 클라인넬리쉬, 카듀와 함께 조니워커 브랜드를 생산하는 '포 코너스 오브 스코틀랜드(Four Corners of Scotland)' 증류소 중 하나다. 워시 스틸은 스코틀랜드에서 가장 큰 규모(31,000리터)이며, 여전히 웜 튜브를 사용하고 있다. 무겁고 유황이 많은 증류액은 숙성(아마, 구아바)을 거쳐 가벼운 향(유자, 금작화)과 초본 향으로 크게 개선된다.

♥ 글렌킨치, 12년, 43% ABV €

Glenkinchie, 12 years old, 43% ABV

합리적인 가격의 싱싱함이 느껴지는 클래식 몰트 오브 스코틀랜드. 꽃(쑥, 금작화)과 과일(유자, 모과, 풋사과), 곡물(맥아 보리) 풍미와 가볍고 쌉싸름한 스파이스 향(육두구, 인삼)이 잘 어우러진다.

♥ 글렌킨치 1992, 17년, 더 매니저스 초이스, 유러피언 오크, 싱글 캐스크 #502, 58.1% ABV €€€

Glenkinchie 1992, 17 years old, The Managers' Choice, european oak, single cask #502, 58.1% ABV

아로마 구조에 포개어진 마시멜로, 선옹초, 라임의 풍미가 활력이 넘친다. 입체감(마카다미아 너트)과 녹차의 쫄깃함은 초본의 신선함(루바브, 차조기, 생강)과 약간의 쓴맛(쑥, 세이지)을 강화한다. 전체적으로 꽃가루와 아몬드 꿀의 향이 강조된다.

리틀밀† LITTLEMILL†

1772년 아치볼드와 조지 뷰캐넌이 웨스트 던바튼셔 볼링에 설립한 이 전설적인 증류소는 스코틀랜드에서 최초로 생산 허가를 받은 것으로 알려졌다. 따라서 스코틀랜드에서 가장 오래된 공식 증류소이기도 하다. 1992년 생산을 중단하고 1996년 해체되었으며, 남은 건물은 2004년 화재로 소실되었다. 리틀밀은 1931년까지 3중 증류 몰트를 생산했다. 그 후 던컨 토마스의 지휘 아래 새로운 장비를 마련하여 2중 증류로 전환했다. 이 증류소는 리틀밀(Littlemill, 매우 우아하고 과일 향과 꽃향기가 남. 증류소 폐쇄 후 25년 된 캐스크에서 그 복합성이 드러남), 1967년부터 1972년 사이에 실험적으로 생산하고 주로 블렌딩에 사용된 던글라스(Dunglas, 독하고 라이트한 피트)와 덤벅(Dumbuck, 하이 피트) 등 세 가지 종류의 싱글 몰트를 생산한다.

♥ 리틀밀, 1990, 23년, 아카이브 & 퓨어 스피릿, 버번 혹스헤드, 싱글 캐스크 #1, 47.8% ABV €€€

Littlemill, 1990, 23 years old, Archives & Pure Spirit, bourbon hogshead, single cask #1, 47.8% ABV

레몬밤, 레몬그라스, 패션프루트, 식물성 에센셜 오일의 대조적인 향이 인상적이다. 톡 쏘는 풍미(레몬 오일, 포멜로, 구스베리)와 열대과일 향(파인애플, 용과, 암바렐라) 뒤로 해변의 연기와 부드러운 쓴맛이 펼쳐진다.

★ 리틀밀, 1988, 25년, 더 위스키 에이전시 포 아트 앤 쓰리 리버스 도쿄, 셰리 혹스헤드, 47.1% ABV

Littlemill, 1988, 25 years old, The Whisky Agency for Art & Three Rivers Tokyo, sherry hogshead, 47.1% ABV

과일의 풍만함(감, 살구, 구아바)이 초원의 꽃(접시꽃, 제비꽃)의 신선함과 결합하여 밑바탕이 되는 구조적인 수지와 테레빈유에 놀라운 저항력을 준다. 전체적으로 점토, 화이트커런트, 망고, 루바브가 강조된다.

세인트 막달렌† - 린리스고 ST. MAGDALENE†-LINLITHGOW

이 증류소는 1765년에서 1798년 사이에(1795년으로 추정) 세바스찬 헨더슨이 웨스트 로디언의 린리스고 동쪽, 수녀원으로 개조된 옛 나병원 부지에 설립했다. 문서에는 1798년 인근 보니툰 증류소를 운영하던 아담 도슨이 세인트 막달렌을 인수했으며, 세인트 막달렌에 자체 부두를 통해 유니언 운하로 직접 접근하기 위해 증류소를 이전한 것으로 기록되어 있다. 두 증류소는 1826년 합병하여 하나의 사업체가 되었다. 세인트 막달렌-린리스고는 1927년에 대대적인 리모델링을 거쳐 새로운 시설을 갖췄다. 증류소는 글레네스크(Glenesk)에서 맥아를 공급받기 시작한 1968년까지 몰팅 플로어를 유지했다. 증류소는 1983년 완전히 문을 닫았다. 연간 최대 100만 리터의 순수 알코올을 생산했지만 증류소 운영 중 공식적인 보틀링은 없었고 생산의 대부분이 블렌딩에 사용되었다. 세인트 막달렌-린리스고는 1995년부터 1998년까지 디아지오에서 출시한 레어 몰트 셀렉션(Rare Malts Selection) 컬렉션을 통해 전설적인 위스키가 되었고, 이 컬렉션은 기름진 질감(레몬 에센셜 오일)과 우아한 향(허브, 꽃), 테르펜 향(소나무 수지)이 특징인 복잡하고 구조적인 위스키의 뛰어난 품질을 드러냈다.

★ 세인트 막달렌, 1979, 19년(1998), 레어 몰트 셀렉션, 63.8% ABV

St. Magdalene, 1979, 19 years old (1998), Rare Malts Selection, 63.8% ABV

풍부한 대비와 강력한 향(홍차, 밀랍, 젖은 땅, 점토)을 지녔지만 질감이 섬세한 위스키다. 복숭아, 천도복숭아, 레몬그라스, 버팔로그라스, 마누카의 풍미가 전체적인 짭조름한 맛과 잘 어우러진다. 설탕에 절인 과일, 테레빈유와 대비되는 테르펜의 볼륨감이 돋보인다.

★ 린리스고, 1973, 30년(2004년), 아메리칸 오크 캐스크, 59.6% ABV

Linlithgow, 1973, 30 years old (2004), american oak cask, 59.6% ABV

시트러스 과일(시트론, 레몬 크림, 포멜로), 과육이 풍부한 여름 과일(살구, 복숭아, 그린 게이지), 꿀과 레몬의 풍미가 어우러져 구조적인 이 역사적인 위스키는 섬세한 미네랄 비터, 패션프루트, 로즈워터가 결합한 견고한 여운(넛맥, 모카치노)이 남는 피니시가 특징이다.

로우랜드 여행하기

로우랜드는 북쪽의 땅보다 야생적인 모습이 적다. 이곳에서는 싱글 몰트를 3중 증류하기도 하며, 일반적으로 다른 지역보다 가벼운 아로마 프로파일과 미묘한 꽃과 허브 향이 특징인 싱글 몰트위스키를 생산한다. 놓치지 말아야 할 이벤트와 주소는 213쪽을 참고하자.

루트 1. 글래스고-폴커크

포스-클라이드 운하와 유니언 운하의 교차점에 있는 폴커크에는 두 운하를 잇는 회전식 보트 리프트가 있다. 100년이 넘는 역사를 자랑하는 글래스고 최초의 싱글 몰트 증류소인 **글래스고** 증류소, **오큰토션**(219쪽 참조)과 **로즈뱅크**(215쪽 참조)가 있다.

루트 2. 세인트 앤드루스-커콜디

바다가 내려다보이는 호화로운 해변과 성터(13세기)가 있다. **다프트밀** 증류소(220쪽 참조)와 세인트앤드루스 북쪽 가드브리지에 **에덴 밀** 증류소, 웨미스 가문이 소유한 **킹스반스** 증류소가 있다.

루트 3. 에든버러-멜로즈

스코틀랜드의 수도 안에 있는 에든버러성, 위스키 바 올드 타운과 로열 마일, 도시 중심부에 있는 고대 화산인 아서스 시트, 칼튼 힐 정상에 있는 기념비 등을 둘러보자. 항구 도시인 리스에 스카치 몰트 위스키 협회 회원을 위한 위스키 바 더 볼트(The Vaults, 18세기)가 있다. 멜로즈 마을과 이곳의 수도원(1136), 트위드 강 유역에 있는 로마의 트리몬티움 요새(서기 79~184년) 터를 표시하는 기념비와 월터 스콧 경이 한때 소유했던 집인 에보츠포드 하우스에도 가보자. **글렌킨치** 증류소(221쪽 참조)와 **보더스** 증류소가 있다.

루트 4. 칼라일-덤프리스

칼라일에는 300개의 탑과 80개의 요새로 둘러싸인 방어 요새 하드리아누스 성벽(AD 122~127)이 있다. 덤프리스에는 스코틀랜드 유일의 삼각형 성인 칼라브록(1270~1290)이 있다.
애넌데일 증류소와 이곳의 싱글 몰트 위스키도 흥미롭다. 싱글 몰트 중 하나는 피트 위스키다.

루트5. 커쿠브리

디 강 하구에 위치한 예술과 골동품의 도시(1455년 왕실 도시)다. **블라드녹** 증류소(219쪽 참조)가 있다.

루트6. 거번-밀포트

그레이트 컴브래 섬에는 영국에서 가장 작은 성당인 그레이트 컴브래 성당과 골프장, 모래 해변이 있다. 거번의 **아일사 베이** 증류소와 페놀 농도뿐만 아니라 단맛도 뚜렷한 아일사 베이의 피티드 싱글 몰트를 만나보자.

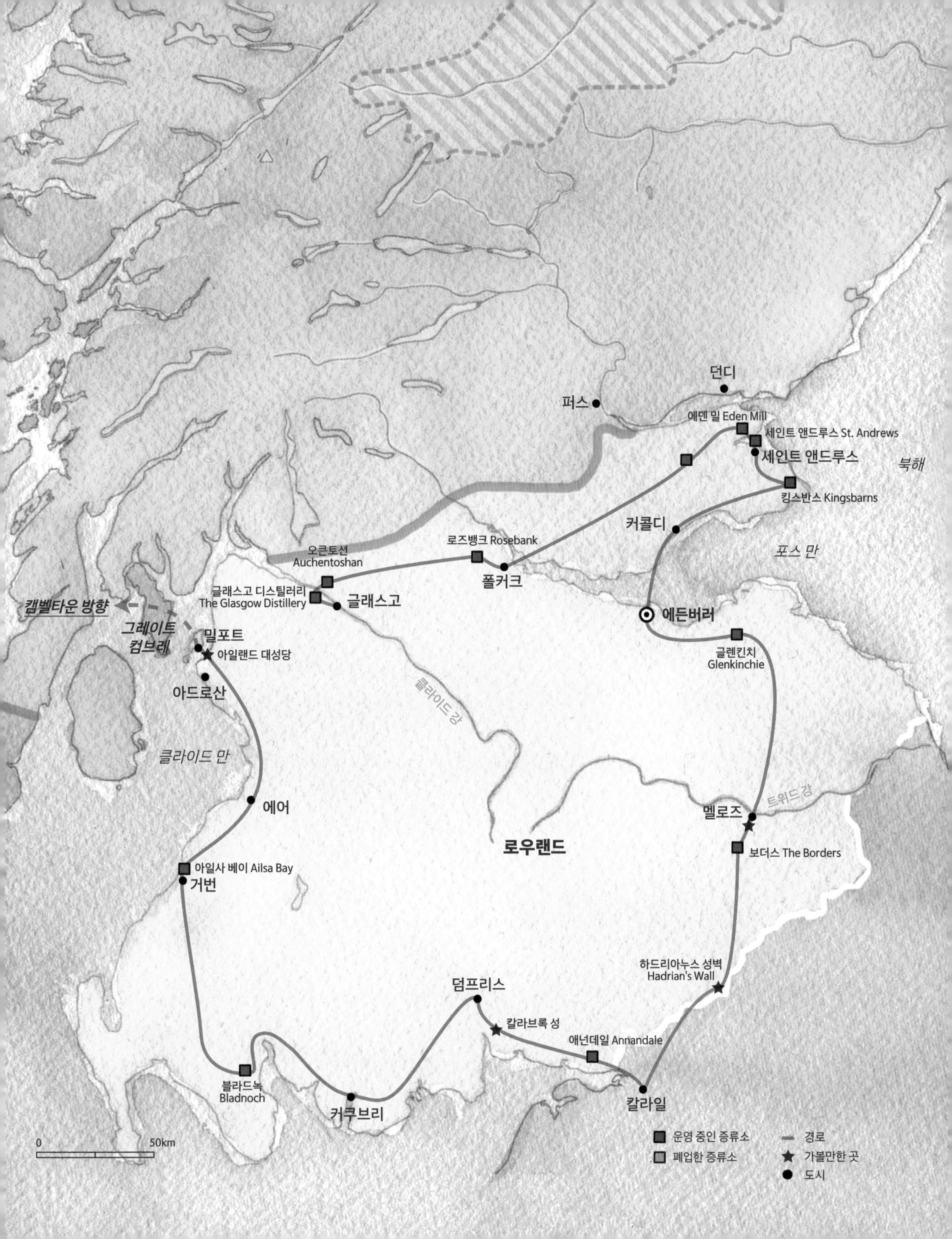

던디
퍼스
에덴 밀 Eden Mill
세인트 앤드루스 St. Andrews
세인트 앤드루스
북해
킹스반스 Kingsbarns
커콜디
포스 만
로즈뱅크 Rosebank
오큰토션
Auchentoshan
폴커크
글래스고 디스틸러리
The Glasgow Distillery
글래스고
캠벨타운 방향
그레이트
컴브레
밀포트
아일랜드 대성당
아드로산
에든버러
글렌킨치
Glenkinchie
클라이드 강
클라이드 만
에어
트위드 강
멜로즈
로우랜드
보더스 The Borders
아일사 베이 Ailsa Bay
거번
하드리아누스 성벽
Hadrian's Wall
덤프리스
칼라브록 성
애넌데일 Annandale
블라드녹
Bladnoch
커쿠브리
칼라일
0
50km
운영 중인 증류소
폐업한 증류소
경로
가볼만한 곳
도시

스페이사이드

스페이사이드는 하일랜드 북동쪽에 위치한 지역으로, 서쪽으로는 핀드혼 강과 동쪽으로는 데브론 강이 흐르고, 지역 이름의 유래가 된 스페이 강과 그 지류인 피딕, 리벳, 에이번, 루어, 로시 등이 사방을 가로지르고 있다. 이들 강에 글렉피딕, 글렌리벳, 아벨라워, 글렌로시 등 강 이름을 딴 증류소들이 자리 잡았다. 이러한 수로학적 특징과 보리 재배에 유리한 기후가 결합되어 이 지역은 위스키의 메카가 되었다. 최근까지 스코틀랜드 증류소의 거의 절반이 이 작은 지역에 집중되어 있었다. 때문에 이 지역 위스키들의 스타일에 특징이 없고 심지어 획일화되었을 것이라고 예상할 수도 있지만 오히려 다양성이 우세하다.

첫째, 역사적 이유에서다. 스페이사이드는 오랫동안 수많은 농장형 증류소들이 각자의 계곡에서 공통된 스타일에는 신경 쓰지 않고 각자가 선호하는 아로마에 따라 각자 작업을 해왔다. 둘째, 상업적 이유에서다. 경제가 산업화하면서 증류소들은 자체적으로 블렌딩을 시작했고, 재현 가능한 공식 제품군을 선보였다. 이러한 제품군은 증류소만의 특성을 표현하고 이웃 증류소들이 자신들과는 다른 아로마 프로파일을 지닌 증류주를 생산하도록 장려했다.

따라서 스페이사이드는 묵직하고 농밀한 위스키부터 섬세하고 가벼운 위스키, 과일 향과 허브 또는 꽃 향이 두드러지는 위스키, 부드럽고 둥근 위스키, 까다로운 미식가를 위한 위스키까지 스카치위스키의 다양성을 대표하는 곳이 되었다. 점점 더 늘어나는 피트 익스프레션과 함께 1960년대 몰팅 플로어가 사라진 후 최근 수십 년 동안 잊혔던 스페이사이드의 한 단면이 재발견되고 있다.

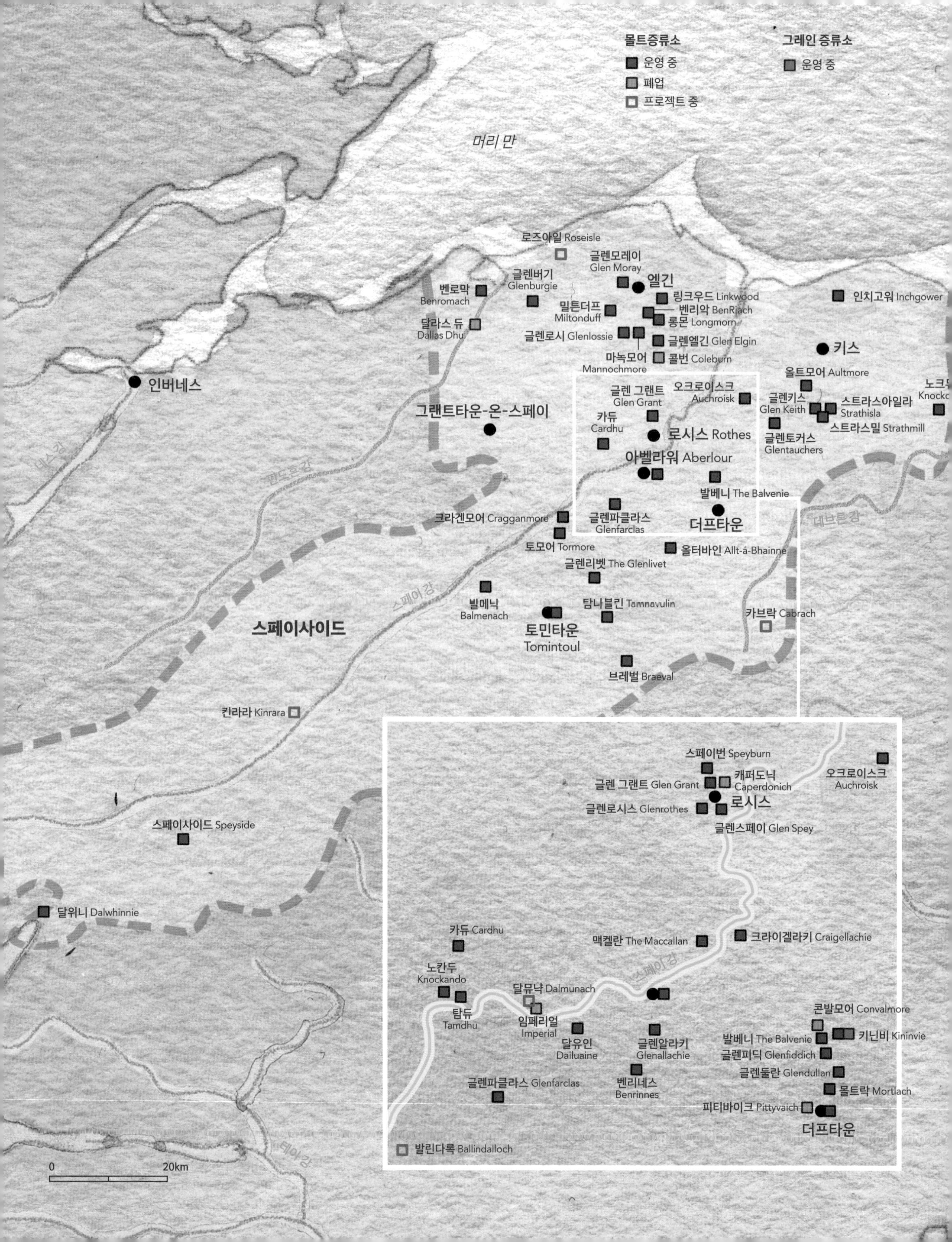

몰트증류소
운영 중
폐업
프로젝트 중
그레인 증류소
운영 중
머리 만
로즈아일 Roseisle
글렌모레이 Glen Moray
엘긴
글렌버기 Glenburgie
벤로막 Benromach
링크우드 Linkwood
밀튼더프 Miltonduff
벤리악 BenRiach
롱몬 Longmorn
달라스 듀 Dallas Dhu
글렌로시 Glenlossie
글렌엘긴 Glen Elgin
마녹모어 Mannochmore
콜번 Coleburn
인치고워 Inchgower
키스
올트모어 Aultmore
노크듀 Knockdhu
인버네스
그랜트타운-온-스페이
글렌 그랜트 Glen Grant
오크로이스크 Auchroisk
카듀 Cardhu
로시스 Rothes
글렌키스 Glen Keith
스트라스아일라 Strathisla
스트라스밀 Strathmill
글렌토커스 Glentauchers
아벨라워 Aberlour
발베니 The Balvenie
크라겐모어 Cragganmore
글렌파클라스 Glenfarclas
더프타운
데브론강
토모어 Tormore
올터바인 Allt-á-Bhainne
글렌리벳 The Glenlivet
빌메닉 Balmenach
스페이 강
탐니블린 Tamnavulin
카브락 Cabrach
스페이사이드
토민타운 Tomintoul
브레벌 Braeval
킨라라 Kinrara
스페이번 Speyburn
캐퍼도닉 Caperdonich
글렌 그랜트 Glen Grant
오크로이스크 Auchroisk
로시스
글렌로시스 Glenrothes
글렌스페이 Glen Spey
스페이사이드 Speyside
달위니 Dalwhinnie
카듀 Cardhu
맥켈란 The Maccallan
크라이겔라키 Craigellachie
노칸두 Knockando
달뮤냑 Dalmunach
스페이 강
탐듀 Tamdhu
임페리얼 Imperial
콘발모어 Convalmore
달유인 Dailuaine
글렌알라키 Glenallachie
발베니 The Balvenie
키닌비 Kininvie
글렌피딕 Glenfiddich
글렌둘란 Glendullan
글렌파클라스 Glenfarclas
벤리네스 Benrinnes
몰트락 Mortlach
피티바이크 Pittyvaich
더프타운
발린다록 Ballindalloch
0
20km

증류소 분류

AAA
글렌파클라스
맥켈란
몰트락
발베니

AA
글렌그랜트
링크우드
벤로막
벤리악
스트라스아일라
아벨라워
캐퍼도닉†

A
글렌로시
글렌로시스
글렌버기
글렌키스
글렌피딕
달유인
롱몬
벤리네스
인치고워
크라이겔라키
피티바이크†

BBB
글렌둘란
글렌모레이
글렌엘긴
노칸두
노크듀
달위니
밀튼더프
브리벌
오크로이스크
올트모어
임페리얼†
카듀
콘발모어†
콜번†
크라겐모어
탐듀
토모어

BB
글렌알라키
달라스 듀
발메낙
스트라스밀
탐나불린
토민타울

B
글렌스페이
더프타운
마녹모어
스페이번
스페이사이드*
올터바인
키닌비

N
달뮤낙
로즈아일
발린다록
카브락
킨라라

특별히 뛰어난 증류소(AAA)부터 보다 일반적인 증류소(C)까지.
N: 새로운 증류소 †: 문 닫은 증류소 *주목할 만한 증류소

간단한 역사

1822년 조지 4세가 스코틀랜드를 여행하다 글렌리벳 지역의 불법 위스키를 발견

1823년 소비세법으로 위스키에 대한 과세 개편, 스페이사이드의 불법 증류를 소외시킴

1823년 몰트락 설립

1824년 글렌리벳, 맥켈란 설립

1835년 위스키 생산업자에 대한 최초의 로열 워런트(윌리엄 4세): 브락클라

1836년 글렌파클라스 설립

1887년 글렌피딕 설립

1892년 발베니 설립

기본 정보

이벤트

스피릿 오브 스페이사이드 위스키 페스티벌(Spirit of Speyside Whisky Festival)
4월 마지막 주 수요일부터 다음 주 월요일까지

헤브리디안 위스키 트레일 페스티벌(Hebridean Whisky Trail Festival)
5월 넷째 주 화요일부터 토요일까지

꼭 가봐야 할 장소

캐스크 바(CASC BAR)
Aberdeen AD11 6ND

더 하일랜더 인(The Highlander Inn)
Craigellachie - AB38 9SR

더 퀴치 크라이겔라키 호텔(The Quaich, Craigellachie Hotel)
Craigellachie - AB38 9SR

더 매시턴(The Mash Tun)
Aberlour - AB38 9QP

더 스틸, 도완 호텔(The Still, Dowans Hotel)
Aberlour- AB38 9LS

벤리악

BENRIACH

설립연도

1898년

소유주

벤리악 디스틸러리 컴퍼니(브라운-포맨) BenRiach Distillery Company(Brown-Forman)

증류기 대수

1차 증류기(워시 스틸) 2대
2차 증류기 2대

연간 생산량

용량: 연간 200만 리터 순수 알코올 생산
실제: 연간 180만~200만 리터 사이

위치

Longmorn – Elgin – Morayshire – IV30 8SJ

THE BenRiach

벤리악은 오랫동안 유령 증류소였다. 1898년, 이제 막 문을 연 롱몬의 동생 증류소가 패티슨 사태(18쪽 '간단한 역사' 참조)와 위스키 업계의 수많은 업체가 겪은 위기로 인해 타격을 입었기 때문이다. 1900년 문을 닫았다가 1965년이나 되어 임시로 다시 문을 열었다. 그동안 롱몬의 몰트 하우스 역할을 했다. 일부 익스프레션은 도매상에 의해 병입되었지만 최초의 공식 싱글 몰트는 1994년으로 거슬러 올라간다. 그 후 여러 그룹의 손을 거쳤지만 생산량이 적어 별다른 관심을 받지는 못했다. 벤리악은 2004년 빌리 워커에 인수된 후 본격적으로 도약하기 시작했다.
그때부터 벤리악은 위스키 업계에서 존재감을 뚜렷하게 나타냈다. 오늘날 가장 뛰어난 제품군 외에도 몇 가지 오래된 보틀을 통해 위스키 애호가들에게 놀라울 뿐만 아니라 굉장히 이색적인 위스키를 선보였다. 그중 일부는 1972년부터 아일라 위스키와는 다른 방식으로(좀 더 무겁고 흙 향이 남) 강하게 피트를 입혔다. 2016년 벤리악을 인수한 브라운-포맨은 다양한 아로마(특히 몰트 향)을 유지하기 위해 오래된 장비의 대부분을 교체하고 길게 컷하는 방식을 선택했다. 생산되는 25만 리터 정도는 35ppm으로 피팅하고 3만 5천 리터는 삼중 증류하여 제공하는 제품의 범위를 넓혔다.

인터뷰

레이첼 배리

**벤리악, 글렌드로낙,
글렌글라소 마스터 블렌더**

**스페이사이드 지역을 어떻게 보시나요?
과거와 미래에 대해 어떻게 생각하시나요?**

스페이사이드는 세계에서 증류소가 가장 많은 지역 중 한 곳입니다(55킬로미터 길이 지역에 50개 이상의 증류소가 퍼져 있음). 또한 깨끗한 물과 양질의 맥아 보리가 풍부하지요. 이 모든 요소는 미기후의 영향이 결합하여 과일 향 가득한 싱글 몰트를 만들어내고 이 싱글 몰트는 양적인 측면에서나 질적인 측면에서나 계속 진화하고 있습니다. 과거에는 싱글 몰트 대부분이 블렌디드 위스키의 아로마 프로파일을 더욱 풍부하게 만들기 위한 블렌딩에만 사용되었습니다. 오늘날 이 지역 증류소의 발전은 싱글 몰트 자체의 발전과 직접적으로 연관되어 있습니다. 풍부한 아로마로 점점 더 많은 소비자를 끌어당기고 있지요. 저는 스페이사이드의 싱글 몰트 품질이 벤리악처럼 계속해서 성장하리라 생각합니다.

벤리악 위스키만의 특별한 아로마와 스타일이 있나요?

벤리악 위스키는 스페이사이드의 컴포트존이라고 할 수 있습니다. 잘 익은 과수원 과일과 약간 크리미하고 완벽하게 균형 잡힌 몰트 프로파일로 풍성합니다. 이 위스키는 과일, 오크, 스모크가 겹겹이 쌓인 다차원적인 아로마 스펙트럼을 갖고 있습니다. 벤리악은 케언곰 산맥과 바다 사이, 옛 리악 농장 부지에 자리 잡고 있어서 스페이사이드 남쪽에 비해 온화한 기후와 긴 일조량을 누립니다. 또한 붉은 사암과 석회암 지층에 여과되어 복합적인 위스키를 만드는 데 필요한 미네랄을 풍부하게 함유한 지하 수원(대수층)의 혜택도 받고 있습니다.

과거에 뿌리를 두고 있지만, 벤리악의 스타일은 진화하나요?

1898년 존 더프가 설립한 이래 벤리악은 미래지향적이고 혁신적이며 다재다능한 증류소로 고전적인 스타일의 피트 위스키와 1990년대 이후 3중 증류 익스프레션을 모두 생산해 왔습니다. 현재 스타일은 자체 몰팅 플로어에서 생산되는 보리를 베이스로 하는 시즌 익스프레션(여름에는 3중 증류 위스키, 가을에는 '훈연 시즌' 동안 피트 위스키)과 대조되는 논피트 위스키의 특징에 영향을 받았습니다. 다양한 스타일과 숙성을 위한 다양한 캐스크(버번, 셰리, 럼, 마르살라, 포트 등)를 보유하고 있는 벤리악은 스페이사이드 싱글 몰트의 아로마 팔레트 탐험을 멈추지 않을 것입니다.

위스키의 아로마 프로파일에 가장 큰 영향을 미치는 생산 공정은 무엇인가요?

각 단계의 각 원료뿐만 아니라 관련된 사람들의 노하우, 테루아가 영향을 미칩니다. 이 모든 요소가 차례대로 차이를 만들어내며 아로마 프로파일을 풍부하게 합니다. 위스키를 만드는 과정 내내 아로마가 충돌하고 결합하고 섞이기 때문이지요.

사용하는 피트는 어디에서 생산되고, 특징은 무엇인가요?

맥아를 건조하는 데 사용하는 피트는 인근 하일랜드 동부에서 가져옵니다. 소나무, 헤더, 양치류 등 목본류가 풍부하여 위스키에 더 스모키하고 부드러운 풍미를 더해줍니다. 약품 향이 강한 서해안 피트의 풍미나 아일라 위스키에서 발견되는 피트의 풍미와는 대조적이지요.

벤리악과 관련된 가장 좋은 기억은 무엇인가요?

저는 과거의 풍부한 추억과 벤리악 익스프레션을 위해 우리가 쓸 수 있는 모든 아로마 가능성이 얽혀 있는 현재를 사랑합니다. 저는 곧 출시될 새로운 벤리악 10년 익스프레션을 만들고 완성하는 과정에 있습니다. 스페이사이드 과수원(복숭아, 배, 잘 익은 천도복숭아)의 여름, 만개한 증류소의 벚나무, 몰팅 플로어에 퍼지는 맥아 보리의 달콤한 향기, 캐스크에서 풍기는 토스팅한 바닐라 향 등 과거의 모든 순간이 집약된 익스프레션이죠. 벤리악의 향긋한 풍요로움이 새겨져 있는 제 머릿속에는 완벽한 여름날의 이미지와 향기가 고스란히 남아 있습니다.

다른 증류소에서 만드는 위스키 중 다시 맛보고 싶은 위스키가 있나요?

글렌드로낙 15년 리바이벌은 벨벳처럼 부드러운 크리미함이 감싼 우아한 견고함과 짙은 과일 향이 특징인 제가 꿈꾸는 위스키입니다. 벨에포크 시대의 특징인 예술적 세련미를 떠올리게 하죠.

내가 사랑한 위스키

€ 35유로 이하 • € 35~39유로 • €€ 70~150 유로 • €€€ 150유로 이상
★전설적인 위스키의 가격은 모두 150유로 이상이다.

♥ 벤리악, 캐스크 스트렝스, 배치 #2, 버번 배럴, 올로로소 버트, 버진 오크 혹스헤드, 60.6% ABV €

BenRiach, Cask Strength, batch #2, bourbon barrels, oloroso butts, virgin oak hogsheads, 60.6% ABV

알코올 도수가 높고 짧은 숙성 기간에도 불구하고 나무 향과 스파이스 향(시나몬, 생강)이 활력을 더하는, 공격적이지 않고 달콤하고 부드러운(크림 브륄레, 꿀, 바닐라, 사과, 초콜릿) 풍미, 기름지고 실키한 질감이 돋보인다. 복합성, 긴 여운, 감미로운 프로파일이 적절한 균형을 이룬다.

♥ 벤리악, 21년, 템포리스, 버번 배럴, 버진 오크, PX, 올로로소 캐스크 숙성, 46% ABV €€

BenRiach, 21 years old, Temporis, matured in bourbon barrels, virgin oak, PX, oloroso casks, 46% ABV

버번과 새로운 캐스크가 바닐라 단맛을 입힌 셰리와 섞인 피트의 익스프레션이다. 토피로 코팅된 배의 향, 대추야자, 호두, 나무, 향신료의 건조한 향이 장작불 위에서 따뜻한 잿빛 피트 연기와 결합하여 타이어 향에서 진해진다. 흰색 과일(사과, 배)과 열대과일(파인애플)이 오렌지 제스트와 연기로 코팅된 다크초콜릿과 만난다. 예상치 못한 단맛과 부드러움, 살짝 달콤한 연기가 어우러져 전체 그림을 완성한다.

★벤리악 30년, 1976/2006, LMDW, 혹스헤드, 캐스크 #3557, 53% ABV

BenRiach, 30 years old, 1976/2006, LMDW, hogshead, cask #3557, 53% ABV

과일 향이 강렬하지만 무겁지는 않은 이 오래된 위스키는 증류소의 새 주인이 되찾고자 하는 스타일일 것이다. 열대과일(패션프루트, 망고, 파인애플)과 멜론, 산미(자몽, 밀감), 달콤한 향신료(바닐라), 꿀, 고급 목재(삼나무, 샌들우드)가 어우러진 풍부한 과일 향이 홍차, 파이프 담배, 시가로 더욱 강렬하게 느껴진다. 벤리악의 상징적인 보틀 중 하나다.

★ 벤리악, 50년, 1996/2016, 고든 & 맥페일, 북 오브 켈스, LMDW 60주년 기념, 리메이드 혹스헤드 퍼스트 필, #606, 87 보틀, 54.3% ABV

BenRiach, 50 years old, 1966/2016, Gordon & MacPhail, Book of Kells, LMDW 60th anniversary, remade hogshead 1st fill, cask #606, 87 bottle, 54.3% ABV

오랜 시간이 지났어도 놀랍도록 신선한 즐거움을 선사한다. 고급 목재와 버번의 섬세함과 우아함을 모두 느낄 수 있다. 흰색과 노란색 과일(배, 구스베리, 미라벨 자두, 멜론), 설탕에 절인 과일(오렌지), 열대과일(망고, 감)이 마지팬, 꿀, 달콤한 향신료(바닐라, 시나몬), 강한 향신료(후추)로 덮여 있고, 꽃향기가 섬세하게 상쾌함을 더한다.

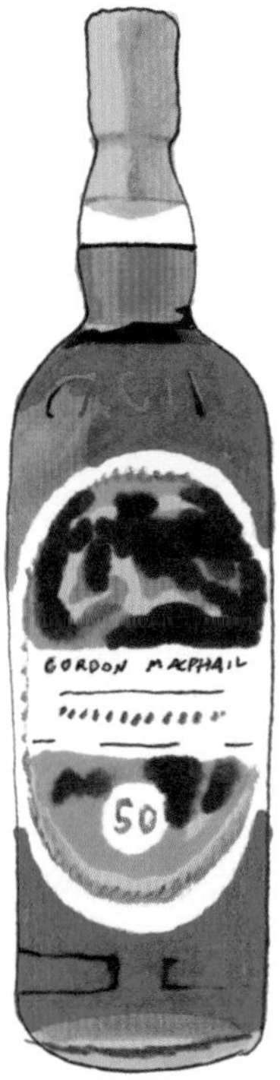

꼭 알아둘 증류소

€ 35유로 이하 • € 35~39유로 • €€ 70~150 유로 • €€€ 150유로 이상
★전설적인 위스키의 가격은 모두 150유로 이상이다.

아벨라워 ABERLOUR

1826년부터 1879년까지 운영된 첫 번째 증류소는 1898년 화재로 완전히 소실되었고, 두 번째 증류소도 화재로 소실되었다. 이 증류소는 1970년대에 몇 가지 수정을 거쳐 현재의 증류소로 재건되었다. 아벨라워는 켈트어인 아버(aber, 입)와 증류소가 물을 얻는 스페이강 지류의 이름인 루어(Lour)를 합친 말이다. 아벨라워는 여러 차례 소유주가 바뀌다가 1974년 페르노리카 그룹에 인수되었다. 페르노리카는 증류소를 확장하고 현대화했다. 알코올 도수 8.5% ABV까지 발효시켜 과일 향이 풍부하고 셰리 캐스크에 숙성하여 중간 정도의 강도와 둥근 맛의 아로마 프로파일을 가지고 있다. 프랑스에서 특히 인기가 높은 아벨라워는 진정한 베스트셀러 블렌디드 위스키라고 할 수 있는 클랜 캠벨의 약 30%를 차지하기도 한다.

♥ 아벨라워, 아부나흐, 배치 #62, 59.9% ABV €
Aberlour, A'Bunadh, batch #62, 59.9% ABV

숙성연도 표시가 없는 이 싱글 몰트는 1998년 아벨라워 제품군에 합류했다. 퍼스트 필 올로로소 캐스크에서 숙성되고 캐스크 스트렝스로 병입된다. 과일 향이 매우 강한 이 익스프레션은 잘게 자른 사과와 블랙커런트 새싹으로 시작된다. 세비야 오렌지, 소금에 절인 버터 초피, 견과류 등 올로로소의 특징적인 향도 느껴진다. 둥근 맛이 균형 잡히고 조화로워서 높은 알코올 함량이 상대적으로 덜 느껴진다. 이 강력한 캐스크 스트렝스는 마지막에 가죽, 초콜릿, 무화과 잼으로 발전한다.

벤리네스 BENRINNES

1826년 피터 맥켄지가 설립한 이 증류소는 홍수로 인해 파괴되었다가 1835년 린 오브 루스리(Lyne of Luthrie)로 재건되었고 1838년 공식적으로 벤리네스가 되었다. 1922년 존 듀어스 앤 선즈가 인수한 벤리네스는 1955년 완전히 재건되었고, 보리의 발이를 관리하기 위해 1964년부터

1984년까지 운영된 유명한 살라딘 박스 중 하나를 인수했다. 1966년 증류소를 확장하고 1974년부터 부분적일 3중 증류 방식을 채택했는데, 이는 웜 튜브 냉각과 결합하여 벤리네스의 매우 무거운 스타일을 만드는 데 크게 기여했다(61쪽 '위스키 제조 과정', '자세히 알아보기' 참조). 몰트락과 마찬가지로 벤리네스의 증류액은 고기 수프, 덤불 및 흙 향이 특징이다. 1987년 유나이티드 디스틸러스(훗날 디아지오)가 인수한 이 증류소는 1991년에 12년 '더 매니저스 초이스(The Manager's Choice)'와 2010년에는 1992년 증류한 21년 '스페셜 릴리즈(Special Release)' 등 플로라 & 파우나 제품군에서 단 한 차례만 공식 출시했다. 2007년부터 벤리네스는 스코틀랜드의 전통 증류 방식인 이중 증류로 돌아갔다.

♥ 벤리네스, 15년, 플로라 & 파우나, 43% ABV €€

Benrinnes, 15 years old, Flora & Fauna, 43% ABV

이 위스키는 유일하게 공식적으로 판매되는 익스프레션이다. 43% ABV로 낮췄지만 3중 증류와 증류소의 특징이 온전히 드러나는 매우 풍부한 프로파일을 보여준다. 부식질, 신선한 버섯, 사냥으로 잡은 고기의 풍미가 식물 부용과 우아하게 어우러져 스튜를 연상시킨다. 기름진 질감이 감칠맛을 불러일으킨다.

벤로막 BENROMACH

1898년 설립된 벤로막은 스코틀랜드의 56개 증류소를 설계한 건축가이자 몰팅 플로어의 특징인 파고다 지붕을 발명한 찰스 도이그가 설계하고 건축했다. 20세기 동안 벤로막은 설립한 해에 일어난 패티슨 파산(18쪽 '간단한 역사' 참조)과 여섯 차례의 소유주 변경을 겪고도 살아남았지만 1983년 3월 24일 그해의 과잉 생산 위기(위스키 로크)로 문을 닫았다. 모든 장비는 해체되고 벽만 헐벗은 채로 남았다. 1993년 독립 병입자 고든 & 맥페일 설립자이자 소유주인 어쿼트 가문이 이 건물을 매입하여 증류소 장비(매싱턴, 발효통, 증류기, 외부 콘덴서)를 갖추고 개조하여 1960년대 스페이사이드 위스키와 유사한 싱글 몰트(섬세한 피트로 강화된 아로마 프로파일)를 다시 생산하기 시작했다. 벤로막은 창립 100주년이 되던 해인 1998

년 찰스 왕세자의 후원으로 공식적으로 재출시되었다. 그 후로 고든 & 맥페일의 숙성 전문성, 특히 셰리 및 아메리칸 오크 캐스크 숙성 전문성을 활용하고 있다. 또한 벤로막은 오리진스 익스프레션에 골든 프라미스 보리 품종을 다시 도입했다.

♥ 벤로막, 10년, 캐스크 스트렝스, 배치 #1, 2009, 58.8% ABV €€
Benromach, 10 years old, Cask Strength,batch #1, 2009, 58.8% ABV

이 캐스크 스트렝스는 2008년 라 메종 뒤 위스키(la Maison du Whisky)의 성공적인 첫 번째 시도로 탄생했다. 처음 마셨을 때 특히 복합적이며 과일(구운 파인애플, 덩굴 복숭아)과 버터 향의 몰트에서 바닐라와 올리브로 발전한다. 섬세한 덤불 피트가 전체를 강조한다. 가벼운 떫은맛이 1960년대 브로라를 연상시키는 사랑스럽고 둥글고 부드러운 질감으로 빠르게 이어진다. 그 후 나무 향이 오랫동안 지속되고 캐비닛 메이커의 왁스와 훈제 너도밤나무의 향이 어우러진다.

♥ 벤로막, 오가닉, 43% ABV €
Benromach, Organic, 43% ABV

2006년 벤로막은 유기농으로 재배한 보리와 미국산 참나무 숲에서 유기농으로 생산된 캐스크를 사용한 최초의 유기농 위스키를 출시했다. 달콤한 배, 살구, 멜론의 풍미로 확실히 더 현대적인 느낌을 준다. 꿀과 몰트 향의 구조는 벤로막으로서는 특히나 미디엄 피트로 이어진다. 커피 크림, 코코아, 바닐라 사이를 오가며 페이스트리와 미식가적 특징이 계속 조화를 이루어 마시는 사람을 유혹한다.

Founded 1898-2002 Closed
CAPERDONICH
Distillery
SPEYSIDE SINGLE MALT
SCOTCH WHISKY

캐퍼도닉† CAPERDONICH†

19세기 말 위스키가 전례 없는 성장을 거듭하면서 글렌그랜트는 유서 깊은 증류소를 확장했다(글렌그랜트 2). 그러나 증류소가 문을 연 바로 다음 해인 1898년 패티슨 파산(18쪽 '간단한 역사' 참조)이 초래한 위기로 인해 1902년 증류소 문을 닫아야 했다. 하지만 저장고, 가마, 몰팅 플로어는 계속 운영했다. 증류소는 캐퍼도닉('비밀 우물'을 뜻한다)으로 이름을 바꾸고 1965년 재개장했다. 1960년대는 위스키 호황기였는데, 특히 당시 글렌그랜트의 몰트가 높은 판매를 기록했던 이탈리아 시장의 발전과 관련이 있다. 1967년에는 두 대의 증기 가열식 증류기가 기존 증류기에 추가되었다. 두 번째 증류소는 첫 번째 증류소와 비슷한 위스키를 생산하기 위해 건설했지만, 실제로는 그렇지 않았다. 두 번째 증류소의 위스키는 기존 몰트처럼 가볍고 꽃향기가 나지만 풋사과 향이 적고 크리미한 맛과 박하, 배 향이 더 강했다. 두 증류소가 동일한 수원(캐퍼도닉 스프링과 백번)과 맥아 보리를 공유하고 생산 공정도 동일하기 때문에 오랫동안 증류기 모양이 달라서 두 증류소의 위스키에 차이가 생긴다고 생각했다. 하지만 증류소에 글렌그랜트 증류기를 설한 후 차이가 사라졌고, 그때부터 생산의 대부분은 시바스 리갈, 퀸앤(Queen Anne), 패스포트(Passport), 썸싱 스페셜(Something Special) 등 블렌디드 위스키 블렌딩에 사용되었다. 간혹 도매업자들이 희귀한 캐스크 몇 통을 병입하기도 했지만 증류소는 공식 버전을 생산하지 않았다. 1980년대 불황에도 살아남았지만 2001년 페르노리카에 인수되어 2002년 문을 닫았다. 2010년 가을에 해체되었고 2011년 매각된 건물 일부와 인근의 증류 장비 생산으로 유명한 포사이드에 매각된 토지를 제외한 나머지 건물이 2011년 가을에 철거되었다. 포사이드는 그 후 몇 년 동안 위스키 시장의 급격한 성장에 편승하여 매입한 건물에 작업장을 마련했다. 재고를 소유하고 있던 페르노리카는 최근 공식 버전을 병입하기 시작했다.

♥ 캐퍼도닉, 18년, 피티드, 스몰 배치 릴리즈, 2019, 아메리칸 오크 배럴, 배치 CP/001, 48% ABV €€

Caperdonich, 18 years old, Peated, Small Batch Release, 2019, american oak barrels, batch CP/001, 48% ABV

제품 라인의 꽃이라고 할 수 있는 이 익스프레션은 감초, 커스터드, 맥아 보리 향이 꽃과 과일 향(과즙이 풍부한 배, 시트러스, 미라벨 자두, 살구)과 조화를 이룬다. 스파이스(카다멈, 화이트 페퍼)와 고급 목재(로즈우드), 구운 나무(해변의 불) 풍미가 전체 그림을 완성한다.

★ 캐퍼도닉, 1972/2011, 39년, 더 위스키 에이전시, 프라이빗 스톡, 엑스-셰리 혹스헤드, 57 보틀, 52.8% ABV

Caperdonich, 1972/2011, 39 years old, The Whisky Agency, Private Stock, ex-sherry hogshead, 57 bottles, 52.8% ABV

표현력이 매우 강하고 강렬한 이 위스키는 과일(살구, 복숭아, 모과, 자두, 블랙체리), 다크초콜릿, 커피, 향신료(감초, 계피, 육두구, 생강, 카다멈, 후추), 꿀, 앤티크 왁스, 시트러스(오렌지, 설탕에 절인 레몬), 셰리, 타닌의 쓴맛, 가죽 및 캐러멜이 모두 느껴진다. 전체적으로 왁스 느낌이 강하고 부드럽고 농도가 높다.

크라이겔라키 CRAIGELLACHIE

1891년 피터 맥키가 설립한 크라이겔라키는 1898년부터 본격적인 생산 활동을 시작했다. 그는 삼촌 제임스의 회사 L. 맥키 앤 코의 라가불린 증류소에서 일한 적이 있었다. 피터 맥키가 유명한 블렌디드 몰트인 화이트호스를 인수했을 때, 두 증류소의 매우 독특한 증류액을 블렌딩하는 건 자연스러운 일이었다. 크라이겔라키는 1964년 직화 증류 방식에서 간접 증기 증류 방식으로 전환하며 확장했고, 1998년 바카디 그룹에 인수되었다. 다소 가벼운 DNA를 지닌 크라이겔라키의 증류액은 이산화황 첨가라는 특별한 기술 덕분에 2002년까지 강도가 높아졌다. 오늘날 여전히 환류를 강조하지만 구리가 덜 함유된 응축관을 통한 응축으로 향의 풍부함을 보완하고 있다.

♥ 크라이겔라키, 17년, 46% ABV €€

Craigellachie, 17 years old, 46% ABV

배와 멜론의 발효 아로마가 앞으로 부드럽게 다가오며 레몬 나무 꿀로 부각된다. 계피, 육두구, 신선한 담배의 스파이시한 아로마가 느껴지다가 캔들 왁스가 코코넛 밀크와 캐슈넛의 향을 끌어올린다. 잔의 바닥에서 시트론과 라임꽃이 드러나 위스키의 섬세한 기교를 떠올리게 한다.

달유인 DAILUAINE

1851년 윌리엄 매켄지가 찰스타운 오브 아벨라워 외곽에 설립한 달유인은 1865년 설립자가 사망한 후 그의 아들이 아벨라워의 미래 소유주인 제임스 플레밍과 파트너십을 맺어 인수했다. 1884년 매켄지는 증축 및 리노베이션 공사를 시작했고 건축가 찰스 도이그에게 지휘를 맡겼다. 증류소의 시그니처가 될 최초의 파고다 지붕도 세워졌다. 1898년 달유인 운영 회사는 탈리스커와 합병하여 달유인-탈리스커 증류소를 설립했다. 1917년 화재로 일부가 소실된 증류소는 1920년 재건, 1960년 증축되었고, 1987년 현 소유주인 유나이티드 디스틸러스(디아지오)에게 인수되었다. 달유인에서 생산된 증류주는 주로 디아지오 그룹의 블렌딩에 사용된다. 실제로 그룹은 1991년부터 플로라 & 파우나 제품군의 16년, 22년 레어 몰트 1973, 1980년에 증류되어 2015년에 출시된 34년 스페셜 에디션 등 단 세 가지 공식 달유인 싱글 몰트만 판매했다. 그럼에도 많은 독립 병입자들이 훌륭한 버전을 내놓고 있다. 달유인은 위스키의 특성을 강화하기 위해 2006년까지 수년간 스테인리스 스틸 콘덴서를 사용해 의도적으로 휘발성 유황과 아미노 화합물을 통과시켰다는 특징이 있다(61쪽 '위스키 제조 과정' 참고).

♥ 달유인, 16년, 플로라 & 파우나, 43% ABV €€
Dailuaine, 16 years old, Flora & Fauna, 43% ABV

셰리 캐스크에서 숙성한 달유인은 알코올 도수가 낮은데도 당밀, 포도, 가죽의 강력한 향을 드러낸다. 부드럽고 매끄러운 촉감과 함께 오렌지, 자른 풀, 오징어 먹물, 견과류의 향을 느낄 수 있다. 목에서 올라오는 향은 아름다운 스모키와 조화를 이룬 몰트와 바닐라 향이 지배적이다.

글렌버기 GLENBURGIE

이 증류소는 1810년 윌리엄 폴이 킬른플랫이라는 이름으로 설립했지만 1829년이 되어서야 첫 공식 증류주를 생산했다. 8년간 중단한 끝에 1878년 찰스 헤이가 글렌버기-글렌리벳이라는 이름으로 다시 문을 열었다. 1936년 하이럼 워커에 매각되면서 다시 활기를 띠기 시작했고, 1955년 앨리스터 커닝햄과 아서 워렌이 디자인한 로몬드 증류기를 개발했다. 이 증류기는 기존 증류기와 베이스는 동일하지만 별도로 냉각할 수 있는 세 개의 구멍이 뚫린 목 모양의 뚜껑이 장착되어 있다. 이 시스템은 여러 종류의 환류를 일으켜 하나의 증류기로 다양한 종류의 위스키를 생산할 수 있었다(59쪽 '단식 증류기' 참고). 1958년 같은 유형의 증류기 두 대가 추가되어 생산 책임자인 윌리엄 그레이크의 이름을 딴 '글렌크레이그'라는 두 번째 위스키를 생산했다. 로몬드 증류기는 1981년 전통적인 증류기로 교체되었고 글렌크레이그 생산은 중단되었다. 2004년 대대적인 개조 공사를 마친 증류소는 현재 6대의 증기 가열식 증류기를 갖추고 있다. 발효 시간은 70시간에서 52시간으로 단축되었다. 몰팅은 가볍게 피트를 입히고 숙성은 주로 버번 캐스크에서 이뤄진다. 생산의 대부분은 발렌타인과 티처스 블렌딩에 사용된다.

♥ 글렌버기, 14년, 2004/2018, 고든 & 맥페일, 코노세어 초이스, 4×1st 버번 배럴, 배치 #18/104, 1,164병, 46% ABV €

Glenburgie, 14 years old, 2004/2018, Gordon & MacPhail, Connoisseurs Choice, 4x1st bourbon barrels, batch #18/104, 1,164 bouteilles, 46% ABV

화이트 과일(사과, 배), 열대과일(구아바, 키위)의 부드럽고 크리미한 몰트로 스파이스(육두구, 화이트 페퍼)와 산미(레몬)가 활력을 더하고 바닐라와 화이트 초콜릿이 더욱 부드럽게 한다. 겨울 저녁에 기분 좋은 편안함을 선사한다.

★ 글렌버기, 39년, 1963/2002, 시그나토리 SFTC for LMDW, 혹스헤드, 캐스크 #4750, 185병, 58% ABV

Glenburgie, 39 years old, 1963/2002, Signatory SFTC pour LMDW, hogshead, cask #4750, 185 bouteilles, 58% ABV

아일라 몰트의 피트 기교와 오래된 스페이사이드 몰트의 흙냄새가 어우러진 매우 특별한 위스키다. 흙냄새와 스모키(굴뚝 불, 제대로 꺼지지 않은 시가), 고기(햄, 살라미, 가죽, 훈제 고기), 향신료(정향, 진저브레드), 식물(아마씨유, 소나무 수지), 피트(축축한 흙, 엔진오일) 향과 매우 부드러운 단맛(시럽, 스위트 와인, 소스 베이스)이 어우러지고 왁스 같은 크리미한 질감의 꿀맛이 느껴진다. 복잡하고 풍부하며 심오한 조화가 특징이다.

★ 글렌크레이그, 35년, 1976/2013/ LMDW 아티스트 #3, 버번 배럴, 캐스크 #4257, 194병, 43.7% ABV

Glencraig, 35 years old, 1976/2013, LMDW, Artist #3, bourbon barrel, cask #4257, 194 bouteilles, 43.7% ABV

이 몰트위스키의 캐릭터인 초본 향과 꽃 향(장미, 아이리스, 라벤더, 헤더)은 과수원 과일(사과, 복숭아, 살구, 모과)과 열대과일(파인애플, 코코넛, 리치), 향신료(육두구, 계피, 생강, 카다멈), 감귤류(포멜로), 덤불(부식질, 버섯) 풍미로 더욱 두드러지며 페이스트리의 달콤함(초콜릿, 바닐라)이 섬세하게 뒷받침한다. 풍부하고 크리미한 질감에서 초본의 쓴맛과 코코아의 쌉싸름함이 느껴진다.

글렌파클라스 GLENFARCLAS

DJ. & G. 그랜트 가문이 6대에 걸쳐 소유하고 있는 글레파클라스는 스코틀랜드의 마지막 독립 증류소 중 하나다. 벤리네스 산기슭의 스페이강 유역 밸린다록 근처에 위치한 이 증류소는 증류소 작업에 특히 적합한 서늘한 미기후의 혜택을 누리고 있다. 1836년 로버트 헤이가 설립한 글렌파클라스('푸른 잔디의 계곡'이라는 뜻)를 1865년 존 그랜트가 인수했다. 글렌파클라스는 무거운 증류액으로 유명한데, 현재는 가스를 연료로 사용하는 직화 증류기 6대를 사용하는 시스템을 유지한 결과다. 1981년 간접 증기 증류기를 도입하려는 시도를 했지만 위스키의 아로마를 변화시킨다는 이유로 금방 포기했다. 증류액은 거의 셰리 캐스크(호세 이 미구엘 마틴 보데가에서 생산)에서만 장기 숙성되는데, 이는 저장고의 엔젤스 셰어 비율이 매우 낮기에(공식적으로 연간 0.05%) 가능하다. 이렇게 증발이 거의 없는 것은 온도 변화가 매우 적은 더니지형 저장고(67쪽 '위스키 제조 과정' 참고)에서 캐스크 내용물이 천천히 산화되기 때문이다. 1970년대 중반 블렌디드 위스키 제조업체의 수요가 급격히 감소했을 때에도 생산을 계속하여 당시 싱글 몰트 중 가장 많은 재고를 구축했다(52,000개 이상의 캐스크가 여전히 인근 저장고에 보관되어 있음). 더 패밀리 캐스크 라인은 현재 43개의 싱글 캐스크, 빈티지 에디션을 판매하고 있다.

♥ 글렌파클라스, 105, 싱글 몰트, 60% ABV €

Glenfarclas, 105, single malt, 60% ABV

이 위스키는 증류소에서 숙성연도를 표시하지 않은 유일한 공식 익스프레션이다. 이 싱글 몰트는 8~10년 숙성 위스키로 만든 아주 약간 도수가 낮은 위스키다. 건포도, 캐러멜 크림, 볶음 커피 원두가 페이스트리 디저트를 연상시킨다. 텍스처는 특히나 묵직하고 둥글며 감초와 당밀의 풍미와 물을 첨가한 후에는 오렌지 향이 살짝 느껴진다. 여운은 오래된 증류주에서 느낄 수 있는 담배 향을 남기고 때로는 특정 코냑을 연상시킨다.

★ 글렌파클라스, 21년, 올 몰트 언블렌디드, 셀렉티드 포 미스터 에드워드 지안코네, 로테이션 1974, 51.5% ABV

Glenfarclas, 21 years old, All Malt Unblended, Selected for Mr. Edward Giaccone, Rotation 1974, 51.5% ABV

꿀, 캐러멜, 보리 사탕의 단맛과 가죽, 타르, 고무의 건조함을 단숨에 섞어 훌륭한 셰리의 특징을 완벽하게 결합한 희귀한 복합성의 전설적인 위스키다. 블랙커런트, 라즈베리, 블랙베리, 살구 등의 과일 향부터 로스팅한 커피, 초콜릿, 견과류의 향이 층층이 이어진다. 시트러스 과일(오렌지)로 생기를 더한 건포도와 대추야자는 꽃과 허브 풍미(박하)를 감싸고 스모키한 향을 더한다. 글렌파클라스 앤솔로지 중 하나이다.

★ 글렌파클라스, 더 패밀리 캐스크 1979-2017, 38년, 캐스크 #8797, 47.9% ABV

Glenfarclas, The Family Casks 1979-2017, 38 years old, cask #8797, 47.9% ABV

이 싱글 캐스크는 글렌파클라스에서는 흔히 볼 수 없는 4번째 필 버번 캐스크에 숙성되었다는 특징이 있다. 구운 사과, 레몬, 약간의 그린 올리브가 주를 이루는 과일 향이 잔에서 느껴진다. 시럽 같은 질감은 향신료(후추, 생강)와 감귤류(오렌지, 귤)가 활기를 불어넣는다. 숙성 과정에서 증류 원액의 품질이 충분히 반영되어 올리브, 타임, 아카시아꿀의 여운이 남는 매우 신선한 피니시를 느낄 수 있다.

글렌피딕 GLENFIDDICH

1886년, 당시 더프타운의 유일한 증류소였던 몰트락에서 거의 20년을 보낸 윌리엄 그랜트는 글렌피딕('사슴 골짜기')을 설립했다. 이듬해 크리스마스, 그는 오랫동안 꿈꿔왔던 부지에서 첫 증류 작업을 진행했다. 화강암에 여과되고 피트 토양에서 솟아나는 로비 두브 샘에서 얻은 물은 위스키에 독특한 특징을 주었다. 블렌딩 위스키를 시장에 쏟아내던 패티슨 형제는 글렌피딕의 생산량을 모두 사들였다. 이러한 수요를 충족시키기 위해 그랜트는 두 번째 증류소인 발베니를 건설하고 1892년 문을 열었다. 1898년 패티슨 형제가 파산한 후(18쪽 '간단한 역사' 참조) 두 증류소에서 나온 증류액을 혼합하여 그랜트 위스키를 만들었다. 이렇게 두 증류소는 이 지역의 수많은 생산 시설에 타격을 입힌 위기를 극복할 수 있었다. 글렌피딕의 성공은 혁신적인 삼각형 병 디자인(1957년), 방문객에 증류소 개방(1969년), 세계 시장에서 판매된 최초의 싱글 몰트(1963년) 등 수많은 혁신을 기반으로 이루어졌다. 증류소들이 생산의 대부분을 블렌더에 판매하는 스코틀랜드에서 위스키의 90%를 싱글 몰트로 판매하는 글렌피딕은 매우 드문 사례다. 글렌피딕 몰트는 부드러운 토피, 허브, 가벼운 과일 향(풋사과와 배)이 특징이다. 이 아로마 프로파일은 증류 중 무겁고 유황 성분이 많은 화합물이 나타나기 전 조기에 커팅한 결과다(이렇게 하면 유화 성분이 많은 무거운 화합물은 후류로 잘려져 나간다). 또한 대부분 셰리 캐스크보다 훨씬 부드럽고 타닌이 적은 버번 캐스크에서만 숙성한다. 이 섬세하고 부드러우며 크리미한 특성 덕분에 글렌피딕은 세계에서 가장 많이 팔리는 싱글 몰트가 되었다. 고도의 기술력을 갖춘 이곳은 3개 증류소(글렌피딕, 발베니, 키닌비)뿐만 아니라 보일러 공장, 오크 캐스크 제소소, 서상고, 보틀링 라인까지 갖춰 전체 생산 공정을 관리할 수 있다.

♥ 글렌피딕, 12년, 버번 & 셰리 캐스크, 40% ABV (€)

Glenfiddich, 12 years old, bourbon & sherry casks, 40% ABV

배, 사과, 레몬, 꿀의 과일 향과 우디 향이 특징인 세계적인 베스트셀러 싱글 몰트다.

글렌그랜트 GLEN GRANT

1840년에 설립된 글렌그랜트 증류소는 로시스에 세워진 최초의 증류소다. 초기 선견지명이 있었던 존 그랜트와 제임스 그랜트 형제가 소유한 이 증류소는 스코틀랜드 북부에서 수력 터빈을 통해 전기를 공급하는 최초의 산업 시설이었다. 1898년 존 그랜트의 아들은 첫 번째 증류소 맞은편에 두 번째 증류소인 글렌그랜트 2를 열었다. 후에 이름을 캐퍼도닉으로 바꾼 이 증류소는 단 한 번도 이전 증류소만큼 성공을 거두지 못했다. 같은 해 글렌그랜트는 최초로 몰팅 드럼을 도입하여 1971년까지 계속 사용했다. 1970년대에는 석탄 직화 가열 시스템을 가스 증기 가열 시스템으로 대체하고, 건조 중 피트 사용을 중단했으며, 셰리 캐스크를 버번 캐스크로 대체하는 등 운영상 여러 가지 변화를 주었다. 1986년에는 생산 시스템이 개조되었다. 증류실은 이제 8개의 증류기로 구성되어 있고 아드벡 증류소처럼 환류를 생성하고 증류액을 밝게 하여 과일 향을 강조하기 위해 라인암과 응축기를 연결하는 정화 장치를 설치했다. 웜 튜브 응축기는 쉘앤튜브 응축기로 대체되었다. 글렌그랜트는 2006년부터 이탈리아 캄파리 그룹이 소유하고 있다.

♥ 글렌그랜트, 18년, 레어 에디션 43% ABV €€

Glen Grant, 18 years old, Rare Edition, 43% ABV

16년을 대체하는 이 18년은 바닐라, 꿀, 토피, 마지팬, 말린 과일(호두, 건포도), 달콤한 향신료(계피)와 함께 플로럴 풍미가 어루러져 고급스러운 맛을 선사하겠다는 단 하나의 야망을 잘 드러낸다. 질감은 부드럽고 크리미하며 약간의 기름기가 있다. 이러한 단맛은 나무 향과 쓴맛으로 더욱 두드러지고 페이스트리와 몰트 캐러멜의 풍미로 더욱 길어진다.

★ 글렌그랜트, 1964, 42년, 시그나토리 빈티지, 셰리 버트, 캐스크 #2632, 52.8% ABV

Glen Grant, 1964, 42 years old, Signatory Vintage, sherry butt, cask #2632, 52.8% ABV

호화로운 짙은 호박색을 보면 셰리 오크 캐스크에서 숙성되었다는 사실을 의심할 수 없다. 오래된 책, 캐비닛 제작자의 왁스, 삼베, 멘톨의 향이 점차 고전적인 셰리 향(건포도, 설탕에 절인 대추, 살구, 캐러멜)으로 바뀌고 블랙베리, 레드커런트, 라즈베리 식초를 뿌린 체리와 같은 다양한 과일 향이 이어진다. 바디는 입안에서 밀도가 높고 나이에 비해 특히 날카롭다. 여운도 매우 길다. 당시 사용된 피트의 희미한 풍미와 함께 무화과와 자두 과수원으로 우리를 데려간다.

GLEN KEITH

글렌키스 GLEN KEITH

1958년 시바스 브라더스가 설립한 글렌키스는 지난 50년간 스코틀랜드에 새로 생긴 신생 증류소 중 하나였다. 스트라스아일라 증류소 맞은편에 있던 보리 제분소에 지어진 글렌키스는 이후 캐나다 그룹 시그램(2001년 페르노리카가 인수)의 실험실 역할을 했다. 1970년까지 3중 증류를 사용한 글렌키스는 잠시 크레이그더프와 글렌아일라(단 9개의 캐스크만 생산)라는 두 가지 피트 익스프레션을 소량 생산하기도 했다. 여러 방면에서 혁신을 거듭한 글렌키스는 같은 해 최초로 가스로 증류기를 가열했고 1980년에는 맥아 분쇄부터 증류까지 컴퓨터로 관리하는 생산 공정을 도입했다. 1999년부터 2013년까지 운영이 중단되었던 글렌키스 증류소 생산의 대부분은 페르노리카의 대표 블렌드인 시바스 리갈을 만드는 데 사용되고 있다.

★ 크레이그더프, 45년, 1973년, 시그나토리 빈티지, 30주년 기념, 45.5% ABV

Craigduff, 45 years old, 1973, Signatory Vintage, 30th anniversary, 45.4% ABV

1973년 생산된 이 실험적인 위스키는 건조 과정에서 피트로 살짝 훈연한 맥아에 루이스 섬의 피트가 자연적으로 스며들어 있는 고농축 워트(맥아즙), 발효액 및 증류수를 첨가한 이중 피팅 과정을 거쳤다. 이러한 노력이 들어갔어도 이 위스키에서는 피트나 스모키한 향이 전혀 느껴지지 않으며, 숙성연도에 비해 놀라운 정도로 신선한 과일 향이 느껴진다. 풍부한 망고, 바나나, 패션프루트 향이 같은 시기에 생산된 라프로익의 열대과일 향을 떠올리게 하다가 밀랍의 향이 더해져 박하 향으로 진화한다.

INCHGOWER™

인치고워 INCHGOWER

인치고워는 알렉산더 윌슨 앤 코가 북해의 어촌 마을 버키 외곽에 건설한 증류소로 물 공급 부족으로 사용할 수 없게 된 동쪽으로 몇 마일 떨어진 토치닐 증류소를 대체하기 위해 세운 증류소다. 분명 이 지리적 위치 덕분에 섬에서 생산되는 몰트를 맛보는 듯한 느낌을 주는 짭짤한 향이 탄생했을 것이다. 생산 과정은 독특하다. 위스키 업계 최단 시간인 40시간 동안 콘체르토 또는 로리엇 품종의 보리를 발효하여 맥아즙을 탁한 상태로 유지하여 헤이즐넛 향이 나는 증류액을 만든다. 반면 주말 발효는 최대 90시간까지 늘려 더 많은 허브향을 얻는다. 4개의 스틸은 배 모양(페어 스틸, 59쪽 그림 참조)이며, 원뿔형 상단의 크기에 비해 상당히 좁은 구형 포트가 있다. 높이가 높기 때문에 증기의 상승이 느려 역류가 발생하지만 스완넥의 가파른 경사로 인해 상쇄된다. 특이하게도 증류 컷은 (특정 에스터를 피하기 위해) 70% ABV와 55% ABV (더 무거운 방향족 화합물이 통과할 수 있도록) 사이에서 실시한다. 이러한 컷으로 종종 왁스와 결합한 원하는 견과류 향을 얻게 된다. 생산의 대부분은 블렌디드(벨즈, 조니워커, 화이트호스, 코퍼독)에만 사용되며 단 1%만이 싱글 몰트에 사용된다. 공식적으로 출시된 익스프레션은 단 5종이다. 플로라 & 파우나 시리즈의 14년, 레어 몰트 셀렉션의 두 익스프레션(22년과 27년), 디아지오의 스페셜 릴리즈 27년 그리고 1993년산 싱글 캐스크 더 매니저스 초이스다.

♥ 인치고워, 27년, 1990/2018, 디아지오 스페셜 릴리즈, 리필 아메리칸 오크 혹스헤드, 8,544병, 55.3% ABV €€€

Inchgower, 27 years old, 1990/2018, Diageo Special Release, refill american oak hogsheads, 8 544 bouteilles, 55.3 ABV

시트러스(라인), 신선한 허브, 소금, 신 과일, 가죽, 쌉싸름한 나무, 향신료(생강, 계피, 후추)의 다양하고 상쾌한 풍미와 부드럽고 따뜻한 꿀, 바닐라, 달콤한 몰트, 단 과일(멜론, 파파야, 키위, 복숭아, 구운 사과)과 박하, 모카의 여운이 어우러진 풍미가 인상적인 위스키다.

★ 인치고워, 25년, 위스키-도리스, 2006, 퍼스트 필 다크 셰리 캐스크, 70병, 54.1% ABV

Inchgower, 25 years old, Whisky-Doris, 2006, 1st fill dark sherry cask, 70 bouteilles, 54.1% ABV

건조하고 간결한 몰트의 우아함이 돋보인다. 가죽, 흙, 몰트, 니스, 오크의 향과 설탕으로 절인 과일, 체리, 자두, 건포도, 발사믹, 와인 소스의 달콤함, 스모키 초콜릿, 진한 커피, 훈연한 초콜릿의 쌉싸름함이 어우러지며 셰리에 찬사를 보낸다.

링크우드 LINKWOOD

1821년 엘긴 근처의 한 농부가 설립한 링크우드는 곧 제임스 워커 앤 코(James Walker & Co)에 인수되어 1933년까지 링크우드-글렌리벳이라는 이름으로 발전했다. 제2차 세계대전 중 폐쇄되었던 링크우드는 1962년에야 전력망에 연결되었다. 1971년 첫 번째 증류소 옆에 두 번째 증류소가 건설되었고, 두 증류소는 1985년 첫 번째 증류소가 완전히 문을 닫을 때까지 함께 운영되었다. 1992년 유나이티드 디스틸러스(현 디아지오)가 링크우드를 인수한 후 지금까지 그룹의 실험실로 활용되고 있다. 6개의 증류기에서 생산된 원액 중 단 2%만이 싱글 몰트로 판매되며, 대부분은 디아지오 그룹의 블렌디드(벨즈, 조니워커, 딤플, 헤이그 등)에 사용된다. 링크우드의 증류액은 꽃향기 가득한 아로마 프로파일로 이 지역 스타일과 구분된다.

♥ 링크우드, 12년, 플로라 & 파우나, 43% ABV €

Linkwood, 12 years old, Flora & Fauna, 43% ABV

(37년산이 스페셜 에디션으로 출시된) 2016년까지만 해도 유일한 공식 보틀링이었다. 위스키는 오렌지 꽃, 베르가모트 세이지의 향으로 강화된 사과와 흰색 과일의 풍부한 깊이에 의해 전달되는 무거움을 드러낸다. 이 둥근 첫인상은 부드러운 왁스로 입안을 감싸고 신선한 호두와 감초가 섞인 기름진 여운으로 마무리되면서 더욱 확고해진다.

롱몬 LONGMORN

존 더프는 몰트 모험가로 성공과 실패를 거듭한 인물이다. 글렌드로낙과 본 아코르 증류소에서 교육을 받은 후 1876년 글렌로시를 설립했다. 10년 후 남아프리카공화국과 미국으로 떠나 프로젝트를 진행했지만 성공하지 못했다. 고향으로 돌아온 그는 1894년 롱몬을 설립했다. 4년 후에는 당시 위스키 시장의 엄청난 팽창과 주문의 홍수 속에서 벤리악을 설립했지만 패티슨 사태(18쪽 '간단한 역사' 참조)로 시장이 급락했다. 블렌더들은 존 더프가 만든 위스키의 품질을 인정하고 최고 등급인 A1를 부여했다. 그 이후 롱몬의 생산품들은 다양한 하우스의 블렌딩에 사용되었고 모든 위기에서 살아남아 여러 소유주가 롱몬 홍보에 신경 쓰지 않았는데도 단 한 번의 중단 없이 운영된 유일한 증류소 중 하나가 되었다. 이는 일반 대중이 롱몬의 존재를 잘 알지 못한 이유이기도 하다. 애호가들도 병입자들의 몇 가지 보틀링을 통해 롱몬의 품질만 알 뿐이었다. 완벽한 위치에 자리한 롱몬은 번사이드 샘물, 모레이 밸리의 보리, 마노 힐의 피트라는 혜택을 받고 있다. 양파 모양의 8개의 증류기는 라인암이 아래를 향한 곡선형의 대형 증류기다. 그 결과 달콤하고 과일 향과 꿀이 가미된 풍부하고 복합적이며 깊이와 볼륨감이 있는 증류액이 만들어진다. 1919년 롱몬에서 교육을 받기 시작한 다케쓰루 마사타카는 요이치 증류소를 설립할 때 이 증류기 모델을 사용했다(353쪽 참조). 새로운 소유주 페르노리카는 최근 몇 년 동안 롱몬이 더 많은 대중에게 다가갈 수 있도록 다양한 제품군을 개발했다.

♥ 롱몬, 16년, 뉴 에디션, 퍼스트 필 버번, 리필 버번, 셰리, 48% ABV €€

Longmorn, 16 years old, New Edition, 1st fill bourbon, refill bourbon, sherry, 48% ABV

증류소의 특징인 가벼운 과일 스타일에 잘 맞는 몰트위스키다. 사과, 배(익은 배 또는 맥아 배), 복숭아, 살구가 바닐라, 꿀, 크램 캐러멜, 소금, 따뜻한 향신료(커민, 카다멈), 오크, 밀크 초콜릿 향, 꽃 향(재스민, 튜베로즈, 라일락)과 경쟁한다.

★ 롱몬, 39년, 1969/2009, 고든 & 맥페일, 북 오브 켈스, 리필 셰리 버트, 캐스크 #5298, 460병, 58.9% ABV

Longmorn, 39 years old, 1969/2009, Gordon & MacPhail, Book of Kells, refill sherry butt, cask #5298, 460 bouteilles, 58.9% ABV

자두, 체리, 딸기 마멀레이드와 신선한 과일(무화과, 체리), 말린 과일(자두, 패션프루트, 살구), 시트러스(레몬, 오렌지, 자몽, 만다린), 향신료(후추, 베리, 감초)가 어우러진 잼이 특히 두드러지는 익스프레션이다. 초콜릿, 코코아, 커피, 발사믹, 가죽, 보이차, 담배(시가), 고급 목재(백단향)의 풍미와 함께 꿀과 크램 캐러멜로 부드러움을 더했다. 위스키 애호가들이 꿈꾸는 경이로움을 선사하는 위스키 중 하나다.

MORTLACH
SINGLE MALT SCOTCH WHISKY

몰트락 MORTLACH

1823년 설립된 몰트락은 더프타운에 세워진 최초의 증류소다. 1897년부터 실제로 (그리고 공식적으로) 위스키를 생산하기 시작했다. 1960년대에 대대적으로 재건되었다. 소유주가 여러 차례 바뀐 후 1997년 디아지오 그룹이 인수했다. 애호가들 사이에서 컬트 증류소로 불리는 몰트락의 성공은 강한 육류 향, 흙과 나무 향이 나는 매우 무거운 증류액을 중심으로 셰리 캐스크에서 숙성하여 강렬한 과일 향을 내는 매우 독특한 스타일 덕분이다. 또한 증류소 내 여섯 대의 이질적인 증류기에서 전통적인 스코틀랜드식 이중 증류 대신 2.81회 증류를 하는 독특한 생산 공정의 결과이기도 하다.

♥ 몰트락, 16년, 플로라 & 파우나, 43% ABV €€€
Mortlach, 16 years old, Flora & Fauna, 43% ABV

셰리 캐스크에서 숙성된 몰트락은 육류 캐릭터를 부드럽게 하는 과일 향의 성숙함이 느껴진다. 곳곳에 퍼져 있는 블랙커런트를 중심으로 검은 과일 향이 정교하게 가공한 맥아 보리와 이우러진다. 차가운 고기(로스트비프, 쿨라텔로, 바스크 햄) 향이 기다리던 유황의 풍미와 함께 목에서 올라온다.

PITTYVAICH

피티바이크 PITTYVAICH

피티바이크은 1974년 더프타운 외곽에 지어졌다. 증류소의 시멘트로 덮인 바람막이 벽이 주변 환경을 잘 보여준다. 피티바이크의 소유주인 아서 벨 앤 선즈(Arthur Bell & Sons)는 이곳에서 자신의 인기 블렌드인 벨즈

(Bell's) 위스키를 생산할 생각만 했다. 당시 네 대의 증류기 덕분에 벨즈의 생산은 최대에 이르렀고 19년 동안 싱글 몰트는 생산되지 않았다. 1980년대 경기 침체로 인해 피티바이크는 1993년 문을 닫고 2002년 철거되었다. 디아지오에 새로운 경영진이 들어서면서 1991년 플로라 & 파우나 시리즈의 일부로 12년과 2009년부터 스페셜 릴리즈를 출시하기 시작했다. 피티바이크의 몰트위스키는 과일, 크림, 왁스, 스모키, 시트러스, 허브 향, 꽃 향과 함께 벨 앤 선즈 블렌딩이 주는 이미지와 달리 훨씬 더 복잡한 풍미를 갖고 있다.

♥ 피티바이크, 28년, 1989/2018, 디아지오 스페셜 릴리즈, 아메리칸 오크 혹스헤드, 4,680병, 52.1% ABV €€€

Pittyvaich, 28 years old, 1989/2018, Diageo Special Release, american oak hogshead, 4 680 bottles, 52.1% ABV

수많은 아로마층이 다양한 아로마 시이를 여행한다. 과일(사과, 배, 딸기, 체리, 코코넛) 향이 향신료(바닐라, 생각, 화이트 페퍼), 후추, 감귤류(레몬, 오렌지, 자몽), 오크, 스모크,꿀, 왁스, 박하, 헤이즐넛 및 건포도 향과 하나가 된다. 파우더 슈거를 뿌린 레몬 쇼트 브레드의 섬세함으로 전체가 부드러워진다.

★ 피티바이크, 26년, 1974년, 킹스베리, 셀틱 시리즈, 다크 셰리 버트, 캐스크 #3498, 514병, 55.8% ABV

Pittyvaich, 26 years old, 1974, Kingsbury, Celtic Series, dark sherry butt, cask #3498, 514 bottles, 55.8% ABV

전형적인 피티바이크 프로파일의 강력한 셰리 버전이다. 호두, 딸기, 스모크, 오렌지, 꿀, 셰리, 익힌 살구, 초원의 꽃, 쓴 초콜릿, 레몬, 소금, 얼음사탕이 특징이다.

스트라스아일라 STRATHISLA

알렉산더 마인과 조지 테일러가 1786년 밀타운(후에 밀턴으로 바뀜) 농장형 증류소를 설립한 곳은 천연 샘물과 보리 재배에 적합한 기후로 두세기 가까이 위스키 생산의 중심지가 된 밴프셔 지방의 구불구불한 시골 지역이다. 키스 마을 북쪽, 13세기부터 성 도미니크회 수도사들이 맥주를 양조하던 밀턴 성 부지에 있는 이 증류소는 불법 위스키 생산이 한창일 때 지역 최초로 운영 면허를 취득했다. 1870년 스트라스아일라('아일라의 계곡'이라는 뜻)라는 이름으로 팔던 몰트위스키가 유명해지면서 이 이름을 사용하기 시작했다. 1950년 시바스가 스트라스아일라를 인수했다. 현재 이 증류소는 칼슘 경도가 특징인 브룸힐 수원지에서 물을 얻고 있다. 넓고 약간 위를 향한 스완넥과 구형 보일볼을 지닌 4개의 원뿔형 증류기는 팟 스틸의 작은 크기로 인해 농도가 높지만 과일 향이 나는 증류액을 만든다. 63% ABV로 캐스크에 담긴 증류액은 과일 향이 잘 표현되도록 오랜 숙성 기간을 거친다. 2001년부터 페르노리카 그룹이 소유하고 있는 스트라스아일라에서 생산된 원액은 대표 블렌드인 시바스 리갈과 로얄 살루트 블렌딩에 사용되며, 공식적인 제품군은 12년으로 제한되었다. 따라서 1970년 크레이그더프(1973년 이웃인 글렌키스가 생산하고 시그나토리 빈티지가 병입한 시리즈에도 사용된 이름)라는 이름으로 출시했지만 생산을 중단한 스트라스아일라는 헤비 피트 익스프레션을 지녔어도 일반 대중에게 거의 알려지지 않았다. 다만 독립 병입자들이 선보이는 익스프레션 덕분에 애호가들에게 높은 평가를 받고 있다. 이 중 가장 오래된 제품들은 스트라스아일라 1967 사마롤리로와 같이 수집가들이 가장 많이 찾는 제품에 속한다.

♥ 스트라스아일라, 15년, 2003/2018, 더 디스틸러리 리저브 컬렉션, 퍼스트 필 올로로소 캐스크 #36910, 50cl 960병, 56.4% ABV €€

Strathisla, 15 years old, 2003/2018, The Distillery Reserve Collection, 1st fill oloroso, cask #36910, 960 bottles 50 cl, 56.4% ABV

합리적인 가격의 고품질 공식 보틀링이다. 잘 익은 체리, 견과(피칸), 말린 과일(무화과, 건포도), 초콜릿 빛 향신료(정향, 감초, 생강, 계피, 후추) 향과 토피와 바닐라, 부드러운 크림으로 완화한 가죽과 고무의 풍미 등 셰리 캐스크 숙성의 모든 면을 느낄 수 있다.

★ 스트라스아일라, 1967/1986, 더치 포 사마롤리, 셰리 우드, 360병, 57% ABV

Strathisla, 1967/1986, Duthie for Samaroli,sherry wood, 360 bottles, 57% ABV

오늘날 가장 유명한 스트라스아일라로 애호가들이 최고로 꼽는 셰리 몬스터다. 셰리 캐스크 숙성의 모든 특징이 들어 있다. 말린 과일(건포도, 대추야자, 호두, 자두, 무화과), 로스팅(커피, 구운 아몬드, 소바 차), 유황(가죽, 고무, 타르), 초콜릿의 변형(다크초콜릿, 밀크 초콜릿, 씁쓸한 카카오)뿐만 아니라 감초, 니스, 나무와 타닌의 단단한 표현, 시트러스(오렌지), 마스코바도, 소금, 흑설탕, 아르니카, 갓 자른 풀 향이 느껴진다. 전체가 기름지고 농축되어 있고 풍부하고 크리미하다. 감탄을 자아내는 진정한 '몬스터'다.

발베니 THE BALVENIE

글렌피딕 증류소는 최대로 가동하고 있었고, 그 구조상 확장 공사를 할 수 없었기 때문에 윌리엄 그랜트는 1892년 같은 부지에 두 번째 증류소 발베니를 지었다. 발베니 성과 더프타운 마을의 옛 이름에서 따온 이름이었다. 두 증류소는 같은 맥아를 사용하고 같은 수원지인 로비 더브에서 물을 끌어오며 동일한 생산 공정을 적용하는 등 공통점이 많다. 짧은 목에 짤막한 11대의 보일 볼 형태 증류기(5대의 워시 스틸과 6대의 스피릿 스틸)는 숙성 중 표현되기를 기다리는 헤이즐넛, 몰트, 과일 향의 증류액을 만든다. 글렌피딕이 버번 캐스크를 선택한 반면, 발베니는 셰리와 버번 캐스크의 이중 숙성을 전문으로 한다. 견고한 구조의 증류액은 나무 향이 지배적이지 않고 과일 향과 꿀 향을 그대로 유지한다. 마지막으로 1958년 몰팅 플로어를 폐쇄한 글렌피딕과 달리 발베니는 자체 몰팅 플로어를 유지하고 있으며, 이 몰팅 플로어는 현재 필요량의 15%를 공급하고 있다. 발베니는 (글렌모렌지와 함께) 증류소에 명성을 안겨준 마무리 숙성(14년 캐리비안 캐스크, 21년 포트 우드 등)을 제안한 최초의 증류소이기도 하다. 2000년대 초부터 발베니는 1년에 한 주씩 20~40ppm의 피티드 몰트를 증류해 왔고, 그 첫 번째 버전인 발베니 피트 위크 2002(The Balvenie Peat Week 2002)와 피티드 트리플 캐스크(Peated Triple Cask)가 2017년 출시되었다.

♥ 발베니, 12년, 싱글 배럴 퍼스트 필, 퍼스트 필 버번 캐스크에서 숙성, 47.8% ABV €

The Balvenie, 12 years old, single barrel 1st fill, matured in first fill bourbon casks, 47.8% ABV

컬렉션의 대표 제품이라 할 수 있는 이 익스프레션은 감초, 커스터드, 몰트 보리 향과 꽃과 과일(과즙이 풍부한 배, 시트론, 미라벨 자두, 살구)이 어우러진 향을 선사한다. 향신료(카다멈, 화이트 페퍼), 고급 목재(로즈우드), 볶은 나무(해변의 불) 향이 전체 그림을 완성한다.

★발베니, 턴 1401, 2013년, 배치 #8, 50.2% ABV

The Balvenie, Tun 1401, 2013, batch #8, 50.2% ABV

최고의 더블 숙성(버번 캐스크 9통, 셰리 캐스크 3통) 발베니다. 꿀, 바닐라, 블러드 오렌지 제스트가 헤이즐넛, 건포도와 어우러진다. 버번을 지배하는 셰리는 향신료(생강, 후추)와 견과(구운 아몬드, 건포도)를, 초콜릿은 설탕에 절인 오렌지 껍질을 감싼다. 페퍼민트와 은은한 우디향이 전체적인 풍미를 더욱 돋보이게 한다.

글렌리벳 THE GLENLIVET

글렌리벳은 소비세법이 제정된 다음 해인 1824년 조지 스미스가 설립한 증류소로 소비세법이 통과된 후 면허를 취득한 첫 번째 증류소다. 무겁고 골격이 잡혀 있고 강렬한 위스키의 전통을 계승한 그는 이러한 전통에서 벗어나 더 가볍고 달콤하며 과일 향이 나는 마시기 쉬운 위스키를 만들기로 결심했다. 이후 글렌리벳은 성공을 거듭했고, 인근 여러 생산자가 글렌리벳이라는 이름을 회사 이름에 붙일 정도로 큰 성공을 거두었다. 1840년 케언곰 증류소에서 증류를 시작했고, 1858년에는 민모어에 있는 농장을 매입해 바로 증류소로 개조했다. 이곳이 글렌리벳 증류소가 되었고 지금은 문을 닫은 두 곳의 생산 공장 증류기를 이곳으로 옮겼다. 1871년 조지 스미스가 사망하자 그의 아들 존 고든이 증류소를 이어받고 글렌리벳 브랜드를 등록했다. 현재 페르노리카가 소유하고 있는 이 부지는 특히 2009~2010년 리노베이션을 통해 크게 확장되었다. 증류소에는 1858년 스미스가 만든 모델에 따라 라인암이 긴 가느다란 원뿔형, 1만 리터 용량의 곡선형 증류기 6대가 새로 설치되었다. 환류가 많이 발생하는 이러한 모양 덕분에 섬세하고 과일 향이 풍부하며 부드러운 꽃 향이 나는 위스키가 만들 수 있다. 글렌피딕에 이어 세계에서 두 번째로 많이 팔리는 싱글 몰트 브랜드다.

♥ 글렌리벳, 18년, 버번 및 셰리 캐스크 숙성, 43% ABV €€

The Glenlivet, 18 years old, matured in bourbon and sherry casks, 43% ABV

과일 향의 가벼운 위스키를 만들겠다는 창립자의 목표에 부합하는 이 익스프레션은 글렌리벳 제품군 중 가장 대표적인 제품이다. 달콤한 과일 향이 특징인 이 위스키는 신선한 사과와 아몬드의 고전적인 조합이 뚜렷하게 나타난다. 위스키에 활력을 더하는 오렌지의 산미가 달콤한 감초, 건포도와 결합한 메이플 시럽의 단맛으로 상쇄된다. 단맛과 부드러움이 특징인 매우 균형 잡힌 몰트위스키다.

★ 글렌리벳 42년, 1965/2007년, 고든 & 맥페일, 캐스크 #6733, LMDW, 46% ABV

The Glenlivet, 42 years old, 1965/2007, Gordon & MacPhail, cask #6733, pour LMDW, 46% ABV

흘러넘치는 신선한 과수원 과일(복숭아, 살구, 사과)과 열대과일(망고, 파인애플, 파파야, 패션프루트) 향으로 표현되는 하우스 스타일의 정수라고 할 수 있는 위스키다. 토피, 왁스, 가죽, 따뜻한 향신료(화이트 페퍼, 생강), 아로마 허브(박하, 바질, 화이트티)로 살을 붙이고 대추, 헤이즐넛, 마지팬, 나무 및 약간의 장미향으로 마무리하는 위스키다. 전체적인 느낌은 흑설탕이 뿌려지고 옅은 연기로 둘러싸인 과일의 향이 폭발하는 느낌이다.

글렌로시스 THE GLENROTHES

1878년 제임스 스튜어트 앤 코(당시 이미 맥켈란을 소유하고 있었음)가 설립한 글렌로시스는 글래스고 은행의 파산에서 살아남지 못할 뻔했다. 현재 에드링턴이 소유하고 있는 글렌로시스는 오랫동안 그룹의 블렌디드 위스키인 페이머스 그라우스와 커티삭 블렌딩에만 국한되었다. 1987년 이 증류소의 첫 싱글 몰트인 12년산 위스키를 생산하기 시작했는데 연간 생산량 500만 리터에 비해 매우 적은 양만 생산되었다. 글렌로시스는 나무 또는 스테인리스 통 사이 55에서 90시간의 짧은 발효와 긴 발효 사이를 능숙하게 오가고 있다. 10대의 증류기에는 가장 무거운 입자를 떨어뜨려 환류를 촉진하는 볼형 증류기이다. 글렌로시스는 주로 버번 캐스크에서 위스키를 숙성하며, 2019년까지 발블레어와 함께 숙성연도를 표시하지 않고 빈티지로 판매하는 마지막 증류소 중 하나이다.

♥ 글렌로시스, 2001, 43% ABV €
The Glenrothes, 2001, 43% ABV

맥아 보리 시럽과 오렌지꽃 꿀로 맛을 낸 커스터드를 연상시키는 이 익스프레션의 공격은 특히 미식가들을 사로잡는다. 모든 것이 캔디 애플과 계피로 옮겨가면서 단맛을 은근히 드러낸다. 그러다가 조금씩 단맛이 사라진다. 생 카카오가 중심이 되어 설탕에 절인 오렌지 제스트와 조화롭게 어우러진다.

맥켈란 THE MACALLAN

1824년 알렉산더 리드가 지역의 이름을 따 앨키스라는 이름으로 설립한 이 증류소는 여러 사람의 손을 거쳤다. 1892년 로더릭 캠프가 인수한 후 맥켈란-글렌리벳으로 이름을 바꾸었고 이후 맥켈란이 되었다. 1909년 로더릭 캠프가 사망한 후 세워졌던 신탁은 1966년 개인 회사로 개편되어 주주들에게 개방되었고, 1999년부터 에드링턴 그룹(글렌로시스, 글렌터렛, 하이랜드 파크)이 소유하고 있다. 1975년 증류기 수가 21대(스피릿 스틸 14대 포함)까지 늘어난 이 유서 깊은 증류소는 운영이 중단되었고 필요할 경우 다시 가동할 준비를 했다. 2017년에는 로저스 스털크 하버+파트너스가 1억 6천만 유로를 들여 설계한 새로운 증류소가 문을 열었다. 우아한 잔디로 덮인 증류소의 언덕은 증류소와 주변 언덕을 조화롭게 하는 동시에 고대 스코틀랜드 토지 조성을 떠올리게 한다. 증류소에는 60시간의 발효가 이뤄지는 68,000리터 규모의 워시백과 증류액에 풍부하고 복잡한 아로마 풍미를 더하는 24대의 소형 스피릿 스틸을 포함한 36대의 팟 스틸이 설치되어 있다. 맥켈란의 명성을 쌓을 것은 올로로소와 곤잘레스 비아스 셰리 캐스크 숙성이다.

이러한 익스프레션의 대부분은 독립 병입자를 통해 남아 있고, 종종 이탈리아 병입자(리날디와 리날디의 유명한 보틀링 시리즈, 1960~1980년대 사이에

1940~1960년대에 증류된 위스키를 병입), 프랑스 병입자(코라드 프랑스의 1980년대 초에 병입한 1938년산)를 통해 남아 있다. 하지만 1960년대 후반부터 맥켈란은 프레스티지 컬렉션 '파인 앤 레어(Fine&Rare)'를 만들었고, 1980년대와 2000년대 사이 이 컬렉션은 이름에 걸맞은 명성을 얻었다. 가장 유명한 60년 숙성 맥켈란 1926, 캐스크 #263은 파인 앤 레어(Fine&Rare) 시리즈 14병, 피터 블레이크 라벨 디자인(Peter Blake Label Design) 12병, 발레리오 아다미 라벨 디자인(Valerio Adami Label Design) 12병 등 총 40병만 생산되었고(2병은 개인 소장), 경매에 나올 때마다 최고가를 갱신하고 있다(2019년 10월 24일 소더비에서 170만 유로에 낙찰). 이 세 가지 시리즈의 병을 모두 소장한 것으로 알려진 전 세계 유일의 수집가는 베트남인 비엣 응웬 딘 투안이다.

♥ 맥켈란, 15년, 트리플 캐스크 숙성, 퍼스트 필 버번+ 리필 버번+셰리 캐스크, 43% ABV €€

The Macallan, 15 years old, triple cask matured, 1st fill bourbon+refill bourbon+sherry casks, 43% ABV

향신료(계피, 육두구)의 첫 축포와 함께 매우 셰리한 프로필 뒤에 밀크 초콜릿과 건포도의 단호한 풍미가 뒤따르고 버번이 가벼운 장미향과 균형을 이룬다. 곧 오렌지와 커스터드 애플이 이어진다. 코끝에 느껴지는 산미 가득한 사과는 꿀이 살짝 들어간 설탕에 절인 과일의 형태로 입안에서 계속 이어지며, 구운 브리오슈와 오크의 여운이 어우러지는 이 아로마를 완성한다.

★맥켈란, 1998, 10년, 100 프루프, 57% ABV

The Macallan, 10 years old, 1998, 100 proof, 57% ABV

꽃(박하, 로즈힙), 건과일(호두, 무화과, 대추야자), 신선한 과일(댐슨 자두, 라즈베리) 향을 오가는 이전 버전에 가까운 스타일이다. 따뜻한 향신료가 녹은 마지팬과 균형을 이룬다. 오래된 가죽과 도서관 나무로 건조된 산화 랑시오와 호두 와인의 점도가 점점 높아지면서 전체의 생동감은 그대로 유지된다.

스페이사이드 여행하기

스페이사이드는 야생의 풍경, 어촌 마을, 역사적인 기념물만큼이나 많은 수로를 따라 자리한 증류소가 특징인 지역이다. 놓치지 말아야 할 이벤트와 장소는 229페이지 정보를 참고하자.

별(*) 표시는 스피릿 오브 스페이사이드 위스키 페스티벌 기간에만 방문할 수 있는 증류소(229쪽 참조).

루트 1. 포트소이-핀독티

머리 만에서 가장 오래된 항구인 포트소이 항구(17세기)는 패트릭 오길비 드 보인이 베르사유 궁의 벽난로를 만드는 데 사용되는 포트소이 대리석을 선적하기 위해 지은 항구다. 시필드 백작이 청어잡이 선단을 맞기 위해 1884년 재건한 뉴 하버(1825~1828)도 있다.

1598년 세워진 핀독티 마을은 버키와 컬렌 곶 사이에 위치한다. 한때 어부들을 위한 등대였던 롱 헤드의 고딕 양식 교회(1863년)가 있다. 서쪽에는 15세기 성채를 포함한 성터가 있다. 962년 인덜프 왕과 바이킹이 벌인 보즈 전투의 현장이었던 핀독티 무어(Moor of Findochty)와 왕이 전투에서 전사한 곳을 기념하는 킹스 케언(King's Cairn)이 있다. 보우 피들 록은 포트노키 근처에 있는 장엄한 암석으로 바이올린 활 모양에서 이름을 딴 천연 규암 아치다.

인치고워 증류소(248쪽 참조)가 있다.

루트 2. 엘긴-포레스

'북쪽의 등불'(13세기)이라 불리는 엘긴 대성당 유적은 란세트 창으로 뚫린 웅장한 외관, 주변 벽과 문, 화려한 원화창으로 장식한 입구가 인상적이다. 야생동물(물떼새, 거위, 물개 등)의 안식처인 핀혼 베이와 물에 반사되는 불빛을 감상해 보자.

포레스에는 넬슨 제독의 트라팔가 해전 승리를 기념하는 넬슨 타워(1802~1806)와 스코틀랜드에 남아 있는 가장 큰 픽트족 돌인 수에노 스톤(7미터)이 있는데, 9세기에서 10세기 사이 전투 장면과 알바의 게일화된 픽트족이 모레이족에 승리하는 장면을 붉은 사암에 조각으로 묘사한 것으로 추정된다.

벤로막 증류소(237쪽 참조)와 **벤리악** 증류소(230쪽 참조)가 있다.

루트 3. 로시스-아벨라워-더프타운

스페이 강 서쪽과 남동쪽에 각각 위치한 로시스와 아벨라워 마을은 연어 낚시의 출발점이다. 아벨라워에는 영국에서 유일하게 남아 있는 오크 캐스크 제조업체 스페이 쿠퍼리지가 방문객을 맞이한다. 더 남쪽으로 가면 더프타운과 시계탑, 발베니 성(11세기) 유적지가 있다.

카듀 증류소, **아벨라워** 증류소(236쪽 참조), **몰트락***(251쪽 참조), **글렌키스** 증류소*(247쪽 참조), **스트라스아일라** 증류소(252쪽 참조)가 있다.

루트 4. 발린달로크-토민타울

발린다로크(AB37 9DR)에서 도보로 갈 수 있는 벤리네스 산(841미터)과 린 오브 루티 폭포가 있다. 에이번 강 유역에는 스코틀랜드 귀족풍의 발린다로크 성(1546)이 있다.

벤리네스 증류소(236쪽 참조), **글렌파클라스** 증류소(243쪽), 외부 건축으로도 유명한 **토모어*** 증류소, **글렌리벳** 증류소(255쪽 참조), **토민타울** 증류소가 웅장한 풍경 안에 자리 잡고 있다.

루트 5. 케언곰 국립공원

55개의 먼로스(Munros, '산'을 뜻함), 고대 삼림지대, 비밀의 호수, 아찔한 높이의 폭포, 야생동물이 있는 영국에서 가장 큰 국립공원이다. 다양한 산책로가 마련되어 있다.

케언곰 중심부에 위치한 **달위니** 증류소에서는 달콤하고 꿀 향이 나는 위스키를 생산한다.

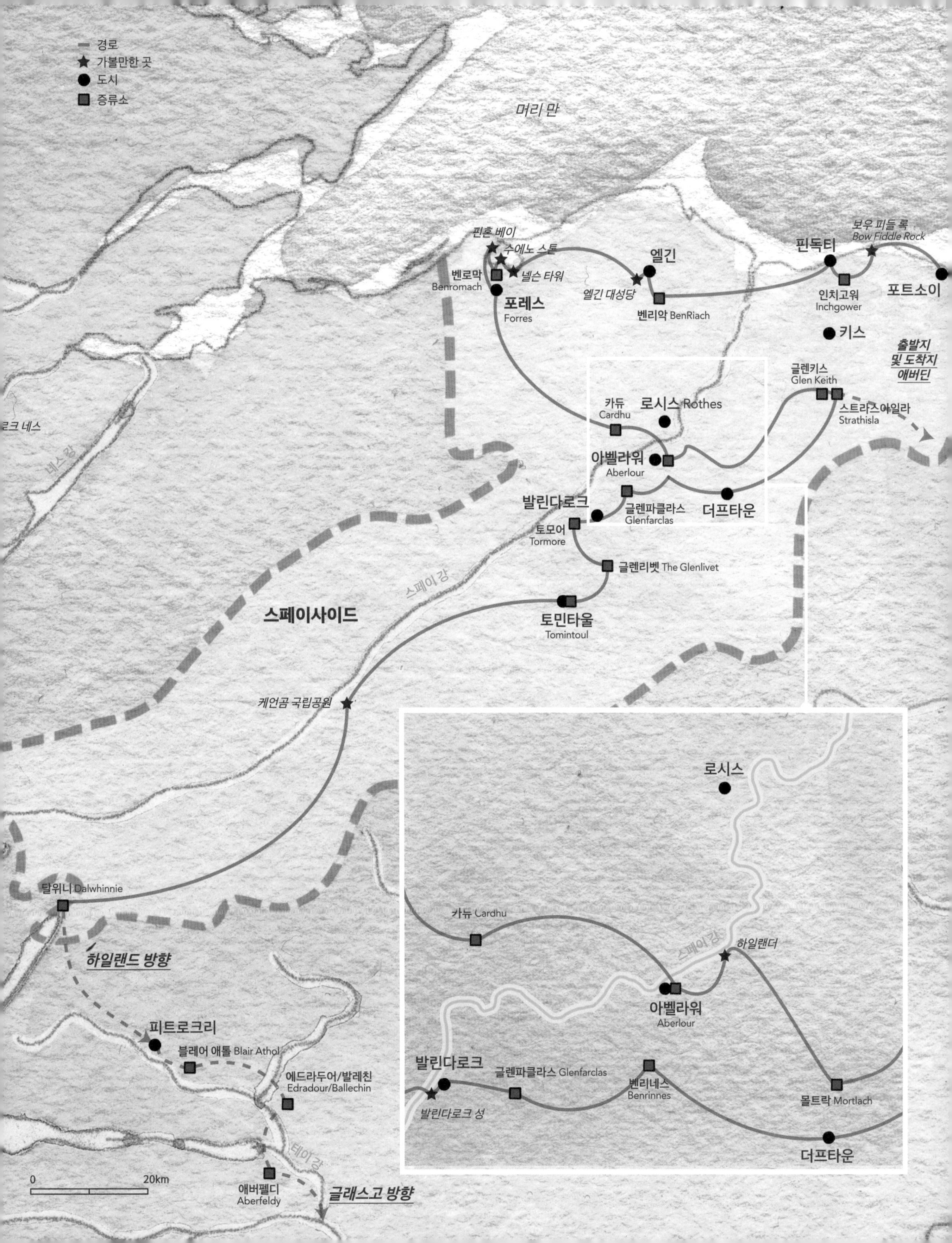

경로
가볼만한 곳
도시
증류소
머리 만
핀혼 베이
수에노 스톤
넬슨 타워
벤로막 Benromach
포레스 Forres
엘긴
엘긴 대성당
벤리악 BenRiach
핀독티
보우 피들 록 Bow Fiddle Rock
인치고워 Inchgower
포트소이
키스
출발지 및 도착지 애버딘
글렌키스 Glen Keith
스트라스아일라 Strathisla
카듀 Cardhu
로시스 Rothes
아벨라워 Aberlour
발린다로크
글렌파클라스 Glenfarclas
더프타운
토모어 Tormore
글렌리벳 The Glenlivet
스페이강
스페이사이드
토민타울 Tomintoul
케언곰 국립공원
네스강
달위니 Dalwhinnie
하일랜드 방향
피트로크리
블레어 애톨 Blair Athol
에드라두어/발레친 Edradour/Ballechin
테이강
애버펠디 Aberfeldy
글래스고 방향
0
20km
로시스
카듀 Cardhu
스페이강
하일랜더
아벨라워 Aberlour
발린다로크
글렌파클라스 Glenfarclas
벤리네스 Benrinnes
몰트락 Mortlach
발린다로크 성
더프타운

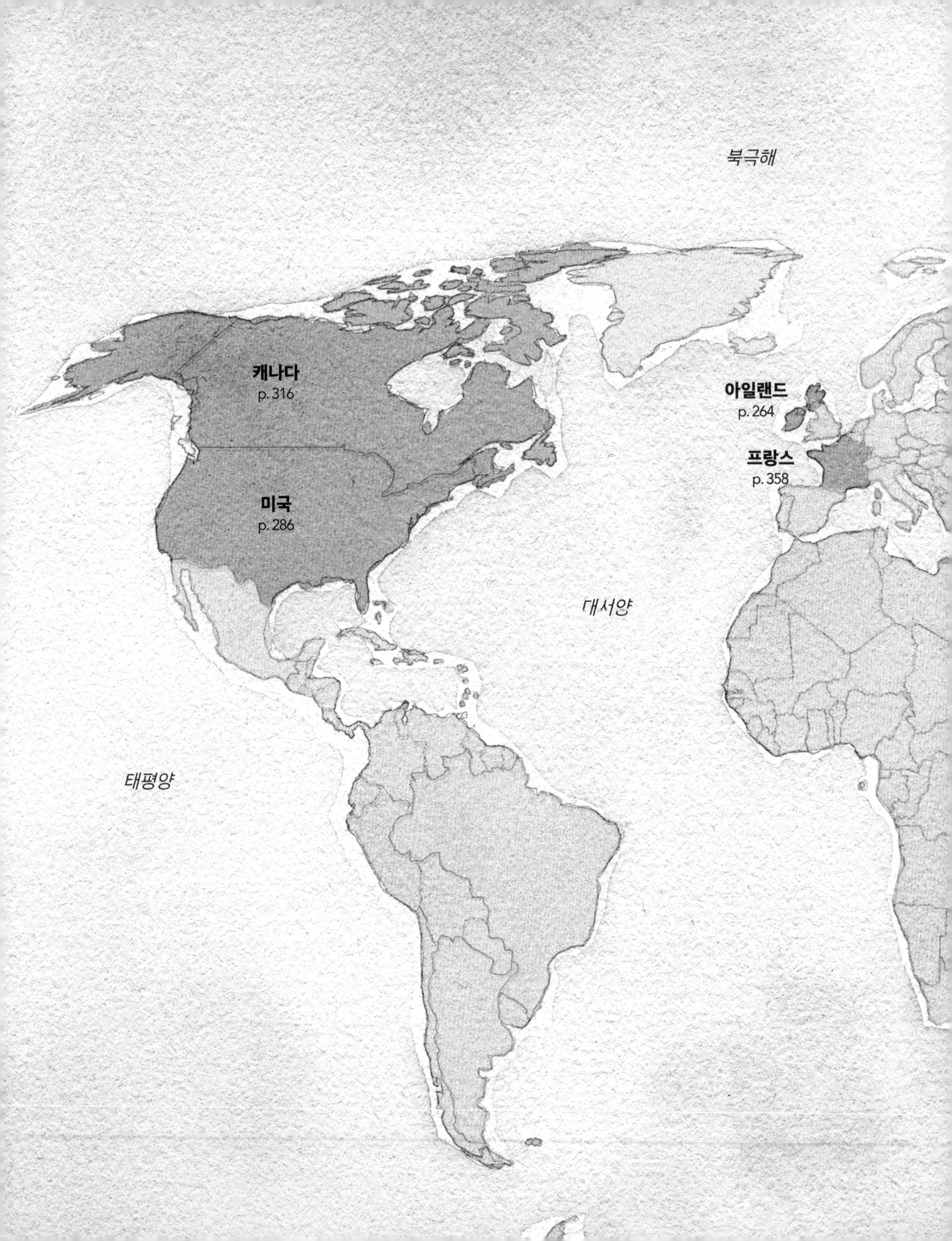

북극해
캐나다
p. 316
아일랜드
p. 264
프랑스
p. 358
미국
p. 286
대서양
태평양

그밖의 위스키 생산국

아일랜드

아일랜드 위스키의 역사는 반대 세력의 계속된 방해로 좌절되었다가 최근 잿더미에서 다시 일어선 성공에 빛나는 야망의 역사라고 할 수 있다. 위스키에 세금을 부과하는 1661년 12월 24일 소비세법 이후 아일랜드의 풍부한 위스키 생산은 대부분 불법적으로 이루어졌고, 18세기 말에는 불법 증류소가 2,000여 개에 달할 정도였다. 이에 영국은 세금 전쟁을 시작했다. 몇 개의 공식 증류소만이 겨우 살아남았다. 1823년 합법적인 증류소가 좀 더 유리해 보이도록 법이 간소화되었을 때, 남아 있는 증류소는 30개가 안 되었다. 새로운 증류소 중 일부는 당시에 전례가 없었던 산업적, 상업적 구상을 하고 있었다. 19세기 말에는 아일랜드 위스키의 명성이 높아져 스코틀랜드와 미국에서 스카치위스키보다 많이 팔렸다. 아이리시 위스키는 스카치위스키와 구별하기 위해 'whiskey'라고 썼다. 아일랜드 독립 전쟁(1919~1921)과 그에 따른 영국의 아일랜드 제품 금수 조치, 미국의 금주법(1920~1933)은 아이리시 위스키의 두 주요 수출 시장의 문을 닫아버렸다. 블렌디드 스카치위스키와의 경쟁과 내전으로 인한 국내 수요의 붕괴가 상황을 더욱 악화시켰다. 1960년대 말, 전성기를 누렸던 아일랜드의 공식 증류소 100여 곳 중 아일랜드 공화국에 3개(코크, 제임슨, 파워스)와 북아일랜드 1개(부시밀즈)만이 남았고 이마저도 뉴 미들턴 증류소에 의해 부활했다.

몰트 증류소
운영 중
폐업
프로젝트 중
그레인 증류소
운영 중
부시밀즈 Bushmills
콜레인 Coleraine
런던데리
밸리보페이
슬리브 리그
Sliabh Liag
북아일랜드
Lough
Neagh
벨파스트
도니골 만
포터다운
에크린빌
Echlinville
Lower
Lough
Erne
라데몬 에스테이트
Rademon Estate
록 길-아트루
Lough Gill-Athru
슬라이고
매트 다시
Matt. D'Arcy
Upper
Lough
Erne
코노트
Connacht
더 셰드-드럼샨보
The Shed-Drumshanbo
그레이트 노던
Great Northern
네핀
Nephin
Lough
Conn
쿨리 Cooley
던도크
보일-스튜어츠
Boyle-Stewarts
던도크 만
로크 마스크
Lough Mask
로크 리
Lough Ree
롱포드
슬레인 Slane
드로이다
Lough
Mask
보안 Boann
아일랜드
Lough
Ree
Boyne
애슬론
로 앤 코
Roe&Co.
Lough
Corrib
킬베간
Kilbeggan
올드 제임스 디스틸러리
Old Jameson Distillery
피어스 라이언스
Pearse Lyons
더블린
골웨이
틸링 Teeling
탈라모어
더블린 리버티즈 The Dublin Liberties
골웨이 만
탈라모어 듀
Tullamore D.E.W.
파워스코트 Powerscourt
Shannon
글렌달로그 Glendalough
대서양
Lough
Derg
위클로
티퍼레리 Tipperary
칼로
월시 Walsh
킬케니
리머릭
아일랜드해
Barrow
Slur
웩스포드
트랄리
워터포드
딩글 Dingle
워터포드 Waterford
블랙워터 Blackwater
Blackwater
딩글 만
올드 미들턴 디스틸러리
Old Midleton Distillery
미들턴 마이크로 디스틸러리
Midleton Micro Distillery
Lee
코크
미들턴 Midleton
클로나킬티
Clonakilty
켈트해
웨스트 코크
West Cork

증류소 분류

AA

미들턴 마이크로 디스틸러리)
미들턴(올드 미들턴 디스틸러리와
제임슨(올드 제임슨 디스틸러리)
쿨리
틸링

A

부시밀즈
워터포드*

BBB

딩글
록 길-아트루*
에크린빌
웨스크 코크
킬베간
탈라모어 듀

BB

그레이트 노던
글렌달로그
더 셰드
드럼샨보
라데몬 에스테이트
로 앤 코
블랙워터
슬레인
파워스코트
피어스 라이언스

B

더블린 리버티즈
로열 오크
로크 리
매트 다시
코노트
콜레인†

N

보안*
보일-스튜워츠
클로나킬티
로크 마스크
네핀
슬리브 리그
티퍼레리

특별히 뛰어난 증류소(AAA)부터 보다 일반적인 증류소(C)까지.
N: 새로운 증류소 †: 문 닫은 증류소 *주목할 만한 증류소

간단한 역사

1850년 아이리시 위스키의 팽창

1919년 아일랜드 독립 전쟁 발발

1966년 코크, 제임슨, 파워스 증류소가 합병하여 아이리시 디스틸러스 설립

1975년 뉴 미들턴이 세 증류소의 생산 인수

1987년 쿨리 증류소 설립

2015년 틸링 증류소 설립 / 워터포드 증류소 설립

기본 정보

이벤트

위스키 라이브 더블린(Whisky Live Dublin)
11월 마지막 주 금요일, 토요일

꼭 가봐야 할 장소

보우스(Bow's)
31 Fleet Street-Dublin 2-D02 DF77

딩글 위스키 바(Dingle Whiskey Bar)
5 Nassau Street, Dublin 2-D02VH962

시얼슨스(Searsons)
42-44 Upper Baggot Street-Saint Peter's-Dublin 4-D04V210

딕 맥스 펍(Dick Mack's Pub)
47 Green Street, Dingle-Co. Kerry-V92FF25

레볼루션 크래프트 비어 앤 위스키 바(Revolution Craft Beer & Whiskey Bar)
The Apple Market-19 John Street-Waterford-X91V520

더 딜란 위스키 바(The Dylan Whisky Bar)
5 John Street Lower-Collegepark-Kilkenny-R95K128

워터포드
WATERFORD

설립연도
2015년

소유주
레너게이즈 워터포드 디스틸러리(Renegade's Waterford Distillery Ltd.)

증류기 대수
워시 스틸 1대
스피릿 스틸 1대
코페이 스틸 1대

연간 생산량
생산량: 연간 100만 리터의 순수 알코올(연간 300만 리터로 확장하는 프로젝트 중)

위치
Waterford Distillery - Grattan Quay - Waterford City

WATERFORD
IRISH SINGLE MALT WHISKY

워터포드 증류소의 모험은 마크 레이니어(독립병입자 머레이 맥데이비드와 레니게이드 럼의 설립자이자 2000년대 초 브룩라디를 구한 인물)가 2004년 디아지오가 설립한 워터포드 양조장을 인수한 2014년 시작되었다. 레이니어는 스코틀랜드 증류소 인버레븐의 증류기 한 쌍을 워터포드에 설치했다. 스코틀랜드 남동쪽 슈어 강 하구를 따라 위치한 워터포드는 농장으로 둘러싸여 있고, 그중 수많은 농장이 석회암과 충적 점토, 모래톱에 이르는 다양한 토양에서 보리를 재배하고 있다. 이러한 지질학적 다양성으로 원재료 실험이 활발해졌고, 그 결과 위스키를 재창조하고 단일 원산지의 보리로 구성된 싱글 팜 오리진이라는 새로운 카테고리를 만들 수 있었다. 100곳 이상의 인근 농장과 계약을 체결한 워터포드는 곡물부터 캐스크까지 전 과정에서 수집된 수많은 데이터 포인트인 20,000개 이상의 매개변수가 통합된 물류 추적 시스템, 구획화된 저장 창고, 뫼라 여과 시스템 등 최첨단 기술을 갖추고 있다. 위스키 테루아 개발의 선두주자인 워터포드는 최초의 바이오다이내믹 위스키를 생산하기 위해 노력하고 있다. 워터포드는 2020년 초에 첫 번째 싱글 팜 오리진 위스키 2종을 출시했다.

인터뷰

마크 레이니어
워터포드 증류소 설립자

항상 투명성을 중요하게 생각하셨는데요, 이 투명성을 보리 이력 추적 개발에 어떻게 적용하셨나요?

좋든 나쁘든, 우리는 시장 중심의 산업입니다. 저는 20년 전 와인 업계에서 위스키 업계로 넘어올 때 이 사실을 깨달았습니다. 위스키 산업을 끌어왔고 지금도 견인하고 있는 수많은 기업들이 있습니다. 그 기업들은 제품, 메시지, 유통을 단순화하지 않고는 그렇게 성공할 수 없었을 것입니다. 부르고뉴 와인을 중심으로 한 아버지의 사업 덕분에 저는 테루아 개념을 이해하는 법을 배웠습니다. 그리고 유기농 및 바이오다이내믹 포도 재배의 발전을 목도했습니다. 저는 많은 실험을 했고 최고의 프랑스 오크 캐스크의 특징을 심도 있게 연구했습니다. 이러한 것들이 저의 DNA가 되었고, '워터포드 방정식' 즉 '워터포드 = (테루아 + 추적성)/투명성'을 제시하여 제가 위스키에서 무엇을 할 수 있는지 알아보고 싶었습니다. 워터포드의 원산지 증명이라는 개념은 싱글 팜 오리진 개념(보리는 확인된 단일 농장에서 생산 –편집자 주), 테루아에 대한 비선, 추적성을 가능케하는 복잡한 물류 및 기술, 투명성에 대한 열망에 기반을 두고 있습니다. 파트너사인 민치 몰트의 첨단 기술 프로그램과 함께 세계 유일의 보리 저장 시설인 '카테드랄'을 건설하여 각 곡물을 개별적으로 저장하고, 이를 통해 파트너 농장을 지킬 수 있게 되었습니다. 디지털 시스템을 통해 전체 프로세스를 완벽하게 한눈으로 볼 수 있고, 이러한 정보를 생산에 적용할 뿐만 아니라 소비자와도 공유할 수 있습니다.

원산지가 다른 보리들 사이의 아로마 차이가 증류 과정에서도 유지되나요?

예, 그렇지 않다면 코냑, 아르마냑, 또는 칼바도스에는 테루아가 존재하지 않을 것입니다. 옥수수, 호밀, 보리, 포도, 사과, 라즈베리 등이 서로 비슷한 증류주를 생산할 것이라고 가정하는 것이 합리적일까요? 그렇다면 왜 굳이 아펠라시옹으로 일을 복잡하게 만들까요? 증류는 아로마를 억제하는 것이 아니라 응고시키는 겁니다. 워터포드 프로젝트는 테루아라는 개념을 중심으로 설계되었습니다. 처음부터 매년 40가지의 다양한 농산물을 증류할 수 있도록 물류 시스템을 구축했습니다. 현재까지 약 100개의 농장에서 생산된 보리를 증류했습니다. 보리의 품종은 가장 적은 영향을 미칩니다. 1960년대에 수확량을 늘리고 질병에 대한 저항성을 높이기 위해 품종을 선택하는 과정에서 풍미를 떨어뜨리는 방향으로 품종을 개량했기 때문에 대부분의 현대 보리 품종은 너무 유사한 유전 코드를 공유하고 있습니다.

위스키의 아로마 프로파일에 가장 큰 영향을 미치는 생산 공정 단계는 무엇인가요?

위스키의 모든 아로마는 보리에 있습니다. 발효를 통해 이러한 아로마를 추출하지요. 발효기의 종류, 사용되는 효모의 종류와 양, 고밀도 발효와 통제된 온도에서의 장기 발효 사이의 균형은 모두 맥아 보리(저희는 다른 곡물은 사용하지 않습니다)가 가장 복잡한 증류주를 생산하는 데 결정적인 역할을 합니다. 싱글 몰트는 보리, 효모, 물만 있으면 쉽게 이해할 수 있습니다. 적어도 그래야 하죠. 물론 몰팅, 증류, 숙성에는 가늘거나 짧은 스완넥 스틸, 다양한 유형의 콘덴서, 커팅 포인트, 캐스크 관리 및 나무 종류 등 모든 것이 영향을 미칩니다. 하지만 위스키의 특징은 보리의 낱알에서 결정되며 보리의 산지와 생산 방식에 영향을 받습니다. 그렇기 때문에 저희는 전체 공정을 매우 세세한 부분까지 추적, 기록, 관리합니다. 흔히 '위스키 맛의 80%는 나무에서 온다'고 합니다. 더 정확한 해석은 풍미의 100%가 캐스크 숙성의 영향을 받는다는 것입니다. 하지만 이러한 아로마는 주로 보리에서 비롯됩니다. 나무에서 숙성된 중성 알코올을 맛본 적이 있나요? 끔찍하죠!

와인 세계에서의 경험이 증류주라는 개념과 생산에 대한 접근 방식에 어떤 영향을 미쳤나요?

위스키 산업은 풍미보다 효율성, 시간보다 속도, 개성보다 균일성을 중시하는 구조로 되어 있습니다. 대부분의 증류 업체에 발효는 고강도 발효를 통해 극복할 수 있는 일종의 병목현상이라고 할 수 있습니다. 와인은 발효가 느릴수록 아로마 추출이 더 잘 된다는 것을 가르쳐 줍니다. 느린 발효는 위스키의 부드러움에 기여하는 젖산 반응이 일어날 수 있게 해주지요. 와인의 성분을 다양한 비율로 블렌딩하여 훌륭한 와인을 만드는 '퀴베(cuver)' 개념도 마찬가지입니다. 샤토 라투르는 단 한 번도 단일 캐스크로 생산한 적이 없습니다! 보르도 레드의 경우 카베르네 소비뇽, 메를로, 카베르네 프랑, 프티 베르도, 말벡, 카르메네르 등 6가지 포도 품종이 공존합니다. 각 품종은 부지 주변의 가장 적합한 토양(자갈 테라스, 충적 점토 또는 모래 제방 등)에서 자랍니다. 이를 테루아라고 부르지요. 각 테루아가 성장하고 그에 따라 수확되며 발효, 양조 및 숙성 과정을 거칩니다. 그런 다음 18개월 후 셀러 마스터가 이 '작은' 와인들을 블렌딩하고 수많은 분석과 시음. 페어링을 거쳐 훌륭한 와인을 만들어 냅니다. 이것이 바

로 워터포드에서 하는 일입니다. 농장은 우리의 테루아, 보리 품종은 우리의 포도 품종, 싱글 팜 오리진은 우리의 '작은' 와인입니다. 워터포드 '퀴베'는 훌륭한 와인의 동의어가 될 것입니다.

다른 곳에서는 찾아볼 수 없는 아일랜드의 매력은 무엇일까요?

바로 절대적으로 맛있는 보리입니다. 브룩라디의 젊은 엔지니어였던 던컨 맥길리브레이는 1960년대 이후 자신이 본 최고의 보리는 아일랜드산이었다고 말할 정도로 아일랜드 보리에 대한 애정이 남달랐습니다. 아일랜드의 '서니 사우스 이스트'에 위치한 워터포드는 아알라에서 남쪽으로 300킬로미터 이상 떨어져 있습니다. 증류소는 영국의 주요 보리 재배 지역인 케임브리지와 같은 위도에 위치해 있습니다. 멕시코만류의 영향으로 온화한 해양성 기후와 비옥한 충적토가 결합하여 곡물 재배에 이상적인 조건을 갖추고 있습니다. 그래서 디아지오가 워터포드에 있는 새로운 기네스 양조장을 매각하기로 결정했을 때, 일석이조의 효과를 누릴 수 있었습니다. 아일랜드에서는 할 수 있는 일이 더 많다는 느낌도 들었죠. 아일랜드 위스키는 훌륭한 사람들과 멋진 도전을 할 수 있는 곳입니다.

워터포드라는 모험에서 가장 기억에 남는 추억은 무엇인가요?

가장 기억하기 쉬운 것은 현장에 증류기가 도착했을 때, 첫 번째 증류액을 얻었을 때나 첫 번째 보틀링을 했을 때입니다. 하지만 사실 가장 기억에 남는 것은 양조장 인수를 완료한 후 워터포드를 처음 방문했을 때입니다. 2014년 12월 1일, 기차를 놓친 저는 버스를 타고 울퉁불퉁한 시골길을 달려 워터포드에 도착했습니다. 강 건너편으로 보이는 인상적인 건물을 보자마자 저는 제 앞에 엄청난 기회가 있다는 사실을 깨달았습니다.

선생님의 꿈의 위스키는 무엇인가요?

저는 모든 것에는 때와 장소가 있다고 믿습니다. 활기찬 젊은 위스키가 파티가 끝나갈 즈음에 어울리지 않는 것처럼 유서 깊은 올드 몰트는 휴가철 해변에서 즐기는 바비큐에 적합하지 않습니다. 저는 아일랜드를 알기 전에는 운이 좋게도 수많은 올드 보틀을 마셔볼 수 있었지만, 지금은 '오래된 것'은 점점 더 적게 마시는 편입니다. 저는 젊음의 활력과 신선함을 더 좋아합니다. 주방 스토브 앞에서, 친구들과 함께, 집 주변에서 울부짖는 벤시(아일랜드 민화에 등장하는 요정 – 편집자 주), 유리창을 때리는 빗소리, 해안에서 부서지는 파도 소리를 들으며 도발적이면서도 균형 잡힌 위스키를 마시고 있노라면 잔 안에서 아로마가 계속 변화하는 것을 느낄 수 있습니다.

내가 사랑한 위스키

€ 35유로 이하 • € 35~39유로 • €€ 70~150 유로 • €€€ 150유로 이상

♥ 워터포드, 싱글 팜 오리진 밸리킬캐번, 에디션 1.1, 2020, 아일랜드 싱글 몰트, 50% ABV €€

Waterford, Single Farm Origin Ballykilcavan, Edition 1.1, 2020, Irish single malt, 50% ABV

이번 에디션 1.1을 위해 워터포드는 로이스 카운티의 데이비스 월시 케미스가 운영하는 밸리킬캐번 농장에서 생산된 보리만을 사용했다. 이 싱글 몰트는 블랙베리와 아르부즈를 중심으로 검은색과 붉은색 과일, 그리고 시칠리아산 레몬 향이 특징이다. 질감은 특히 부드럽고 둥글다. 뱅 두 나튀렐(Vin Doux Naturel; VDL) 캐스크에서 부분적으로 숙성시켜 건포도와 소금에 절인 버터 캐러멜이 맥아를 부드럽게 한다.

♥ 워터포드, 싱글 팜 오리진 베나우 아일랜드, 에디션 1.1, 2020, 아일랜드 싱글 몰트, 50% ABV €€

Waterford, Single Farm Origin Bannow Island, Edition 1.1, 2020, Irish single malt, 50% ABV

이 첫 번째 에디션은 바닷가 근처 모래로 된 땅에 세워진 에드 하러라는 단일 농장에서 재배한 보리로 만들었다. 크리미한 풍미(고르곤졸라, 스틸턴 치즈)가 우리를 놀라게 하고 말린 과일, 잘린 풀과 완벽하게 조화를 이룬다. 농가 특유의 활기찬 긴장감을 유지하며 향신료(정향, 메이스)의 향이 짧은 숙성에 비해 몇 초 동안 오래 입안에 남는다.

꼭 알아둘 증류소

€ 35유로 이하 • € 35~39유로 • €€ 70~150 유로 • €€€ 150유로 이상

부시밀즈 BUSHMILLS

1784년 휴 앤더슨이 설립한 부시밀즈는 아일랜드에서 가장 북쪽에 위치한 증류소다. 증류소가 언급하는 1608년은 앤트림 카운티에서 증류 면허를 부여한 해다. 약 250년 동안 여러 번 인수된 끝에 1987년 페르노리카, 2005년 디아지오를 거쳐 2014년 호세쿠엘보 그룹에 매각되었다. 오랫동안 아이리시 몰트위스키만 생산하는 몇 안 되는 증류소 중 하나였지만, 지금은 미들턴에서 증류 원액을 공급받아 블렌디드 위스키를 생산한다. 베스트셀러인 블랙 부시는 맥아 80%를 순수 아일랜드 전통 방식으로 삼중 증류한 제품이다. 싱글 몰트와 아이리시 블렌디드에 사용되는 부시밀즈는 특히 독립병입자인 더 아이리시맨과 나포그 캐슬에 인기가 높다.

♥ 부시밀즈, 10년, 싱글 몰트, 트리플 디스틸레이션, 40% ABV €
Bushmills, 10 years old, single malt, triple distillation, 40% ABV

이 100% 몰트 공식 익스프레션은 세 번의 증류 과정에서 살아남은 아로마의 발효 특성을 보여주는 전형적인 예다. 배와 바닐라가 주축이 되고 레몬 향이 더해진다. 질감에서 밤꿀로 감싸고 강렬한 육두구가 맥아 보리를 부각시킨다.

쿨리 COOLEY

1782년 월터 틸링은 더블린의 리버티즈 지역에 자신의 이름을 딴 증류소를 설립했다. 하지만 다른 많은 증류소와 마찬가지로 1923년 문을 닫았다. 더블린 대학에서 강의하고 광산 회사 이사회 의장을 지낸 월터의 직계 후손인 존 틸링 박사는 1987년 케믹 티오란타(Ceimici Teoranta)를 인수하여 증류소의 수원지인 슬리벤나글로그 강이 있는 산의 이름을 따서 쿨리로 이름을 바꿨다. 인수에는 당시 가장 유명했던 위스키 중 하나인 티어코넬(The Tyrconnell, '오도넬의 땅'이라는 뜻)을 생산한 것으로 유명한 옛 와트 증류소(1762~1925)의 자산과 밀라스 증류소의 자산이 포함되어 있었다. 쿨리는 1989년 상당한 환류를 일으키는(넓은 후드, 위로 향한 스완넥, 좁

고 긴 라인암) 두 대의 단식 증류기(옛 올드 컴버 증류소에서 가져온 것)을 설치한 후 아이리시 몰트위스키를 생산하기 시작했고, 1990년에는 28개의 플레이트가 장착된 바벳 컬럼 스틸로 그레인 위스키를 생산하기 시작했다. 이후, 더블 이중 증류 싱글 몰트 티어코넬(Tyrconnell, 1993), 블렌디드 밀라스 스페셜 리저브(Millars Special Reserve, 1994), 피티드 싱글 몰트 코네마라(Connemara, 1996), 로스크 블렌드(Locke's Blend), 로스크 몰트(Locke's Malt, 라이트 피트), 2007년 이후 킬베간 증류소에서 생산을 인수한 블렌디드 킬베간(Kilbeggan, 아래 참조) 등 수많은 에디션이 이어졌다. 2011년 쿨리는 빔 산토리 그룹에 매각되었다.

♥ 티어코넬, 15년, 마데이라 캐스크 피니시, 46% ABV €

Tyrconnell, 15 years old, madeira cask finish, 46% ABV

열대과일(망고, 파인애플), 달콤한 향신료(바닐라, 계피, 메이스, 스위트 페퍼), 설탕에 절인 레몬, 크림 브륄레가 지배적인 부드럽고 감미로운 익스프레션에 오크와 신선한 풀의 향기가 활력을 준다.

KILBEGGAN 1757 DISTILLING CO.

킬베간 KILBEGGAN

1757년 매튜 맥마누스가 킬베간의 브로스나 강 유역에 설립한 브로스나 증류소는 세계에서 가장 오래된 증류소 중 하나다. 1987년 존 틸링은 쿨리에서 생산된 위스키를 보관하기 위해 이 증류소의 자산을 인수했다. 그리고 증류소 설립 250주년이 되던 2007년 3월 그곳에서 증류를 다시 시작했다. 그 이후 증류소와 관련된 세 가지 브랜드, 즉 이전에 쿨리에서 생산했던 킬베간 블렌드, 로크스 블렌드, 로크스 몰트를 생산했다. 킬베간 증류소는 2011년 빔 산토리 그룹의 일부가 되었다.

♥ 킬베간, 트레디셔널 아이리시 위스키, 40% ABV €

Kilbeggan, Traditional Irish Whiskey, 40% ABV

버번 캐스크에서 숙성한 이 블렌드는 구두약과 헤이즐넛을 중심으로 한 묵직한 에스터 향으로 마시는 사람을 놀라게 한다. 캐러멜, 옥수수, 몰트 보리로 부드러워진 새콤한 사과가 전체적인 맛을 받쳐준다. 역후각으로 올라오는 레몬 향은 상쾌함을 주면서 전체적으로 활력을 불어넣는다.

미들턴 MIDLETON

록스보로 강 유역의 코크 카운티에는 세계에서 가장 중요한 증류소 중 하나가 있다. 이곳은 원래 오래된 모직물 공장 부지로 머피 형제가 가장 큰 양조장(143,990리터)을 지었다. 이 증류소는 나중에 '패디(Paddy)'로 알려진 코크 증류소 위스키를 대량으로 생산하여 큰 성공을 거두었다. 뉴 미들턴이 사업을 인수하기 며칠 전인 1975년 운영을 중단했고, 이후 박물관으로 개조되었다. 1966년 아일랜드 4개 회사 중 3개 회사(더블린의 존 제임슨 앤 선, 존 파워 앤 선, 코크의 코크 증류소 컴퍼니, 현재 올드 미들턴)가 오랫동안 이어진 불리한 상황에서 살아남기 위해 합병하여 아이리시 디스틸러스 그룹(Irish Distillers Group)을 설립했다. 세계 최대 규모인 76,000리터의 팟 스틸 3대를 보유하고 있다. 연간 6,400만 리터의 순수 알코올을 생산할 수 있는 규모다. 1979년부터 캐스크는 엄격한 정책의 제약을 받아왔다. 뉴 미들턴은 메소드 앤 매드니스(Method and Madness), 미들턴(Midleton), 레드브레스트(Redbreast), 스팟(Spot)의 네 가지 브랜드와 프랜차이즈 브랜드 제임슨(Jameson, 전체 생산량의 96%), 파워스(Powers), 코크(Cork, 혹은 '패디') 등 다양한 제품을 생산하고 있다. '싱글 팟 스틸(ingle pot still)'이라는 익스프레션은 '아이리시 싱글 몰트'의 이미지를 연상시키기 위한 마케팅 발명품이다. 그러나 규정상으로 단일 증류소('싱글')에서 몰트 보리와 몰팅하지 않은 보리(몰팅하지 않은 다른 곡물을 첨가할 수 있음)를 사용하여 팟 스틸에서 두세 번 증류하여 생산한 팟 스틸 아이리시 위스키다. .

미들턴 개발 브랜드

매소드 앤 매드니스

2015년에 미들턴 부지의 옛 지하실에 실험 목적으로 마이크로 증류소(연간 5만 리터의 순수 알코올을 생산할 수 있는 용량)를 설치했다. 폴로니우스가 '비록 광기일지라도 그 안에 일정한 방식이 있다'고 말한 셰익스피어의 햄릿에서 영감을 받아 제품을 생산하고 있다. 이 제품군에는 진, 싱글 그레인, 싱글 팟 스틸, 싱글 몰트가 포함된다.

METHOD AND MADNESS

♥ 메소드 앤 매드니스 싱글 팟 스틸, 올로로소 셰리 & 버번 배럴 숙성, 프렌치 이제르 체스트넛 피니시, 46% ABV €€

Method and Madness, single pot still, matured in oloroso sherry & bourbon barrels, finished in french Isere chestnut, 46% ABV

이 싱글 팟 스틸은 달콤하고(감초), 강한 향신료(정향, 생강), 신선한 과일(망고, 바나나), 아몬드가 우아하게 어우러져 있다. 성공적인 작품이다!

MIDLETON SINGLE POT STILL IRISH WHISKEY

미들턴 Midleton

1984년에 출시된 이 브랜드는 '미들턴 베리 레어(Midleton Very Rare)'라는 이름의 프레스티지 컬렉션으로 공식 보틀의 대부분을 한데 모았다. 이 컬렉션은 주로 12~20년 숙성된 원액으로 만든 40% ABV의 블렌디드로 구성된다. 첫 번째 보틀링은 충분히 긴 숙성 기간을 거친 위스키를 공급할 수 있었던 유일한 증류소인 옛 미들턴 증류소의 재고에서 가져온 것이다. 그 이후로 2020년부터 35,000유로의 소매가로 출시된 51.2% ABV 미들턴 베리 레어 45년 1974와 같은 일부 오래된 스페셜 에디션을 제외하고는 블렌딩의 다양한 원액을 새 증류소에서 공급받았다. 일부 싱글 팟 스틸도 컬렉션과 별도로 병입되어 판매되고 있다.

♥ 미들턴 베리 레어, 배리 크로켓 레거시, 시즌드 & 언시즌드 아메리칸 버번 캐스크, 46% ABV €€

Midleton Very Rare, Barry Crockett Legacy, seasoned & unseasoned american bourbon casks, 46% ABV

마스터 디스틸러 배리 크로켓(Barry Crockett)에 대한 헌정이다. 신선한 망고에서 아카시아꿀에 이르는 섬세한 향과 라임과 생강의 부드러운 생동감, 캔디 케인으로 부드러워진 오크의 우아한 향이 어우러진다.

REDBREAST SINGLE POT STILL IRISH WHISKEY

레드브레스트 Redbreast

이 브랜드는 1857년 런던에서 설립되어 제임슨으로부터 원료를 공급받은 무역 회사 길비스 와인 앤 스피릿츠(Gilbey's Wine & Spirits Import Co.)가 만들었다. 1903년부터 존 제임슨 앤 선 'JJ 리큐어'(John Jameson & Son 'JJ Liqueur') 12년을 오늘날 레드브레스트에서 사용하는 것과 비슷한 병에 담아 판매했다. 레드브레스트 브랜드는 1912년에야 월터 길비의 조류학에 대한 열정을 반영하여 '레드브레스트 JJ 리큐어 위스키(Redbreast JJ Liqueur Whisky)'라는 이름을 붙인 병에 처음 등장했다. 길비스는 1985년 레드브레스트 병입을 중단했고, 1986년 아이리시 디스틸러스가 (퓨어 팟 스틸의 기준이 되었던) 이 브랜드를 인수하여 1991년 12년으로 재출시했다. 이후 12년 캐스크 스트렝스를 비롯해 15년, 21년, 루스타우 에디션(Lustau Edition), 25년, 27년 등 다양한 스페셜 에디션으로 제품군을 확장했다.

♥ 레드브레스트, 21년, 버번 배럴과 올로로소 셰리 캐스크, 46% ABV
Redbreast, 21 years old, bourbon barrels and oloroso sherry casks, 46% ABV

싱글 팟 스틸을 완벽하게 표현한 이 보틀링은 성공적인 아이리시 위스키의 특징인 과일 향에 대한 찬사로, 전형적인 아일랜드 블랙커런트 새싹과 열대과일(패션프루트, 망고)에 블러드 오렌지가 긴장감을 더하고 향신료(육두구, 생강)가 매콤함을 더한다.

GREEN SPOT
Single Pot Still Irish Whiskey

스팟 위스키 Spot Whisky

1805년 그래프턴 가에 설립된 미첼 앤 선(Mitchell & Son)은 더블린에서 가장 유명한 위스키 판매점 중 하나다. 1887년부터 이 회사는 보우 거리에 있는 이웃 제임슨으로부터 증류액을 사들여 피츠윌리엄 레인 창고에서 온갖 종류의 와인을 담았던 통에 숙성하기 시작했다. 미첼 가족은 위스키 숙성 기간에 따라 7년은 파란색, 10년은 녹색, 12년은 노란색, 15년은 빨간색으로 표시했는데, 여기에서 '스팟 위스키(Spot Whisky)'라는 이름이 유래했다. 제임슨 증류소가 문을 닫자 새로운 활동의 중심지인 미들턴이 그 자리를 이어받았다. 가장 인기 있는 위스키인 그린 스팟은 유일하게 단종되지 않은 제품이다. 1950년대 후반과 1960년대에 각각 단종된 옐로우 스팟(Yellow Spot)과 레드 스팟(Red Spot)은 2012년과 2018년에 부활했다.

♥ 레드 스팟, 15년, 미첼 앤 선, 버번 캐스크, 셰리 버트, 마르살라 와인, 46% ABV €€

Red Spot, 15 years old, Mitchell & Son, bourbon casks, sherry butts, marsala wine, 46% ABV

스팟 제품군의 새로운 주력 제품인 이 레드는 버터 바른 사과, 망고, 체리 등 강렬한 과일 향과 헤이즐넛, 건포도 등 말린 과일 향, 후추, 육두구, 계피, 정향 등 향신료와 보리의 곡물 단맛, 박하의 초본 향으로 강화된 나무의 섬세한 쓴맛으로 매혹적인 맛을 선사한다.

미들턴의 프랜차이즈 브랜드

오랫동안 원조 증류소의 공식 버전으로 출시되었던 이 제품들은 이제 뉴 미들턴 증류소에서 생산되는 브랜드가 되었다.

코크 Cork

금주 운동(1838년)과 1840년대의 기근 이후 1867년 코크 노스 몰(1779~1920), 데일리 존 스트리트(1807~1870), 그린(1796~1870), 워터코스(1795~1975)의 4개 회사를 통합한 코크 디스틸러스 컴퍼니(Cork Distilleries Company)가 설립되었다. 이듬해 제임스 머피가 소유한 미들턴이 합류하면서 100년 후 아이리시 디스틸러스 주식회사가 탄생할 합병을 예고했다. 이 대기업은 곧 매우 성공적인 코크 올드 아이리시(Cork Old Irish) 위스키를 생산한다. 1882년 '패디'로 알려진 패트릭 오플래허티가 젊은 영업사원으로 들어왔다. 그는 매우 유명해져서 1913년 코크는 위스키에 그의 별명을 붙이기로 했다. 2013년에는 이를 기념하기 위해 7년산 싱글 팟 스틸 위스키인 패디 센테너리 에디션(Paddy Centenary Edition)이 출시되었다.

♥ 패디 센테너리(1913~2013), 7년, 리미티드 에디션, 43% ABV €€

Paddy Centenary (1913-2013), 7 years old, Limited Edition, 43% ABV

브랜드의 다른 보틀링과 달리 블렌딩이 아닌 싱글 팟 스틸이다. 섬세한 과일 향(파인애플, 사과), 오렌지 제스트의 산미, 유칼립투스 꿀과 밀크 초콜릿의 달콤함에 보리 향이 더해져 매우 유혹적인 맛을 선사한다.

제임슨 Jameson

유명한 증류주 제조사인 존 헤이그의 딸이자 또 다른 증류주 명문가인 스타인 가문의 사촌 마거릿 헤이그의 남편인 존 제임슨은 1788년 보우 스트리트 증류소를 경영한 후 1805년에 인수하여 아일랜드에서 두 번째로 큰 위스키 생산 업체로 만들었다. 1810년에는 아들인 조 2세가 합류하여 존 제임슨 앤 선 아이리시 위스키 컴퍼니를 설립했다. 이 회사는 1960년대 후반까지 팟 스틸 위스키만 생산했다. 같은 시기, 경쟁사에 대응하고 짧은 증류 컷으로 부드럽고 가벼운 위스키를 생산하기 위해 블렌디드 제품군을 출시했고 이는 제임슨의 스타일에 근본적인 변화를 가져왔다. 1971년 증류소가 문을 닫은 후 존 파워 앤 선이 인수하여 운영하다 1975년 미들턴으로 넘어갔다. 2019년 800만 상자 이상 판매된 제임슨은 세계에서 가장 많이 팔리는 아이리시 위스키 브랜드다. 숙성에는 주로 와일드 터키 버번 캐스크와 오크 캐스크 제조업체 안토니오 파에즈 로바토의 셰리 캐스크를 곤살레스 비아스, 크로프트, 하비의 올로로소에 담금하여 사용한다.

♥ 제임슨, 18년, 리미티드 에디션 버번 & 셰리 캐스크 숙성, 40% ABV €€

Jameson, 18 years old, Limited Release, matured in bourbon and sherry casks, 40% ABV

18년은 제임슨 브랜드의 주력 제품 중 하나로, 품질에 비해 합리적인 가격대를 자랑한다. 아이리시 위스키에서 기대할 수 있는 모든 과일 향(복숭아, 구스베리)과 버번 캐스크의 달콤함(버터 바른 토피, 마지팬), 셰리의 드라이한 풍미(모카, 담배)가 어우러져 있다. 전체적으로 조화롭고 크리미하며 편안한 느낌이다.

파워스 Powers

1791년 제임스 파워는 토마스 스트리스 109번지에 있는 여관의 한구석, 더블린의 존스 레인에 아주 작은 증류소를 설립했다. 1866년 이 증류소는 와인 상인에게 캐스크로 생산한 위스키를 계속 판매하는 대신 세계 최초로 보틀링 라인을 설치했다. 첫 공식 익스프레션의 이름은 노란색 라벨에서 따온 파워스 골드 라벨(Powers Gold Label)이었다. 이 위스키는 증류소의 성공을 가져다주었고, 팟 스틸 아이리시 위스키의 벤치마크 중 하나가 되었다. 1889년 파워스는 미니어처 용기인 미뇨네트를 발명하여 다시 한 번 성공을 거두었다. 수십 년 동안 컬럼 증류 그레인위스키에 대한 불신이 이어지던 당시 1961년 파워스는 아일랜드 증류소 최초로 코페이 증류기를 설치하고 1960년대 중반부터 블렌딩 위스키를 생산하기 시작했다. 이렇게 파워스는 거대한 움직임을 일으켰고, 영원한 라이벌 제임슨도 이 움직임을 따르게 된다. 1966년 아이리시 디스틸러스사와 체결한 계약에 따라 1974년 문을 닫고 뉴 미들턴 증류소로 이전했다.

♥ 파워스, 12년, 존스 레인 릴리즈, 주로 버번 캐스크에서 숙성, 46% ABV €
Powers, 12 years old, John's Lane Release, mainly matured in bourbon casks, 46% ABV

증류소의 역사적인 주소(존스 레인)에서 유래한 이 위스키는 파워스 스타일을 가장 잘 보여주는 위스키다. 2011년에 출시된 이 보틀링은 살구 향, 달콤한 코코아의 쓴맛, 부드러운 오렌지 마멀레이드 산미, 꿀이 들어간 벌꿀 술의 풍미가 가죽 후추 향과 대비를 이루는, 팟 스틸 위스키 중 가장 호평을 받는 제품 중 하나다.

틸링 TEELING

존 틸링은 증류소(쿨리)를 매각한 후에도 거래 당시 보관하고 있던 16,000개의 캐스크 중 일부를 계속 병입하고 있었다. 2013년에는 던도크에 있는 하프 양조장을 인수하여 아일랜드에서 두 번째로 큰 증류소인 그레이트 노던(Great Northern Distillery)을 설립했다. 이 증류소는 소규모 증류소 및 유통 업체에 다양한 팟 스틸 위스키와 그레인위스키를 공급했다. 2015년 6월 9일, 그의 두 아들 잭과 스티븐이 더블린 중심부에 틸링 증류소(Teeling Distillery)를 설립했다. 이 증류소에는 프릴리 임피안티(Frilli Impianti)가 제조한 증류기 3대(15,000리터, 10,000리터, 9,000리터)가 설치되어 있고, 연간 50만 리터의 순수 알코올을 생산할 수 있었다. 두 형제는 또한 아버지의 증류소에서 그레인위스키를 공급받았다. 이후 때로는 보기 드문 숙성(밤나무 캐스크, 뮈스카 캐스크, 새로운 헝가리산 캐스크)과 피니시(럼, 리슬링, 라이 진 또는 포터, 스타우트, 초콜릿 포터 맥주 캐스크)를 거친 싱글 팟 스틸 시리즈를 생산했다.

♥ 틸링, 리슬링 캐스크, 2018, 스몰 배치 콜라보레이션, 리슬링 피닛, 46% ABV €

Teeling, riesling cask 2018, Small Batch Collaboration, riesling finish, 46% ABV

꿀, 바닐라, 캐러멜의 달콤함이 느껴지고 신선하고 마시기 쉬우며 매우 기분 좋은 위스키다. 과수원 과일(사과, 배)은 향신료(계피, 정향), 오크, 톡 쏘는 긴장감(레몬, 포멜로)으로 강화되고, 신선함(박하)으로 보완된다.

탈라모어 듀 TULLAMORE D.E.W.

이 증류소는 1829년 마이클 몰로이가 미들랜드의 오펄리 카운티에 설립했다. 1890년 다니엘 에드먼드 윌리엄스(D.E.W)가 이 브랜드를 런칭하여 전 세계적인 성공을 거두었다. 이 증류소는 1954년 생산을 중단하고 1965년 존 파워 앤 선에 매각되었다(280쪽 파워스 참조). 1994년 아이리시 디스틸러스는 탈라모어 듀 브랜드를 C&C 그룹에 매각했고, 이 그룹은 2010년 윌리엄 그랜트 앤 선즈(William Grant & Sons)에 매각했다. 탈라모어에 새로운 증류소가 건설된 2017년까지 미들턴의 라이선스 하에 생산되었다. 탈라모어 듀 블렌드는 몰트, 팟 스틸, 그레인위스키를 버번과 올로로소 캐스크에서 숙성시킨 3중 증류 블렌드다. 현재 8가지 익스프레션을 포함하는 이 아이리시 위스키 브랜드는 제임슨에 이어 세계에서 두 번째로 많이 팔리는 위스키다.

♥ 탈라모어 듀, XO, 2017, OB, 캐리비언 럼 캐스크 피니시, 43% ABV €

Tullamore D.E.W., XO 2017, OB, caribbean rum cask finish, 43% ABV

데메라라 럼 통에서 피니시한 이 위스키는 다른 블렌드와 달리 43% ABV로 병입된다. 달콤한 캐러멜, 바닐라, 매우 크리미한 질감뿐만 아니라 말린 과일(건포도, 대추, 헤이즐넛), 과수원 과일(배), 열대과일(캐러멜 처리된 바나나)의 향과 오크, 향신료(계피, 육두구, 후추)가 알맞은 긴장감을 준다.

아일랜드 여행하기

아일랜드에서 생산되는 위스키의 다양성만큼이나 풍부한 아일랜드의 역사를 동쪽 해안을 따라 이어지는 두 가지 경로를 통해 만나보자. 이벤트와 꼭 가봐야 할 곳의 주소는 267쪽을 참고하자.

아일랜드 북부(아일랜드 해)

루트 1. 더블린

세인트 제임스 게이트, 기네스 하우스스토어와 파노라마가 펼쳐지는 그래비티 바, 템플 바 지구, 1198년에 세워진 브레젠 헤드 펍, 롱 룸과 트리니티 칼리지 도서관(켈스의 서 소장), 세인트 패트릭 대성당(1220~1260), 호스 반도 산책로가 있다.

틸링 증류소(281쪽 참조), **파워스코트** 증류소, **더블린 리버티즈** 증류소, **로 앤 코** 증류소, **피어스 라이언스** 증류소가 있다.

루트 2. 드로이다

브루 너 보너(기원전 3,500~ 3,200년)에 가보자. 3개의 원형 무덤(뉴그레인지, 노스, 다우스)으로 구성된 거석 유적지로, 조각과 수백 개의 신석기 시대 예술 작품으로 덮여 있다. 수도원 유적지인 모나스터보이스와 높은 석조 십자가, 클로거 해변이 있다.

슬레인 증류소가 있다.

루트 3. 던도크

다채로운 주택과 만에서 보는 전망, 중세 해안 마을 칼링포드, 프로럭 고인돌(기원전 3,500년)에 가볼 만하다.

쿨리 증류소(274쪽 참고)와 **그레이트 노던** 증류소가 있다.

아일랜드 남부(켈트 해)

루트 1. 코크

블라니 성(11세기, 15세기에 재건)과 웅변가 돌(블라니 스톤), 피츠제럴드 공원, 아일랜드에서 가장 끔찍한 감옥 중 하나였지만 지금은 박물관이 된 코크 시티 감옥, 리 강변의 번화가, 잉글리시 마켓, 세인트 핀바르 대성당, 멋진 해안 산책로인 발리코튼 클리프 워크 등이 있다.

미들턴 증류소 및 **올드 미들턴** 증류소(276쪽 참고)가 있다.

루트 2. 워터포드 – 웩스포드

914년 바이킹이 슈어 강 남쪽 기슭에 세운 워터포드는 아일랜드에서 가장 오래된 도시이자 아일랜드의 주요 항구 중 하나다. 10세기 요새와 레지날드 타워는 바이킹 트라이앵글의 전형적인 모습. 웩스포드에서는 다양한 색상의 주택이 있는 부두, 사우스 메인 스트리트, 셀스카 수도원(11세기)을 볼 수 있다.

워터포드 증류소(268쪽 참조)가 있다.

루트 3. 킬케니

킬케니 성(1192~1207), 록가든 나이브 아트공원이 있다.

루트 4. 칼로

더킷 그로브(19세기), 브라운실, 고인돌(기원전 4,000~3,000년), 아일랜드에서 가장 아름다운 동굴 중 하나이자 빙해석 지층으로 유명한 던모어 동굴이 유명하다.

월시 증류소가 있다.

루트 5. 페르모이

연어로 유명한 블랙워터 강 유역에 위치한 이 마을의 아일랜드 이름은 13세기 시토 수도회에서 유래했다.

블랙워터 증류소가 있다.

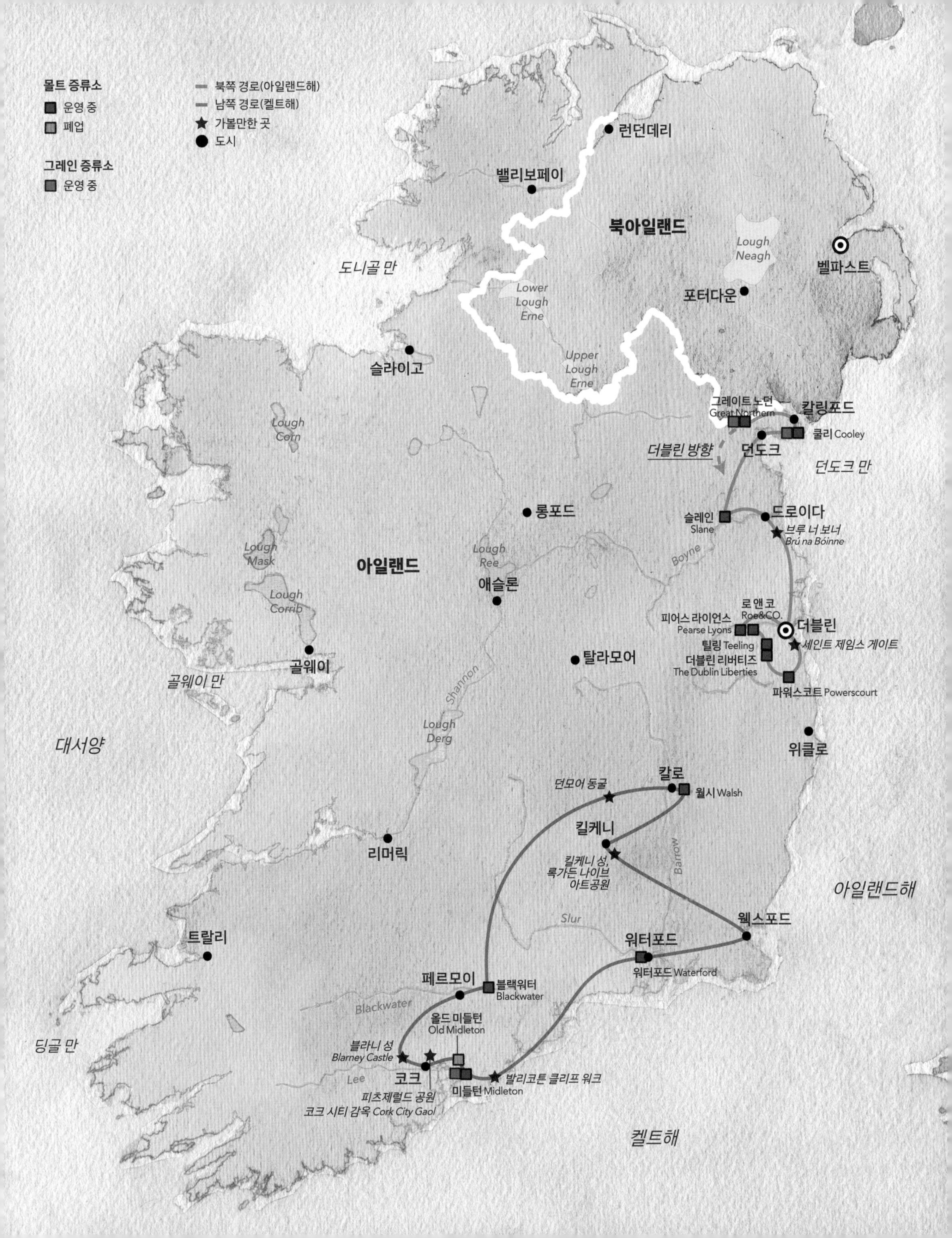

몰트 증류소
운영 중
폐업
그레인 증류소
운영 중
북쪽 경로(아일랜드해)
남쪽 경로(켈트해)
가볼만한 곳
도시
런던데리
밸리보페이
북아일랜드
Lough Neagh
벨파스트
도니골 만
Lower Lough Erne
포터다운
Upper Lough Erne
슬라이고
그레이트 노던
Great Northern
칼링포드
쿨리 Cooley
던도크
더블린 방향
던도크 만
Lough Corn
롱포드
슬레인
Slane
드로이다
브루 너 보너
Brú na Bóinne
Lough Mask
아일랜드
Lough Ree
Boyne
애슬론
Lough Corrib
로 앤 코
Roe&CO.
피어스 라이언스
Pearse Lyons
더블린
세인트 제임스 게이트
틸링 Teeling
더블린 리버티즈
The Dublin Liberties
골웨이
탈라모어
파워스코트 Powerscourt
골웨이 만
Shannon
Lough Derg
대서양
위클로
칼로
던모어 동굴
월시 Walsh
킬케니
리머릭
킬케니 성,
록가든 나이브
아트공원
Barrow
아일랜드해
Slur
웩스포드
트랄리
워터포드
워터포드 Waterford
페르모이
블랙워터
Blackwater
Blackwater
올드 미들턴
Old Midleton
딩글 만
블라니 성
Blarney Castle
코크
Lee
발리코튼 클리프 워크
피츠제럴드 공원
미들턴 Midleton
코크 시티 감옥 Cork City Gaol
켈트해

미국

1640년 초에 개발된 피치 브랜디는 복숭아 주스를 가마솥에서 증류하여 통에서 숙성시킨 증류주로 당시 미국에서 가장 인기 있는 증류주 중 하나였다. 1648년 그레인 증류소의 흔적이 처음 발견되었고, 1680년 보스턴에서 럼주가 생산되기 시작했다. 럼은 미국독립선언(1776년)과 영국 식민지로부터 당밀 공급이 중단될 때까지 부유한 식민지 주민들이 즐긴 주류였다. 양질의 미국 포도밭은 한참 뒤에 개발되었기 때문에 농부들은 대신 곡물 증류주로 눈을 돌렸다. 농부들은 잉여 생산량, 특히 켄터키에서는 잉여 옥수수를 증류했는데 운송 인프라와 수출 능력이 취약하여 버번으로 만들지 않으면 모두 버릴 수밖에 없었기 때문이다. 1740년 라이 위스키는 펜실베이니아, 메릴랜드, 뉴저지로 확산되었다. 쉔크스(훗날 믹터스)는 1777년 밸리 포지에 진을 치고 있던 당시 총사령관이던 조지 워싱턴과 그의 군대에 공급한 것으로 알려졌다. 19세기에 접어들면서 진으로 만든 칵테일에 더해 최초의 위스키 베이스 칵테일(올드 패션드, 맨해튼 등, 132쪽 참조)이 만들어졌다. 1920년 금주령으로 모든 합법적인 주류 생산이 중단되자 뉴욕의 스피크이지 바와 주류 밀매업소에 품질이 떨어지는 불법 술이 넘쳐났고 이는 점차 칵테일로 전화되어 더욱 정교한 칵테일이 발전했다. 2차 세계 대전 이후에는 수익성을 위해 부분 증류를 포기하고 대형 그룹이 설립되었다. 2000년대에 접어들면서 미국 증류주의 우수성과 풍요로움이 다시 태어났고, 새로운 활력은 테루아, 농사법, 전통 크래프트 노하우 및 증류법의 다양성에 대한 이해를 촉진하는 원동력이 되었다.

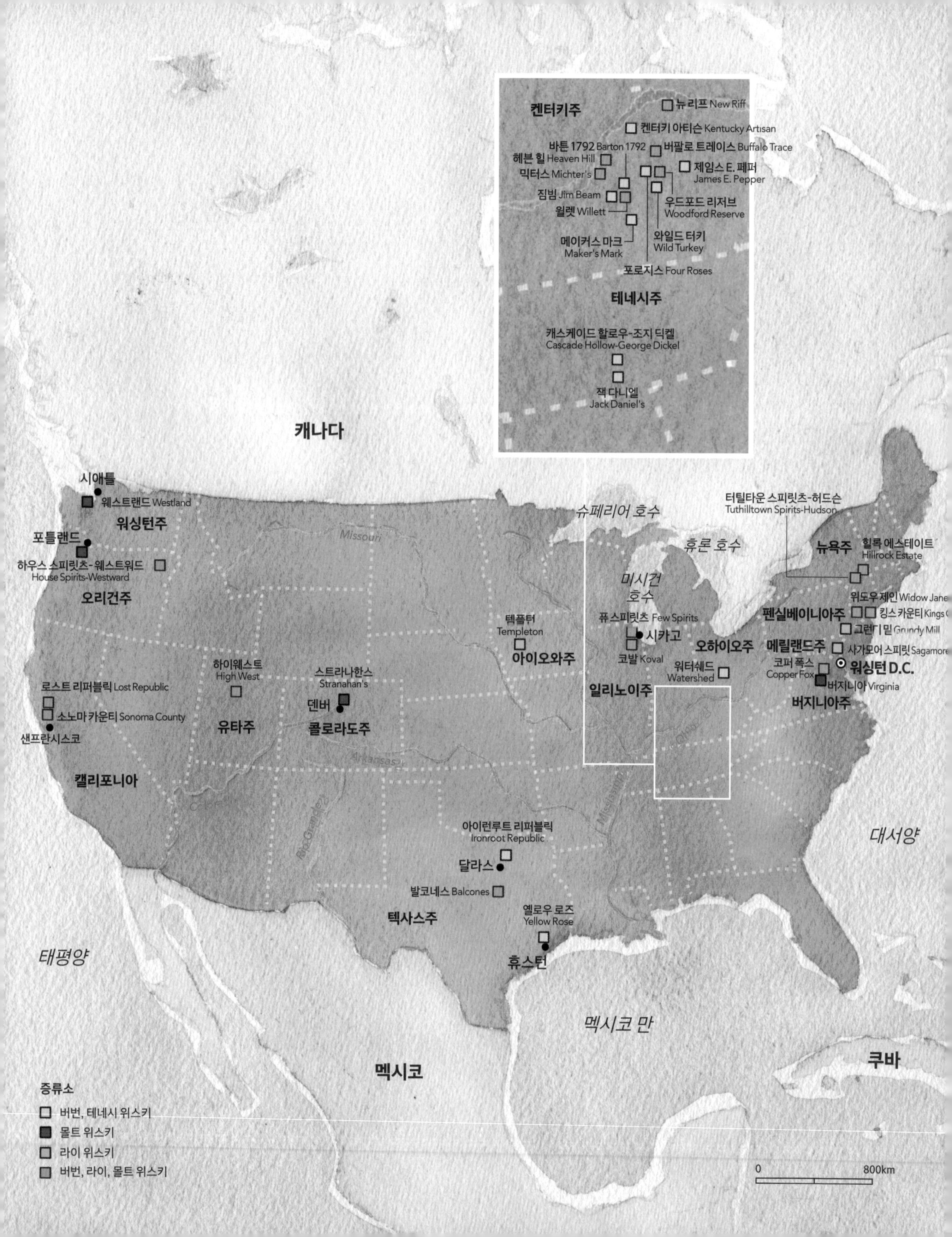

켄터키주
뉴 리프 New Riff
켄터키 아티슨 Kentucky Artisan
바튼 1792 Barton 1792
버팔로 트레이스 Buffalo Trace
헤븐 힐 Heaven Hill
믹터스 Michter's
제임스 E. 페퍼 James E. Pepper
짐빔 Jim Beam
우드포드 리저브 Woodford Reserve
윌렛 Willett
메이커스 마크 Maker's Mark
와일드 터키 Wild Turkey
포로지스 Four Roses
테네시주
캐스케이드 할로우-조지 딕켈 Cascade Hollow-George Dickel
잭 다니엘 Jack Daniel's
캐나다
시애틀
웨스트랜드 Westland
워싱턴주
포틀랜드
하우스 스피릿츠-웨스트워드 House Spirits-Westward
오리건주
슈페리어 호수
Missouri
휴론 호수
미시건 호수
터틸타운 스피릿츠-허드슨 Tuthilltown Spirits-Hudson
뉴욕주
힐록 에스테이트 Hillrock Estate
위도우 제인 Widow Jane
킹스 카운티 Kings C
펜실베이니아주
그런디 밀 Grundy Mill
템플턴 Templeton
아이오와주
퓨 스피릿츠 Few Spirits
시카고
코발 Koval
오하이오주
메릴랜드주
사가모어 스피릿 Sagamore
코퍼 폭스 Copper Fox
워싱턴 D.C.
버지니아 Virginia
버지니아주
워터쉐드 Watershed
일리노이주
하이웨스트 High West
스트라나한스 Stranahan's
로스트 리퍼블릭 Lost Republic
소노마 카운티 Sonoma County
샌프란시스코
덴버
유타주
콜로라도주
Arkansas
캘리포니아
Ohio
Mississippi
Rio Grande
아이런루트 리퍼블릭 Ironroot Republic
대서양
달라스
발코네스 Balcones
텍사스주
옐로우 로즈 Yellow Rose
휴스턴
태평양
멕시코 만
쿠바
멕시코
증류소
버번, 테네시 위스키
몰트 위스키
라이 위스키
버번, 라이, 몰트 위스키
0
800km

증류소 분류

AAA
버팔로 트레이스

AA
믹터스
발코네스**
우드포드 리저브
위도우 제인
하우스 스피릿츠-웨스트워드
헤븐 힐

A
로스트 리퍼블릭*
메이커스 마크
소노마 카운티
와일드 터키
웨스트랜드
잭 다니엘
짐빔
캐스케이드 할로우-조지 딕켈
코발
터틸타운 스피릿츠-허드슨

BBB
스트라나한스*
아이런루트 리퍼블릭*
켄터키 아티슨
코퍼 폭스
킹스 카운티

BB
바튼 1792
버지니아
스타인
옐로우 로즈
윌렛
템플턴
포로지스
퓨 스피릿츠
하이웨스트

B
그런디 밀
뉴 리프
사가모어 스피릿
워터쉐드
제임스 E. 페퍼
힐록 에스테이트

특별히 뛰어난 증류소(AAA)부터 보다 일반적인 증류소(C)까지.
N: 새로운 증류소 †: 문 닫은 증류소 *주목할 만한 증류소 **매우 주목할 만한 증류소

간단한 역사

1753년 펜실베이니아에 훗날 믹터스(2015년 재출시)가 될 증류소 설립

1775년 켄터키주 프랭크퍼트에 버팔로 트레이스 설립

1795년 짐빔 설립

1812년 2003년에 우드포드 리저브가 되는 증류소 설립

1844년 1953년 메이커스 마크가 될 증류소 중 첫 번째 증류소 설립

1866년 잭 다니엘, 증류 허가 획득

1891년 1971년 와일드 터키가 될 증류소 설립

1920~1933년 금주령

1935년 켄터키주 바즈타운에 헤븐 힐 설립

기본 정보

이벤트

위스키페스트 뉴욕(Whiskyfest New York)
10월 마지막 주말

위스키페스트 시카고(Whiskyfest Chicago)
12월 초

샌프란시스코 월드 스피릿 컴피티션(San Francisco World Spirit Competition)
3월 말

꼭 가봐야 할 장소

에어로 클럽(Aero Club)
3365 India Street - San Diego - CA92103

캐논 – 위스키 & 비터스 엠포리움(Canon–Whisky & Bitters Emporium)
928 12th Avenue - Seattle - WA98122

델리아스 (Delilah's)
2771 N Lincoln Avenue - Chicago - IL60614

멀트노마 위스키 라이브러리(Multnomah Whisky Library)
1124 SW Alder Street - Portland - OR97205

프루프 온 메인(Proof on Main)
702 W Main Street - Louisville - KY40202

워싱턴 잭 로즈 다이닝 살룬(Washington Jack Rose Dining Saloon)
2007 18 Street NW - Washington - DC20009

발코네스

BALCONES

설립연도

2008년

소유주

벤처 위스키(Venture Whisky)

증류기 대수

워시 스틸 1대
스피릿 스틸 1대

연간 생산량

용량: 연간 순수 알코올 35만 리터

위치

225 S 11th Street - Waco - TX76701

BALCONES DISTILLING

2008년 설립된 발코네스 증류소는 텍사스 증류주 전통에 전환점을 마련한 곳이다. 설립 초기부터 마스터 디스틸러 제러드 힘스테드(Jared Himstedt)의 지휘 아래(292쪽 '인터뷰' 참고) 스코틀랜드 싱글 몰트 전통의 특징인 포사이스 구리 팟 스틸 증류, 저온 장기 발효, 올로로소 캐스크 또는 레드 와인 캐스크 숙성 등을 현지 기후에 맞게 적용했다. 발코네스는 원재료 선택에 특히 민감하다. 라이 위스키에는 엘본, 버번에는 블루 콘, 무엇보다도 싱글 몰트에는 1960년대 맥켈란의 전성기를 가져다준 상징적인 보리 품종인 골든 프라미스를 사용한다. 지난 10년 동안 발코네스는 텍사스 위스키 협회가 생산 과정을 면밀히 감독하는 텍사스 싱글 몰트라는 스타일을 만드는 데 크게 기여해 왔다. 이 싱글 몰트는 일일 기온 변화가 30℃가 넘는 저장고의 극한의 숙성 환경으로 유명하다! 발코네스는 최근 피트 익스프레션을 출시했는데, 증류소의 훌륭한 싱글 몰트를 제공하는 가장 안목 있는 보틀러에게 인기가 높다.

인터뷰

제러드 힘스테드
발코네스 마스터 디스틸러

텍사스 위스키에 특별한 점이 있나요?

텍사스 위스키 협회에서 텍사스 위스키로 인증 받으려면 텍사스 주에서 매싱, 발효, 증류, 캐스크 주입 및 숙성을 거쳐야 합니다. 텍사스의 가장 독특한 특징은 기후입니다. 더위가 극심하고 추위는 상상 이상으로 매섭지만, 이러한 온도 변화 때문에 텍사스 저장고의 숙성은 매우 흥미롭습니다. 일 년 중 어느 날이라도 기온차가 25~30℃에 달할 수 있고, 때로는 그보다 더 클 때도 있습니다. 하지만 텍사스 위스키의 역사는 10년이 채 되지 않았고, 텍사스 지역의 특정 기후와 그 기후가 우리에게 어떤 영향을 미칠 수 있는가에 대해 여전히 배우는 중입니다.

'1' 텍사스 싱글 몰트 위스키(클래식 에디션)의 주요 특징과 두 가지 스페셜 에디션인 올로로소 및 PX 캐스크에서 숙성한 브루제리아, 프렌치 캐스크에서 숙성한 싱글 몰트 프렌치 오크의 주요 특징은 무엇인가요?

저희의 플래그십 '1' 텍사스 싱글 몰트의 아로마 프로파일은 전통적인 스카치위스키의 특징(골든 프라미스 보리 품종, 포사이스 팟 스틸 증류)과 주로 새로운 캐스크에서 숙성된 매우 미국적인 우디 프로파일을 결합합니다. 풍부하고 와인 향이 나는 브루제리아는 이러한 형태의 셰리 캐스크 피니시의 전통을 이어받아 말린 과일 향이 아는 올로로소 피니시입니다. 프렌치 오크는 버진 혹은 퍼스트 필 프렌치 오크 캐스크에서 숙성한 위스키입니다. 우리는 항상 '1'에 소량의 프렌치 오크를 사용해 왔고, 이 새로운 익스프레션을 통해 아메리칸 오크보다 훨씬 더 플로럴하고 타닌이 강한 독특한 질감과 프로파일을 지닌 독특한 블렌드를 저희 팬들과 공유할 수 있게 되었습니다.

미국 분류법에 아직 존재하지 않는 이 카테고리(싱글 몰트)의 공식적인 정의를 담당하고 있는 미국 당국으로부터 연락을 받은 적이 있나요?

저희는 미국 규제 당국과 미국 싱글 몰트에 포함되어야 하는 특성에 대해 긴밀히 협력하고 있는 미국 싱글 몰트 위원회와 연락을 취하고 있습니다. 저희의 정의가 최종적으로 채택되기를 바랍니다.

발코네스 버번과 라이 위스키에 특정한 스타일이 있나요? 버번의 경우, 전통적인 옥수수와 비교하여 발코네스에서 사용하는 블루 콘이 특정한 아로마를 내나요?

미국에서는 버번과 라이 위스키 대부분이 컬럼 증류 방식으로 만들어지지만 저희는 팟 스틸 방식만 사용합니다. 또한 다른 나라에서 생산되는 대부분의 버번이나 라이보다 훨씬 낮은 온도에서 발효하고 최종 pH가 훨씬 낮습니다. 결과적으로 켄터키 버번이나 라이 위스키와는 매우 다른 풍미와 질감을 지닌 전형적인 발코네스 스타일이 탄생합니다. 그리고 저희가 사용하는 블루 콘은 헤이즐넛, 아몬드, 호두 등 견과류 풍미가 훨씬 더 강합니다. 또한 일반적인 노란 옥수수보다 규소(미네랄)가 더 많이 함유되어 있어 아로마가 더 풍부하고, 오일 함량이 높아 버터 향과 코팅된 듯한 질감을 줍니다.

발코네스에서 생산하는 위스키에 '테루아'라는 표현을 쓸 수 있을까요?

저희는 전통적인 의미의 '테루아'라는 용어를 사용하지는 않지만 텍사스 중부라는 지역의 특수성을 강조하고 싶습니다. 우리의 생산 과정에서 중요한 역할을 하기 때문입니다. 많은 증류소가 지역 곡물로 광범위한 실험을 하고 있습니다. 물론 우리도 이 길을 모색하고 있지만(호밀과 블루 콘은 지역 농장에서 생산됩니다) 주로 기후 영향에 집중하고 있습니다. 숙성은 말할 것도 없고, 계절에 따라 고유한 천연 효모와 박테리아가 달라지는 등 개방형 워시백 발효에 영향을 미치는 미생물 군집에도 영향을 미칩니다(천연 효모는 방향 컨제너를 가장 많이 형성하는 효모지만 기후 변화와 미생물 환경에 매우 민감하기 때문에 사용하는 데 변수가 많다 – 편집자 주). 또한 처음으로 텍사스에서 재배하고 몰팅한 보리를 사용하기 위해 몇 년 동안 노력해 왔습니다.

위스키의 아로마 프로파일에 가장 큰 영향을 미치는 생산 공정은 무엇인가요?

효모는 에스터의 형성과 다양한 아로마에 큰 영향을 미칩니다. 효모는 맥아즙의 당 농도(냉각된 맥아즙에 첨가되는 효모의 양으로, 일반적으로 맥아즙의 전체 질량에 대한 건조 추출물의 질량 비율인 밀리리터당 백만 셀 및 플라토 스케일로 표시됨 – 편집자 주), 에어링, 좀 더 긴 발효, 복잡한 산성 프로파일을 갖게 하는 최종 맥아즙의 낮은 pH를 결정하지요. 증류 중에는 환류를 제어하여 이러한 다양한 아로마를 유지하고 숙성 단계에서는 이를 더욱 확장시킵니다.

발코네스에서 가장 기억에 남는 일은 무엇인가요?

저희는 끊임없이 새로운 기술을 실험하며 생산 공정을 미세하게 조정하고 있습니다. 스틸룸이나 블렌딩룸 또는 저장고에서 시음할 때 이러한 변화로 인한 아로마의 차이를 느낄 때가 가장 흥미롭습니다. 아주 최근, 어느 정도는 재미를 위해 아주 특별한 캐스크에 넣었던 가장 오래된 피트 위스키를 테스트한 후 정말 기뻤습니다. 결과가 기대 이상이었거든요.

다시 맛보고 싶은 다른 증류소의 위스키가 있나요?

제가 맛본 최고의 위스키 중 하나는 로크사이드였습니다. 증류소가 문을 닫아 구하기가 매우 어렵지요. 그래서 바에서나 자신의 컬렉션을 공유하는 친구와 함께 로크사이드를 맛볼 수 있는 기회가 생길 때마다 강렬한 경험을 합니다.

내가 사랑한 위스키

€ 35유로 이하 • € 35~39유로 • €€ 70~150 유로 • €€€ 150유로 이상

♥ 발코네스, 텍사스 싱글 몰트, 2019, 53% ABV €€
Balcones, Texas single malt, 2019, 53% ABV

미국 위스키의 전형적인 아로마를 기대했다면 깜짝 놀랄 것이다. 대추야자, 건청포도 등 말린 과일의 향과 분필, 목공용 왁스의 파우더리한 향이 이 싱글 몰트에 드라이하고 생동감 있는 개성을 만들어낸다. 핑크 페퍼와 소나무 꿀의 골조가 뒷받침하는 우아한 우드 향이 사랑스러운 허브 향을 돋보이게 한다.

♥ 발코네스, 베이비 블루, 콘 위스키, 2018, 46% ABV €
Balcones, Baby Blue, corn whisky, 2018, 46% ABV

미국 남서부와 멕시코 토종 옥수수 블루 콘 100%로 만든 이 위스키는 이미 다양한 국제 대회에서 수상한 화려한 경력이 있다. 옥수수 속대를 구울 때 나는 약간의 스모키 향이 처음에 느껴지는 이 위스키는 놀랄 만큼 현재의 스프링뱅크를 연상시킨다. 베르가모트를 중심으로 강렬한 열대과일과 달콤한 시트러스 향이 어우러져 둥근 느낌과 부드러움을 더한다. 향이 사라지면서 버번의 진정한 특징인 토르티야, 바비큐 연기, 바닐라, 캐러멜 등 텍사스 '테루아'가 중심을 이룬다.

♥ 발코네스, 텍사스 팟 스틸 버번, 스트레이트 버번 위스키, 2018, 46% ABV €
Balcones, Texas pot still bourbon, straight bourbon whisky, 2018, 46% ABV

이 스트레이트 버번은 꿀에 절인 사과, 구운 오크, 광택제 풍미가 느껴진다. 그다음 샌들우드와 가죽 향이 나타나 타닌과 달콤한 향신료로 발전한다.

♥ 발코네스, 텍사스 라이, 헌드레드 프루프, 100% ABV 라이 위스키, 2018, 50% ABV €
Balcones, Texas rye, Hundred proof, 100 % rye whisky, 2018, 50% ABV

향긋한 후추와 강렬한 차의 복잡한 풍미 위에서 과일(마라스키노 체리, 자두)과 통카빈 풍미가 시작된다. 솔티드 버터 캐러멜과 견과류의 풍미가 가미된 크리미한 틀이 특징이다.

♥ 발코네스, 브림스톤, 텍사스 스크럽 오크 스모크, 10주년 기념, 콘 위스키, 2017, 53% ABV €€€

Balcones, Brimstone, Texas scrub oak smoked, 10th anniversary, corn whisky, 2017, 53% ABV

이 100% 콘 위스키(블루 콘)는 옥수수 속대와 옥수수, 가염버터, 바비큐 석탄, 타바스코 등 위스키가 탄생한 테루아를 훌륭하게 표현한다. 긁어내어 다시 토스팅한 캐스크가 장작불과 파이프 담배의 아로마 외에도 녹차와 멘톨을 중심으로 한 놀라운 식물성 풍미 일체를 만들어낸다.

♥ 발코네스, 피티드, 10주년 기념, 텍사스 싱글 몰트 위스키, 2018, 46% ABV €€€

Balcones, Peated, 10th anniversary, Texas single malt whisky, 2018, 46% ABV

발코네스 창립 10주년을 기념하여 출시된 이 피티드 싱글 몰트는 태운 삼나무와 구운 잔가지 향이 미림 소스와 데리야키 소스, 캐러멜과 어우러져 흙 풍미가 매우 강한 아로마 프로파일을 가지고 있다. 계피가 놀라울 정도로 둥글게 랍상소우총을 감싸고 있다. 카다멈이 길고 파프리카의 긴 풍미를 마무리한다.

꼭 알아둘 증류소

€ 35유로 이하 • € 35~39유로 • €€ 70~150 유로 • €€€ 150유로 이상
★ 전설적인 위스키의 가격은 모두 150유로 이상이다.

버팔로 트레이스 BUFFALO TRACE

미국 증류주 생산의 대표주자 버팔로 트레이스는 미국 독립 1년 전인 1775년 켄터키 주 프랭크포트에 공식적으로 설립되었다. 버팔로 트레이스는 역대 마스터 디스틸러(콜로넬 E. H. 테일러, 엘머 T. 리, 해리슨 블랜턴, 조지 T. 스태그)의 이름과 1972년 버팔로 트레이스의 소유주인 사제락 그룹이 인수하여 1991년 폐쇄한 스티첼-웰러 증류소의 마스터 디스틸러의 이름을 딴 여러 브랜드로 증류하고 있다. 이 인수 결과 가장 유명한 버번 중 두 가지, 즉 패피 반 윙클과 W. L. 웰러가 그룹의 제품군에 추가되었다(불렛 역시 지금도 버팔로 트레이스에서 생산하지만 디아지오를 대신하여 생산되는 브랜드다). 버팔로 트레이스는 1886년 미국 증류소 최초로 저장고에 온도 제어 시스템을 도입했고, 금주령 기간 동안에도 생산을 계속할 수 있었던 몇 안 되는 증류소 중 하나였다. 버팔로 트레이스는 또한 상징적인 이글 레어 브랜드도 생산한다.

♥ 콜로넬 E. H. 테일러, 라이, 스몰 배치, 48.9% ABV €€

Colonel E. H. Taylor, rye small batch, 48.9% ABV

이 라이 위스키 안의 모든 것이 라이 위스키라는 명칭에 어긋난다. 시칠리아 레몬으로 감싸여 둥글어진 호밀의 건조함은 사라지고, 살짝 스모키한 너도밤나무를 중심으로 한 우디한 호밀이 느껴지는 것이 그 증거다. 향신료가 크레센도로 올라오고 기분 좋은 육두구와 신선한 허브, 세이지, 레몬그라스 풍미가 전면에 등장한다.

★ 콜로넬 E. H. 테일러 버번, 배럴 프루프 배치 2, 차드 뉴 화이트 아메리칸 오크, 켄터키, 67.7% ABV

Colonel E. H. Taylor Bourbon, Barrel Proof Batch 2, Charred New White American Oak Barrel, Kentucky, 67.7% ABV

E. H. 테일러의 배럴 프루프는 대체로 예술 작품에 가깝다. 배치 2도 예외는 아니며, 의심할 여지없이 시리즈 중 가장 특별한 위스키다. 7년간 숙성된 이 버번은 금주법 이전의 관행처럼 필터링 없이 엄선된 캐스크에 주입

된다. 향긋한 꽃(아이리스, 모란, 프리지아, 라일락), 놀라운 발효 딸기, 익힌 베리류, 블랙 체리, 고메 바닐라, 로즈우드, 화이트 페퍼가 3막으로 구성된 이 오페라의 배우들과 함께 어우러져 풍성한 향을 느낄 수 있다.

★ 패피 반 윙클 패밀리 리저브, 20년, 버번, 45.2% ABV

Pappy Van Winkle's Family Reserve, 20 years old, bourbon, 45.2% ABV

옛 스티첼-웰러 증류소에서 증류한 이 버번은 이미 명성이 자자하다. 병을 오픈하면 별안간 시럽과 구운 파인애플, 코코넛 주스로 아로마가 밀려온다. 오랜 세월의 흔적이 느껴지는 랑시오는 꿀과 오렌지 꽃의 날카로움으로 더욱 두드러진다. 빈 잔에서는 메이스와 호로파의 화려한 풍미가 드러난다.

캐스케이드 할로우 디스틸링 CASCADE HOLLOW DISTILLING CO. (조지 딕켈 테네시 위스키의 고향)

1870년대에 설립된 조지 A. 딕켈 & 컴퍼니는 무역 회사였는데 이 지역의 증류소, 특히 조지 딕켈(George Dickel)이 얼마 후 주주가 된 캐스케이드 할로우(Cascade Hollow) 증류소의 위스키를 구매해 유통했다. 1898년 캐스케이드 할로우 마스터 디스틸러 맥린 데이비스가 사망하자 딕켈의 사업 파트너인 빅터 슈왑(Victor Schwab)이 회사를 인수했다. 1910년 테네시주 위스키 생산이 금지된 후 켄터키주 루이빌에 있는 스티첼 증류소로 사업을 이전했다. 1958년이 되어서야 캐스케이드 할로우가 다시 테네시로 돌아왔고 현재 위치에서 100미터 떨어진 곳에 새로운 증류소를 세웠다. 1964년에는 현재 디아지오가 소유하고 있는 조지 딕켈 테네시 브랜드로 사워 매시 위스키(Sour Mash Whisky) #8과 #12를 출시했다. 이 테네시 위스키는 노스다코타주 옥수수 84%, 호밀 8%, 몰트 보리 8%를 혼합하여 만든다. 이 위스키는 72~92시간 동안 사워 매시 발효를 거쳐 1차 컬럼 증류와 더블러(혹은 텀퍼로 2차 증류기를 가리킴)에서 2차 증류를 거친다. 딕켈은 위스키는 겨울에 증류하는 것이 가장 좋다고 생각하고 증류액을 4.4℃로 식힌 후 링컨 카운티 프로세스 컬럼을 통해 여과했다(302쪽 '잭 다니엘' 참고). 그런 다음 온도 변화를 최소화하고 엔젤스 셰어를 3%로 제한하기 위해 주변 언덕의 높은 창고에 있는 아메리칸 오크 캐스크에 57.5% ABV로 담는다. 현재 제품 라인에는 여섯 가지 코어 익스프레션이 있다.

♥ 조지 디켈, 사워 매시, 테네시 위스키 슈피리어 #12, 45% ABV €

George Dickel, Sour Mash, Tennessee Whisky Superior #12, 45% ABV

이 제품 라인의 스타로, 부드러움('달빛처럼 부드러운')과 옥수수와 땅콩의 악센트가 매력적인 위스키다. 크림 캐러멜과 오렌지 제스트, 가죽과 오크 스모가 조화를 이룬다.

HEAVEN HILL™ EST DISTILLERY 1935

헤븐 힐 HEAVEN HILL

버팔로 트레이스와 마찬가지로 헤븐 힐은 번하임, 일라이저 크레이그, 에반 윌리엄스, 헨리 맥케나, 라세니, 올드 피츠 제럴드, 리튼하우스 등 많은 버번 및 라이 위스키 브랜드 증류소의 모기업이다. 1935년 금주법이 폐지된 직후 켄터키주 바즈타운 외곽에 샤피라 가문이 설립한 이 증류소는 가족 주주를 유지하고 있는 몇 안 되는 미국 주요 증류소 중 하나다. 증류소는 듀보네(Dubonnet) 브랜드의 베르무트 생산 라이선스도 보유하고 있다. 헤븐 힐은 모든 마스터 디스틸러가 빔 가문의 일원이다. 1996년 화재로 인해 증류소 대부분이 소실되었는데 그 후 이웃 기업인 브라운-포맨(잭 다니엘)과 짐빔에 의존해 생산을 이어가다가 1999년 디아지오 그룹으로부터 루이빌의 베른하임 증류소를 인수하고 그때부터 전체 생산을 다시 책임지고 있다. 현재 헤븐 힐은 100만 통이 넘는 캐스크를 보유하고 있고, 설립 이래 700만 통 이상을 생산했다. 지금도 최고의 독립 버번 증류소로 남아 있는 헤븐 힐은 최근 보드카, 진, 몰트위스키 등으로 영역을 확대하고 있다.

♥ 일라이저 크레이그, 12년, 배럴 프루프, 스몰 배치, 버번 68.5% ABV €€

Elijah Craig, 12 years old, Barrel Proof, Small batch, bourbon, 68.5% ABV

처음에는 블랙베리에 놀라지만, 블랙베리의 둥글둥글함이 가벼운 플로럴 풍미(인동덩굴, 유칼립투스)를 잠식하지는 않는다. 그런 다음 복숭아, 잘 익은 망고, 코코넛 오일과 모노이(야자 기름에 티아레 꽃을 담가 얻은 향유의 일종 – 옮긴이 주)로 강조된 과일이 중심을 이룬다.

♥ 에반 윌리엄스, 싱글 배럴 빈티지, 86.8 프루프, 2005, 43.3% ABV
Evan Williams, Single Barrel Vintage, 86.6 Proof, 2005, bourbon, 43.3% ABV

프로폴리스로 넘어가는 밀크 초콜릿과 오렌지 블로썸 꿀을 연상시키는 부드러운 맛이 느껴진다. 생강이 콧속을 간질이고 불에 탄 오크가 계피와 메이스 향과 함께 목에서 올라온다.

하우스 스피릿츠-웨스트워드 HOUSE SPIRITS-WESTWARD

2004년 크리스찬 크로그스타드와 톰 무니가 포틀랜드에 설립한 이 증류소는 바텐더 라이언 마가리언과 함께 만든 에비에이션 아메리칸 진의 성공에 힘입어 급성장했다. 이렇게 성장한 덕분에 두 파트너는 꽃과 과일 향(바나나, 배, 재스민, 장미꽃)을 위한 아메리칸 에일 효모로 발효하는 아메리칸 싱글 몰트 개발 프로젝트를 시작할 수 있었다. 정향과 바나나 향이 나는 벨기에 에일 효모(세종, 바바리안, 헤페바이젠)도 사용한다. 3,000갤런(11,356리터) 용량의 팟 스틸은 미시시피 강 서안에서 가장 큰 규모다. 후드가 짧고 라인암이 아래를 향하여 환류를 최대한 방지한다. 과일 풍미가 강한 이 위스키에 나무 향이 남지 않도록 알코올 도수 62% ABV에서 짧게 컷하고 중간 정도로 토스팅한 버번 아메리칸 오크 캐스크에서 5~6년 동안 숙성한다. 여름에는 덥고 건조하고 겨울에는 춥고 습하여 5년 동안 총 엔젤스 셰어는 16~17%이며 알코올 도수는 62% ABV에서 65% ABV로 증가한다. 블렌딩은 스몰 배치(6~8개의 배럴을 45%로 병입)로 한다.

♥ 웨스트워드, 아메리칸 싱글 몰트위스키, 하우스 스피릿츠 디스틸러리, 스몰 배치, 아메리칸 오크, 45% ABV
Westward, American single malt whiskey, House Spirits Distillery, Small Batch, american oak barrels, 45% ABV

첨가물 없이 엄선된 맥아로 만든 이 논 칠 필터드(Non Chil-filterd) 싱글 몰트는 신선한 과일(멜론, 오렌지, 붉은 과일, 사과, 배)과 바닐라와 흑설탕이 두

드러지는 말린 과일(헤이즐넛, 말린 무화과) 사이를 오가는 풍미를 느낄 수 있다. 독특하고 밀도 있는 질감이 돋보이는 이 익스프레션은 놀랍도록 바디감이 풍부하고 식물성 풍미(라임꽃, 베티버), 몰트 보리 및 향신료(계피, 메이스, 카다멈)로 확장된다. 쌉싸름한 코코아, 신선한 담배, 부드러운 스모크가 전체를 강조한다.

잭 다니엘 JACK DANIEL'S

재스퍼 뉴튼 '잭' 다니엘은 가족 간 불화로 인해 삼촌과 함께 살면서 목사 댄 콜과 그의 디스틸러 나단 '니어리스트' 그린에게 위스키 제조를 배웠다. 1866년 증류 면허를 취득한 잭 다니엘은 1875년 콜과 함께 테네시주 린치버그에 증류소를 설립했다. 후에 콜은 그에게 소유권을 넘긴다. 1884년 증류소는 현재의 증류소 부지로 이전했는데, 이곳의 수원은 석회암층에 여과되어 에스터 생성에 부정적인 영향을 미치는 철 화합물이 적다. 버번의 블렌딩 레시피(옥수수 80%, 호밀 12%, 맥아 보리 8%), 사워 매시 발효, 새 참나무 캐스크 숙성 등 버번과 유사한 잭 다니엘 위스키는 테네시 위스키의 특징인 링컨 카운티 프로세스(LCP)에서만 차이가 있다. 이 공정은 증류액을 오크 캐스크에 담기 전 3미터가 넘는 두께의 단풍나무 숯 기둥에 증류액을 여과하여 일부 지방산과 그와 관련된 에스터를 제거하여 부드럽게 만드는 과정이다. 1956년 브라운-포맨이 증류소를 인수한 후 판매량이 급격히 증가하여 1970년대 초까지 수요를 감당할 수 없을 정도였다. 잭 다니엘은 미국 문화의 아이콘이 되었다. 생산 시설의 현대화에 따라 판매량은 12년(1973~1986) 동안 3배로 증가했다. 2020년에는 1,600만 케이스에 달했다.

♥ 잭 다니엘, 싱글 배럴 프루프, 테네시 위스키, 64.5% ABV €€

Jack Daniel's, Single Barrel Proof, Tennessee whiskey, 64.5% ABV

2017년부터 정기적으로 리뉴얼된 64.5% ABV 배럴 프루프는 두말할 것도 없이 이 제품 라인의 최고 익스프레션으로, 잼으로 만든 붉은 과일(딸기, 체리, 레드커런트), 달콤한 향신료(바닐라, 시나몬), 달콤함(토피, 메이플 시럽), 향기로운 허브(신선한 박하)와 구운 나무 향(가죽, 나무, 재, 후추, 토스트)이 조화를 이룬다.

짐빔 JIM BEAM

켄터키의 옥수수 농부였던 제이콥 빔은 남은 곡물을 증류하기 시작했고, 1795년 올드 제이크 빔 사워 매시(Old Jake Beam Sour Mash)를 처음 판매했다. 1854년 그의 아들 데이비드는 위스키를 다른 주로 판매하기 위해 증류소를 철로와 가까운 클리어 스프링스로 옮겼고, 1880년 브랜드 이름을 올드텁으로 바꿨다. 데이비드의 뒤를 이은 제임스 '짐' 보르가드는 1933년 금주법이 폐지되자마자 증류소를 재건하고, 1943년 버번의 이름을 '짐빔'으로 변경했다. 한 가지 라이위스키(짐빔 라이, 2년, 40% ABV)를 제외한 짐빔의 모든 보틀(짐빔 켄터키 스트레이트, 4년, 40% ABV, 짐빔 초이스, 5년, 40% ABV, 짐빔 블랙, 8년, 43% ABV)은 버번이다(옥수수 51% 이상, 사워 매시 발효, 컬럼 증류 및 더블러에서 응축, 태운 새 아메리칸 오크 캐스크에서 최소 2년 이상 숙성). 이 중 일부는 베이커스(Bakers), 바질 헤이든스(Basil Hayden's), 부커(Booker), 납크릭(Knob Creek)과 같은 프리미엄 브랜드로 판매하고 있다. 2014년 산토리 홀딩스가 139억 달러에 짐빔을 인수하면서 거대 기업 빔 산토리가 탄생했다.

♥ 부커스, 버번, 6~8년, 121~127 프루프, 60.5~63.5% ABV €
Booker's, bourbon, 6-8 years old, 121-127 Proof, 60.5-63.5% ABV

옥수수 77%, 호밀 13%, 맥아 보리 10%를 매싱하여 6~8년 동안 숙성하고, 사전 여과 없이 캐스크 스트렝스로 한정된 수량만 블렌딩한 이 위스키는 이 제품 라인에서 가장 높은 품질을 자랑한다. 버터 캐러멜로 버번의 특징을 지배하지 않고 오히려 과일(바나나, 커스터드 애플), 우아한 삼나무, 달콤한 향신료(화이트 페퍼, 감초)로 보완한다. 1988년 출시된 이 브랜드는 1965년부터 1992년까지 짐빔의 마스터 디스틸러였던 짐빔의 손자 부커 노(Booker Noe)의 이름을 따서 명명했다.

코발 KOVAL

로버트와 소나트 버네커 하트가 2008년 설립한 코발 증류소(이디시어로 '대장장이', '앞으로 나아가는 사람'이라는 뜻)는 1800년대 중반 시카고에 최초로 문을 연 증류소다. 이 증류소는 유기농 효소와 효모를 사용하고 본류만을 남기고 유기농 및 대체 곡물(기장, 귀리, 스펠트, 백호밀 등)을 증류하고 나무와의 접촉이 많은 작고(약 113리터) 탄화된 새 아메리칸 오크 캐스크에 숙성한다. 위스키는 블렌딩 없이 배럴 단위로 병입한다. 버번은 옥수수 51% 호밀 49%로, 위스키는 맥아 보리, 호밀, 귀리, 밀로 만든다. 모든 제품은 코셔 인증을 받았다.

♥ 코발, 싱글 배럴 포 그레인, 47% ABV €
Koval, single barrel four grain, 47% ABV

드라이(가다멈, 후추, 육두구, 계피, 진저브레드) 또는 스위트(바닐라, 감초) 등 향신료가 돋보이는 다양한 풍미로 구성되어 숙성 기간(2년)이 짧은데도 복합적인 위스키다. 과일(망고, 바나나, 배, 사과), 허브(갓 자른 풀, 마조람), 감귤류(오렌지), 오크 캐스크 풍미(스모크, 재, 가죽, 담배, 토스트)가 번갈아 가며 드러나며 드라이하고 크리미한 질감 또한 복합적이다.

로스트 리퍼블릭 LOST REPUBLIC

새크라멘토, 샌프란시스코와 정삼각형을 이루는 힐즈버그 시에 2013년부터 로스트 리퍼블릭이 자리 잡고 있다. 나파 밸리의 중심부에 자리한 이 증류소는 와인 업계에 있었던 사람들이 오크 캐스크 숙성과 구리 팟 스틸 이중 증류 공정에 대한 전문 지식을 결합하여 자연스럽게 설립한 증류소다. 로스트 리퍼블릭은 라이 위스키와 버번 위스키 싱글 배럴 보틀링을 전문으로 한다.

♥ 로스트 리퍼블릭, 스트레이트 라이 위스키, 싱글 배럴, 캐스크 스트렝스, 58% ABV €€
Lost Republic, straight rye whisky, single barrel, Cask Strength, 58% ABV

이 스트레이트 라이는 오크 캐스크에서 2년 이상 숙성했고 호밀 95%와 몰트 보리 5%로 만든다. 단일 배럴, 캐스크 스트렝스로 병입한 위스키는 단 몇 분 만에 자신의 모든 잠재력을 잔 안에 표현한다. 레몬과 구운 바나나가 먼저 나오고 아몬드와 실론 시나몬의 향이 이어진다. 호밀의 우아한 드라이함이 점차 붉은 작약의 화려한 꽃향기를 드러낸다.

Maker's Mark

메이커스 마크 MAKER'S MARK

최초의 증류소는 1844년 테일러 윌리엄 사무엘스가 켄터키주 사무엘스 디포 근처의 가족 농장에 설립했다. 1년 후 증류소는 T. W. 사무엘스 브랜드로 스트레이트 버번위스키를 생산했다. 철로 근처의 디츠빌에 지은 두 번째 증류소는 매시빌의 호밀을 부드러운 붉은 겨울 밀로 대체하여 더욱 부드러운 스타일의 버번을 생산했다. 증류소는 숙성에 각별한 주의를 기울였다. 1950년대부터 패널을 자연 건조하는 인디펜던트 스테이브 컴퍼니와 파트너십을 맺어 오크 캐스크 토스팅 시 패널 추출의 품질과 헤미셀룰로스의 캐러멜화를 개선한 것이다. 1953년 빌 사무엘스(4세대)는 켄터키주 로레토 인근 해피 할로우에 있는 버크스 스프링 증류소를 인수하여 1954년 2월부터 메이커스 마크 브랜드로 생산을 시작했다. 1958년 5월 병입된 첫 시리즈는 1980년 8월 월스트리트 저널 1면에 기사로 보도된 후 지역 판매량이 급증했다. 이 증류소는 1981년 하이럼 워커 앤 선즈에 매각되어 이때부터 계속 메이커스 마크라는 이름을 쓰고 있다. 이후 40년 동안 메이커스 마크는 빠르게 성장했다. 매시빌은 옥수수 70%, 붉은 겨울 밀 16%, 맥아 보리 14%로 구성되었고, 사용되는 효모는 150년 이상 된 것이다. 사이프러스로 만든 발효통은 버크스 증류소의 발효통을 그대로 쓰고 있다. 증류소에는 농축된 증류액을 생산하기 위해 세 개의 컬럼 스틸과 더블러가 설치되어 있다. 숙성에 따른 차이를 줄이기 위해 지하실에서 정기적으로 캐스크를 회전시킨다.

♥ 메이커스 마크, #46, 위티드 버번, 켄터키, 47% ABV €

Maker's Mark, #46, wheated bourbon, Kentucky, 47% ABV

2010년 출시된 이 익스프레션은 1953년 증류소 설립 이후 처음으로 선보이는 신제품이자 우드 피니싱 시리즈의 첫 번째 제품이다. 매시빌의 밀 비율을 강화했지만 숙성도 그에 못지않게 중요한 요소로, 사용한 오크 캐스크에 프렌치 오크 캐스크의 패널이 삽입되어 체리, 오렌지, 올스파이스, 시나몬의 특별한 풍미를 더했다. 46번은 널빤지에 따른 오크 캐스크 프로파일을 가리킨다.

♥ 메이커스 마크, 캐스크 스트렝스, 배치 16-02, 55.75% ABV €

Maker's Mark, Cask Strength, Batch 16-02, 55.75% ABV

바닐라, 캐러멜, 시나몬의 향과 붉은 과일(딸기, 체리, 라즈베리)의 예사롭지 않은 향이 어우러진 하우스 스타일을 기념하는 보틀링이다. 부드러운 구조(꿀, 메이플 시럽)와 곡물의 풍미(맥아 보리 시럽, 토스트)가 향신료(화이트 페퍼, 메이스)로 이어진다.

믹터스 MICHTER'S

브랜드의 탄생 연대에 대해서는 의견이 분분하지만, 1753년 펜실베이니아에서 존 솅크가 설립한 이 증류소는 라이 위스키를 생산하며 미국 증류주의 역사와 함께 해왔다. 2차 세계대전 후 1860년 증류소를 인수한 루 포먼은 증류소 이름을 봄버거스로 바꾸고 찰스 에버렛 빔을 마스터 디스틸러로 임명하여 방돔 팟 스틸에서 증류한 프리미엄 라이 위스키를 생산했다. 그 후 증류소는 1989년 문을 닫을 때까지 마이클과 피터라는 포먼의 두 아들을 위해 '믹터스'라는 이름을 사용했다. 그 후 채텀 임포트가 이 브랜드를 인수했는데, 처음에는 증류 원액을 소싱하고 숙성에 대한 뛰어난 전문성을 개발하며 네고시앙-엘르뵈르(négociant-éleveur, 와인 선업에서 유래한 용어로 네고시앙은 와인 중개업자와 상인을 의미하며, 네고시앙-엘르뵈르는 배럴로 와인을 사서 개인 소유의 와이너리에서 블렌딩, 숙성, 병입까지 한 후 유통하는 네고시앙을 뜻한다 – 옮긴이 주) 역할을 했다. 2003년에는 켄터키의 중심부에 위치한 채텀의 엄격한 기준에 따라 버번과 라이를 생산하는 증류소로 생산 시설을 이전했다. 2015년부터는 포트 넬스(M1 사이트)와 시블리(M2 사이트) 두 곳의 자체 생산 시설에서 생산하고 있다. 믹터스의 위스키는 항상 싱글 배럴 또는 24통의 캐스크로 구성된 스몰 배치로 생산된다.

♥ 믹터스 10년 올드 켄터키 싱글 배럴 버번, 스트레이트 버번, 47.2% ABV €€€

Michter's 10 years old, Old Kentucky Single Barrel Bourbon, straight bourbon, 47,2% ABV

이 스트레이트 버번은 옥수수 비율이 매우 높은 매시빌로 만들고, 새 아메리칸 오크 캐스크에서 10년 이상 숙성했다. 매우 달콤하고 부드러우며 구운 아몬드와 오렌지 제스트 향을 곁들인 이탈리아의 파네토네를 연상시킨다. 단맛은 서서히 사라지고 코코아와 백단향이 가득한 캐스크 아로마로 바뀐다.

소노마 카운티 SONOMA COUNTY

2010년 캘리포니아에서 생산을 시작한 소노마 카운티 증류소는 새로운 크래프트 증류소의 선두주자로 급부상했다. 증류는 직화로 가열한 팟 스틸을 사용하여 두 번에 걸쳐 이뤄진다. 주로 호밀에 초점을 맞추는 소노마는 100% 호밀부터 밀이나 보리의 섬세한 혼합에 이르기까지 다양한 레시피로 작업한다. 최근에는 전형적인 켄터키 버번을 재현하는 데도 도전했다.

♥ 소노마, 체리우드 라이, 47.8% ABV €

Sonoma, cherrywood rye, 47.8% ABV

호밀이 주를 이루는 매시빌에 약간의 밀과 체리 나무로 훈연한 보리를 더했다. 새 오크 캐스크에서 1년 동안 숙성한 이 라이 위스키는 우디향이 느껴지고, 산딸기가 주를 이루는 붉은 과일의 아름다운 향과 향신료와 가죽의 향이 더해져 풍미를 더욱 돋보인다. 코코아, 체리, 바닐라 그림이 풍부한 드라이 추출물과 함께 전체가 점점 팽창한다.

터틸타운 스피리츠-허드슨 TUTHILLTOWN SPIRITS-HUDSON

금주령이 폐지된 이후 뉴욕에 설립된 첫 번째 증류소인 터틸타운은 2005년 문을 열었다. 2010년 스코틀랜드 그룹 윌리엄 그랜트 앤 선즈가 인수한 허드슨이라는 브랜드로 가장 잘 알려졌다. 2017년 윌리엄 그랜트 앤 선즈는 이 증류소도 인수했다. 다양한 증류주 생산에 사용되는 모든 과일과 곡물은 반경 약 15킬로미터 이내에서 수확한다.

♥ 허드슨, 베이비 버번, 2017, 46% ABV €
Hudson, Baby Bourbon, 2017, 46% ABV

15리터 오크 캐스크에서 4개월간 숙성한 이 버번은 특히 신선하고 초본 풍미가 강하다. 옥수수는 바닐라 팝콘처럼 가볍고, 레몬 꿀, 캐러멜화된 생강, 계피 등 향신료 풍미가 강하게 느껴진다.

WESTLAND DISTILLERY

웨스트랜드 WESTLAND

2010년 에머슨 램과 매튜 호프만이 워싱턴주 시애틀 시내에 설립한 이 증류소는 아메리칸 스타일의 싱글 몰트 위스키를 생산하는 데 주력하고 있다. 보리는 워싱턴주 서부 현지에서 재배하고, 맞춤형 몰팅 솔루션을 제공하는 스카짓 밸리 몰팅 컴퍼니에서 몰팅한다. 피티드, 아메리칸 오크, 셰리 우드의 세 가지 표현을 생산한다. 아메리칸 오크, 셰리 우드는 워싱턴 셀렉트 페일 몰트 70%와 나머지 30%는 뮌헨 몰트, 엑스트라 스페셜 몰트, 페일 초콜릿 몰트, 브라운 몰트를 혼합해서 쓴다. 발효는 벨기에 세종(Saison) 맥주 효모를 사용하여 96시간에서 144시간 동안 진행한다. 피티드 익스프레션은 스카짓 밸리 몰팅 공장에서 건조 중 현지 피트를 사용하는 워싱턴 스테이트 몰트의 증류액과 55ppm의 스코틀랜드 몰트의 증류액을 혼합하여 만든다. 두 대의 방돔 콤비네이션 스틸에는 컬럼이 있지만 정류나 연속 증류는 일어나지 않는다. 저장고는 증류소에서 남쪽으로 2시간 떨어진 태평양 연안에 있는 호키암에 위치해 있어서 물보라가 스며든다. 아메리칸 오크와 셰리 우드 익스프레션은 모두 새 아메리칸 오크 '셀렉트' 및 '리저브' 오크 캐스크에서 연속적으로 숙성한 다음, 아메리칸 오크의 경우 퍼스트 필 버번 캐스크에서, 셰리 우드의 경우 올로로소 및 PX 혹스헤드에서 숙성한다.

♥ 웨스트랜드, 아메리칸 오크, 아메리칸 싱글 몰트, 46% ABV €€
Westland, American oak, American single malt, 46% ABV

이 복합적이고 맛있는(플랑, 클라푸티, 크림 브륄레) 싱글 몰트는 크림 같은 질감으로 뚜렷한 페이스트리 프로파일을 선사한다. 과일(사과, 배, 체리, 바나나)과 다크초콜릿 및 화이트초콜릿이 풍부하게 느껴지고 누가, 바닐라, 아몬드, 감초, 몰트 보리 시럽 등 향신료와 재스민 등 세련된 꽃 풍미가 더해져 금방 단맛이 두드러진다.

WIDOW JANE

위도우 제인 WIDOW JANE

2012년 다니엘 프레스턴이 브루클린 중심부에 있던 초콜릿 공장 부지에 설립한 위도우 제인은 버번과 라이 위스키를 생산한다. 대부분의 버번은 증류소를 위해 특별히 개발된 유전자 변형 없는 옥수수인 베이비 제인으로 만들며, 특히 석회질이 많은 물은 뉴욕주의 오래된 광산에서 채취한다. 증류 원액은 아메리칸 오크 캐스크에서 5년에서 10년(또는 향후 재고 상황에 따라 그 이상) 숙성하며, 때로는 증류주와의 접촉 면적을 늘리기 위해 패널을 추가로 삽입하는 방식으로 오크 캐스크를 재작업하기도 한다.

♥ 위도우 제인, 4년, 2013, 왑시 밸리 헤비 몰트, 스트레이트 버번, 45.5% ABV €€

Widow Jane, 4 years old, 2013, Wapsie Valley Heavy Malt, straight bourbon, 45.5% ABV

이 스트레이트 버번의 매시빌은 옥수수(토종 품종) 70%, 맥아 보리 25%, 호밀 5%로 구성되어 있다. 캐스크에서 4년 동안 숙성하여 생생한 호박색을 띠며, 아로마 프로파일은 최고의 켄터키 버번을 향해 찬사를 보내는 듯하다. 옥수수를 중심으로 향신료와 향긋한 꽃 풍미가 어우러져 있다. 입에서는 바나나, 토피 타르트, 신선한 나무의 미묘하고 부드러운 풍미를 느낄 수 있다.

와일드 터키 WILD TURKEY

아일랜드 출신의 리피 형제는 1888년 켄터키에 있는 올드 무어 증류소를 인수했다. 1891년 같은 부지에 올드 히코리 스프링스라는 새로운 증류소가 세워졌다. 1893년 이곳에서 생산한 버번 중 하나가 시카고 세계 박람회에 켄터키를 대표하는 위스키로 선정되었다. 그 이후 증류소는 금주법이 시행될 때까지 꾸준히 성장했다. 1935년 부활한 이 증류소는 이름을 리피 브라더스 디스틸러리로 바꿨다. 증류소의 위스키의 판매를 담당하던 도매 기업 오스틴 니콜스의 사장 토마스 맥커시는 1936년 야생 칠면조 사냥에 위스키 한 병을 가져갔다. 이 위스키가 대성공을 거두자 그는 1942년부터 위스키의 이름을 '와일드 터키'로 바꿔 판매하기 시작했다. 또한 1971년 증류소를 인수할 때 증류소 이름도 와일드 터키로 바꾸었다. 1980년 페르노리카가 9,750만 달러에 증류소를 인수했고, 2009년 캄파리에 7,500만 달러에 매각했다. 이러한 성공을 만든 장인은 1954년 증류소에 입사하여 1967년 마스터 디스틸러가 된 지미 러셀과 1981년 입사한 그의 아들 에디이다. 두 사람 모두 켄터키 버번 명예의 전당에 올랐다. 와일드 터키 버번은 유전자 변형 없는 옥수수 75%, 독일 호밀 13%, 다코타 몰트 보리 12%로 만들고 인디펜던트 스테이브에서 만든 새 오크 캐스크에서 8년 동안 숙성한다. 제품 라인에는 13가지 일반 익스프레션과 리미티드 에디션이 포함되어 있다.

WOODFORD RESERVE

♥ 와일드 터키 레어 브리드 배럴 프루프, 58.4% ABV €

Wild Turkey Rare Breed Barrel Proof – 58.4% ABV

이 익스프레션은 매우 새로운 강렬함으로 제품 라인 익스프레션의 특성을 잘 드러낸다. 꿀, 바닐라, 캐러멜의 익숙한 아로마에 테르펜, 바니시, 담배 풍미가 더해지며 레드커런트와 향신료(후추, 육두구, 정향)로 더욱 강렬해진다. 박하도 두드러지며 버터, 크림(크렘 브륄레), 페이스트리(마지팬) 같은 텍스처와 섞여 깊이와 반짝임을 더한다.

우드포드 리저브 WOODFORD RESERVE

1810년 일라이저 페퍼는 켄터키주 베르사유에 증류소를 설립했다. 1812년 올드 페퍼 위스키를 출시한 후 같은 해, 현재의 우드포드 리저브 부지를 매입했고, 1840년 그의 아들 오스카가 부지에 새로운 증류소를 설립했다. 현대 버번을 발명한 마스터 디스틸러 제임스 C. 크로 박사가 이곳에서 사워 매시 공법을 개발했다. 이 증류소에는 6일(144시간)의 긴 발효에 적합한 사체 효모 균주가 있었고, 이러한 긴 발효는 에스터화를 촉진하여 과일 향이 풍부한 아로마 프로파일을 형성했다. 1993년 브라운 포맨이 인수할 때까지 증류소는 역대 소유주에 따라 여러 차례 이름이 바뀌다가 1996년 브라운 포맨이 우드포드 리저브 브랜드를 인수한 후 2003년 이 브랜드 이름을 따서 우드포드 리저브라는 이름을 갖게 되었다. 공식 제품 라인에는 향신료와 캐러멜, 바닐라, 코코아, 나무, 시나몬이 어우러진 켄터키 스트레이트 버번인 디스틸러스 셀렉트(Distiller's Select)가 있다. 더블 오크 숙성 켄터키 스트레이트 버번은 1차 숙성 후 첫 번째 오크 캐스크보다 4배 더 오래, 그러나 5배 더 약하게 토스팅한 오크 캐스크에서 2차 숙성을 한다. 이렇게 오래 토스팅할 경우, 패널의 헤미셀룰로스와 리그닌이 깨져 락톤(바닐라, 코코넛 밀크, 통카빈)과 같은 특정 아로마 성분이 방출되고 결과적으로 원액은 더 달콤한 풍미를 갖게 된다. 이 두 버번의 원액은 옥수수 72%, 호밀 18%, 몰트 보리 10%로 구성되어 있다. 2015년 출시된 세 번째 제품 켄터키 스트레이트 라이 위스키는 정향, 계피, 담배, 후추 등 스파이시한 풍미가 특징이다. 연속 증류기를 사용하는 버번 증류소와는 달리 우드포드 리저브는 3대의 팟 스틸로 3중 증류를 한다. 숙성은 루이빌의 브라운 포맨 오크 캐스크 제조사의 오크 캐스크에서 6~7년 동안 진행한다. 이 제조사의 스테이브는 약 9개월 동안 야외에서 건조되어 풍화를 겪는다. 벽돌로 만들어진 저장고는 온도 차이에 반응하여 숙성을 촉진한다.

♥ 우드포드, 리저브 디스틸러스 셀렉트, 43.2% ABV €

Woodford, Reserve Distiller's Select, 43.2% ABV

이 제품 라인의 맏이인 이 버번은 품질로 즉각적인 즐거움을 준다. 모든 버번과 마찬가지로 부인할 수 없는 단맛(메이플 시럽, 아카시아꿀)이 느껴지는데, 이 단맛에는 페이스트리(바닐라, 크림 캐러멜, 코코넛)와 시리얼(옥수수)의 악센트가 더해져 있다. 아몬드 오일, 초콜릿, 모카에 이어 숯과 신선한 담배의 향이 느껴진다. 향신료(생강, 화이트 페퍼), 쓴맛, 신맛(오렌지 제스트)의 풍미가 전체적으로 활력을 불어넣는다.

미국 여행하기

유서 깊은 증류소부터 테루아, 농법, 전통적인 노하우에 대한 이해를 높이려는 '크래프트' 운동으로 생겨난 역동적인 마이크로 증류소까지, 아래의 세 가지 루트는 세계에서 두 번째로 큰 위스키 생산국인 미국의 모든 것을 만나보게 해준다. 놓치지 말아야 할 이벤트와 꼭 가 봐야 할 곳은 289쪽을 참고하자.

미국 동부 해안

루트 1. 뉴욕

자유의 여신상(높이 46미터, 프레데릭 오귀스트 바르톨디가 설계하고 1886년 프랑스가 기증), 구겐하임 미술관(프랭크 로이드 라이트가 나선형으로 설계, 1959년 개관)과 미술관의 근현대 미술 컬렉션을 보고 매디슨 스퀘어가든의 정취를 만끽하자. **위도우 제인** 증류소(309쪽 참고), 브루클린에 **킹스 카운티** 증류소, 허드슨 밸리에 자체 몰팅 플로어가 있는 **힐록 에스테이트** 증류소와 **터틀다운 스피릿츠-허드슨**(307쪽)이 있다.

루트2. 브리스톨(펜실베이니아)

델라웨어 강 북안에 위치한 **그룬디 밀** 증류소의 라이 위스키 대즈 햇(Dad's Hat)을 만나보자.

루트 3. 볼티모어(메릴랜드)

유서 깊은 펠스 폰트 지구와 웨스트 쇼어 공원, 월터 손드하임 분수, 내항을 둘러보자.
사가모어 스피릿 증류소와 이곳의 다양한 라이 위스키를 만나보자.

루트 4. 스페리빌(버지니아)

구운 사과나무 오크 캐스크에서 숙성한 과일나무 스모크 위스키를 선보이는 **코퍼 폭스** 증류소와 블루리지 산맥을 배경으로 한 **버지니아** 증류소와 이곳의 싱글 몰트 위스키를 만나보자.

루트 5. 워싱턴 D.C.

조지타운 지역의 오래된 저택들, 링컨 기념관(1922)이 있다.

켄터키 및 테네시

루트 1. 루이빌

무하마드 알리가 선수 생활을 시작한 체육관인 무하마드 알리 센터, 무기와 갑옷 컬렉션이 있는 프레이저 역사박물관이 있다. **헤븐 힐** 증류소(300쪽 참고), **믹터스** 증류소(306쪽 참고), **짐빔** 증류소(303쪽 참고), 바즈타운에 **바튼 1792** 및 **윌렛** 증류소가 있다.

루트 2. 매머드 동굴 국립공원

560킬로미터에 달하는 세계 최대 규모의 천연 지하 동굴 시스템이다.
메이커스 마크 증류소(305쪽 참고)가 있다.

루트 3. 내슈빌(테네시)

음악의 거리, 블루버드 카페, 프린터스 앨리 거리가 있다.
캐스케이드 할로우-조지 딕켈 증류소(299쪽 참고)와 **잭 다니엘** 증류소(302쪽 참고)가 있다.

루트 4. 프랭크퍼트(켄터키)

로렌스버그의 **우드포드** 리저브(310쪽 참고), **버팔로 트레이스**(298쪽 참고), **와일드 터키**(309쪽 참고), **포로지스** 증류소가 있다.

미국 서부 해안

루트 1. 로스앤젤레스

로스앤젤레스 카운티 미술관(LACMA), 서드 스트릿과 페어팩스 교차로에 있는 파머스 마켓, 베벌리 힐스, 베니스 비치가 있다.

루트 2. 빅서

세계에서 가장 아름다운 해안 도로 중 하나인 캘리포니아 스테이트 루트 1은 절벽, 하늘, 바다, 세쿼이아 숲 사이에서 장관을 선사한다. 서퍼들이 즐겨 찾는 바위 만의 절벽이 깎아지는 듯하다.

루트 3. 요세미티 국립공원

캘리포니아에서 가장 높은 산맥인 시에라네바다의 중심에 위치한 이 공원은 아찔한 폭포, 화강암 돔, 기둥과 라이엘 산(3,997미터)을 포함한 봉우리, 와워나 근처의 마리포사 그로브를 포함하여 침엽수림과 거대한 세쿼이아가 우거진 숲으로 이뤄져 있다.

루트 4. 브라이스캐니언 국립공원

유타주 남서부에 위치한 브라이스캐니언은 버섯바위와 붉은색을 띤 바위로 이루어진 지질 구조물이 특징인 거대한 천연 원형 극장이다. 브라이스캐니언은 길이 20킬로미터, 폭 5킬로미터, 최대 수심 250미터로 가장 큰 협곡이다.

루트 5. 그레이트 솔트레이크

미국 대륙에서 가장 큰 그레이트 솔트레이크와 주변의 높은 산맥이 인상적이다.
와사지 산맥, 유인다 산맥의 완심에 위치한 **하이웨스트** 증류소가 있다.

루트 6. 샌프란시스코

파월 스트리트에 올라갔다가 케이블카(트램웨이)를 타고 피셔맨스 워프까지 내려오자. 피어39의 바다사자, 헤이트 애시베리와 노스 비치 지구, 팰릭스 오브 파인 아트, 금문교를 둘러보자.
소노마 카운티(307쪽 참고)와 **로스트 리퍼블릭**(304쪽 참고) 증류소가 있다.

루트 7. 페인티드 힐스

오리건의 형형색색 언덕들을 감상하자.

루트 8. 포틀랜드

컬럼비아강과 윌래메트 강이 합류하는 지점, 눈 덮인 후드산 봉우리 아래에 있다. 알링턴 하이츠에서 꼭 봐야 할 일본식 정원에도 가보자. 왈로와 호수 북쪽에 있는 **하우스 스피릿츠-웨스트워드** 증류소(301쪽 참고)와 **스타인** 증류소(선택 사항)가 있다.

루트 9. 시애틀

도시의 랜드 마크인 파노라마 타워(184미터) 스페이스 니들, 엘리엇 베이의 부두, 도심의 그림 같은 지역과 파이크 플 레이스 마켓에 가보자. **웨스트랜드** 증류소(308쪽 참고)가 있다.

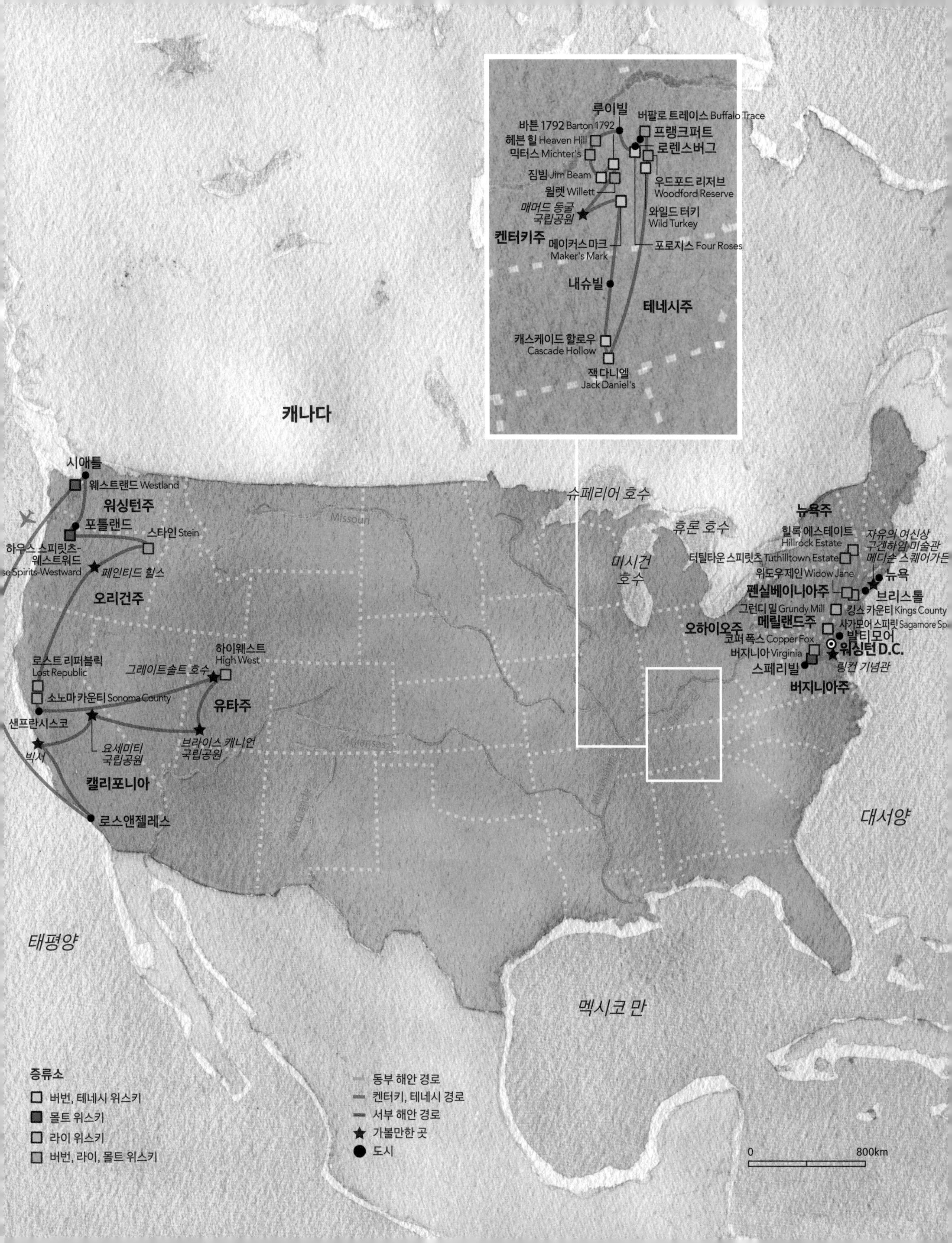

루이빌
버팔로 트레이스 Buffalo Trace
바튼 1792 Barton 1792
프랭크퍼트
헤븐 힐 Heaven Hill
로렌스버그
믹터스 Michter's
짐빔 Jim Beam
우드포드 리저브 Woodford Reserve
윌렛 Willett
매머드 동굴 국립공원
와일드 터키 Wild Turkey
켄터키주
메이커스 마크 Maker's Mark
포로지스 Four Roses
내슈빌
테네시주
캐스케이드 할로우 Cascade Hollow
잭 다니엘 Jack Daniel's
캐나다
시애틀
웨스트랜드 Westland
워싱턴주
포틀랜드
스타인 Stein
하우스 스피릿츠-웨스트워드
se Spirits-Westward
페인티드 힐스
오리건주
슈페리어 호수
Missouri
휴론 호수
미시건 호수
뉴욕주
힐록 에스테이트 Hillrock Estate
자유의 여신상
구겐하임 미술관
메디슨 스퀘어가든
터틸타운 스피릿츠 Tuthilltown Estate
위도우 제인 Widow Jane
뉴욕
펜실베이니아주
브리스톨
그런디 밀 Grundy Mill
킹스 카운티 Kings County
오하이오주
메릴랜드주
사가모어 스피릿 Sagamore Sp
발티모어
코퍼 폭스 Copper Fox
워싱턴 D.C.
버지니아 Virginia
스페리빌
링컨 기념관
버지니아주
하이웨스트 High West
로스트 리퍼블릭 Lost Republic
그레이트솔트 호수
소노마 카운티 Sonoma County
유타주
샌프란시스코
요세미티 국립공원
브라이스 캐니언 국립공원
빅서
캘리포니아
로스앤젤레스
대서양
태평양
멕시코 만
증류소
버번, 테네시 위스키
몰트 위스키
라이 위스키
버번, 라이, 몰트 위스키
동부 해안 경로
켄터키, 테네시 경로
서부 해안 경로
가볼만한 곳
도시
0
800km

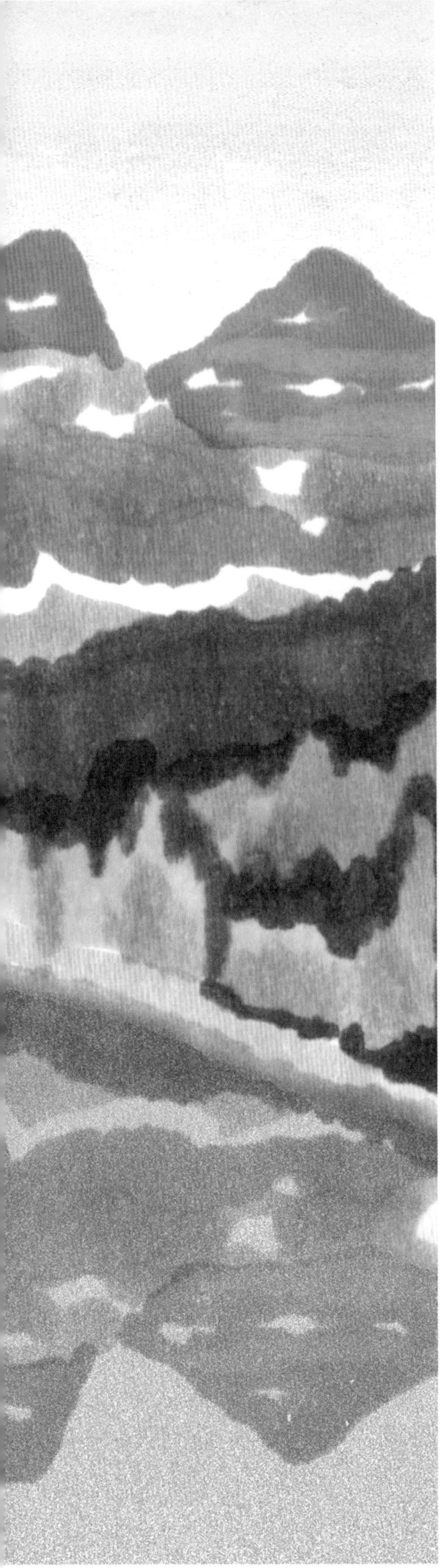

캐나다

18세기 초, 아일랜드와 스코틀랜드 이민자의 밀집도와 수질이 최고조에 달한 대서양 축(퀘벡-몬트리올-오타와-토론토)에서 밀, 옥수수와 이 지역 기후에 더 적합한 호밀같은 잉여 곡물의 수제 증류와 함께 영국 식민지의 카리브해 설탕의 값싼 당밀을 원료로 한 럼주 생산이 발전했다. 캐나다 위스키 산업은 1801년 존 몰슨(John Molson)이 맥베스 앤 셰퍼드 증류기로 증류하고, 이것이 성공으로 이어져 1821년 캐나다 최초로 산업적 규모의 증류소가 설립되면서 본격적으로 시작되었다. 1858년 온타리오에 캐나다 위스키의 독특한 특성을 부여하는 공정을 개발한 하이럼 워커가 설립되면서 캐나다 위스키 산업은 계속 이어졌다. 캐나다 위스키 증류 방식이란, 호밀 또는 보리 '플레이버링 위스키'와 결합한 베이스 스피릿(일반적으로 옥수수지만 밀도 포함)의 컬럼 증류, 팟 스틸 및/또는 컬럼 증류 및/또는 개별 숙성을 가리킨다. 이 비율은 생산하고자 하는 아로마 프로파일에 따라 달라진다. 옥수수와 밀 베이스의 경우 달콤하고 가벼운 맛, 호밀과 보리 베이스의 경우 더 스파이시하고 복잡한 맛이다. 이 레시피 덕분에 미국 남북전쟁(1861~1865) 당시 북부 주들이 남부의 위스키를 사지 않던 미국에서 캐나다 위스키가 성공할 수 있었다. 이후 2010년까지 버번보다 더 많은 인기를 누리고 있으며 캐나다는 세계 최고의 위스키 생산국 중 하나가 되었다. 오늘날에는 전국 곳곳에 수십 개의 소규모 증류소가 생겨나면서 새로운 움직임이 일어나고 있다. 온타리오주(현재 27개 증류소)와 퀘벡주(20개)가 독특한 증류소들이 자리한 대표적인 곳이었지만, 그 자리는 이제 서해안을 따라 31개의 증류소가 자리하고 있는 브리티시컬럼비아주에 돌아갈 것으로 보인다.

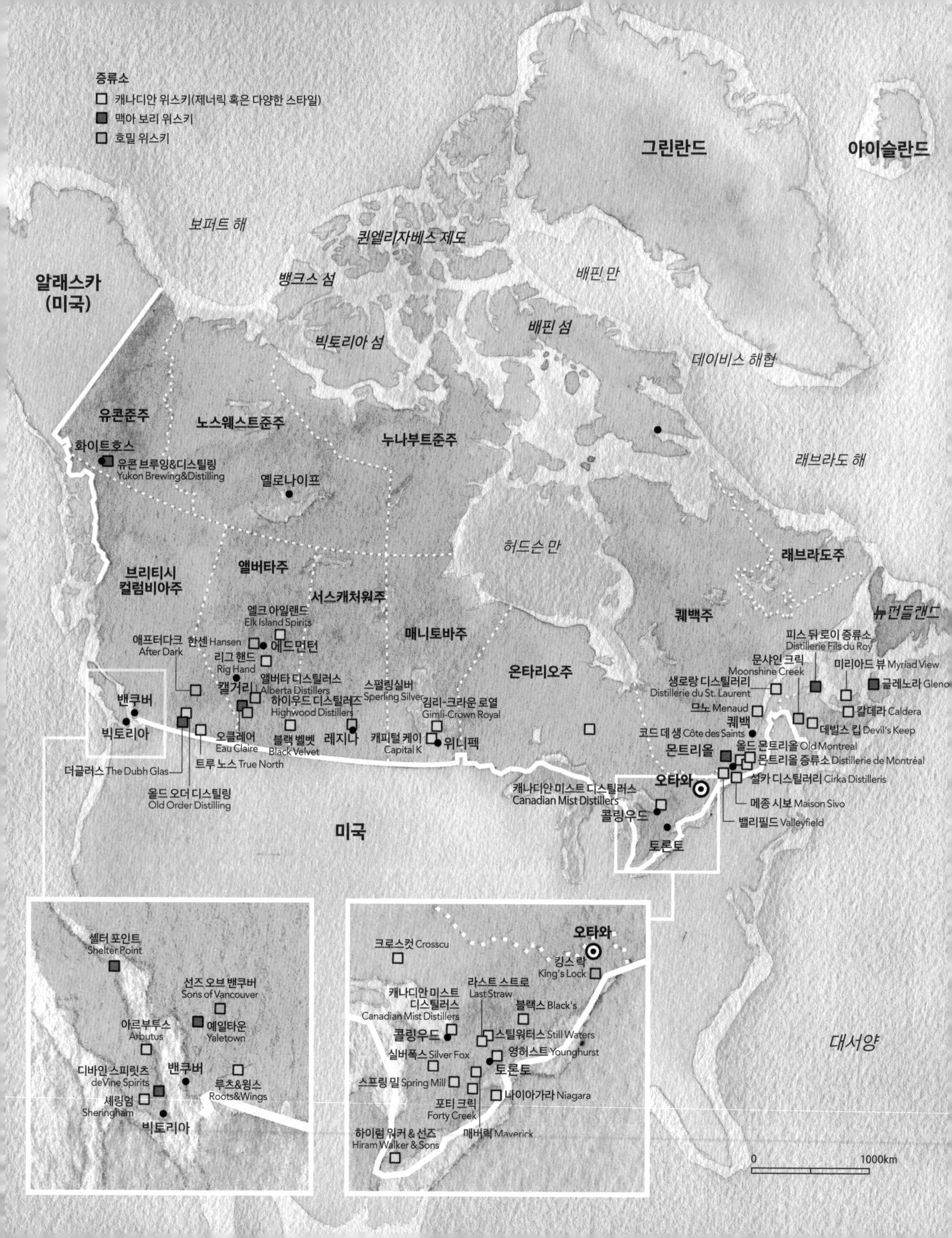
증류소
캐나디안 위스키(제너릭 혹은 다양한 스타일)
맥아 보리 위스키
호밀 위스키
그린란드
아이슬란드
보퍼트 해
퀸엘리자베스 제도
뱅크스 섬
배핀 만
알래스카
(미국)
빅토리아 섬
배핀 섬
데이비스 해협
유콘준주
노스웨스트준주
누나부트준주
화이트호스
유콘 브루잉&디스틸링
Yukon Brewing&Distilling
옐로나이프
래브라도 해
허드슨 만
래브라도주
브리티시
컬럼비아주
앨버타주
서스캐처원주
엘크 아일랜드
Elk Island Spirits
매니토바주
퀘백주
뉴펀들랜드
애프터다크
After Dark
한센 Hansen
에드먼턴
리그 핸드
Rig Hand
앨버타 디스틸러스
Alberta Distillers
캘거리
하이우드 디스틸러즈
Highwood Distillers
스펄링실버
Sperling Silver
김리-크라운로열
Gimli-Crown Royal
온타리오주
피스 뒤 로이 증류소
Distillerie Fils du Roy
문샤인 크릭
Moonshine Creek
미리아드 뷰 Myriad View
생로랑 디스틸러리
Distillerie du St. Laurent
글레노라 Gleno
밴쿠버
빅토리아
므노 Menaud
칼데라 Caldera
퀘백
데빌스 킵 Devil's Keep
블랙 벨벳
Black Velvet
레지나
캐피털 케이
Capital K
위니펙
코드 데 생 Côte des Saints
오클레어
Eau Claire
올드 몬트리올 Old Montreal
몬트리올
몬트리올 증류소 Distillerie de Montréal
더글러스 The Dubh Glas
트루 노스 True North
오타와
설카 디스틸러리 Cirka Distilleris
올드 오더 디스틸링
Old Order Distilling
캐나디안 미스트 디스틸러스
Canadian Mist Distillers
메종 시보 Maison Sivo
콜링우드
밸리필드 Valleyfield
미국
토론토
셸터 포인트
Shelter Point
선즈 오브 밴쿠버
Sons of Vancouver
아르부투스
Arbutus
예일타운
Yaletown
디바인 스피릿츠
deVine Spirits
밴쿠버
루츠&윙스
Roots&Wings
셰링엄
Sheringham
빅토리아
오타와
크로스컷 Crosscu
킹스 락
King's Lock
라스트 스트로
Last Straw
캐나디안 미스트
디스틸러스
Canadian Mist Distillers
블랙스 Black's
콜링우드
스틸워터스 Still Waters
실버폭스 Silver Fox
영허스트 Younghurst
토론토
스프링 밀 Spring Mill
나이아가라 Niagara
포티 크릭
Forty Creek
매버릭 Maverick
하이럼 워커 & 선즈
Hiram Walker & Sons
대서양
0
1000km

증류소 등급

AA
앨버타 디스틸러스
하이럼 워커 앤 선즈

A
김리-크라운 로열
블랙 벨벳
셸터 포인트
유콘 브루잉 앤 디스틸링
캐나디안 미스트 디스틸러스
포티 크릭
하이우드 디스틸러스

BBB
도브 글래스
디바인 스피릿츠
디스틸러리 드 몬트리올
라스트 스트로
링 핸드
매버릭
메종 시보
문샤인 크릭
설카 디스틸러리
셰링헴
스틸 워터스
엘크 아일랜드 스피릿츠
예일타운
오클레어
피스 뒤 로이(디스틸르리)

BB
로트
밸리필트
블랙스
애프터 다크
영허스트
올드 몰트리올
올드 오더 디스틸링
칼데라
캐피털 케이
크로스컷
킹스 락 크래프트
트루 노스
한센

B
그레노라
나이아가라
미리아드 뷰
스펠링 실버
아르부투스
토론토

N
데빌스 킵
루츠 앤 윙스
므노
생로랑 디스틸러리*
선즈 오브 밴쿠버
스프링 밀
실버 폭스
코트 데 생(디스틸러리)*

특별히 뛰어난 증류소(AAA)부터 보다 일반적인 증류소(C)까지.
N: 새로운 증류소 †: 문 닫은 증류소 *주목할 만한 증류소

간단한 역사

1769년 퀘벡 최초의 럼 증류소 등록

1821년 존 몰슨, 최초의 산업용 위스키 증류소 설립(1867년 폐쇄)

1858년 하이럼 워커 증류소 설립

1867년 유나이티드 캐나다, 뉴브런즈윅, 노바스코샤주가 영국으로부터 독립하여 캐나다 연방이 결성됨

1920년 금주령 기간 동안 미국에서 캐나다 위스키 대량 유통

2009년 마이크로 증류소의 등장(전국 100개 이상)

기본 정보

이벤트

빅토리아 위스키 페스티벌(Victoria Whisky Festival)
1월 중순 목요일부터 일요일

스피릿 오브 토론토(Spirit of Toronto)
5월 첫 토요일

꼭 가봐야 할 장소

차르 넘버 5 캐나다 위스키 바(Char No. 5 Canada's Whisky Bar)
Toronto - 75 Lower Simcoe Street

앤 쉬르 맥케이(N sur Mackay)
Montr-al - 1244 Mackay

하이든 블록 스모크 & 위스키(Hayden Block Smoke & Whiskey)
Calgary - 1136 Kensington Road NW

쉬빈 위스키 하우스(Shebeen Whiskey House)
Vancouver - 212 Carrall Street

하이럼 워커 앤 선즈

HIRAM WALKER & SONS

설립연도

1858년

소유주

페르노리카(Pernod Ricard)

증류기 대수

구리 매시 컬럼 3대, 추출 컬럼 1대
정류 컬럼 1대, 팟 스틸 4대

연간 생산량

생산량: 연간 순수 알코올 5,500리터

위치

2072 Riverside Dr E - Windsor - ON N8Y 4S1

Hiram Walker & Sons
Pernod Ricard

미국 매사추세츠 출신의 하이럼 워커는 1855년 미시간주에서 주류 판매를 제한하는 법이 제정된 후 1858년 미국 디트로이트 맞은편 리버사이드에 증류소를 세웠다. 그는 하이럼 워커스 클럽 위스키라는 이름으로 위스키를 판매했고, 이후 원산지 지정 의무에 따라 하이럼 워커스 캐나디안 클럽이라는 이름으로 바꾸고 캐나다 최초의 수출 위스키가 되었다. 금주령 기간 동안 이곳은 주류 밀수의 중요한 역할을 했다. 이 기간 동안 미국에서 소비된 알코올의 최대 75%가 이곳과 디트로이트 사이의 수로를 통해 운반된 것으로 알려졌다. 얼라이드 디스틸러스는 1926년 이 증류소를 가족으로부터 인수한 후 2005년에 페르노리카에 매각했다. 페르노리카는 윈저의 하이럼 워커 증류소와 함께 세계 3대 증류소 중 하나를 소유하고 있고, 캐나다 위스키의 60~70%인 연간 약 5,500만 리터의 순수 알코올을 증류한다. 현재 이 증류소는 첫 단계에서 세 대의 구리 컬럼(첫 번째는 옥수수 전용, 두 번째는 호밀, 보리, 밀 등 기타 곡물, 세 번째는 당밀 전용) 중 하나를 사용하는 증류 공정을 사용하여 가장 널리 유통되는 캐나다 위스키를 포함한 수많은 브랜드 포트폴리오에서 다양한 익스프레션을 생산하고 있다. 이렇게 얻은 증류액을 세 대의 팟 스틸 중 하나에(네 번째는 진 전용) 재증류하거나 추출 및 정제를 거쳐 더 가벼운 베이스 위스키를 만든다.

생산 브랜드

캐나디안 클럽 Canadian Club

캐나다의 대표 위스키이자 세계에서 두 번째로 많이 팔리는 캐나다 위스키인 캐나디안 클럽은 네 가지 증류액으로 만들어지는데, 기본 증류액은 옥수수를 구리 매시 컬럼에서 증류하고 나머지 호밀, 맥아 호밀, 맥아 보리는 모두 팟 스틸에서 따로 증류한다. 전체 원액을 블렌딩한 후 재탄화하기 위해 리컨디셔닝 된 캐스크에서 최소 6년 동안 숙성한다. 여러 차례 인수를 거쳐 빔 산토리의 소유가 되었지만, 이 가벼운 과일 향의 위스키는 여전히 원래 증류소에서 생산하고 있다.

깁슨스 파이니스트 Gibson's Finest

1837년 아일랜드인 존 깁슨이 미국에 세운 이 브랜드는 1856년부터 펜실베이니아 증류소에서 생산되었다, 금주령이 끝날 무렵인 셴리 인더스트리가 브랜드를 인수했다. 셴리 인더스트리는 1972년에야 자신이 소유한 퀘벡 증류소 밸리필드를 통해 깁슨스 파이니스트를 다시 생산하기 시작했다. 브랜드는 2002년 윌리엄 그랜트 앤 선즈에 매각되었고, 이 회사는 하이럼 워커 앤 선즈에 생산을 맡겼다. 컬럼 스틸에서 증류한 콘 위스키와 호밀, 맥아 보리로 만든 위스키로 구성되어 있고 버번 배럴과 새 배럴에서 숙성한다.

자체 브랜드

J. P. 와이저스 J. P. Wiser's

존 필립 와이저는 1893년 시카고 만국박람회에서 자신의 농장 증류소에서 생산한 병 위스키(당시까지 위스키는 통에 담겨 판매되었다)를 처음으로 선보였다. 1900년대 초 와이저의 증류소는 캐나다에서 하이럼 워커와 구더햄 앤 워츠에 이어 세 번째로 큰 규모의 증류소가 되었다. 위스키를 더 오래 숙성하기로 한 그의 결정이 성공과 명성을 가져다준 것이었다. 그러나 증류소는 1차 세계대전이 끝난 후 매각되었고 1935년 하이럼 워커와 합병되었다. 하이럼 워커는 1980년대부터 오대호 지역의 고품질 곡물을 사용해 J. P. 와이저스를 생산해 오고 있다. 증류 원액은 버번 또는 캐나다 위스키 캐스크에 담아 레이크 쇼어의 파이크 크릭 지역에 있는 저장고에서 최소 3년 이상 숙성한다.

로트넘버40 Lot n° 40

현지에서 재배한 100% 논몰트 호밀로 만든 이 희귀한 위스키는 마스터 블렌더 마이크 부스가 이 곡물을 주로 쓰던 초기 북미 증류업자들에게 바치는 헌정품이다. 이 위스키의 이름은 그의 7대 조상인 조슈아 부스가 증류소를 세운 땅에서 따왔다. 호밀의 스파이시한 맛과 꽃의 뉘앙스를 모두 표현하기 위해 먼저 컬럼 스틸에서 증류한 다음 두 번째로 팟 스틸에서 천천히 증류한다. 새 아메리칸 오크 캐스크에서 숙성해 바닐라와 캐러멜의 향을 더하고 그 특성을 가리지 않으면서도 부드럽게 만든다. 마지막으로 43% ABV로 병입된다.

구더햄 앤 워츠 Gooderham & Worts

1837년 제임스 워츠와 윌리엄 구더햄이 출시한 이 위스키 브랜드는 캐나다에서 가장 오래된 위스키 브랜드 중 하나다. 1859년 산업 증류소 하나가 세워졌다. 한동안 캐나다 증류주 생산량의 절반을 차지할 정도로 세계 최대 규모를 자랑했다. 1957년 하이럼 워커가 생산을 인수했다. 제품 라인에는 컬럼 증류기와 팟 스틸을 조합하여 개별적으로 증류한 옥수수, 보리, 호밀, 밀을 혼합한 포 그레인위스키가 포함된다. 이렇게 증류한 증류액을 버진 오크 캐스크와 버번 캐스크에서 숙성한 후 44.4%에서 블렌딩하여 병입한다. 일레븐 소울은 붉은 겨울 밀, 브라세토 호밀(몰트 및 논 몰트), 보리(몰트 및 논 몰트)의 다섯 가지 곡물을 다양한 증류 방식으로 생산한 위스키 및 새 화이트 오크 캐스크, 버번 또는 캐나다 위스키 캐스크에서 숙성한 콘 위스키 등 서로 다른 11가지 위스키를 블렌딩한 것으로, 49% ABV로 병입한다. 49는 옛 구더햄 앤 워츠 증류소의 주소(49 웰링턴)이기도 하다.

파이크 크릭 Pike Creek

세인트클레어 호수의 남쪽 해안에 숙성 저장고가 펼쳐져 있는 곳의 이름을 딴 파이크 크릭은 옥수수를 주원료로 호밀과 함께 이중 증류하고 냉난방 시설이 없는 극한 온도의 저장고에서 이중 숙성하여 만든다. 버번 캐스크에서 10년간 숙성한 후 포트 또는 럼 캐스크에서 마무리한다. 제품 라인은 조금씩 진화하고 있고, 일부 익스프레션은 각기 다른 기간 동안 다양한 마무리 숙성을 거치기도 한다.

인터뷰

돈 리버모어

하이럼 워커 증류소의 마스터 블렌더

캐나다 위스키를 정의하는 특별한 특징이 있나요?
그렇다면 시간이 지남에 따라 어떻게 진화하고 있다고 보시나요?

캐나다 위스키는 캐나다 밖에서도 여전히 호기심을 자극하고 있습니다. 저희는 증류, 블렌딩, 숙성 혁신뿐만 아니라 업계에서 종사하는 사람들의 공헌이 담긴 캐나다 위스키의 이야기를 전달할 방법을 항상 찾고 있습니다. 저희의 역사를 오늘날 현실과 연결할 수 있는 방법을 끊임없이 찾고 있지요. 캐나다 위스키의 선구자들이 만든 표준이 적응력이 있는 덕분에 전례 없는 속도로 혁신하고 있습니다. 캐나다 위스키는 캐나다에서 곡물로 만들어지고, 발효, 증류, 숙성되어야 한다는 간단하지만 소비자를 보호하기에는 충분한 규칙으로 정의됩니다. 700리터 미만의 캐스크에서 최소 3년 이상 숙성되어야 하며 40% ABV 이상의 도수로 병입되어야 합니다. 미리 정해진 레시피(매시빌)은 없으며, 다양한 성분의 발효와 숙성을 개별적으로 진행할 수 있습니다. 팟 스틸이나 컬럼 스틸 또는 둘 다 사용할 수 있습니다. 오크 캐스크의 종류나 이전에 무엇이 담겨 있었는가에 대한 제한도 없습니다. 이것이 캐나다 위스키를 독특하게 만드는 요소이고, 변화하는 소비자의 취향에 맞출 수 있게 해주는 요소입니다. 지난 160년 동안 지금처럼 많은 라이 위스키를 생산한 적은 없습니다. 저희는 지난 50년 동안보다 5년 동안 더 많은 숙성 실험을 시작했습니다. 그래서 이 분야의 미래가 더욱 흥미진진해 보입니다.

캐나다 위스키 고유의 아로마 휠을 개발하셨습니다.
주요 특징은 무엇인가요?

아로마 휠은 온타리오주 주류통제위원회(Liquor Control Board of Ontario)의 요청에 따라 개발되었습니다. 현재 특허를 받은 상태고, 블렌더의 관점에서 개발되었습니다. 아로마는 곡물, 효모, 나무의 세 가지 원천에서 나옵니다. 이것이 휠의 중심이지요. 두 번째 원은 디스틸러/블렌더의 영향력을 나타냅니다. 원재료(옥수수, 밀, 호밀, 보리 또는 맥아)를 변경하거나 발효의 비오톱(pH, 산소, 질소, 비타민, 효소 균주, 수율)을 변경하여 효모에 영향을 미치거나 증류 유형을 변경할 수 있습니다. 오크 캐스크가 증류액에 미치는 영향을 높이기 위해 다양한 방법으로 리쥬비네이트(rejuvenate) 할 수 있습니다. 마지막으로 두 번째 캐스크로 이동하여 마무리 숙성 작업을 할 수도 있지요. 세 번째 원은 전통적인 아로마 휠의 구성을 사용했습니다. 마지막으로 네 번째 단계에서는 분자 단계로 분석합니다. 여기서 나만의 지표를 찾을 수 있습니다. 예를 들어, 바나나 향은 효모에서 추출한 과일 향을 내는 이소아밀 아세테이트와 동의어입니다. 이 휠을 사용하면 위스키의 아로마를 정확하게 추적할 수 있는데, 증류 과정에서 아로마를 생성하는 것이 아니라 곡물이나 효모가 제공하는 아로마 프로파일을 '다듬는'

역할을 하기 때문입니다. 물도 큰 영향을 미치지 않아야 하며, 그 반대로 영향을 미친다면 오히려 좀 걱정스러울 수 있습니다. 여과의 경우 성분을 빼기만 할 뿐이며, 성분을 뺀다 해도 아로마에 미치는 영향은 미미하거나 심지어 감지할 수 없을 정도라고 생각합니다.

하이럼 워커 제품 라인 중 로트넘버40 또는 J. P. 와이저스는 독특한 스타일이 있나요?

물론입니다. 그리고 저희 아로마 휠을 사용하면 각 익스프레션에 대한 극좌표 히스토그램을 설정할 수 있습니다. 위스키에 함유된 각 성분의 영향을 정량화할 수 있는 것입니다. 예를 들어, 로트넘버40은 컬럼에서 증류한 후 스틸에서 증류하고 새 오크 캐스크에서 숙성한 매우 고급스러운 100% 라이 위스키입니다. J.P. 와이저스는 호밀의 비율이 적은 더 가볍고 전통적인 블렌드입니다. 더 둥글고 균형 잡힌 맛이지요. 파이크 크릭은 주로 숙성한 캐스크(예를 들어 럼 캐스크)의 톤(tone)을 따릅니다.

테루아라는 개념은 하이럼 워커 위스키에 어떤 의미가 있나요?

상대적으로 영향이 안정적인 곡물에서 테루아가 표현된다고 생각하지 않습니다. 농업계는 동일하고 지속적인 아로마를 보장할 수 있는 하이브리드 품종을 개발해 왔습니다. 테루아의 영향이 분명하게 드러나는 유일한 변수는 외부 온도가 크게 달라지는 조건에서 온도 조절이 되지 않는 저장고에서 숙성할 때입니다. 온도 변화의 영향이 너무 커서 순환식 소화 시스템이 건식으로 작동할 정도입니다. 물을 포함한 시스템은 정확한 측정을 어렵게 하는데, 특히 습도 측정을 어렵게 하기 때문입니다. 2월에는 캐스크에 담긴 위스키의 온도가 영하 5℃까지 떨어지지만, 7월에는 같은 위스키의 평균 온도가 25℃에 달합니다. 이러한 차이는 당연히 증발률에 영향을 미쳐 매년 엔젤스 셰어로 3%를 잃게 됩니다. 이러한 기후 조건은 나무에서 추출한 성분을 농축하는 반면 알코올 함량은 감소하여, 산화 반응의 역학에 영향을 주어 에틸아세테이트와 에탄올을 생성합니다. 기후가 따뜻할수록 이러한 성분이 더 많이 존재하지요.

위스키 생산 과정에서 향후 아로마 프로파일에 가장 큰 영향을 미치는 단계는 무엇일까요?

의심할 여지없이 발효입니다. 효모는 위스키의 아로마 성분의 토대인 알코올을 생성합니다. 위스키 애호가들이 캐스크 스트렝스 위스키에 열광하는 이유가 바로 여기에 있습니다. 효모는 위스키 아로마의 40% 이상을 담당합니다.

하이럼 워커에서 일하면서 가장 기억에 남는 일은 무엇인가요?

'올해의 캐나다 위스키' 또는 '올해의 마스터 블렌더'라는 타이틀을 여러 번 수상했지만, 회사를 떠날 때 가장 자랑스러운 것은 근적외선 분광법(Near-InfraRed Spectroscopy; NIRS, 적외선 분광법을 이용한 분자 특성 분석 방법- 편집자 주) 기술을 업계에 도입한 것입니다. 저는 적외선 센서를 사용하여 발효 과정에서 알코올, 당분 산의 함량을 즉각적으로 모니터링하는 기술을 개발했습니다. 이전에는 실험실에서 기존 기술을 사용하여 발효 탱크당 4시간씩 분석해야 했습니다. 하지만 센서로 30초마다 측정하는 데 성공했습니다. 이를 통해 실시간으로 데이터를 수집하고 발효를 조정하여 성능을 개선할 수 있습니다. 이 기술은 업계에 혁명을 일으켰습니다. 오늘날 모든 주요 증류소에서 이 기술을 사용하고 있습니다. 저는 전 세계에 이 기술을 발표할 수 있었고《알코올 교과서 *The Alcohol Textbook*》(KA Jacques, TP Lyons, Dr. Kelsall, 2003년, 4판, 에탄올 산업을 위한 책 - 편집자 주)에 한 챕터를 할애하기도 했습니다.

맛보거나 다시 맛보고 싶은 캐나다 위스키가 있나요?

저는 미생물학을 전공했는데, 효모가 위스키의 풍미에 가장 큰 영향을 미친다고 생각합니다. 저희는 캐나다 최초의 위스키 거물인 하이럼 워커 앤 선즈, 헨리 코빈, 구더햄 앤 워츠, J. P. 와이저의 시대라고 할 수 있는 1930년부터 1960년대까지의 동결 건조 효모 컬렉션을 소장하고 있습니다. 저는 이 효모의 균주로 위스키를 만들어 그 효모가 20세기 초반의 위스키 맛에 미친 영향을 평가해 보고 싶습니다.

전설적인 위스키

€ 35유로 이하 • € 35~39유로 • €€ 70~150 유로 • €€€ 150유로 이상

♥ 캐나디안 클럽, 크로니클, 41년, 45% ABV €€€
Canadian Club, Chronicles, 41 years old, 45% ABV

6년과 같은 부드러운 음색으로 진화한 이 현명한 연장자(elder)는 토피, 메이플 시럽, 흑설탕의 아로마에 새로운 깊이를 더한다. 바닐라 토피와 달콤한 감초가 과일(사과, 라즈베리, 레드커런트, 자두, 오렌지) 및 훌륭한 향신료(계피, 생강)의 생동감과 어우러진다. 소나무와 태운 참나무가 크리미한 질감의 편안하고 꾸밈없는 표현에 활기를 불어넣는다.

♥ 깁슨스 파이니스트, 레어, 18년, 40% ABV €
Gibson's Finest, Rare, 18 years old, 40% ABV

이 위스키의 부드러움(바닐라, 꿀, 옥수수, 토피)은 포도와 시트러스 향으로 강화된 크림 브륄레로 표현된다. 삼나무, 톱밥, 신선한 오크의 우디한 향이 활력을 불어넣는 동시에 약간의 건조함을 표현하는 미식가적인 느낌도 느낄 수 있다.

♥ J. P. 와이저스, 디저테이션, 46.1% ABV €
J. P. Wiser's, Dissertation, 46.1% ABV

라이 위스키 87%와 콘 위스키 13%를 섞어 만든 이 익스프레션은 단맛(꿀, 흑설탕, 버터 스카치, 바닐라)과 스파이스(생강, 후추) 사이의 완벽한 균형을 유지한다. 오렌지, 박하, 호밀빵의 상큼함과 코코아의 생동감, 산사나무의 맑은 꽃향기가 전체적인 맛을 뒷받침한다.

♥ 로트넘버40, 라이 위스키, 스몰 배치, 버진 오크 배럴, 43% ABV €
Lot N° 40, Rye Whisky, Small Batch, virgin oak barrels, 43% ABV

꽃 향(라일라, 카네이션), 초본(박하, 신선한 잔디), 과일 향(시트러스), 달콤한 향(꿀, 바닐라, 캐러멜), 다양한 향신료(회향, 고수, 계피, 후추, 캐러웨이, 생강, 정향) 등 다양한 향기를 지닌 100% 라이 위스키다. 전체를 뒷받침하는 우디 향은 건조하지 않으며 왁스와 어우러진다.

♥ 구더햄 앤 워츠, 일레븐 소울, 49% ABV €
Gooderham & Worts, Eleven Souls, 49% ABV

1832년 구더햄이 캐나다로 향하다 부모를 잃은 열한 명의 아이들을 데려온 것을 기념하기 위해 만든 위스키다. 11개의 캐스크(85% 이상이 17년 이상 숙성된 캐스크)를 블렌딩하여 말린 과일(살구, 건포도, 무화과, 구운 아몬드), 신선한 과일(모과, 오렌지, 체리), 단맛(꿀, 흑설탕, 밀크 초콜릿), 향신료(시나몬)의 강렬함이 그 자체로 풍성하게 퍼진다. 달콤한 감초, 시리얼, 로즈우드의 향이 끝없이 펼쳐지는 듯한 원을 그리며 우리를 감싸 안을 것이다.

♥ 파이크 크릭, 21년, 올로로소 셰리 캐스크 피니시, 45% ABV €€
Pike Creek, 21 years old, oloroso sherry cask finish, 45% ABV

이 보틀링은 현재까지 생산된 보틀링 중 가장 호평을 받는다. 실제로 파이크 크릭은 오늘날 시판되는 최고의 캐나다 위스키 중 하나로 자리매김하고 있다. 옥수수와 버번 캐스크의 미묘한 영향은 호밀 향신료(육두구, 후추, 계피)로 강화된 바닐라, 캐러멜, 코코넛의 존재로 나타난다. 셰리 캐스크 숙성에서 생성된 말린 과일과 다크초콜릿이 이 모든 것을 완성하고, 버터와 페이스트리의 질감과 대조를 이루는 로즈우드에는 후추가 뿌려진 듯한 느낌이 든다.

전설적인 위스키

€ 35유로 이하 • € 35~39유로 • €€ 70~150 유로 • €€€ 150유로 이상
★ 전설적인 위스키의 가격은 모두 150유로 이상이다.

앨버타 디스틸러스 ALBERTA DISTILLERS

1946년 앨버타주 록키산맥 기슭의 캘거리에 유명한 증류주 제조사인 조지 헨리 라이펠의 지원을 받아 프랭크 맥마혼과 맥스 벨이 설립한 앨버타 디스틸러스는 고품질 라이 위스키로 명성을 쌓아왔다. 이 증류소는 지역 농부들에게 지역 기후에 가장 적합한 곡물을 공급할 수 있는 판로를 제공했다. 호밀은 발효가 어렵기 때문에 증류소는 특정 효모 균주를 개발했다. 자체 보틀링, 특히 앨버타 프리미엄 제품 라인의 다양한 익스프레션 외에도 저장고에 다양한 연령대의 오크 캐스크 재고를 보유하고 있는 증류소는 다양한 미국 도매상인과 최고급 라이 위스키 전문 생산자에게 공급한다. 특히 명성이 높은 10년, 100년, 100% 호밀로 만든 휘슬피그(WhistlePig), 매스터슨 라이(Masterson's Rye), 제퍼슨 라이(Jefferson's Rye), 락 스탁 앤 배럴(Lock Stock & Barrel) 13년 및 16년 위스키를 생산하고 있다. 포춘 브랜드(현 빔 산토리)가 1987년 이 증류소를 인수했다.

★ 앨버타 프리미엄, 25년, 오크 캐스크, 40% ABV

Alberta Premium, 25 years old, oak casks, 40% ABV

복잡하면서도 가벼운 맛으로 애호가들 사이에서 아이코닉한 익스프레션으로 통한다. 달지 않으면서 맛있게 부드러운 바닐라, 토피, 모스코바도의 아로마가 가죽, 고급 목재, 오래된 도서관 책 풍미를 가볍게 지배하는 배경으로 사라진다. 붉은 과일의 은은한 향에 둘러싸인 오렌지의 풍미가 약간의 타닌의 쓴맛으로 뒷받침되는 산미에 긴장감을 더하고 정향, 후추, 메이스와 같은 고급 향신료의 풍미가 이어진다.

♥ 휘슬피그, 10년, 100 프루프, 라이 위스키, 50% ABV €

WhistlePig, 10 years old, 100 proof, rye whisky, 50% ABV

미국의 크래프트 증류소인 휘슬피그는 버몬트에서 자사 브랜드로 판매되는 위스키 중 일부를 생산한다. 하지만 이 익스프레션의 경우 앨버타 증류소에서 위스키를 공급받아 미국 내 저장고에서 숙성한다. 오렌지 제스트와 아니스의 긴장감과 가벼운 우디 쓴맛, 캐러멜과 바닐라의 클래식한 풍

미가 어우러진 가장 인기 있는 라이 위스키 중 하나다. 호밀의 전형적인 향신료(후추, 육두구, 정향)가 바닐라의 힌트와 함께 그 역할을 한다

♥ 매스터슨, 10년, 스트레이트 라이 위스키, 배치 #15, 45% ABV €€
Masterson's, 10 yeras old, straight rye whisky, Batch #15, 45% ABV

소노마에 본사를 둔 캘리포니아 기업 35 메이플 스트리트 스피릿츠를 위해 생산되는 이 익스프레션은 의심할 여지없이 시중에서 판매되는 최고의 캐나다 라이 위스키다. 향신료(계피, 후추, 육두구)의 품질이 뛰어나 과수원 과일(노란 사과, 레몬, 블랙 체리), 가죽, 신선한 담배의 풍미를 섬세하게 강조한다. 붉은 감초는 로즈우드와 완벽한 균형을 이루는 왁스 같은 질감을 준다.

♥ 락 스탁 앤 배럴, 16년, 107 프루프, 스트레이트 라이 위스키, 53.5% ABV €€€
Lock Stock & Barrel, 16 years old, 107 proof, straight rye whisky, 53.5% ABV

필라델피아에 본사를 둔 쿠퍼 스피릿츠를 위해 생산되는 이 고품질 스트레이트 위스키는 바닐라, 솔잎, 향기로운 식물(사사프라스, 딜, 박하, 살사) 풍미가 특히 강하며 체리 잼, 레몬 제스트, 페이스트리 같기도 하고 거의 프랄린(헤이즐넛, 피칸) 같기도 한 이 라이는 그 매력의 상당 부분을 초본 풍미에서 찾을 수 있다.

블랙 벨벳 BLACK VELVET

1872년 월터와 알프레드 길비 형제는 영국에 진 증류소를 설립하여 1906년부터 생산의 일부를 캐나다로 수출했다. 1933년 9월 11일 토론토에 마스터 블렌더인 크로스비 힉스와 존 S. '잭' 네이피어가 위스키를 개발하는 W&A 길비 증류소가 세워졌다. 1973년에는 블랙 벨벳과 스미노프 보드카를 생산하기 위해 레스브리지(앨버타)에 새로운 증류소(팰리서)가 설립되었다. 1999년 이 브랜드는 현재는 컨스텔레이션 브랜드의 캐넌다이과 브랜드에 매각되었고, 2009년에는 증류소 이름이 블랙 벨벳 디스틸링 컴퍼니(The Black Velvet Distilling Company)로 변경되었다. 4열 증류 시

스템은 증류액 분화를 최적화하도록 설계되어 아로마 구조를 형성하는 무거운 에스터가 없는 가벼운 위스키를 생산한다. 옥수수 주성분의 증류 원액은 부분적 혹은 선택적 추출로 균형을 다시 조정하여 특징적인 아로마로 재구성한 다음, 끓는 온도를 낮추어 다시 통합할 수 있다. 이때 정류 컬럼은 헤드와 테일의 아로마 상당 부분을 제거하여 아로마를 재구성하는 역할을 한다. 이 베이스 증류액은 2년에서 6년 숙성한 라이 위스키와 블렌딩한다. 블렌딩한 원액은 77% ABV로 버번 캐스크에 담아 현장에 있는 세 곳의 저장고 중 한 곳에서 최소 3년 동안 숙성한다. 그런 다음 켄터키주 레스브리지 또는 캘리포니아주에서 병입한다. 이 브랜드와 증류소는 2019년 헤븐 힐 브랜드에 매각되었다.

♥ 블랙 벨벳, 12년, 오닉스, 40% ABV €
Black Velvet, 12 years old, Onyx, 40% ABV

블랙커런트 새싹, 체리, 사두, 복숭아향이 코코넛, 헤이즐넛과 경쟁하는 아주 섬세하고 복잡한 아로마 구조다. 시리얼의 악센트가 있는 이 익스프레션은 부드럽기도 하다(토피, 바닐라). 시트러스 과일(자몽, 오렌지)과 박하 향의 상쾌함이 다양한 향신료(후추, 카다멈, 정향)로 더욱 두드러진다.

캐나디안 미스트 디스틸러스 CANADIAN MIST DISTILLERS

1967년 켄터키 버번 증류주 생산업체인 바튼 브랜드가 콜링우드에 세운 캐나디안 미스트 디스틸러스는 곧 브라운 포맨(1971년)에 매각되었고, 지금도 여전히 이 기업이 증류소를 소유하고 있다. 현재 마스터 블렌더인 크리스 모리스가 감독하는 캐나디안 미스트는 옥수수, 호밀, 맥아 보리로 만든다. 발효 시간은 68시간에서 110시간이다. 구리를 덧댄 스테인리스 칼럼 스틸에서 증류한 후 켄터키의 오크 캐스크 제조사 브라운 포맨이 만든 아메리칸 화이트 오크 캐스크에서 숙성한다. 큰 성공을 거둔 이 위스키는 오랫동안 미국에서 가장 많이 팔리는 캐나다 위스키였다(현재는 크라운 로열에 이어 두 번째로 많이 팔림). 두 번째 브랜드인 콜링우드는 증류소가 위치한 마을의 이름을 딴 브랜드로 2011년에 출시되었다.

♥ 콜링우드, 21년, 캐나디안 라이 위스키, 40% ABV €
Collingwood, 21 years old, Canadian rye whisky, 40% ABV

로트넘버40과 마찬가지로 이 위스키도 보기 드문 100% 캐나디안 라이 위스키라는 특징이 있다(로트넘버40과 달리, 콜링우드는 몰트 원액을 사용함). 아로마 프로파일은 구운 풍미(흑빵, 메밀 꿀)와 플로럴 향(장미 리큐어), 그리고 부드러운 허브 향(골담초, 통카빈)이 서로 교차하는 풍미가 특징이다.

포티 크릭 FORTY CREEK

1992년 20년 경력의 와인 제조자 존 홀이 온타리오주 그림즈비에 세운 이 증류소는 원래 키틀링 리지 디스틸러리였으나 위스키 브랜드가 성공하면서 브랜드 이름으로 바꿨다. 각각의 곡물을 따로 발효, 증류, 숙성한 후 블렌딩한다. 옥수수 증류액은 태운 캐스크에서, 보리 증류액은 미디엄 토스트 캐스크에서, 호밀 증류액은 라이트 토스트 캐스크에서 숙성하는 등 곡물 종류에 따라 숙성 방식이 달라진다. 블렌딩 또한 필요한 위스키에 따라 달라진다. 대표 위스키인 포티 크릭 배럴 셀렉트(Forty Creek Barrel Select)는 6~10년 숙성된 옥수수, 보리, 호밀 위스키를 블렌딩한 후 셰리 캐스크에서 숙성한다. '포티 크릭'은 나이아가라에서 약 60킬로미터 떨어진 곳에 하구가 위치한 인근 하천의 이름이다.

♥ 포티 크릭, 포트 우드 리저브, 45% ABV €
Forty Creek, Port Wood Reserve, 45% ABV

꿀, 바닐라, 캐러멜의 달콤함에 마시기 쉽고 매우 기분 좋은 신선함이 돋보이는 위스키다. 과수원 과일(사과, 배)과 시트러스(레몬, 포멜로)의 긴장감이 향신료(계피, 정향)와 허브의 신선함(박하)으로 보완된 고급스러운 우디향으로 강조된다.

김리 크라운 로얄 GIMLI-CROWN ROYAL

시그램은 1939년 조지 6세 국왕과 엘리자베스 여왕의 캐나다 방문을 기념하기 위해 크라운 로열이라는 브랜드를 만들었다. 1964년까지 캐나다에서만 판매되었지만 그 명성은 상당했고 오래 지속되었다. 시그램은 처음에는 워털루에 있는 증류소에서 이 제품을 생산했지만, 워낙 성공적이어서 매니토바에 새로운 증류소 김리를 건설하여 1968년 가동하기 시작했다. '지옥의 불을 피해'라는 뜻의 김리는 고국의 지진과 화산을 피해 온 아이슬란드 이민자들에게서 따왔다. 수많은 확장, 개조 및 개선 작업을 통해 시그램 생산의 대부분을, 그리고 후에는 전량을 확보할 수 있었다. 마그네슘이 풍부하고 석회암층에 여과된 물을 사용하는데, 이 물은 공장 내 우물에서 끌어온다. 증류소에는 28개의 발효 탱크가 있다. 이 중 16개는 60시간 동안 발효하여 베이스 위스키를 생산하고, 나머지 12개는 72~76시간 동안 발효하여 개선용 위스키를 생산한다. 증류는 구리 매시 컬럼 또는 캐나다 유일의 호밀 증류액용 코페이 증류기에서 이뤄진다. 약 140만 개의 캐스크가 46개의 저장고에서 숙성된다. 크라운 로열이 전체 생산량의 90%를 차지한다. 디아지오가 2001년 시그램(김리 및 다양한 브랜드 포함)을 인수했다.

♥ 크라운 로얄, 핸드 셀렉티드 배럴, 뉴 아메리칸 오크, 51.5% ABV €
Crown Royal, Hand Selected Barrel, new american oak barrels, 51.5% ABV

일반적인 엔트리 레벨보다 고급스러운 버전으로 옥수수 64%, 호밀 31.5%, 맥아 보리 4.5%를 혼합하여 만든 이 익스프레션은 일반적인 바닐라 및 캐러멜 풍미 외에도 흑설탕, 가나슈 및 스파이스(인삼)의 부드러운 악센트가 돋보인다. 전체는 브리오슈, 시가 박스, 감초 젤리의 우아한 향으로 마무리된다.

하이우드 디스틸러스 HIGHWOOD DISTILLERS

1974년 앨버타주 캘거리 남쪽 하이리버 외곽에 서니베일이라는 이름으로 설립된 이 증류소는 1985년 하이우드로 이름이 바뀌었다. 2005년에는 장기 숙성 콘 위스키와 라이 위스키를 포함한, 브리티시컬럼비아주 오카나간 호수 기슭에 위치한 켈로나의 포티스 증류소 재고를 인수하여 100% 밀 베이스의 제품 라인을 보충했다. 또한 다른 증류소에서 호밀과 옥수수 증류 원액을 공급받은 다음 현장에서 숙성하여 센추리 리저브(Century Reserve) 브랜드와 활성탄 여과를 통해 밝은색을 띠는 화이트 아울(White Owl) 위스키와 같은 블렌딩위스키에 사용한다. 저장고의 온도 차이가 상당하며, 건조한 공기로 인해 캐스크의 알코올 도수가 높아지는 경우가 많다.

♥ 하이우드, 나인티, 20년, 45% ABV €
Highwood, Ninety, 20 years old, 45% ABV

라이 위스키라고 불리지만(캐나다 위스키를 가리키는 관용어), 사실 이 익스프레션은 100% 옥수수 원액으로 만들었다. 레몬그라스, 팝콘, 솔티드 버터 캐러멜, 모스코바도가 헤이즐넛, 붉은 삼나무, 페퍼민트의 최고급 향으로 구성된 이 무대를 공유한다. 향신료(정향, 화이트 페퍼, 계피)와 가공한 과일(말린 자두, 구운 파인애플)이 이어진다. 이 모든 것이 버팔로그라스, 메이플 시럽과 꽃 향(프리지아, 캐모마일, 라일락)의 상당히 복잡하고 향기로운 그라데이션을 강조한다.

셸터 포인트 SHELTER POINT

농부 집안 출신인 패트릭 에반스는 2005년 브리티시컬럼비아주 태평양 연안 밴쿠버 섬의 동쪽 연안에 있는 마지막 농장 중 하나를 구입했다. 그는 토양의 유기물을 늘리고 자연적으로 복구하기 위해 겨울 밀과 완두콩, 호밀, 보리를 재배했다. 패트릭 에반스와 짐 마리누스가 2011년부터 4,000리터의 포사이스 증류기에서 호밀과 보리를 현장 증류하기 시작했다. 증류액은 바다에서 수백 킬로미터 떨어진 곳에 있는 버번 캐스크에서 최소 5년 동안 숙성된다.

♥ 셸터 포인트, 스모크 포인트, 5년, 라프로익 캐스크 피니시, 1,044병, 55% ABV €€

Shelter Point, Smoke Point, 5 years old, Laphroaig casks finish, 1 044 bottles, 55% ABV

2020년 월드 위스키 어워즈에서 금메달을 수상한 피트 익스프레션이다. 몰트 보리와 논 몰트 보리를 블렌딩하여 이중 증류한 후 버번 캐스크에서 5년 숙성하고 라프로익 엑스트라 쿼터 캐스크에서 8개월 추가 숙성했다. 이 위스키의 부드러움은 달콤함(꿀, 흑설탕, 토피, 캔디 케인), 과일 향(복숭아, 사과, 배, 구아바, 자두, 살구), 스파이스 향(후추, 계피), 피트 향(해변의 불, 베이컨, 소독제) 사이를 오가며 바다 물보라의 풍미가 더해져 더욱 풍성해진다.

YUKON BREWING
WHITEHORSE • YUKON

유콘 브루잉 앤 디스틸링 YUKON BREWING & DISTILLING

1997년 기계 엔지니어인 밥 백스터와 화학 엔지니어인 앨런 한센이 세운 이 양조장은 이후 유콘 브루잉으로 알려졌고, 2009년에는 7년 이상 숙성한 위스키를 생산한다는 일념을 지닌 증류소가 되었다. 2016년에는 투 브루어스(Two Brewers) 브랜드로 위스키를 출시했다. 보틀링에 따라 네 가지 익스프레션(클래식, 스페셜 피니시, 피티드, 이노베이티브)로 분류되며, 캐나다 위스키 중 가장 많은 상을 받은 제품 안에 드는 익스프레션이다.

♥ 투 브루어스, 이노베이티브, 릴리즈 14, 46% ABV €

Two Brewers, Innovative, Release 14, 46% ABV

미드나잇 선 에스프레소 스타우트 맥주에 사용된 것과 같은 종류의 다크 초콜릿 몰트와 짙은 로스팅 몰트로 만든 이 위스키는 매우 크리미한 질감(누가, 커스터드)과 로스팅 아로마(오크, 다크 초콜릿, 커피, 프랄린, 구운 헤이즐넛, 토스트)가 특징이다. 스파이스(후추, 생강, 계피, 육두구)와 과일 노트(건포도, 사과, 배, 라즈베리, 체리)가 우아한 허브(세이지)와 감초에 입체감을 더한다.

캐나다 여행하기

캐나다는 세계 최대의 위스키 생산국 중 하나다. 또한 국토 면적이 가장 넓은 위스키 생산국이기도 하다. 전국에 흩어져 있는 수십 개의 소규모 증류소는 특히 동부 해안(온타리오주와 퀘벡주)과 서부 해안(앨버타주와 브리티시컬럼비아주)을 여행하는 즐거움을 선사한다. 놓치지 말아야 할 이벤트와 꼭 가봐야 할 곳의 주소는 319쪽을 참고하자.

캐나다 동부 해안

루트 1. 퀘벡

올드 퀘벡: 요새화된 중심지와 시타델은 물론 사계절 내내 조명이 켜지는 프티 샹플랭의 자갈길과 로열 광장이 아름답다. 샤토 프롱트낙 호텔, 프롬나드 데 구베르뇌르, 더페린 테라스도 빼놓을 수 없는 명소다. 퀘벡의 로어 타운과 항구, 생로랑 강변의 오를레앙 섬, 몽모랑시 폭포 공원도 둘러보자. **므노** 증류소, 생로랑 강 유역의 루트 데 익스플로라퇴르(132번 도로)에 위치한 **생로랑 디스틸러리**, 아카디아 반도에 **피스 뒤 로이** 증류소가 있다.

루트 2. 몬트리올

매력적인 올드 몬트리올과 자갈길, 몬트리올 노트르담 대성당, 자크 카르티에 광장, 오래된 항구와 부두, 시계탑, 외부 계단으로 유명한 르 플라토 몽루아얄의 주택들, 도시에서 가장 높은 곳에 있는 몽루아얄 공원과 최고의 전망을 자랑하는 전망대가 있다. 리틀 이탈리아 지구에는 현지 특산품이 가득한 장 탈롱 시장이 있다. 올드 포트 산책로에서 접근할 수 있는 **올드 몬트리올** 증류소와 라신 운하 유역의 생 패트릭 길을 따라 있는 **설카 디스틸러리**, 로즈몽 중심부에 있는 **디스틸러리 드 몬트리올** 증류소가 있다. 소규모 증류소 **메종 시보**와 그 생태 농장도 있다.

루트 3. 오타와

북미에서 가장 오래된 리도 운하는 오타와와 200킬로미터 떨어진 킹스턴을 연결한다. 국회의사당 옆에 있는 바이워드 마켓, 캐나다 국립미술관을 둘러보자. 콘월 서쪽의 온타리오 킹스 하이웨이 2번을 통한 롱솔트 파크웨이는 생로랑 호수를 따라 11개의 섬을 잇는 산책로다. 그곳의 밀 로쉬, 우드랜드 해변도 유명하다. 생로랑 강 유역의 **킹스락** 증류소는 유서 깊은 웰링턴 요새와 1812년 건조된 포함 근처에 있다.

루트 4. 토론토

553미터 높이의 CN타워의 회전식 레스토랑과 파노라마 뷰, 리플리 수족관, 캐나다와 미국 국경에서 에리에 호수와 온타리오 호수를 잇는 나이아가라 폭포가 볼거리다. 온타리오 최초의 소규모 증류소 중 하나인 **스틸 워터스** 증류소, 반에 위치한 **라스트 스트로** 증류소, 나이아가라 폭포 가는 길에 있는 **매버릭** 증류소와 **포티 크릭** 증류소(333쪽 참고)가 있다.

루트 5. 콜링우드

선셋 포인트 공원, 조지안 베이, 유서 깊은 항구, 블루마운틴 마을에 가보자. **캐나디안 미스트** 증류소(332쪽 참고)가 있다.

캐나다 서부 해안

루트 1. 레스브리지

밀크 리버의 라이팅온스톤 주립공원, 앨버타 배드랜즈 국립공원 중심에 있는 공룡 공원에 가보자. **블랙 벨벳** 증류소(331쪽 참고)가 있다.

루트 2. 캘거리

190미터 높이 캘거리 타워의 파노라마 플랫폼, 회전식 레스토랑과 로키산맥 뷰가 인상적이다. 활기 넘치는 켄싱턴 빌리지 지구와 도심 한가운데 있는 보우 강 가운데에 있는 세인트 패트릭 섬이 있다. **앨버타**(330쪽 참조), **하이우드**(334쪽 참조), **오클레어** 증류소(싱글 몰트 위스키) 등이 있다.

루트 3. 펜틱턴

오카나간 호수 남쪽과 스카하 호수 북쪽 사이에 있는 올드 오더 디스틸링, 바죄 호수 남쪽 30킬로미터 지점에 있는 **도브 글래스** 증류소(싱글 몰트)가 있다.

루트 4. 밴쿠버

스탠리 파크의 씨월 산책로, 유서 깊은 캐스타운 지구, 활기찬 예일타운 지구, 그랜빌 반도의 대형 마켓과 북동쪽으로는 프레이저 캐니언과 좁은 바위 협곡이 있다. 밴쿠버 섬에 **셸터 포인트** 증류소(335쪽 참고)가 있다.

루트 5. 빅토리아

울창한 부차트 가든, 피셔맨스 워프, 로열 BC 박물관이 있다. 사니치 반도 북쪽의 **디바인 스피릿츠**(유기농 포도밭과 과수원)와 서쪽 수크 분지에 있는 **셰링엄** 증류소가 있다.

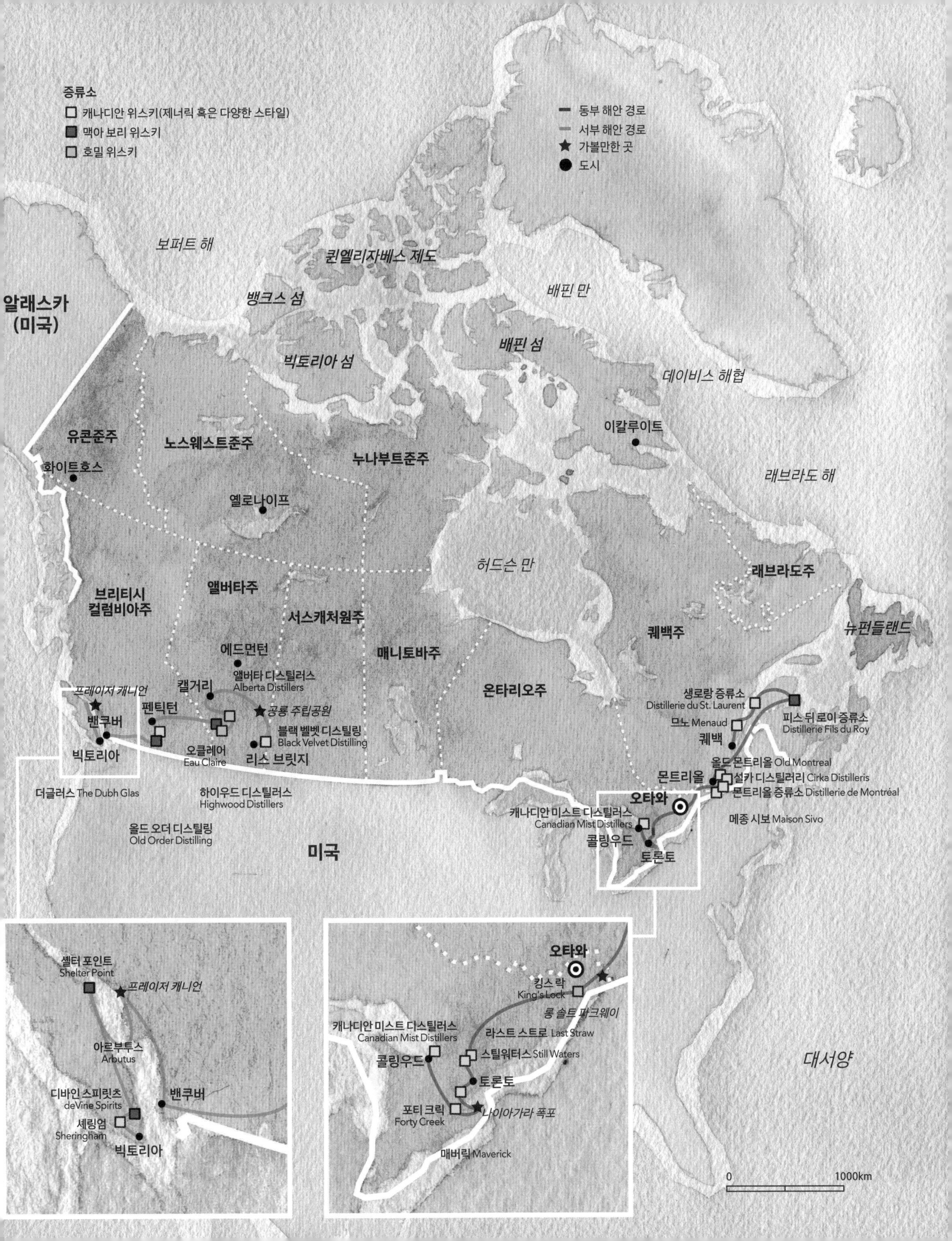

증류소
캐나디안 위스키(제너릭 혹은 다양한 스타일)
맥아 보리 위스키
호밀 위스키
동부 해안 경로
서부 해안 경로
가볼만한 곳
도시
보퍼트 해
퀸엘리자베스 제도
뱅크스 섬
배핀 만
알래스카 (미국)
빅토리아 섬
배핀 섬
데이비스 해협
유콘준주
노스웨스트준주
누나부트준주
이칼루이트
화이트호스
래브라도 해
옐로나이프
허드슨 만
래브라도주
브리티시 컬럼비아주
앨버타주
서스캐처원주
퀘벡주
뉴펀들랜드
에드먼턴
매니토바주
앨버타 디스틸러스 Alberta Distillers
온타리오주
프레이저 캐니언
캘거리
생로랑 증류소 Distillerie du St. Laurent
펜틱턴
공룡 주립공원
피스 뒤 로이 증류소 Distillerie Fils du Roy
밴쿠버
블랙 벨벳 디스틸링 Black Velvet Distilling
므노 Menaud
퀘백
빅토리아
오클레어 Eau Claire
리스 브릿지
올드 몬트리올 Old Montreal
몬트리올
설카 디스틸러리 Cirka Distilleris
몬트리올 증류소 Distillerie de Montréal
더글러스 The Dubh Glas
하이우드 디스틸러스 Highwood Distillers
오타와
캐나디안 미스트 디스틸러스 Canadian Mist Distillers
메종 시보 Maison Sivo
올드 오더 디스틸링 Old Order Distilling
콜링우드
미국
토론토
셸터 포인트 Shelter Point
프레이저 캐니언
아르부투스 Arbutus
디바인 스피릿츠 deVine Spirits
밴쿠버
셰링엄 Sheringham
빅토리아
오타와
킹스 락 King's Lock
롱 솔트 파크웨이
캐나디안 미스트 디스틸러스 Canadian Mist Distillers
라스트 스트로 Last Straw
스틸워터스 Still Waters
콜링우드
토론토
포티 크릭 Forty Creek
나이아가라 폭포
매버릭 Maverick
대서양
0
1000km

일본

일본이 위스키를 발견한 시기는 일본이 서구에 개방된 시기와 맞물려 있다. 1854년 매튜 페리 준장은 가나가와 조약 체결식에서 천황에게 버번위스키 한 통을 선물했다. 가나가와 조약은 도쿠가와 막부의 전복과 1868년 메이지 유신의 시작을 알렸고 이는 황권의 회복과 서구 세계로의 개방으로 이어졌다. 요코하마의 그랜드 호텔에서 처음으로 외국산 위스키를 수입했다. 따라서 1871년부터 1923년까지 요코하마(잉글리시 팩토리), 오사카(니시카와), 도쿄(간세이도, 덴베이 카미야) 사이에 여러 증류소와 위스키 생산 시설이 세워진 것은 당연한 일이었다. '요슈'(외국 증류주)는 도쿄 다케카와초 다키구치의 가라키치 약국과 같은 전문 약국에서 판매되었다. 1918년 오사카의 셋츠 증류소에 취직한 다케쓰루 마사타카는 글래스고 대학과 왕립 기술 대학에 입학하여 유기 화학을 공부하고 롱몬과 보네스 증류소(1919년)에서 위스키 생산을 배웠다. 헤이즐번 증류소(1920년)에서는 피터 이네스와 함께 일하기도 했던 그는 같은 해 일본으로 돌아갔다. 1921년 셋츠에서 사임한 그는 1923년 토리이 신지로가 자신의 회사 고토부키야(훗날 산토리)를 위해 설립한 일본 최초의 몰트 위스키 증류소인 야마자키의 경영을 맡게 된다. 1934년 다케쓰루 마사타카는 자신의 회사인 다이닛폰카주(훗날 닛카)를 통해 스코틀랜드와 기후 조건이 비슷한 홋카이도에 요이치 증류소를 설립했다. 이후 1983년까지 강력한 성장기(이자나기 붐, Izanagi boom)를 보이다가 외국산 위스키와 쇼추(일본의 술 종류 중 하나 – 옮긴이 주) 기반 롱 드링크의 경쟁으로 인해 2008년까지 쇠퇴기를 겪었다. 2009년 미즈와리의 귀환과 하이볼의 유행으로 일본 위스키는 다시 상승세로 돌아섰다. 2015년에는 증류소 재고가 바닥날 정도로 수요가 급증했고, 현재 서서히 재고를 보충하고 있다. 일본산 싱글 몰트는 섬세한 과일과 꽃 향과 약한 몰트 구조가 특징이다. 전 세계 다른 증류소에서 곡물 풍미가 강한 위스키의 베이스로 사용하는 탁한 맥아즙과 달리 부유물이 없는 투명한 일본산 맥아즙은 과일 향이 섬세하게 드러난다.

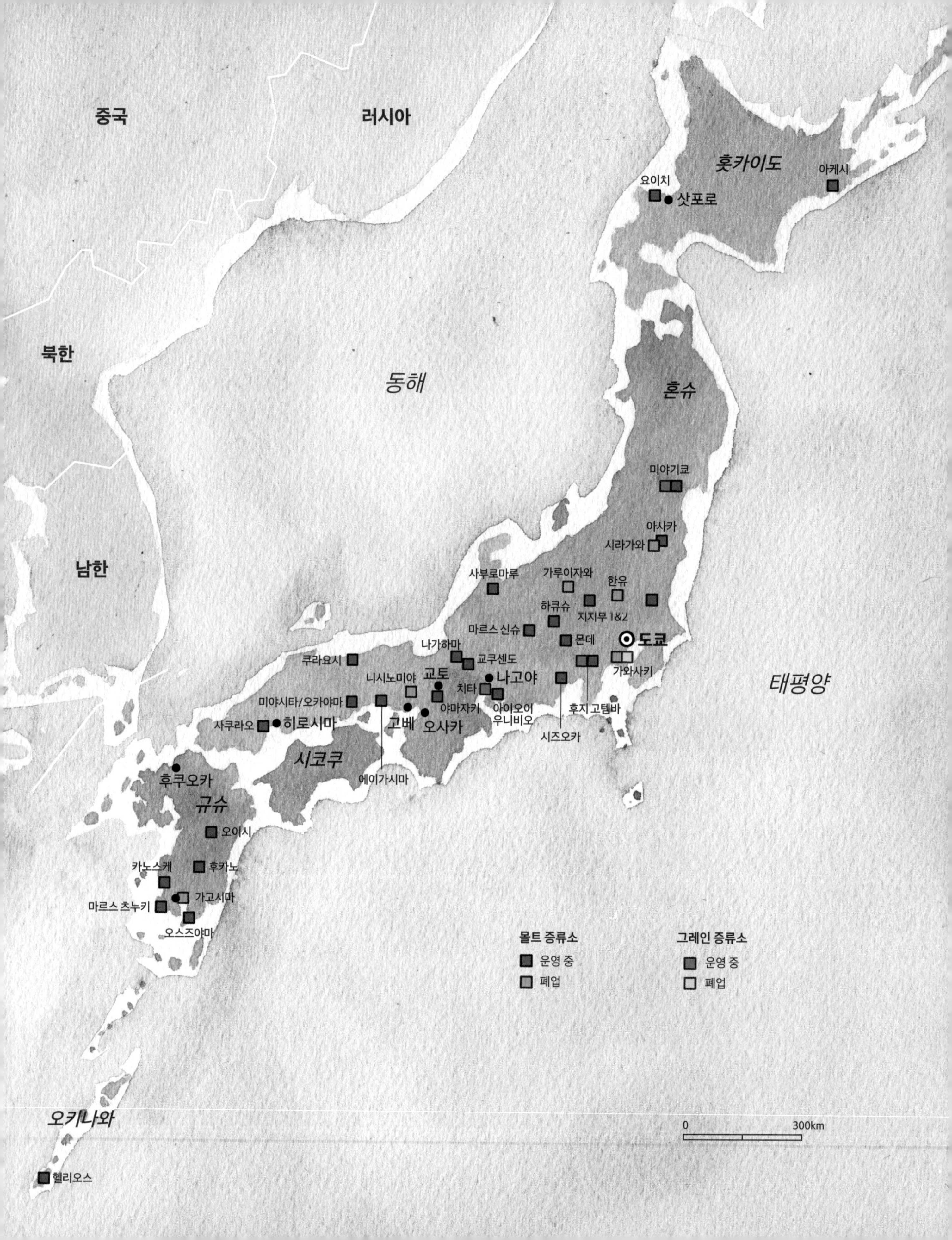
중국
러시아
북한
남한
동해
태평양
홋카이도
혼슈
시코쿠
규슈
오키나와
요이치
삿포로
아케시
미야기쿄
아사카
시라가와
사부로마루
가루이자와
한유
하큐슈
치치부 1&2
마르스 신슈
몬데
도쿄
나가하마
쿠라요시
교쿠센도
니시노미야
교토
나고야
치타
가와사키
미야시타/오카야마
야마자키
아이오어
우니비오
후지 고템바
시즈오카
사쿠라오
히로시마
고베
오사카
에이가시마
후쿠오카
오이시
카노스케
후카노
가고시마
마르스 츠누키
오스즈야마
헬리오스
몰트 증류소
운영 중
폐업
그레인 증류소
운영 중
폐업
0
300km

증류소 분류

AAA
야마자키(빔 산토리)
요이치(닛카)

AA
가루이자와†
마르스 신슈(홈보)
미야기쿄(닛카)
치치부 1&2
하쿠슈(빔 산토리)
한유†

A
마르스 쓰누키(홈보)

BBB
가와사키†
나가하마*
누카다*
마르스 가고시마†(홈보)
미야시타
치타(빔 산토리)
후지 고템바

BB
니시노미야†(닛카)
오카야마
화이트 오크(에이가시마)
후카노

B
몬데
사쿠라오
시라가와†
헬리오스

C
구라요시(마쓰이)
아이오이 우니비오
오히시

N
가노스케
교쿠센도
사부로마루-와카쓰루
시즈오카*
아사카
아케시
오스즈야마

특별히 뛰어난 증류소(AAA)부터 보다 일반적인 증류소(C)까지.
N: 새로운 증류소 †: 문 닫은 증류소 *주목할 만한 증류소

간단한 역사

1899년 고토부키야(1921), 산토리(1963)가 된 토리이 쇼텐 설립

1919년 에이가시마, 위스키 생산 면허를 획득한 최초의 증류소. 2007년 첫 싱글 몰트 생산

1923년 토리이 신지로가 야마자키 설립 (다케쓰루 마사타카와 함께)

1929년 최초의 진정한 일본 위스키인 산토리 시로후다 출시

1934년 다케쓰루 마사타카가 요이치 설립

1952년 다이닛폰카주가 닛카가 됨

1969년 다케쓰루 마사타카가 센다이(혼슈)에 미야기쿄 설립

1973년 산토리가 하쿠슈 설립

2000년 가루이자와의 생산 중단

기본 정보

이벤트

도쿄 인터내셔널 바쇼(Tokyo International BarShow)
5월 둘째 주 토요일부터 일요일

꼭 가봐야 할 장소

도쿄 위스키 라이브러리(Tokyo Whisky Library)
2F, 5-5-24 Minamiaoyama santakiarakyoukai - Minato-ku - 107-0062 Tokyo

더 도어(The Door)
224 Shijo Kudaru - Takazaimokucho, Takakuradori Shimogyoku - 600-8082 Kyoto

치치부

CHICHIBU

설립연도

2007년

소유주

벤처 위스키(Venture Whisky)

증류기 대수

워시 스틸 1대
스피릿 스틸 1대

연간 생산량

용량: 연간 순수 알코올 11만 리터

위치

49 Midorigaoka - Chichibu-shi - 368-0067 Saitama-ken

치치부 증류소는 1941년 서쪽으로 약 60킬로미터 떨어진 곳에 한유 증류소를 설립한 이소우지 아쿠토의 손자 이치로 아쿠토가 2007년 설립한 증류소다. 한유는 2000년 문을 닫고 2004년에 철거되었으며 재고는 치치부로 이전되었다. 1985년에서 2000년 사이 증류된 위스키가 담긴 54개의 한유 캐스크로 만든 54병의 이치로 몰트위스키로 '카드 시리즈(Card Series)'를 만들었다. 각각의 병에는 서로 다른 카드가 그려져 있다. 전 세계에 4개밖에 없는 것으로 알려진 이 세트는 2019년 홍콩의 본햄스에서 85만 유로가 넘는 가격에 판매되었다. 도쿄에서 북서쪽으로 기차로 2시간 거리에 위치한 치치부는 오쿠치치부 산맥의 골짜기에 자리 잡고 있다. 아쿠토 가문은 1625년부터 이곳에서 사케를 만들어 왔다. 이 크래프트 증류소는 창의성, 높은 수준의 기술 전문성, 끊임없는 진화로 유명하다. 모든 공간이 극도로 합리화되어 있다. 미즈나라 캐스크를 만들고 수리하는 오크 캐스크 제조소는 2013년 지하 저장고에 설치되었다. 2015년에는 증류소 수요의 10%를 차지하는 지역 보리를 몰팅하기 위해 몰팅 플로어를 열었다. 미즈나라 발효통은 패널에서 흘러넘치는 액체를 흡수하기 위해 높이 세워졌는데, 조절하기는 어렵지만 박테리아 군집이 발달하여 맥아즙에 매우 독특한 향을 부여한다. 치치부 양조장의 생산이 최고조에 달했지만 확장을 할 수 없는 구조를 갖고 있기 때문에 2017년 역사적인 이 증류소 옆에 5배 더 큰 두 번째 증류소를 세웠다. 새 증류소는 2019년부터 생산에 들어갔다. 세미 필터링 스테인리스 스틸 및 구리 매시턴, 타랑소(Taransaud)의 프랑스 오크 발효통, 치치부의 증류기와 모양이나 라인암의 각도가 같지만 직화를 적용하여(기존 증류기는 간접 화력 이용) 증류액에 큰 영향을 미치는 증류기를 갖추고 있다.

인터뷰

아쿠토 이치로와 요시카와 유미
치치부 증류소의 설립자와 홍보대사

**치치부가 생산하는 싱글 몰트에 아로마 특이성이 있나요?
특정 테루아와의 관련성은요?**

증류소가 설립된 지 오래되지 않았기 때문에 증류소의 독특한 특징에 대해 이야기하기에는 너무 이르다고 생각합니다. 하지만 치치부는 온도 변화가 매우 큽니다. 저장고의 여름과 겨울 사이 온도 차이는 33℃ 이상입니다. 이는 위스키 숙성의 속도를 높여줍니다. 짧은 숙성 기간에도 위스키의 깊이가 더해지지요.

**위스키의 아로마 프로파일에 가장 큰 영향을 미치는
생산 공정은 무엇인가요?**

매싱 온도, 증류컷 등 모든 과정이 영향을 미칩니다. 특히 발효는 매우 중요한 단계입니다. 미즈나라 나무통에서 90시간이라는 긴 시간 동안 발효합니다. 이 발효통은 미즈나라의 풍미를 주지는 않지만 그 안에 서식하는 박테리아의 종류가 독특합니다. 각각의 박테리아는 특히 에스터와 관련된 특정 향을 제공합니다. 미즈나라는 어디에서도 발효조에 사용된 적이 없습니다. 현재 저희뿐이지요. 이것은 우리의 아로마 프로파일이 다른 증류소들과 다르다는 것을 의미합니다. 물론 위스키가 숙성되는 장소와 사용하는 캐스크의 종류도 중요합니다.

**피트 위스키에는 아일라를 제외한 하일랜드산
피트 몰트를 사용합니다. 특별한 이유가 있나요?**

처음부터 스코틀랜드 알로아의 크리스프몰팅에서 맥아를 공급받았는데, 제품의 품질이 일정하고 조달이 수월하기 때문입니다.

치치부에 대한 가장 좋은 기억은 무엇인가요?

이치로: 이치로스 몰트 치치부 더 퍼스트가 출시되었을 때입니다. 증류소에서 처음으로 출시한 3년산 위스키였습니다. 제게는 정말 잊을 수 없는 순간이었습니다.

유미: 에디션 시리즈예요. 매년 사람들이 우리의 싱글 몰트를 맛볼 수 있다는 사실이 저를 정말 즐겁게 합니다.

치치부 증류소 또는 다른 증류소의 위스키 중 다시 맛보거나 시음하고 싶은 위스키가 있나요?

이치로: 미래에는 30년산 치치부를 맛보고 싶습니다. 지금은 산토리의 야마자키 40년 숙성 '더 센추리' 1960-2000(미즈나라 리미티드 컬렉션)을 맛보고 싶습니다.

유미: 이치로 씨와 마찬가지로 저도 미래의 치치부 30년을 맛보는 것이 꿈입니다. 스카치 몰트 세일즈 30년 숙성의 로열 브라클라 1976(디스틸러스 컬렉션)을 다시 맛보고 싶습니다.

미즈나라 캐스크를 만드는 제조소와 몰팅 플로어에 이어 새로운 개발 프로젝트는 무엇인가요?

우리는 역사적인 증류소 옆에 두 번째 증류소 건설에 착수했습니다. 2019년에 생산을 시작했고 2022년까지 첫 번째 위스키를 테스트하기 위해 기다려 왔습니다.

내가 사랑한 위스키

€ 35유로 이하 • € 35~39유로 • €€ 70~150 유로 • €€€ 150유로 이상

♥ 치치부, 더 퍼스트, 3년, 버번 배럴, 61.8% ABV €€€

Chichibu, The First, 3 years old, bourbon barrel, 61.8% ABV

이치로의 첫 익스프레션이자 최고의 기억으로 남은 익스프레션이다. 3년 숙성이지만 밀리미터 단위의 정밀도를 보인다. 맥아, 보리, 감, 캔디 케인, 모과 젤리, 설탕에 절인 감귤류, 화이트 페퍼 등 증류소에 큰 성공을 가져다준 특징을 모두 찾을 수 있다.

♥ 치치부, 치비다루, 2009, 오리지널 쿼터 캐스크, 53.5% ABV €€€

Chichibu, Chibidaru, 2009, original quarter cask, 53.5% ABV

배 브랜디, 오렌지꽃, 블랙커런트 새싹에 긴장감 넘치는 터널을 연상시키는 오일리한 질감이 특징이다. 측백나무, 페퍼민트, 블랙베리, 달콤한 오렌지 껍질로 확장된다.

♥ 치치부, 2009, 화이트 와인 캐스크, 싱글 캐스크 #2352, 63.1% ABV €€€

Chichibu, 2009, white wine cask, single cask #2352, 63.1% ABV

훌륭한 소테른 와인처럼 설탕에 절인 살구와 모과(백도 복숭아와 함께)의 중간 랑시오에서 발사믹 풍미가 느껴진다. 그다음 과수원 과일(감, 그린 게이지, 멜론)이 가득 찬 바구니가 이어지고, 때로는 육두구와 계피가 뿌려진 더 새콤한 톤(귤, 파인애플, 금귤)을 준다. 두 번째 악장에서는 전체가 꽃(아카시아꽃, 캐모마일)과 식물(자작나무 수액)이 된다. 꿀을 바른 아몬드와 화이트 페퍼로 마무리된다.

♥ 치치부, 2013, 올로로소 혹스헤드, 싱글 캐스크 #2593, 48.7% ABV

€€€

Chichibu, 2013, oloroso hogshead, single cask #2593, 48.7% ABV

장인의 건포도 빵, 계피와 신선한 과일(자두, 블랙 체리, 호두), 설탕에 절인 과일(대추야자, 무화과)이 입안을 입체적으로 감싸는 예술 조각과 같은 구조가 특징이다.

♥ 치치부, 2013, 더 피티드, 5년, 버번 캐스크, 10주년 기념, 55.5% ABV

€€€

Chichibu, 2013, The Peated, 5 years old, bourbon cask, 10th Anniversary, 55.5% ABV

섬세하고 우아한 피트 연기가 레몬, 자몽, 스모키한 몰트 향을 선사한다. 질감은 블랙올리브 타프나드, 감초 젤리, 연고와 파이프 담배로 기름진 느낌이다. 처음에는 시나몬과 플뢰르드셀이 구조적인 톤을 준다. 이어서 향기로운 버베나와 녹차가 해변 조약돌의 미네랄 풍미를 더한다.

꼭 알아둘 증류소

€ 35유로 이하 • € 35~39유로 • €€ 70~150 유로 • €€€ 150유로 이상

★ 전설적인 위스키의 가격은 모두 150유로 이상이다.

하쿠슈 HAKUSHU

하쿠슈 증류소는 1973년 산토리가 설립했다. 야마자키보다 정확히 50년 후다. 이 증류소는 일본 알프스 남부 가이코마가타케 산 해발 700미터에 있는 6,000여 종의 식물이 서식하는 숲으로 둘러싸여 있다. 화강암 암석에 여과된 샘물의 순도 때문에 이곳을 선택했다. 이 증류소는 인접한 쌍둥이 생산 부지인 하쿠슈 1과 하쿠슈 2(1977년)로 나뉘었고(현재는 하쿠슈 서부로 통합) 총 24개의 팟 스틸이 설치되어 있다. 오랫동안 세계에서 가장 큰 몰트위스키 증류소이기도 했다. 1981년에는 증류소의 방향 축을 기준으로 하쿠슈 이스트(히가시)가 건설되었다. 크기와 용량, 라인암 경사각이 서로 다른 16개의 팟 스틸을 갖추고 있어 생산되는 증류액의 품질을 다양화할 수 있다. 목재 발효통에는 몰팅하거나 몰팅하지 않은 가벼운 맥아즙이 담기고 맥주 효모를 부분적으로 사용하여 젖산 발효를 촉진하고 위스키의 크리미한 질감을 만들어낸다. 현재 유일하게 운영되고 있다. 2010년부터는 싱글 그레인위스키를 생산하는 증류소도 운영하고 있다.

♥ 하쿠슈, 셰리 캐스크, 48% ABV €€€
Hakushu, sherry cask, 48% ABV

오이, 박하 엽록소, 강가의 자갈, 고산 소나무 등 증류소 특유의 아로마와 크리미한 질감을 느낄 수 있다. 그러나 커피 원두, 붉은 사과, 블랙커런트 와인도 뚜렷하다. 다크초콜릿, 로즈우드, 멘톨의 아로마가 전체를 완성한다.

가루이자와† KARUIZAWA†

가루이자와 증류소는 1955년 메르시안 와인 컴퍼니가 온천 마을 미요타에 세웠다. 나가노현 혼슈 산괴의 해발 850미터, 일본에서 가장 활화산이 많은 아사마 화산의 남쪽 산기슭에 있는 와인 재배 지역의 중심부에 위치하고 있다. 브로라, 포트 엘렌과 함께 폐업 후 전설이 된 세 곳의 증류소며, 이곳의 위스키는 프리미엄으로 판매되고 있다. 현무암에 여과된 물, 독특한 품종의 보리(심슨 몰팅스의 골든 프라미스), 오리건 소나무로 만든 발효통,

4대의 작은 직화 팟 스틸 등 여러 가지 요인으로 인해 위스키의 우수성이 입증되었다. 가루이자와는 연간 생산량이 15만 리터에 불과한 아주 작은 규모의 증류소였다. 대부분의 위스키는 작은 셰리 캐스크에 숙성하고, 저장고는 보온을 위해 담쟁이덩굴로 덮었다. 놀랍도록 풍부하고 레진 향이 나며 우아한 셰리 캐스크의 아로마에는 코코아, 블랙베리, 무화과, 대추야자, 밀랍, 아르메니아 종이 등이 있고, 버번 캐스크에서는 신선한 황갈색과 발사믹 풍미(신선한 담배, 프로스트 레몬, 셀러리, 핑크 베리), 꽃(모란, 장미, 연보라 라일락), 과일(밀감, 살구, 블랙커런트)이 드러난다. 2000년 공식적으로 생산이 중단되었고 2011년 영구적으로 폐쇄된 후 2016년 2월 해체되었다. 재고는 2011년 넘버원 드링크 컴퍼니가 인수했다.

★ 가루이자와 1967, 42년, 셰리 캐스크, 싱글 캐스크 #6426, 58.4% ABV

Karuizawa, 1967, 42 years old, sherry cask, single cask #6426, 58.4% ABV

1972년, 1981년과 함께 증류소의 가장 전설적인 3대 셰리 중 하나로 복합성(시가 박스, 루바브, 무화과), 육질(파타 네그라 햄, 호두 와인), 풍부함(캔디드 오렌지, 보이차) 등 모든 것이 최적의 수준이다. 랑시오의 정밀함(설탕에 절인 살구, 블랙 체리)과 미네랄의 진화(슬레이트, 편암)는 타의 추종을 불허한다. 감초맛 젤리인 잔(Zan)과 러시아산 가죽의 향이 잊을 수 없는 위스키를 완성한다.

SINGLE MALT
MIYAGIKYO
宮城峡

미야기쿄 MIYAGIKYO

요이치에 이은 닛카의 두 번째 증류소로 1969년 다케쓰루 마사타카가 센다이라는 이름으로 미야기 계곡의 히로세 강과 닛카 강이 합류하는 지점에 세웠다. 2001년 아사히가 닛카를 인수하면서 이름을 바꿨다. 요이치가 파워풀하고 피트한 위스키를 생산하는 반면, 미야기쿄의 구형이 있는 8개의 팟 스틸(보일 볼 스틸)은 강한 환류(라인암이 위쪽을 향함)가 발생하여 꽃(히비스커스, 시든 장미, 은방울꽃, 양귀비), 꿀, 과일(살구, 멜론, 체리) 프로파일을 지닌 익스프레션을 만든다. 이곳에서는 싱글 몰트와 싱글 그레인을 두 개의 별도 시설에서 생산한다. 또한 증류소에는 글래스고에서 만든 두 대의 코페이 증류기가 있어 닛카의 유명한 '코페이 그레인'과 '코페이 몰트'를 생산한다.

♥ 미야기쿄, 싱글 몰트, 45% ABV €

Miyagikyo, single malt, 45% ABV

섬세하고 세련된 스타일의 이 익스프레션은 회양목 사이를 산책하는 박하 향의 신선함과 몰팅 플로어의 분위기를 모두 담아냈다. 풀바디의 신선한 맛은 톡 쏘는 과일(유자, 파인애플, 루바브)과 쌉싸름한 과일(자몽, 감, 앙고스투라) 사이를 오가는 구조다. 맥아 보리는 코코넛과 미네랄(점토가 섞인 부싯돌)의 향을 발산하여 조화로우면서도 끊임없이 변화하는 풍미를 만들어낸다. 생강, 아몬드, 밀랍이 질감과 기초 토대를 더한다.

야마자키 YAMAZAKI

1923년 신지로 토리이가 교토-오사카 사이에 있는 마을로 수질이 좋기로 유명한 야마자키 마을에 세운 일본에서 가장 오래된 위스키 증류소다. 1929년 일본에서 최초로 시판된 위스키와 1984년 대중 시장을 겨냥한 최초의 싱글 몰트인 야마자키 12년을 생산했다. 야마자키 증류소의 기술력은 다양성이 특징인데, 피트 정도가 서로 다른 몰트, 나무 혹은 스테인리스 발효통, 다양한 효모 균주, 웜 튜브 혹은 쉘앤튜브 응축기가 장착된 모양 및 용량이 서로 다른 16대의 스틸, 다양한 종류의 캐스크로 놀랍도록 다양한 종류의 위스키를 생산할 수 있다. 야마자키의 위스키는 풍부한 아로마와 함께 입안에서 느껴지는 묵직하고 타의 추종을 불허하는 긴장감이 특징이다.

♥ 야마자키, 디스틸러스 리저브, 43% ABV €€

Yamazaki, Distiller's Reserve, 43% ABV

보르도 캐스크에서 숙성된 어린 위스키와 셰리 및 미즈나라 캐스크에서 숙성한 오래된 위스키를 혼합한 이 풍성한 풍미의 기본 틀은 레드(딸기, 블랙베리, 레드커런트, 로즈힙 베리)와 크리미한(바닐라, 코코넛) 향이다. 샌들우드와 히비스커스가 따뜻한 향신료(계피, 생강)와 어우러진다. 설탕에 절인 레몬과 꿀을 넣은 미라벨 플럼이 놀랍도록 뚜렷하다.

★ 야마자키, 1993, 19년, 퍼스트 필 셰리 버트, 더 프라이빗 캐스크, 싱글 캐스크 #7070, 57.5% ABV

Yamazaki, 1993, 19 years old, 1st fill sherry butt, The Private Cask, single cask #70070, 57.5% ABV

무화과, 블러드 오렌지, 대추의 베일과 같은 부드러운 질감과 도서관 광택제, 산딸기, 설탕에 절인 레몬, 사프란 등 아로마 복합성이 뛰어난 익스프레션이다. 계피, 잘 익은 자두, 신선한 담배, 먹의 벨벳 같은 타닌이 느껴진다. 무엇보다도 미각에 소용돌이를 일으키는 긴장감이 일품이다. 붉은 과일과 잘 익은 감의 다소 독특한 시음을 선사한다.

SINGLE MALT
YOICHI
余市

요이치 YOICHI

1934년 다케쓰루 마사타카가 홋카이도 북부의 요이치 강 동쪽 기슭에 설립한 일본에서 두 번째로 오래된 증류소로 스코틀랜드에 가장 가까운 기후 조건을 누리고 있다. 요이치는 동해에 직접 접근할 수 있을 뿐만 아니라 이탄 평원에 여과된 지하수를 공급받는 독특한 특징을 갖고 있다. 건물은 잘라낸 돌로 지어졌고 탑에는 파고다 형태의 붉은 지붕이 얹혀 있다. 석탄으로 가열한 양파 모양(어니언 스틸, 59쪽 참고)의 팟 스틸 6대에서 다양한 정도의 피트 향이 느껴지는 풍부하고 진한 증류액을 만든다. 요이치는 또한 자체적으로 오크 캐스크 제조소를 운영하며 통을 고를 때 세심한 주의를 기울이는데, 일부는 현장에서 다시 제조되기도 한다.

♥ 요이치 20년, 버번, 뉴 오크 & 셰리 배럴, 오리가미 패키징, 52% ABV

€€€

Yoichi, 20 years old, bourbon, new oak & sherry barrels, Origami Packaging, 52% ABV

왁스, 설탕에 절인 감귤류, 피트 연기와 같은 강렬함이 매우 다층적으로 표현되는 익스프레션이다. 기름진 피트의 풍부한 질감으로 과일(모과, 붉은 사과, 라즈베리)이 드러나고, 실론 시나몬 롤과 섞인 섬세한 지속력이 랑시오(살구, 호두)를 새롭게 한다. 달콤한 감초와 가죽 안장에 깊이(시가 박스)와 날카로움을 선사하는 섬세한 윤곽이 느껴진다.

전설이 된 일본 위스키

놀랍도록 복합적인 이 익스프레션들은 일본 위스키의 전설이라고 할 수 있다.

빔 산토리-블렌디드 위스키 (하쿠슈, 야마자키 증류소의 몰트)		
- - -	- - -	히비키, 30년, 가초 후게츠 43% ABV
치치부		
2009	2016	7년, 이치로스 몰트, 포트 파이프 피니시, 싱글 캐스크 #1921, 58.2% ABV
- - -	2018	더 페닌슐라 도쿄, 싱글 캐스크, 블렌디드 위스키, 58% ABV
2014	2020	6년, LMDW 프렌치 커넥션, 피티드 세컨드 필 버번 배럴, 싱글 캐스크 #3531, 65.2% ABV
하쿠슈		
- - -	- - -	25년, 리미티드 에디션 듀티 프리 익스클루시브, 43% ABV
한유†		
1985	2009	이치로스 몰트, 싱글 캐스크 #1732, 57.1% ABV
1990	2009	배치 2, 혹스헤드+셰리 버트 피니시, 싱글 캐스크 #9305, 53% ABV
1991	2009	에이트 오브 다이아몬즈, 스페니시 오크 올로로소+셰리 버트 피니시, 싱글 캐스크 #9302, 57.1% ABV
- - -	2017	기요사토 필드 발레 28주년 기념, 블렌디드 몰트(한유+가와사키), 48% ABV
가루이자와†		
1960	2013	52년, 셰리 캐스크, 싱글 캐스크 #5627, 51.8% ABV
1963	2014	50년, 인그레이브드 보틀, 싱글 캐스크 #5132, 59.4% ABV
1964	2012	48년, 셰리 캐스크, 싱글 캐스크 #3603, 57.7% ABV
1967	2009	42년, 셰리 캐스크 포 TWE, 싱글 캐스크 #6426, 58.4% ABV
1968	2010	42년, 셰리 버트 포 LMDW, 싱글 캐스크 #6955, 61% ABV
1972	2011	39년, 셰리 버트 넘버 원 드링스, 싱글 캐스크 #7038, 63.3% ABV
1973	2013	39년, 셰리 버트, 싱글 캐스크, #1607, 67.7% ABV
1976	2009	32년, 셰리 버트, 노 싱글 캐스크 #6719, 63% ABV
1981	2013	31년, 셰리 버트, 노 싱글 캐스크 #348, 58.9% ABV
1981	2013	31년, 셰리 버트, LMDW-프랑드르 르 리듬, 싱글 캐스크 #78, 60.5% ABV
미야기쿄		
- - -	- - -	25년, 닛카, 싱글 캐스크 #64630, 디스틸러리 익스클루시브, 59% ABV
2002	2012	9년, 리필 버트, 싱글 캐스크 #101127, 웨어하우스#6, 62% ABV

닛카-블렌디드 위스키, 블렌디드 몰트 (요이치와 미야기쿄 증류소의 몰트)		
- - -	- - -	더 닛카, 40년, 닛카 설립 80주년 기념, 43% ABV
- - -	- - -	다케쓰루, 21년 43% ABV
야마자키		
1979	2008	29년, 제페니즈, 미즈나라 오크 싱글 캐스크, #RF1037, 55% ABV
1980	2004	셰리 버트, 빈티지 몰트, 56% ABV
1984	2007	23년, 디 오너스 캐스크 셰리 버트, 싱글 캐스크 #WM0044, 62% ABV
1984	2009	25년, 아메리칸, 유러피언, 재패니즈 미즈나라 오크, 48% ABV
1993	2012	19년, 퍼스트 필 셰리 버트, 더 프라이빗 캐스크, 싱글 캐스크 #3T70070, 57.5% ABV
요이치		
1987	2010	20년, 셰리 버트, 싱글 캐스크 #112814, 웨어하우스#15, 59% ABV
1988	2013	25년, 헤빌리 피티드, 버진 오크 버트, 싱글 캐스크, #100215, 웨어하우스#25, 62% ABV

일본 여행하기

일본 위스키를 발견하는 것은 위스키가 탄생한 지역의 아름다움과 불가분의 관계에 있다. 과일 향과 꽃향의 섬세함이 특징인 일본 싱글 몰트는 여행지에서 발견하게 될 풍경의 독특함을 연상시킨다. 이벤트 및 꼭 가봐야 할 장소의 주소는 343쪽을 참고하자.

루트 1. 도쿄

새로운 어시장 도요스(쓰키지 시장의 야외 통로 분위기까지), 하라주쿠의 코스프레, 오다이바에서 바라본 도쿄만, 미타카의 지브리 애니메이션 박물관이 인상적이다.
치치부 제1, 2 증류소(벤처 위스키, 344쪽 참고)가 있다.

루트 2. 후지산

일본에서 가장 높은 후지산(3,776미터)을 바라보며 호타라카시 등 야외 온천에서 휴식을 취해보자.
화산 아래에 있는 후지 고템바(Fuji Gotemba, 기린 시그램)와 미야다의 마르스 신슈(Mars Shinshu, 홈보) 증류소가 있다.

루트 3. 나고야

황금범고래(호랑이 머리를 한 황금돌고래) 장식이 유명한, 일본에서 가장 아름다운 곳 중 하나로 꼽히는 나고야성(1610~1633, 에도 시대)의 본궁(혼마루 고텐), 오스칸노, 오스 지구의 쇼텐가이(쇼핑 아케이드), 마루나카 중앙 시장을 둘러보자.

루트 4. 교토

긴카쿠지(황금 사리전, 1398년), 기온 지구, 니시키 시장이 있다. 가을에는 덴류지, 가쓰라, 슈가쿠인 정원이 아름답다. 저녁에는 폰토초의 자갈길, 후시미 이나리 신사의 붉은 도리이에 가보자.
야마자키 증류소(빔 산토리, 352쪽 참고)가 있다.

루트 5. 오사카

오사카성(1583년)과 성 주변을 둘러싼 호수, 도톤보리 중심부의 밤 산책로, 난바 지구의 호젠지 요코초 거리, 다채로운 구로몬 시장을 둘러보자.

루트 6. 고베

메리켄 공원에 있는 고베 타워(108미터)의 파노라마 플랫폼에서 도시 전경과 오사카만, 고베 항구의 부두, 누노비키와 누노비키 폭포, 롯코산 능선에 있는 향기 가득한 정원, 스마 해변의 멋진 전망을 감상하자. 저녁에는 이쿠타 강과 접해 있는 산노미야 지구를 둘러보자. 밤에는 롯코산을 따라 늘어선 료칸들이 인상적이다. **에이가시마**(Eigashima) 증류소(화이트 오크)가 있다.

루트 7. 히로시마

도시 남쪽 이쓰쿠시마(미야지마) 섬에 있는 이쓰쿠시마 신사의 기초 말뚝에 세워진 대형 도리이, 현지인들이 즐겨 찾는 오코노미야키 지구, 히로시마성(1590년, 1958년 재건)과 슈케이엔 정원(1620년)이 있다.

도고우치 블렌디드 위스키를 생산하는 **사쿠라오**(Sakurao) 증류소(츄고쿠 조조)가 있다.

선택 사항: 돗토리현의 **구라요시**(Kurayoshi) 증류소(마쓰이)

루트 8. 시라카와고

일본 알프스의 중심부에 위치한 쇼카와 강 계곡과 일본 전통유산의 상징인 마을이 인상적이다. 경사진 초가지붕과 중앙 벽난로, 나무로 만든 갓쇼즈쿠리(기도하는 손 모양) 양식의 수백 년 된 집들이 반짝이는 논 한가운데 모여 있고 오솔길로 연결되어 있는 아름다운 마을로 일본 전통을 상징한다.

루트 9. 나가노

6세기에 지어진 젠코지 사찰(552년 열도에 처음 반입된 불상이 안치된 절), 지고쿠다니 온천의 눈 원숭이, 일본 알프스 하이킹이 유명하다.

아사마 화산 아래에 위치한 미요타에는 2000년에 생산을 중단한 전설적인 **가루이자와†** 증류소의 버려진 건물(350쪽 참고)이 있다.

루트 10. 삿포로

홋카이도의 유서 깊은 마을, 후시미이나리 신사와 붉은 도리이, 산을 바라보며 즐기는 호베이쿄 노천 온천, 다누키코지 거리에 늘어선 상점이 인상적이다. 저녁에는 일본 최고의 홍등가 중 하나인 스스키노에 가보자.

요이치 증류소(닛카, 353쪽 참고)가 있다.

루트 11. 시레토코 국립공원

즐비한 화산, 후레페와 카무이와카 온천 폭포, 수정처럼 맑은 다섯 개의 호수, 다양한 야생동물이 서식하는 원시림이 있다. 라우스 해변과 범고래와 고래가 서식하는 네무로 해협의 숨 막히는 절경을 감상해보자.

최근 문을 연 **아케시**(Akkeshi) 증류소(켄텐)와 이곳에서 만드는 전도유망한 위스키를 만나보자.

루트 12. 센다이

마을의 창시자 마쓰무네 다테의 성 아오바조와 아보바산에서 바라보는 장엄한 풍경이 인상적이다.

미야기쿄 증류소(닛카, 351쪽 참고)가 있다.

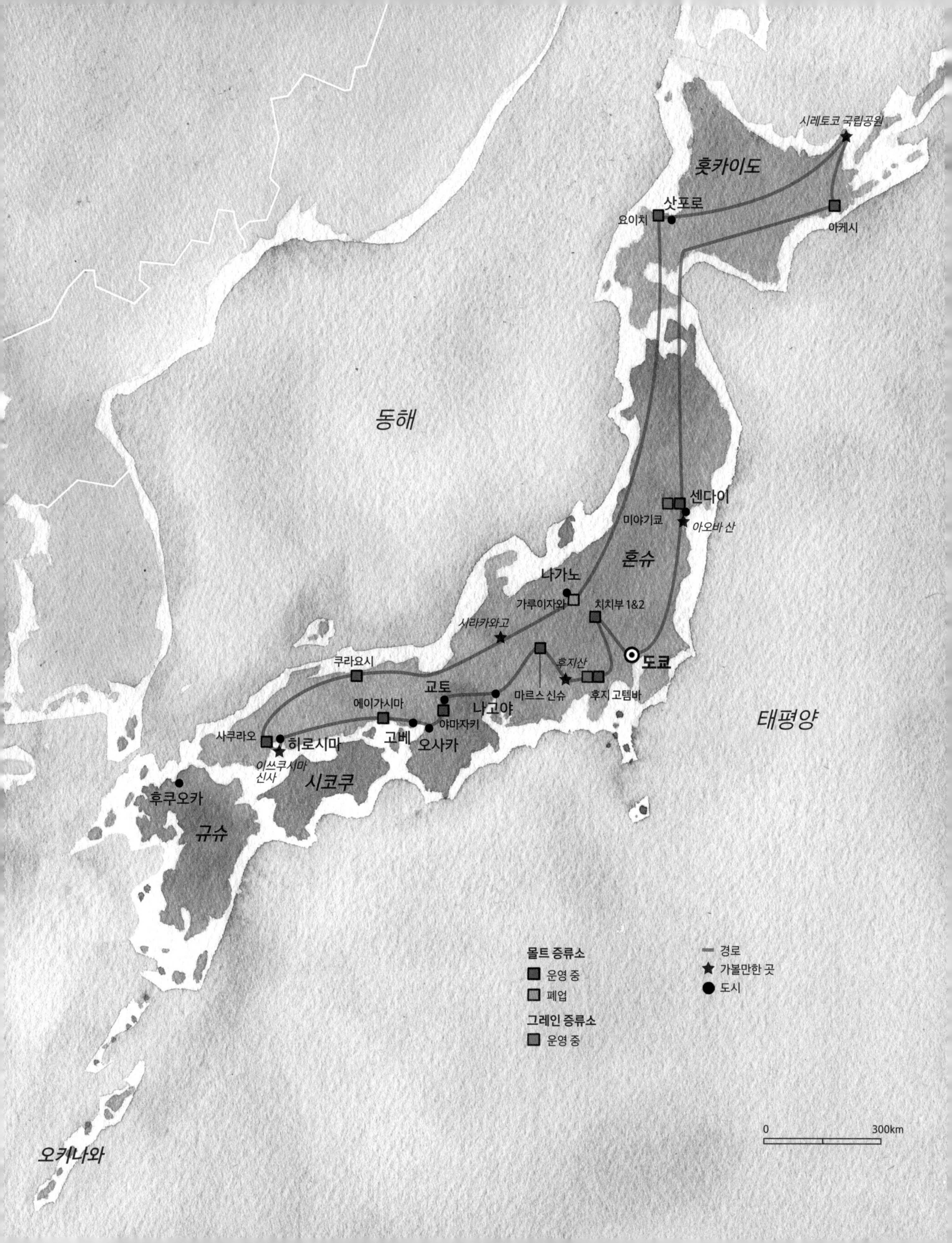
시레토코 국립공원
홋카이도
삿포로
요이치
아케시
동해
센다이
미야기쿄
아오바 산
혼슈
나가노
가루이자와
치치부 1&2
시라카와고
도쿄
후지산
마르스 신슈
후지 고템바
쿠라요시
교토
나고야
에이가시마
야마자키
태평양
사쿠라오
히로시마
고베
오사카
이쓰쿠시마 신사
시코쿠
후쿠오카
규슈
몰트 증류소
운영 중
폐업
그레인 증류소
운영 중
경로
가볼만한 곳
도시
0
300km
오키나와

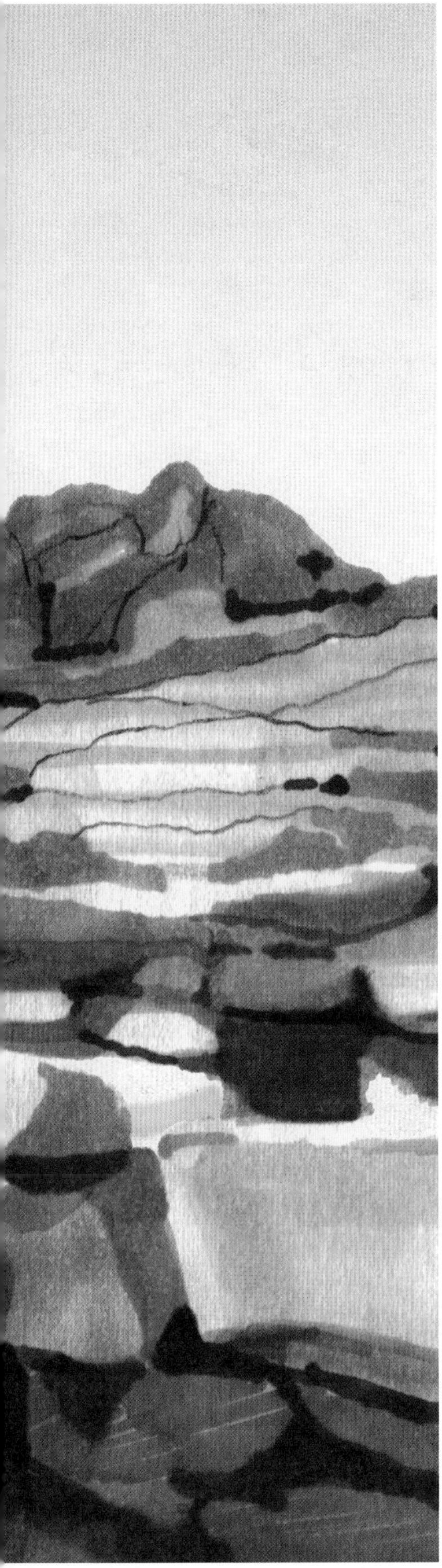

프랑스

프랑스에서는 현실이 때로는 모순에 기반한다. 예를 들어, 수백 년의 와인 증류 전통이 있는 프랑스에서 생산되는 위스키는 대부분 수출된다. 마찬가지로 1709년부터 곡물 증류가 금지되었지만 현재 프랑스는 세계 최고의 위스키 시장 중 하나다. 스타니슬라스 레슈친스키 공작(1737~1766)이 통치하던 로렌 공국만이 프랑스 후견 과도기에 숙성 곡물 증류주를 소비했고, 1780년 덩케르크 성채에 있는 왕실 증류소만이 주니퍼 베리 향이 나는 곡물 브랜디를 생산하여 영국으로 수출할 수 있는 허가를 받았다. 위스키는 20세기 초에 이르러서야 다양한 쇼와 음악 공연을 통해 대중문화의 일부가 되었다. 최초의 진정한 프랑스 위스키는 1987년 와렝헴 증류소에서 등장했다. 1998년 두 라인이 세워졌다. 하나는 켈트족 전통이 내려오는 서쪽 브르타뉴 지방에, 다른 하나는 마르(포도 찌꺼기를 증류해 만든 증류주 – 옮긴이 주)와 과일 브랜디의 판매 감소를 상쇄하기 위해 소규모 증류소 개발을 기반으로 하는 그랑데스트 지방에 세워졌다. 얼마 지나지 않아 코냑에서 세 번째 라인이 형성되었는데, 코냑에서는 코냑 증류 기간(10월부터 3월까지) 외에 도쿠르, 부아노, 베르크루 같은 증류소에서 2,500리터짜리 증류기 수십 대를 사용하여 위스키를 생산했다. 베르크루 증류소는 벨부아가 인수했다. 하지만 위스키는 코르시카의 마벨라, 쥐라의 라 루데 드 리슬, 사부아의 도멘 데 오트 글라스, 유기농 농장형 증류소, 타른의 카스탕, 디스틸르리 드 파리, 1차 증류에 저압 증류기를 사용하는 디스틸르리 뒤 베르코르, 열대 기후에서 증류하는 레위니옹의 루아프르 포티에까지 전국으로 퍼져나가고 있다. 디스틸러, 네고시앙 겸 주조업자, 보틀러 등 현재 프랑스에는 약 100개의 위스키 제조사가 있다.

영국
독일
클레이상스 드 방브르쉬
Claeyssens de Wambrechies
릴
벨기에
T.O.S.
드룅 Dreum
디스틸르리 도트푀이유
Distilleries d'Hautefeuille
룩셈부르크
영국해협
노스망
Northman
에르가스테르
Ergaster
리세느 Leisen
베르트랑
Bertrand
디스틸드리 드 파리
Distilleries de Paris
디스틸르리 딜 드 프랑스
Distilleries d'Is
캥트상스(쇼트)
La Quintessence (Schotts)
스트라스부
와렝헴
Warenghem
글랑 아르 모르
Glann ar Mor
파리
Distillerie artisanale du Castor
켄탕
Kentañ
뱅자맹 쿠엔츠
Benjamin Kuentz
레만 Lehmann
센강
G. 로즐리외르
G. Rozelieures
메이어 Meyer
모비딕
Moby Dick
질베르 올 Gilbert Hol
G. 미클로
G. Miclo
라민도르
La Mine d'Or
메니르 증류소
Distillerie des Menhirs
라로슈오페
La Roche aux Fées
무타르
Moutard
낭트
루아레강
카에릴리
Kaerilis
라 피오트르
La Piautre
미셸 쿠브뢰르
Michel Couvreur
우쉬나농
Ouche Nanon
스위스
대서양
브륄르리 뒤 르베르몽
Brûlerie du Revermont
도멘 드 마비요
Domaine de Mabillot
라 루제 드 릴
La Rouget de Lisle
무슈 발타자르 (헤지호그)
Monsieur Balthazar
(Hedgehog)
디스틸르리 뒤 몽블랑
Distillerie du Mont-Blanc
인도양
베르클루 Bercloux
메를레-코프리
Merlet-Coperies
닌카시
Ninkasi
리옹
도쿠르 Daucourt
브뤼네(브렌)
Brunet (Brenne)
루아프르-포티에
Louâpre-Pottier
이탈리아
문 하버 Moon Harbour
디스틸르리 뒤 드락
Distillerie du Drac
디스틸르리 데 부즈
Distillerie des Bughes
레위니옹
보르도
트웰브 Twelve
디스틸르리 뒤 베르코르
Distillerie du Vercors
도멘 데 오트 글라스
Domaine des Hautes Glaces
가론강
로랑 Laurens
라샤낭슈
Lachanenche
론강
란다스 Landa's
루나글
Rounagle
카스탕
Castan
도멘 드 부르작
Domaine de Bourjac
모나코
툴루즈
마르세이유
리옹 만
증류소
운영 중
네고시앙 겸 주조업자
폐업
프로젝트 중
안도라
스페인
코르시카
도멘 마벨라 P&M
Domaine Mavela-P&M
지중해
0
100km

증류소 분류

AA

글랑 아르 모르

A

G. 로즐리외르
도멘 데 오트 글라스
라 루제 드 릴
라 피오트르*
레만
메니르
와렝헴

BBB

G. 미클로-벨슈
나그랑**
도멘 마벨라-P&M
드룅
(디스틸르리 드) 파리
라로슈오페**
문 하버
베르코르-세쿼이야**
베르클루
베르트랑
카스탕-빌라노바
트웰브*

BB

T.O.S.
노스망
넌카시
도멘 드 부르작
(디스틸르리 데) 부즈
(디스틸르리) 도트푀이유
(디스틸르리 아르티자날 뒤)
카스토르-생 파트릭
로랑
리세느
메를레-코프리
메이어
메종 도쿠르-바스티유
무슈 발타자르-헤지호그
브뤼네-브렌
우쉬 나농*
질베르 올
카에릴리
캥트상스-쇼트
클레이상스 드 방브르쉬

N

도멘 드 마비요
(디스틸르리 뒤) 드락
(디스틸르리 뒤) 몽블랑
(디스틸르리 딜) 드 프랑스
라민도르
라샤낭슈*
란다스
루나글**
루아프르-포티에
모비 딕
무타르
브뤼르리 뒤 르베르몽
에르가스테르*
켕탕

특별히 뛰어난 증류소(AAA)부터 보다 일반적인 증류소(C)까지.
N: 새로운 증류소 †: 문 닫은 증류소 *주목할 만한 증류소 **매우 주목할 만한 증류소

간단한 역사

1860년 프랑스와 영국 간의 코브던-슈발리에 자유 무역 조약(몰트 증류주 포함) 체결

1907년 조르주 멜리에스가 '불쌍한 존 또는 위스키를 마시는 자의 모험'을 제작

1909년 영국 모델을 기반으로 위스키를 '맥아로 당화한 곡물 증류주'로 정의

1987년 와렝헴 증류소에서 최초의 프랑스 위스키 출시

1995년 쿠브르(부르고뉴)가 스코틀랜드에서 구입한 위스키를 숙성하기 시작

1998년 메니르 증류소에서 에듀(메밀) 위스키 출시

2015년 알자스 및 브르타뉴 위스키의 지리적 표시 등록

기본 정보

이벤트

위스키 라이브 파리(Whisky Live Paris)
9월 마지막주 토요일에서 일요일 (월요일은 관계자만)

리옹 위스키 페스티벌(Lyon Whisky Festival)
11월 둘째 주 토요일에서 일요일

꼭 가봐야 할 장소

골든 프라미스 바(Bar Golden Promise)
11, rue de Tiquetonne - 75002 Paris

셰리 버트 바(Bar Sherry Butt)
20, rue Beautreillis - 75004 Paris

홉스카치 바(Bar The Hopscotch)
3, rue Baour-Lormian - 31000 Toulouse

아르코드 바-부티크(Bar-boutique ArKoad)
2, rue du Boyer - 35400 Saint-Malo

와렝헴
WARENGHEM

설립연도
1900년(1987년부터 위스키 생산)

소유주
디스틸르리 와렝헴 SAS(Distillerie Warenghem SAS)

증류기 대수
워시 스틸 1대
스피릿 스틸 1대

연간 생산량
생산: 연간 순수 알코올 18만 리터
용량: 연간 순수 알코올 40만 리터

위치
Route de Guingamp - Boutill - 22300 Lannion

WARENGHEM
distillerie depuis 1900

페로 기렉에서 트레가스텔까지, 세틸에서 라니옹 만까지, 코트 드 그라니 로즈는 해안 황무지부터 암석 노두에 이르기까지 야생의 풍경이 이어진다. 코트다모르에 위치한 트레고르는 브르타뉴의 9개 지방 중 한 곳이다. 이 지역의 수많은 거석과 아로모리크 분지에 충적된 금은 이곳의 풍부한 역사를 잘 보여준다. 라니옹은 생트 우아모 이탄 습지에서 시작되는 레귀에르 강 연안의 마을로, 레귀에르 강은 높은 수질 덕분에 연어가 서식하는 강으로 유명하다. 1900년 레옹 와렝헴이 설립한 이 증류소는 처음에는 크림과 체리 리큐어인 기놀레, 과일 리큐어(프루가스텔 딸기), 엘릭시르 다모리크를 포함한 식물 리큐어를 전문으로 생산했고, 1983년에는 프랑스에서 가장 널리 소비되는 리큐어인 슈헨(꿀과 물로 만든 전통 발효주) 멜모르(Melmor)를 생산하기 시작했다. 그러나 1987년 수요가 기하급수적으로 증가하여 프랑스 그룹들이 스코틀랜드에 점점 더 많은 투자를 하던 시기에 질 레주르는 베르나르 르 팔렉의 지원을 받아 브르타뉴 위스키를 뜻하는 WB 블렌드를 개발했다. 그 후 1998년에는 싱글 몰트인 아르모리크가 탄생하여 다른 많은 증류소에 영감을 주었다. 저장고에는 70만 리터의 알코올 도수 63% ABV의 위스키가 보관되어 있고, 사장 다비드 루시에, 저장고 마스터 에르완 르페브르가 관리하고 있다.

와렝헴은 브레즈(Breizh), 갈렉(Gallec), WB의 블렌디드 위스키 3종과 트레고르 지역의 셰리 캐스크에서 9년 동안 숙성하고 오바뉴의 새 캐스크에서 2년을 더 생산하여 '미국적 특징'을 준 라이 위스키 루프 라이(Roof Rye)를 생산한다. 또한 다음 세 가지 종류의 싱글 몰트를 생산한다.

- 아르모리크(Armorik): 2021년 유기농 인증을 받은 전체 제품 라인은 더블 숙성(브르타뉴 캐스크 숙성 후 셰리 캐스크 숙성), 클래식(버번 캐스크와 셰리 캐스크에서 숙성한 몰트 혼합), 셰리 캐스크(셰리 캐스크에서만 숙성) 및 미디엄 피트의 트리아고로 선보이고 있다.
- 이르와즈 싱글 몰트(Irwazh Single Malt): 현지 유기농 보리로 만든 싱글 몰트로 친환경 포장재를 사용했고 전문 유기농 네트워크를 통해 판매된다.
- 옌 엘레즈(Yeun Elez): 다양한 풍미를 가진 하이 피티드 위스키(50ppm)다.

인터뷰

다비드 루시에
와렝헴 증류소의 최고경영자

프랑스 브르타뉴 위스키에 독특한 풍미가 있나요? 위스키의 과거와 미래, 그리고 진화하는 모습 등 이 지역에 대해 어떻게 생각하시나요? 새로운 표현 영역이나 개척해야 할 분야가 있나요?

브르타뉴 위스키의 특정 아로마에 대해 이야기하기는 어려울 것 같습니다. 사실 논피티드 위스키, 메밀 위스키, 맥주통 숙성 등 다양한 위스키가 있기 때문에 우리가 찾는 것은 꼭 아로마라고만 할 수 없습니다. 만약 이곳에서 생산된 위스키가 코르시카에서 만들어졌다면 아로마가 달라졌을 겁니다. 숙성되는 기후와 브르타뉴 지방의 지하수가 큰 차이를 만들어냅니다. 브르타뉴 위스키의 과거를 되돌아보면 저는 자부심을 느낍니다. 물론 모든 것이 완벽하지는 않았지만 브르타뉴에서 프랑스 위스키가 탄생했고, 오늘날 우리 지역은 여전히 벤치마킹의 대상입니다. 또한 지리적 표시를 통해 원산지를 보증하기 때문에 위스키 애호가들은 안심하고 위스키를 즐길 수 있습니다. 우리는 지역 정체성을 확립하는 동시에 매우 다양한 스타일을 지닌 증류소들이 생겨나도록 장려하는 데 성공했습니다. 게다가 증류소끼리 서로 아주 잘 지내고 있지요. 미래는 긍정적으로 보입니다. 이러한 정체성과 지역 소비 기반은 미래 발전을 위한 진정한 자산입니다. 수출도 물론 성장의 주요 수단이며, 수출 측면에서 볼 때도 브르타뉴와 브르타뉴 위스키의 이미지는 진정한 자산입니다. 정통성, 진정성 그리고 애호가들도 인정하기 시작한 품질이 있습니다. 저는 아직 초기 단계인 이 산업이 더욱 체계화될 것이라고 생각합니다. 브르타뉴에서 재배한 보리와 브르타뉴 참나무로 만든 배럴을 점점 더 많이 사용하고 있고, 최근 현지 몰팅 업체도 생겨나고 있습니다. 브르타뉴를 훌륭한 위스키 생산지로 만들기 위한 모든 준비가 완료된 것이죠!

와렝헴에서 생산하는 위스키의 테루아에 대해 이야기할 수 있을까요?

'테루아'라는 단어는 좀 강한 것 같습니다. 일반적으로 저는 지리적 원산지와의 연관성에 대해 이야기합니다. 이 트레고르 지역의 물과 기후가 위스키의 특성에 매우 큰 영향을 미치는 건 사실입니다. 이곳의 습한 기후는 대체로 둥글고 풍부한 위스키를 만듭니다. 하지만 진정한 의미의 테루아는 앞으로 탐구해보고 싶은 분야이고, 이 주제에 대해 재배자들과 협력하기 시작했습니다.

와렝헴 증류소에서 증류기의 라인암 각도를 바꾼 이유는 무엇인가요?

증류기는 라인암이 아래쪽을 향하도록 설계되었습니다. 최초의 증류액은 이러한 구성으로 생산되었습니다. 1998년 싱글 몰트의 순수함을 강조하기 위해 라인암의 방향을 위로 향하게 바꿨는데, 환류가 많을수록 구리와 접촉하는 양이 많아져 증류액이 더 가볍고 과일 아로마가 강해지기 때문이죠. 2017년에 세상을 떠난 짐 스완(증류 및 숙성 분야의 세계적인 전문가 중 한 명 - 편집자 주)과 함께 작업할 때, 더 향기롭고 순수한 증류액을 생산하기 위한 특정 요인(매싱 온도, 효모, 발효, 증류컷 등)을 재검토했습니다. 또한 어떤 프로필이 기존 구성의 증류기 디자인과 실제로 관련이 있는지 알아보는 것이 흥미로울 것이라고 생각했습니다. 그래서 2012년 라인암의 각도를 원래의 위치로 다시 낮췄습니다. 그런데 증류액이 정말 마음에 들어 그대로 유지했습니다. 우리가 찾던 과일 아로마를 가지고 있으면서도 풍부하고 바디감이 있는 증류주가 이제 저희 위스키의 특징이 되었습니다.

최근 지은 새 저장고 덕분에 저장 용량이 3배 가까이 늘어나 캐스크로 더 많은 실험을 할 수 있는데, 이 부분에 대해 좀 더 자세히 설명해 주시겠어요?

그건 저희 제조 비밀이라고 할 수 있는데요! 다른 많은 증류소와 마찬가지로 저희도 주로 버번과 셰리 캐스크를 사용합니다. 반면 저희는 다양한 토스팅 기법을 적용한 새로운 브르타뉴 오크 캐스크를 개발하여 다양한 실험을 하고 있습니다. 그리고 몇 년 전부터 숙성을 위해 다양한 종류의 오크 캐스크를 구매하고 있습니다. 특히 와인 제조사와 직접 협력하여 와인 캐스크를 확보하고 있습니다. 소테른은 우리 증류주와 매우 잘 어울리고, 최근에는 피노 데 샤랑트가 성공적이었습니다. 루아르 밸리에서 생산된 화이트 와인도 여러 배럴 보유하고 있어 기대가 큽니다.

와렝헴은 2020년 9월부터 피티드 위스키 라인인 엔 엘레즈를 생산하고 있습니다. 엔 엘레즈의 특징은 무엇인가요?

저희는 몇 년 동안 피티드 위스키를 실험해보고 싶었습니다. 프랑스 보리는 예외로 하고, 피티드 몰트에 대한 노하우를 갖춘 스코틀랜드의 몰트 전문가들과 이야기를 나눴습니다. 그리고 하이 피트 맥아(약 50ppm)를 구입했습니다. 그러나 다른 증류소와 차별화 하기 위해 우리는 증류(시간, 컷)를 통해 매우 우아한 피트(흙 향이 없는 약재 향)를 얻고 무엇보다도 과일 풍미를 내기 위해 노력했습니다. 증류소만의 다른 라인을 제공한다는 생각이었습니다. 강렬하고 피트가 강한 이 위스키를 풍부하고 과일 향이 나는 아르모리크와 차별화하기 위해 엔 엘레즈라는 이름을 붙였습니다. 엔 엘레즈는 아르모리크 자연 공원 한가운데 있는 거대한 이탄 습지로, 1950년대까지 개발되었습니다. 또한 앙쿠, 코리건, 지옥의 문 등 수많은 브르타뉴 전설의 발상지이기도 합니다. 유기농 증류주는 필수이며 주요 트렌드를 대표합니다.

2020년부터 다양한 이르와즈 유기농 위스키를 개발하고 있습니다. 모든 제품 라인을 유기농으로 완전히 전환할 계획인가요?

저희는 6년 동안 유기농을 위해 노력해왔습니다. 친환경 재배 방식을 사용하는 농부들을 찾고자 합니다. 지역 맥아 생산자와 농부 모두와 협력하고 있지요. 내년부터 아르모리크 제품 라인을 유기농으로 전환할 계획입니다. 동시에 유기농 전문 네트워크를 위해 이르와즈 싱글 몰트라는 특정 브랜드를 만들고 있습니다. 이 유기농 위스키는 다른 맛을 내기 위한 것이 아니라 유기농, 현지 생산, 포장 최소화 등 환경을 더욱 존중하는 방식으로 생산하기 위한 것입니다. 하지만 전형적인 아르모리크 증류액은 바뀌지 않습니다!

브레스트 해양 축제와의 파트너십을 통해 마데이라 캐스크에서 숙성된 위스키를 한정판으로 선택한 이유는 무엇인가요?

개최가 연기된 브레스트 2020을 위해 저희는 그간 익숙하게 해왔던 것과 다른 아르모리크 익스프레션을 원했습니다. 저장고를 둘러보다가 아로모리크의 과일 향 증류액과 아주 잘 어울리는 마데이라 캐스크를 발견했습니다. 그리고 이 캐스크를 바다로 가져간다는 발상이 해양 축제와 같은 프로젝트에 무척 흥미로운 아이디어로 보였습니다.

와렝헴에서 가장 기억에 남는 것은 무엇인가요?

덤프리스에 있는 T. B. 왓슨스에서 개최한 아르모리크 마스터클래스는 아직도 기억이 생생합니다. 60명의 스코틀랜드 사람들 앞에서 아르모리크를 시음할 생각을 하니…, 정신이 혼미했어요. 최근에 증류소 팀과 함께 개최한 미니 개관식도 정말 멋진 순간이었습니다. 저장고, 아르모리크 리셉션 공간, 10주년 기념 및 새로운 패키지 등 3년의 작업 끝에 제가 취임한 이후 시작된 모든 프로젝트가 마침내 비상하는 것 같았습니다. 팀 전체의 헌신 덕분입니다.

다른 증류소에서 만든 위스키 중 다시 맛보고 싶거나 마셔보고 싶은 위스키가 있나요?

재미 삼아 WB나 아르모리크 첫 보틀링을 다시 맛보고 싶습니다. 포트 엘렌이나 브로라는 아직 한 번도 맛본 적이 없는데, 무척 흥미로울 것 같습니다! 또한 저는 스프링뱅크, 벤로막, 발블레어, 하이랜드 파크의 열렬한 팬입니다. 그래서 이 증류소들의 오래된 보틀링을 찾을 수 있다면 무척 행복할 것 같습니다.

내가 사랑한 위스키

€ 35유로 이하 • € 35~39유로 • €€ 70~150 유로 • €€€ 150유로 이상

♥ 아르모리크, 브레스트, 2020, 마데이라 배럴, 46% ABV €

Armorik, Brest 2020, madeira barrel, 46% ABV

아몬드 밀크, 피스타치오, 아니스 꿀이 가득한 바다 여행에 초대한다. 에어링을 하면 과수원의 과일(그린 게이지, 복숭아, 구스베리)이 확연히 드러난다. 섬세한 마무리는 잘게 썬 오렌지 껍질과 강황과 같은 따듯한 향신료가 연상된다.

♥ 아르모리크, 10년, 46% ABV €

Armorik, 10 years old, 46% ABV

통제된 우디(로즈우드)와 표현력이 풍부한 열대과일 향(커스터드 애플, 파파야)의 첫 공격이 인상적이다. 변화무쌍한 로스팅(모카치노, 모스코바도, 설탕, 블론드 캐러멜)과 향신료(육두구, 생강)에서 아로마 구조가 형성된다. 블랙 페퍼가 이러한 변화를 전체적으로 강조한다.

♥ 아르모리크, 트리아고, 46% ABV €

Armorik, Triagoz, 46% ABV

이 익스프레션의 전체 아로마를 통해 미세한 긴장감이 흐르고, 코에 처음으로 감지된 피트가 아르니카까지 발전한다. 흰 과육 과일(특히 복숭아, 배)과 바다 물보라 사이의 균형은 스모키, 후추 및 미네랄(흑연)의 전체 그림을 순수함으로 채운다.

♥ 이르와즈 비올로지크 와렝헴, 43% ABV €
Irwazh biologique Warenghem, 43° ABV

배 리큐어와 몰트 보리의 첫 공격에서 기품이 느껴진다. 특히 복합적인 토스트와 해양 소나무의 여운이 코코아 풍미로 이어진다. 바다 물보라와 멘톨로 강조된 신선한 배는 고추로 더욱 강렬해진다.

♥ 옌 엘레즈, 46% ABV €
Yeun Elez, 46% ABV

미세하고 우아한 피트가 배와 맥아 곡물의 풍미를 선사한다. 로스팅 된 원두의 기름진 질감이 느껴진다. 눈에 띄는 과일 풍미가 구운 빵 향을 강조하고 그 위로 피트의 스파이크가 가미되어 전체적인 톤이 뚜렷하다.

♥ 아르모리크, 팔로 코르타도, 캐스크 #3515, 51.7% ABV €€
Armorik, Palo Cortado, cask # 3515, 51.7% ABV

아로마 틀 상단에 섬세하게 배치된 비터 오렌지, 멜론, 복숭아는 견과(호두, 헤이즐넛)와 진저브레드가 특징적인 프로파일에 리듬을 준다. 신선한 담배와 미세한 미네랄 및 시트러스의 쓴맛의 깔끔한 마무리로 전체적으로 강도가 높아진다.

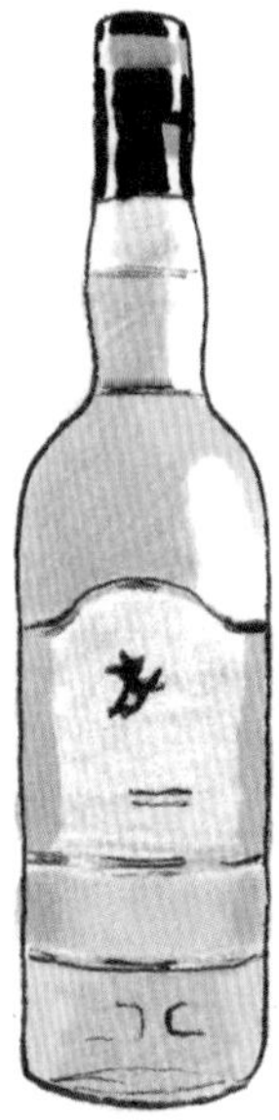

꼭 알아야 하는 증류소

€ 35유로 이하 • € 35~39유로 • €€ 70~150 유로 • €€€ 150유로 이상

도멘 데 오트 글라스 DOMAINE DES HAUTES GLACES (38~40쪽 참조)

DOMAINE DES HAUTES GLACES
ALPINE FARM DISTILLERY

♥ DHG, 세로스, 싱글 라이 오가닉 위스키, 옐로우 와인 캐스크, 54% ABV €
DHG, Ceros, single rye organic whisky, yellow wine cask, 54% ABV

장작불을 이용한 이중 증류로 영양이 풍부한 풍미(블랙 올리브와 빵)와 과일 향(감, 귤)이 느껴진다. 상쾌한 향(멘톨, 풋사과)이 뒤따르는데, 이는 캐스크에 담겼던 뱅존이 산화되면서 생긴 산뜻한 향이다. 부드러운 질감에서 맥아 호밀과 잘 익은 호두의 풍미가 느껴진다. 삿갓버섯, 향기로운 식물(호로파, 러비지), 따뜻한 향신료(육두구, 사프란)의 풍미가 드러나면서 농도가 짙어진다.

글랑 아르 모르 GLANN AR MOR

GLANN AR MOR
"CELTIC WHISKY WITH A FRENCH HEART"

글랑 아르 모르는 1999년 바람과 물보라가 몰아치는 브르타뉴 북쪽 해안의 야생 반도인 트레고르 지역의 중심에 있는 플뢰비앙에 세워졌다. 나무 발효통, 작은 증류기에서 느린 증류, 직화 가열, 웜 튜브 등 크래프트 공정과 전통적인 방법을 사용하여 과거의 스코틀랜드 몰트에 매우 가까운 위스키를 생산하고 있다. 논피티드 글랑 아르 모르와 아일라 익스프레션을 연상시키는 하이 피트(40ppm) 코르노그의 두 가지 익스프레션이 있다.

♥ 글랑 아르 모르, 마리스 오터 발리, 싱글 몰트, 46% ABV €
Glann ar Mor, Maris Otter Barley, single malt, 46% ABV

이 고대 품종은 보기 드문 풍부한 풍미를 지니고 있다. 구운 보리와 우롱차의 아로마가 산성 과일 향(살구, 파인애플)과 어우러져 전체적으로 기름진 질감과 균형을 이룬다. 신선한 마무리(바다 물보라)에 미네랄이 더해진다.

♥ 코르노그, 록 히르, 버번 캐스크, BDF(캐스크 스트렝스), 63.1% ABV €€
Kornog, Roc'h Hir, bourbon cask, BDF (cask strength), 63.1% ABV

표시된 알코올을 상상할 수 없을 정도로 단맛(버번 바닐라)과 부드러운 질감이 돋보인다. 피트는 긴 피니시에서 자신을 뚜렷하게 나타내지만 항상

바다 물보라와 정교한 감귤류 과일에 매혹된 절묘한 과일(감귤, 향기로운 버베나)과 조화를 이룬다.

G. 로즐리외르 G. ROZELIEURES

이 크래프트 증류소는 1860년 에세 라 코트 화산 맞은편 로렌에 설립되었다. 이 지역은 현재 300헥타르의 곡물 재배지(특히 보리)와 수목 재배지(미라벨 자두)를 포함하고 있다. 미라벨 자두 증류소는 2002년에 몰트 증류를 시작했고, 이후 프랑스 위스키 시장의 핵심 업체가 되기 위해 꾸준히 투자해 왔다. 자체적으로 보리를 수확하고 2017년 자체 몰팅 플로어를 세웠고, 바이오에너지를 사용한다. 다양한 피트가 함유된 위스키를 다양한 캐스크에서 숙성한다.

♥ G. 로즐리외르, 레어 컬렉션, 싱글 몰트, 40% ABV €

G. Rozelieures, Rare Collection, single malt, 40% ABV

피노와 코냑, 소테른 캐스크에서 숙성한 싱글 몰트 블렌딩으로 전체적으로 더 둥근 느낌이다. 잘 익은 과일(배, 풋사과, 설탕에 절인 감귤류)과 건과일(아몬드, 호두 알갱이)의 풍미가 느껴진다. 로즈메리와 가죽이 은은하게 스모키한 피니시를 더욱 강조한다.

♥ G. 로즐리외르, 위스키 토케이, 퓌 유니크 컬렉션, 56% ABV €€

G. Rozelieures, Whisky Tokay, Fût Unique Collection, 56% ABV

미라벨 자두, 살구, 건청포도 사이를 방황하는 강렬한 향의 풍요로움이 코로 느껴진다. 그다음 미네랄(젖은 바위), 스파이스(강황), 피트 향이 더욱 강렬해진다. 마무리에서 벌집과 누가(캔디의 일종) 등 모든 것이 매우 뚜렷해지는 동시에 매우 부드러워진다.

레만 LEHMANN

1850년 오베르네에 설립되었고 과일 브랜디로 유명한 레만 증류소는

2001년부터 오래된 와인 캐스크(소테른 또는 화이트 보르도)에서 7년 이상 숙성한 고급 싱글 몰트를 생산하기 시작했다.

♥ 알자스 위스키 오리진, 싱글 몰트, 40% ABV €

Elsass Whisky Origine, Single malt, 40% ABV

몰트 보리, 흰 과일(배)과 노란 과일(미라벨 자두, 과숙 모과), 오크 토스트, 말린 과일의 균형이 잘 잡혀 있다. 신선한 담배와 페이스트리 풍미가 전체를 더욱 돋보이게 한다.

DISTILLERIE DES MENHIRS

디스틸르리 데 메니르 DISTILLERIE DES MENHIRS

메니르는 1986년 브르타뉴 코르누아이유 플로믈랭의 피니스테르에 세워졌다. 이 증류소가 특별한 이유는 1999년부터 브르타뉴어로 에듀라고 하는 메밀로 만드는 매우 드문 위스키 중 하나를 생산하기 때문이다. 메밀은 붉은 줄기를 지닌 꽃식물로 삼각형의 씨앗을 얻기 위해 재배하지만 풀은 아니다. 상업적 의미에서 곡물이지만 식물학적 의미의 곡물은 아니다('유사 곡물'이라고 한다). 한편 메밀은 맥아로 만들기 특히나 어렵고 맥아즙도 발효가 어려워 알코올 수율이 보리의 절반에 불과하다. 화덕을 이용한 이중 증류로 만드는 이 에듀 위스키는 위스키 애호가라면 누구나 호기심을 가질 만큼 잘 만들어졌고 계속 개선되고 있다. 이후 메밀 위스키와 보리 위스키(몰트 및 언몰트)를 혼합한 에듀 그레이 록(Eddu Grey Rock)과 몰트 및 언몰트 보리로 만든 에듀 그웬(Ed Gwenn)으로 제품 라인을 확장했다.

♥ 에듀 실버 브로셀리앙드, 위스키 퓌르 블레 누아르, 42% ABV €

Eddu Silver Brocéliande, whisky pur blé noir, 42% ABV

코냑을 담은 리무쟁 캐스크에서 5년간 숙성하고 새로운 브로셀리앙드 오크 캐스크에서 마무리한 이 위스키는 과일 향(살구, 블랙베리)으로 강화된 매혹적인 빵 향을 지니고 있다. 위스키 전체에 헤더, 제비꽃, 롱 페퍼의 향이 느껴지는 바디감이 풍부한 위스키다. 질감은 기름지고 드라이하며 박하, 소나무 향으로 마무리된다.

프랑스 여행하기

프랑스 위스키 증류소 투어는 다양한 풍경, 지형, 기후가 특징이다. 대서양 해안의 화강암 절벽부터 그랑데스트의 지질학적 풍요로움까지, 꼭 가봐야 할 세 가지 여정을 소개한다. 놓치지 말아야 할 이벤트와 가봐야 할 장소는 361쪽을 참고하자.

프랑스 동부

루트 1. 스트라스부르

보주의 분홍색 사암으로 지어진 대성당(1015-1365)과 독특한 첨탑, 일 강과 보방 댐을 가로지르는 부두와 지붕 덮인 다리, 그림 같은 프티프랑스 지구와 메종 데 타뇌르가 있다. 최고급 캐스크 숙성을 자랑하는 **베르트랑** 증류소와 **레만** 증류소(371쪽 참고)가 있다.

루트 2. 낭시

구시가지와 크라프 문(14세기)이 있는 중세 건축물부터 스타니스라스 광장, 분수대, 에레 호수가 있는 신시가지까지 둘러보자. **G. 로즐리외르** 증류소(371쪽 참고)가 있다.

루트 3. 콜마르

운하가 있는 역사적 중심지, 반 목조 주택, 로슈 강변의 케 드라 푸아소느리, 메종 데 테트, 메종 피스테르, 성 도미니크 수도회 성당, 쿠베르 시장, 운터린덴 미술관, 이센하임의 재단화를 보자. **메이어** 증류소와 **G. 미클로-웰슈** 증류소가 있다.

프랑스 서부(브르타뉴)

루트 1. 렌

자갈길과 화려한 외관을 자랑하는 샤피트르 거리, 라 팔레트 거리, 생 소뵈르 거리, 포르트 모르들레즈, 리세 시장과 주류 전문점인 위스키 & 럼, 모네 그리, 브로셀리앙드 숲과 중세 도시 푸제르를 둘러보자. 가장 흥미로운 증류소 **라로슈오페** 증류소와 **나그랑** 증류소가 있다.

루트 2. 팽폴

분홍색 화강암 해안과 플루마낙의 세관원 길, 생 마티외 곶, 다울라 수도원, 시내 중심가의 선술집이 가득한 골목길, 세틸 군도(무안, 다시마를 태우던 플라트, 보노, 말방, 루직, 콩스탕, 세르 섬)를 둘러보자. **와렝헴** 증류소(362쪽 참고)와 **글랑 아르 모르** 증류소(370쪽 참고)가 있다.

루트 3. 캥페르-키브롱-벨 일 앙 메르

크로종 반도와 올른 마리팀, 아레 산을 볼 수 있는 아르모리크 천연 공원, 캥페르의 도심과 항구, 키브롱 반도의 거친 해안선과 포르티비 항구, 카르낙의 수많은 거석 유적지를 둘러보자. 소종과 팔레의 항구, 포르 코통의 암석 바위, 풀랭 곶이 있는 벨 일 앙 메르에도 가보자. **메니르** 증류소(372쪽 참고)와 카에릴리 증류소가 있다.

프랑스 종단

루트 1. 본

오스피스 드 본, 역사적인 중심지의 자갈길, 성벽 둘레를 걸어보자. 네고시앙-엘르뵈르 **미셸 쿠브뢰르**와 **라 루제 드 릴** 증류소가 있다.

루트 2. 리옹

(위스키 로지가 위치한) 코르들리에 지구, 론강과 손강이 만나는 지점에 형성된 만과 아름다운 반도, 구시가지의 르네상스 스타일을 감상해보자. **닌카시** 증류소가 있다.

루트 3. 발랑스

샹 드 마르스와 중심가의 작은 광장들, 메종 데 테트(1530년)에 가보자. 프랑스에서 가장 큰 선착장인 레페르비에르도 유명하다. **베르코르** 증류소와 **도멘 데 오트 글라스** 증류소(370쪽 참고)가 있다.

루트 4. 가프

구시가지의 파스텔 톤 주택, 도멘 드 샤랑스에 가보자. **라샤랑스** 증류소가 있다.

루트 5. 툴루즈

카피톨 광장, 생 세르냉 대성당, 생 피에르 광장, 가론 강둑, 생 시프리앵 지구에 가보자. **란다스** 증류소와 **카스탕** 증류소가 있다.

루트 6. 보르도-코냑

보르도 부르스 광장의 물거울, 샤르트롱 지구, 카퓌생 시장과 코냑의 구시가지와 샤랑트 부두, 오래된 강 항구에 가보자. **문 하버** 증류소와 **베르클루** 증류소가 있다.

루트 7. 낭트

브르타뉴 공작의 성(14~18세기), 케르베강 거리의 18세기 건축 단지. 파사주 폼므레, 에르드르 둑길에 가보자. 렌으로 가는 길에 **라 피오트르** 증류소와 **라로슈오페** 증류소가 있다.

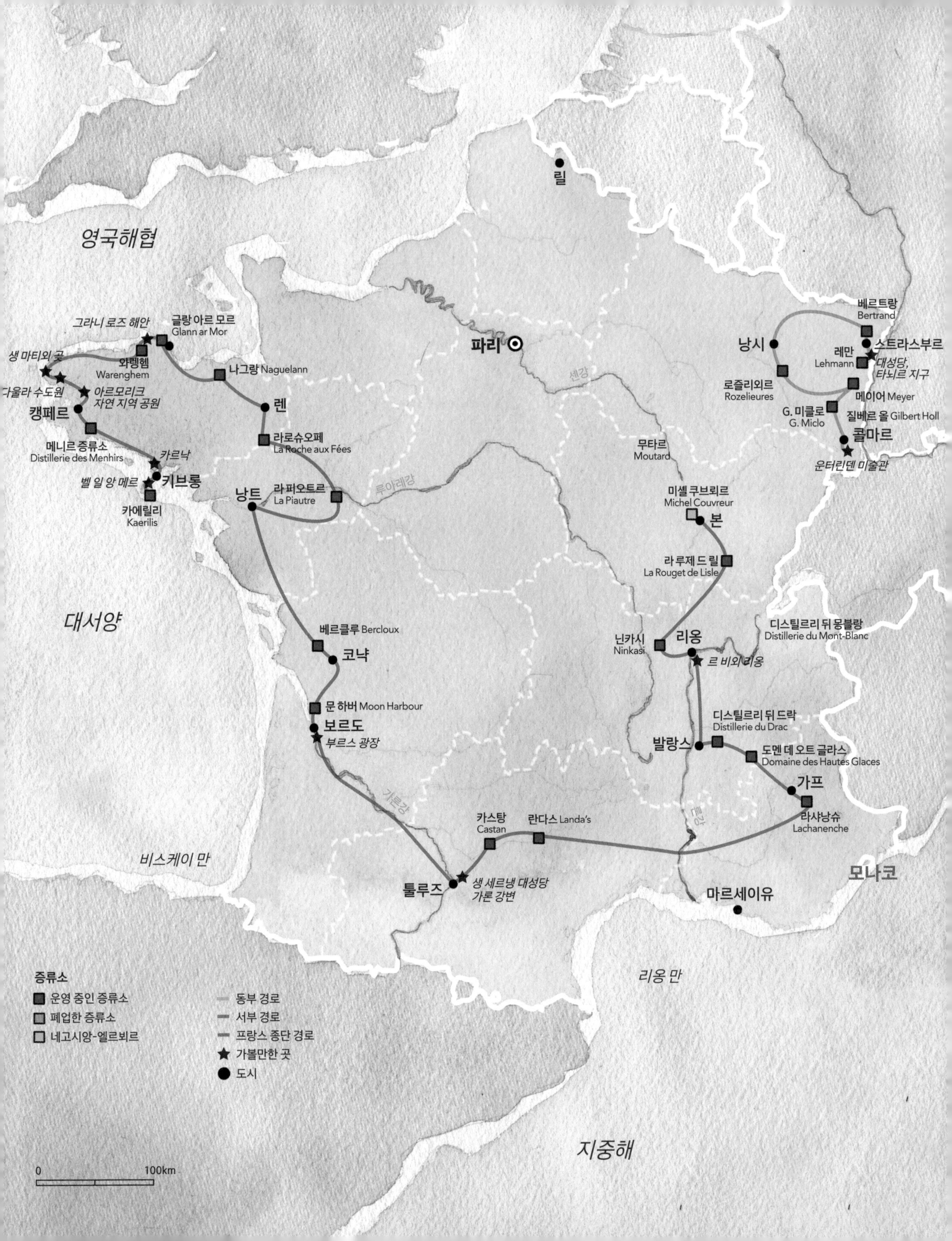
영국해협
대서양
비스케이 만
리옹 만
지중해
모나코
릴
파리
센강
루아레강
가론강
론강
그라니 로즈 해안
글랑 아르 모르
Glann ar Mor
생 마티외 곶
와렝헴
Warenghem
다울라 수도원
아르모리크
자연 지역 공원
캥페르
메니르 증류소
Distillerie des Menhirs
카르낙
벨 일 앙 메르
키브롱
카에릴리
Kaerilis
나그랑 Naguelann
렌
라로슈오페
La Roche aux Fées
낭트
라 피오트르
La Piautre
베르클루 Bercloux
코냑
문 하버 Moon Harbour
보르도
부르스 광장
툴루즈
생 세르냉 대성당
가론 강변
카스탕
Castan
란다스 Landa's
베르트랑
Bertrand
낭시
스트라스부르
레만
Lehmann
대성당,
타뇌르 지구
로즐리외르
Rozelieures
메이어 Meyer
G. 미클로
G. Miclo
질베르 올 Gilbert Holl
콜마르
운터린덴 미술관
무타르
Moutard
미셸 쿠브뢰르
Michel Couvreur
본
라 루제 드 릴
La Rouget de Lisle
닌카시
Ninkasi
리옹
르 비외 리옹
디스틸르리 뒤 몽블랑
Distillerie du Mont-Blanc
디스틸르리 뒤 드락
Distillerie du Drac
발랑스
도멘 데 오트 글라스
Domaine des Hautes Glaces
가프
라샤낭슈
Lachanenche
마르세이유
증류소
운영 중인 증류소
폐업한 증류소
네고시앙-엘르뵈르
동부 경로
서부 경로
프랑스 종단 경로
가볼만한 곳
도시
0
100km

북극해
영국
프랑스
대서양
태평양

블렌디드 위스키

19세기 중반 앤드류 어셔, 윌리엄 샌더슨, 조인 앤 알렉산더 워커 등 위스키 제조업자들은 공급처를 다양화하여 동일한 범위의 위스키를 생산하기 시작하면서 위스키 시장에 혁명을 일으켰다. 블렌디드 위스키의 탄생은 증류주 산업의 전환점이 되었다. 블렌디드 위스키는 하나 이상의 싱글 몰트 혹은 블렌디드 몰트와 하나 이상의 싱글 또는 블렌디드 그레인 위스키를 혼합해서 만들거나 몰트를 컬럼 증류하여 만든다. 블렌디드 몰트위스키는 여러 증류소에서 생산된 싱글 몰트를 블렌딩한 위스키며, 블렌디드 그레인 위스키는 여러 싱글 그레인 위스키를 블렌딩한 위스키다. 스코틀랜드, 일본, 프랑스 및 기타 대부분의 위스키 생산 국가에서 블렌디드 위스키는 역사 깊은 증류소나 핵심 증류소의 필수가 되었다.

꼭 알아야 하는 증류소

€ 35유로 이하 • € 35~39유로 • €€ 70~150 유로 • €€€ 150유로 이상

Ballantine's

발렌타인 BALLANTINE'S

1827년 조지 발렌타인은 에든버러의 식료품점에서 위스키를 판매하기 시작했고, 곧 와인과 증류주를 전문으로 취급하게 되었다. 이후 그는 최초로 위스키를 블렌딩하고 숙성하는 사람 중 한 명이 되었다. 브랜드의 명성 덕분에 조지 발렌타인 앤 선즈는 1895년 빅토리아 여왕으로부터 왕실 공식 납품업체 특허인 왕실 인증을 수여 받았다. 1910년 발렌타인 파이니스트의 레시피가 완성되었고, 곧 인기 블렌딩으로 자리 잡았다. 1935년 브랜드의 새 주인이 된 하이럼 워커 앤 선즈는 1936년 글렌버기와 밀턴더프 몰트 증류소를 인수하고 1938년에는 블렌딩 원료 공급을 확보하기 위해 덤버튼 그레인 증류소를 세웠다. 2005년부터 페르노리카가 소유하고 있는 발렌타인은 지속적으로 제품 라인을 확장하여 세계에서 두 번째로 많이 팔리는 스카치위스키 브랜드가 되었다.

♥ 발렌타인 파이니스트, 40% ABV €

Ballantine's, Finest, 40% ABV

이 제품 라인에서 가장 오래된 블렌드(1910년)로 캔디 케인, 바닐라, 캐러멜의 달콤함과 레몬의 긴장감, 신선한 사과와 밀크 초콜릿의 풍부함이 조화를 이룬다.

♥ 발렌타인 17년, 43% ABV €

Ballantine's, 17 years old, 43° ABV

여전히 접근성이 높은 이 두 번째 익스프레션은 앨더 플라워가 복숭아, 사과, 밀랍, 크림 브륄레 및 감초와 경쟁하는 매우 달콤하고 향기 가득한 스타일이다.

BELL'S®

벨즈 BELL'S

1851년 벨 가문이 개발하고 생산한 이 블렌디드 스카치위스키는 오랫동안 세계적인 베스트셀러 위스키 중 하나였으나 점차 그 명성을 잃어갔다. 보통 그러하듯 벨즈의 구성에는 1985년 디아지오가 인수한 블레어 애톨이 그동안 인수했던 것들이 반영되어 있다. 벨즈는 블레어 애톨의 원액이 주를 이루고 더프타운과 인치고워 증류소 원액, 그보다 적은 양의 쿨일라와 글렌킨치의 원액을 블렌딩해 만든다. 그럼에도 벨즈는 컬렉터들 사이에서 여전히 인기가 높다. 1933년부터 1988년까지 매년 크리스마스에 생산한 유명한 세라믹 디캔터는 고가에 판매되고 있고, 특히 찰스 왕세자와 다이애나 왕세자비의 결혼식이 있었던 1981년 에디션의 경우 2,800유로(한화 약 340만 원)에 달했다.

♥ 벨즈 오리지널, 블렌디드 스카치 위스키, 40% ABV €

Bell's, Original, blended scotch whisky, 40% ABV

주로 미국 시장과 칵테일 믹싱을 겨냥한 이 블렌디드 스카치는 아로마가 알코올에 약간 가려진다. 캐러멜 향이 매우 강하고 부드러운 맛은 화이트 페퍼의 터치로 섬세하게 강조된다. 생강, 육두구, 계피를 중심으로 향신료가 조금씩 드러난다.

CHIVAS

시바스 리갈 CHIVAS REGAL

1836년 제임스 시바스는 애버딘의 식료품점에서 일하기 시작했고, 곧 이 식료품점을 인수하며 최고의 제품을 제공하기 위해 노력했다. 식료품점의 명성 덕분에 그는 곧 왕실 인증을 받아 인근 발모랄 성에서 여름휴가를 보내는 왕실 가족에게 식료품을 공급할 수 있게 되었다. 티 블렌딩을 마스터한 제임스 시바스는 부드럽고 풍부하고 조화로운 위스키를 만들기 위해 노력했고, 그렇게 탄생한 첫 위스키를 로얄 글렌디(Royal Glen Dee)라고 불렀다. 1858년 에버딘에서 함께 일했지만 이후 도매상에 종사하던 그의 동생 존이 합류했고 두 사람은 함께 시바스 브라더스 회사를 설립했다. 2년 후 1860년 법에 따라 몰트위스키와 그레인 위스키의 블렌딩이 허용되었고, 두 번째 블렌디드 위스키인 로얄 스트래티탄(Royal Strathythan)이 출시되었다. 오늘날 우리가 알고 있는 시바스 리갈 25년은 1909년 회사의 마스터 블렌더인 찰스 하워드가 두 창립자 형제에게 헌정하기 위해 만든 제품이다. 현재 페르노리카가 소유하고 있으며 제품 라인이 크게 확장되었다.

♥ 시바스 리갈, 12년, 브라더스 블렌드, 40% ABV €

Chivas Regal, 12 years old, Brother's Blend, 40% ABV

과즙이 풍부한 과일(복숭아, 배), 부드러운 향신료(계피, 감초), 달콤한 진미(허니콤, 마멀레이드)가 특징으로 단맛의 모든 영역을 표현하는 섬세한 위스키다. 스페이사이드의 보석 같은 두 증류소인 스트라스아일라와 롱몬에서 생산된 몰트가 주를 이룬다는 점을 감안하면 놀랄 일도 아니다.

♥ 시바스 리갈, 18년, 40% ABV €

Chivas Regal, 18 years old, 40% ABV

시리얼(맥아 보리), 스파이스(육두구), 긴장감(오렌지 제스트), 미식(과일 케이크), 약간의 쓴맛(다크초콜릿), 매우 부드러운 맛(캐러멜)이 동시에 드러나는 익스프레션이다.

커티삭 CUTTY SARK

커티삭 브랜드는 1923년 베리 브라더스 앤 러드가 미국 시장을 겨냥해 출시한 브랜드다. 이름은 로고에 그려진 범선에서 따온 것으로 로버트 번스의 시에서 영감을 받았다. 2018년까지 에드링턴이 소유했던 이 위스키는 그레인 위스키 외에도 그룹의 스타 증류소인 맥켈란, 하이랜드 파크, 글렌로스의 몰트위스키를 다양한 비율로 섞어 만든다. 커티삭은 이미 글렌모레이를 소유하고 있던 라 마르티니케즈 그룹이 2018년 인수했다. 매년 전 세계적으로 700만 리터 이상 판매되고 있다.

♥ 커티삭, 스톰, 40% ABV €

Cutty Sark, Storm, 40% ABV

이 스톰 에디션은 클래식 익스프레션보다 몰트 향과 스모키 향이 좀 더 강한 것이 특징이다. 자두, 아몬드, 꿀, 가염버터 캐러멜의 질감이 둥글고 과일 향이 난다. 그래니 스미스의 약동이 은은한 후추 향이 가미된 지속적인 우디 향과 조화를 이룬다.

듀어스 DEWAR'S

주로 미국 시장에서 판매되는 듀어스 블렌디드 스카치는 1846년 퍼스에서 존 듀어가 만들었다. 존 듀어가 사망하자 그 후손들은 이후 수십 년 동안 여러 증류소를 인수하여 존 듀어 앤 선즈 그룹을 발전시켜 나갔다. 1920년 그룹 전체가 유나이티드 디스틸러스(현 디아지오)에 인수되었으나 1988년 반독점 규정에 따라 비카디 그룹에 매각되었다. 상당 부분의 에버펠디와 올트모어, 크라이겔라키와 소량의 글렌데브론(맥더프 증류소)으로 구성되어 있는 화이트 라벨은 듀어스의 상징으로 그룹 생산을 대표한다.

♥ 듀어스 화이트 라벨, 스크래치 캐스크, 40% ABV €

Dewar's, White Label, scratched Cask, 40% ABV

병을 열자마자 아메리칸 오크 캐스크 숙성 특유의 아로마와 함께 구운 보리 풍미가 섬세하게 전개된다. 버번 바닐라의 힌트가 가미된 솔티드 버터 토피의 부드러움은 점차 향신료(주로 계피)와 오렌지와 포도의 풍미를 드러낸다.

그랜츠 GRANT'S

19세기 말 위스키 산업의 엄청난 확장으로 1887년 글렌피딕 증류소를 설립한 윌리엄 그랜트는 1892년 두 번째 증류소를 열었다. 그는 1898년 시장이 붕괴하자 파산을 막기 위해 두 증류액을 혼합하여 자신만의 블렌디드를 만들었고 베스트 프로큐러블, 헤어 앤 하운드, 리큐어, 그랜트 셰넌의 다양한 버전을 선보였다. 최종 버전인 그랜트 스탠드패스트는 그랜트 패밀리 리저브로 이름이 바뀌는 1980년대 중반까지 제품 라인의 표준으로 남아 있었다. 싱글 몰트(글렌피딕)에도 사용되는 유명한 삼각형 병은 1957년 독일 디자이너 한스 슐레거가 발명했다. 글렌피딕, 발베니, 키닌비, 아일사 베이 등 자체 증류소에서 생산한 위스키와 1963년 블렌딩을 위해 특별히 세워진 이후 세계 2위의 그레인 증류주 생산업체가 된 거번 증류소의 위스키를 포함해 약 25종의 몰트가 다양한 블렌딩에 사용된다. 그랜츠는 현재 180여 개국에서 판매하고 있으며 세계에서 세 번째로 많이 판매되는 스카치 블렌디드 위스키다.

♥ 그랜츠, 셰리 캐스크 피니시, 40% ABV €

Grant's, sherry cask finish, 40% ABV

올로로소, 초콜릿, 시나몬, 과일 케이크의 와인 풍미가 강하면서도 오렌지 꿀의 섬세한 피트 연기의 향긋함이 느껴지는 강한 셰리 위스키다.

헨키 베니스터 HANKEY BANNISTER

화려한 사교계 명사 보몬트 헨키와 사업가 휴 베니스터의 만남을 시작으로 베니스터 가문이 스코틀랜드 전역을 돌며 양질의 재료를 선별한 끝에 1757년 헨키 베니스터 블렌디드 위스키가 탄생했다. 그 결과 올드 풀티니, 발블레어, 노크듀, 스페이번, 발메낙 증류소에서 생산된 몰트위스키와 로우랜드 그레인 위스키를 블렌딩한, 당시 상류층을 사로잡은 블렌디드 위스키가 등장했다.

♥ 헨키 베니스터, 12년, 올드 리젠시, 40% ABV €
Hankey Bannister, 12 years old, Old Regency, 40% ABV

오렌지 제스트, 구운 아몬드, 가나슈, 건포도의 달콤함이 번갈아 나타나고 아카시아꿀과 바닐라의 달콤함이 가미된 부드러운 위스키다.

♥ 헨키 베니스터, 25년, 40% ABV €€
Hankey Bannister, 25 years old, 40% ABV

40년과 함께 라인을 대표하는 훌륭한 익스프레션 중 하나로, 레몬의 상쾌함, 가죽의 동물적인 향, 바닐라와 귤나무 꿀의 섬세함, 올스파이스의 활력, 맥아 보리 시럽의 시리얼 풍미가 어우러진다.

조니워커 JOHNNIE WALKER

조니워커 블렌디드 위스키는 한 가족이 여러 세대에 걸쳐 탄생시켰다. 1819년 존 워커는 아버지가 돌아가시자 농장 매각 지분을 가지고 킬마녹 마을에 식료품점을 열었다. 당시 위스키가 유행했지만 존의 취향은 아니었기 때문에 그는 위스키를 블렌딩하기 시작했다. 그는 워커스 킬마녹 위스키를 개발했고 이 위스키는 어느 정도의 성공을 거두었다. 1857년 존 워커가 사망한 후 그의 아들 알렉산더는 1867년 첫 블렌딩 제품인 올드 하일랜드 위스키를 출시하여 전 세계로 배송했다. 운송 중 파손되는 병이 많아지자 1870년에는 파손을 줄이기 위해 정사각형 병을 채택했고, 다른 병과 차별화하기 위해 24도 기울어진 라벨을 개발했다. 1909년 그의 두 아들 알렉산더와 조지는 제품 라인의 이름을 라벨 색상에 따라 조니워커 레드 라벨과 조니워커 블랙 라벨로 변경했다. 동시에 일러스트레이터 톰 브라운이 걸음을 재촉하는 남자의 모습(스트라이딩맨)을 디자인했다. 식료품점 주인 존 워커는 에드워드 시대의 멋쟁이 조니 워커가 된 것이다. 1920년까지 이 위스키는 120개국에 판매되었다. 이후 조니워커 블루 라벨과 골드 라벨 리저브까지 제품 라인이 확장되었다. 조니워커는 세계에서 가장 많이 팔리는 스카치위스키 브랜드다.

♥ 조니워커, 더블 블랙, 40% ABV €
Johnnie Walker, Double Black, 40% ABV

모든 위스키가 어느 정도 피트가 있는 이 제품 라인에서 피트가 가장 강한 익스프레션이다. 숯, 유자, 블랙 페퍼, 피트 연기의 강렬함과 몰트 보리의 시리얼 향, 바닐라의 편안한 단맛이 조화를 이룬다.

♥ 조니워커, 블루 라벨, 40% ABV €€
Johnnie Walker, Blue Label, 40% ABV

헤이즐넛 꿀, 장미, 무화과, 담배, 피티드 몰트의 다양한 풍미를 지닌 프리미엄 위스키다. 카듀, 로얄 로크나가, 벤리네스, 쿨일라 증류소의 위스키를 블렌딩한 성공작이다.

ROYAL SALUTE
SCOTCH WHISKY

로얄 살루트 ROYAL SALUTE

1949년 시바스 브라더스를 인수한 캐나다 기업가 사무엘 브론프먼은 엘리자베스 2세 여왕의 대관식을 기념하기 위해 1953년 6월 2일 로얄 살루트 21년 블렌드를 출시하며 영국 왕실에 경의를 표했다. 이 블렌디드는 최소 21년 숙성된 몰트와 그레인을 블렌딩한 위스키로 특별한 날 런던탑에서 쏘는 21발의 축포인 '21 건 살루트'에서 이름을 따서 명명했다. 이후 로얄 살루트 제품 라인은 32년과 38년으로 확장되었다.

♥ 로얄 살루트 21년, 시그니처 블렌드, 40% ABV €€
Royal Salute, 21 years old, The Signature Blend, 40% ABV

접근하기 쉽지만 품질이 아주 뛰어난 엔트리 레벨 위스키다. 올로로소 셰리에 신선한 과일(복숭아, 블루베리), 건과일(호두), 달콤한 향신료(감초), 맛있는 캐러멜이 더해져 풍성함을 완성한다.

♥ 로얄 살루트 32년, 유니온 오브 더 크라운, 40% ABV €€€
Royal Salute 32 years old, Union of the Crowns, 40% ABV

삼나무와 로즈우드의 우아한 우디 향, 시트러스(스위트오렌지, 자몽)와 과

수원 과일(복숭아, 과즙이 풍부한 배), 건과일(대추야자), 은은한 스파이스(시나몬), 부드러운 질감, 오렌지 토피의 달콤함이 어우러진다. 현존하는 블렌딩 가운데 가장 훌륭한 익스프레션 중 하나다.

더 페이머스 그라우스 THE FAMOUS GROUSE

스코틀랜드 뇌조(레드 그라우스)에 대한 헌사로, 1905년 매튜 글로그 앤 서에서 '더 페이머스 그라우스'라는 스탬프가 찍힌 최초의 블렌디드 위스키를 만들었다. 이 회사는 1970년 현재 에드링턴이 소유하고 있는 하이랜드 파크에 매각되었다. 더 페이머스 그라우스의 구성은 그룹의 또 다른 대표 블렌드인 커티삭과 유사하며 그룹이 소유한 글렌터렛 싱글 몰트가 추가되었다.

♥ 더 네이키드 그라우스, 40% ABV €
The Naked Grouse, 40% ABV

첫인상에 나타나는 체리에 점차 구운 아몬드와 가죽이 드러난다. 과일은 무화과로 전개된다. 배럴의 스파이시한 향은 시나몬과 시가 담배로 변화한다. 알코올을 40%로 감소시켜 전체가 빠르게 사라진다.

꼭 알아야 할 블렌딩 하우스

€ 35유로 이하 • € 35~39유로 • €€ 70~150 유로 • €€€ 150유로 이상

컴파스 박스 COMPASS BOX

런던 서쪽 치스윅에 위치한 보틀러 존 글레이저는 최근 싱글 몰트의 르네상스에 맞서 블렌디드 위스키의 반격에 앞장서고 있다. 그의 목표는 위스키에 들어가는 원재료의 원산지와 숙성 기간을 표시하여 스카치위스키 협회의 분노를 사더라도 블렌디드 위스키의 투명성을 높이는 것이다. 블렌디드 몰트와 블렌디드 그레인을 모두 생산하는 컴파스 박스 브랜드는 주로 입문자를 대상으로 한다.

♥ 플레밍 하트, 4TH 에디션, 2012, 블렌디드 몰트, 48.9% ABV €€€
Flaming Heart, 4th edition, 2012, blended malt, 48.9% ABV

컴파스 박스의 플래그십 위스키인 이 네 번째 에디션은 클라인넬리쉬와 라프로익을 프렌치 오크 캐스크에서 숙성하고 소량의 엑스 셰리 캐스크 숙성을 더한 블렌디드 위스키다. 그 결과 두 증류소의 특징, 즉 하일랜드의 밀랍, 시트러스, 벨기에 프렌지페인 페이스트리와 아일랜드의 피트, 페놀 및 약재 향이 명확하게 드러난다. 피트, 구운 베이컨, 축축한 덤불 향이 아카시아꿀로 뒷받침된다.

히비키 HIBIKI

빔 산토리의 주력 블렌디드 위스키 히비키는 일본 블렌딩 노하우를 대표하는 브랜드를 꿈꾼다. 사용되는 싱글 몰트는 그룹의 증류소인 하쿠슈(350쪽 참고)와 야마자키(352쪽 참고)에서만 생산된다. 두 증류소의 다양한 증류기는 증류 공정에 매우 유연하게 사용된다. 증류액은 다양한 오크 캐스크에서 숙성하는데 특히 미즈나라 참나무통 또는 우메슈(매실 담금주) 통에서 숙성한다. 지난 10년 동안 수요가 급증하여 안타깝게도 히비키의 재고가 고갈되었고, 히비키 제품 라인 전체의 가격이 급등했다.

♥ 히비키 17년, 블렌디드 위스키, 43% ABV €€€
Hibiki, 17 years old, blended whisky, 43% ABV

브랜드의 상징인 이 위스키에는 일본 증류 기술의 특징인 달콤함과 섬세함이 담겨 있다. 복숭아 향으로 시작하여 잔 위쪽에서 아름다운 장미 향이 피어오른다. 둥근 질감은 크루아상, 코코아, 레몬 꿀과 함께 페이스트리의 영역으로 이어진다.

레 비앙외뢰 LES BIENHEUREUX

2013년 럼 애호가인 알렉상드르 시레와 샤토 페트뤼스의 소유주인 장 무엑스가 만나 프랑스에서 탄생한 레 비앙외뢰는 곧 대부분의 프랑스 증류소와 협력하기 시작했다. 지난 몇 년간 프랑스 시장에서 쌓은 입지를 바탕으로 2019년에는 이미 일부 블렌디드 몰트를 생산하고 있던 샤랑트 주의 증류소 베르클루를 인수했다.

♥ 벨부아 프륀, 블렌디드 몰트, 43% ABV €
Bellevoye Prune, blended malt, 43% ABV

이 트리플 몰트는 브르타뉴의 와렝헴, 샤랑트의 베르클루, 북부의 방브르쉬 증류소의 프랑스 싱글 몰트를 혼합한 후 자두 브랜디 캐스크에서 숙성한 것이다. 맥아 보리와 해변 자갈을 강조하는 미네랄과 자두뿐만 아니라 블랙 체리와 블랙베리의 자연스러운 단맛 사이를 오간다.

미셸 쿠브뢰르 MICHEL COUVREUR

미셸 쿠브뢰르는 1989년 프랑스 부르고뉴에서 스코틀랜드산 위스키로 블렌딩을 시작했다. 2013년 그가 사망한 후 사위인 시릴 데샹과 셀러 마스터 장 아르노 프랑젠이 셰리, 포트, 뱅존 와인 캐스크에서 나온 와인 찌꺼기를 활용하는 노하우를 이어가고 있다. 위스키는 습도가 높고 열 안정성이 뛰어난 전통적인 부르고뉴 저장고에서 숙성된다. 이 하우스는 주로 싱글 몰트위스키와 몇 가지 블렌디드 몰트위스키를 생산한다.

♥ 미셸 쿠브뢰르, 캔디드, 싱글 몰트, 39% ABV €€

Michel Couvreur, Candid, single malt, 39% ABV

이 싱글 몰트의 짙은 마호가니 브라운 컬러는 건 청포도, 견과류, 향신료 등 셰리 캐스크 숙성의 특징을 드러낸다. 병을 오픈할 때 오래된 토버모리를 연상시키는 유황의 풍미가 드러난다. 섬세한 스모크 향이 예상했던 무화과보다는 사과와 모과 콩포트에 가까운 놀랍도록 신선한 과일 향에 긴장감을 더한다. 코코아와 볶은 커피 원두의 아로마를 남기며 길게 이어진다.

MONKEY SHOULDER
BLENDED MALT SCOTCH WHISKY

몽키 숄더 MONKEY SHOULDER

'몽키 숄더'는 보리를 발아시키는 과정에서 삽으로 보리를 뒤집는 몰트맨들이 자주 겪는 근골격계 질환을 일컫는 말이다. 윌리엄 그랜트 그룹이 스코틀랜드에서 생산하는 이 숙성연도가 없는 블렌디드 몰트는 2005년 첫 출시 이후 공격적인 마케팅을 펼쳤다. 처음부터 칵테일 바와 비교적 젊은 층을 겨냥하여 출시했기 때문이다. 버번 캐스크에서 숙성한 몽키 숄더에는 발베니, 키닌비, 그리고 가장 최근의 아일사 베이 등 그룹 내 증류소의 싱글 몰트위스키가 들어간다.

♥ 몽키 숄더, 블렌디드 몰트, 40% ABV €

Monkey Shoulder, blended malt, 40% ABV

다소 가벼운 성격의 이 블렌디드 몰트에서는 처음에는 에틸 성분만 잔에서 올라오다가 몇 초가 지나면 배와 버터 브리오슈의 발효 아로마를 느낄 수 있다. 버번 배럴 숙성이 남긴 바닐라와 앨더베리 꿀의 풍미도 느껴진다. 이 모든 풍미가 상당히 빠르게 끝나기는 하지만 캐러멜의 풍미가 약하게 남는다.

닛카 NIKKA

아사히 그룹이 소유한 닛카 위스키 디스틸링은 주로 일본 증류소인 미야기쿄(351쪽 참고)와 요이치(353쪽 참고)에서 공급을 받지만, 그룹이 소유한 스코틀랜드 증류소 벤 네비스(1989년 인수, 174쪽 참고)의 저장고도 활용하여 블렌디드 위스키와 블렌디드 몰트위스키를 생산한다. 다양한 블렌딩을 선보이는 익스프레션 프롬 더 배럴(From the Barrel)은 세계에서 가장 널리 유통되는 일본 위스키다.

♥ 닛카, 프롬 더 배럴, 블렌디드 위스키, 51.4% ABV €

Nikka, From the Barrel, blended whisky, 51.4% ABV

알코올 도수가 높은데도 매우 조화로운 프로파일을 지닌 이 블렌디드 위스키는 참기름의 베일로 입안을 감싸고 복숭아와 정향의 조화로운 페어링을 시작으로 바닐라, 오크, 향신료(주로 계피와 생강)로 이어진다.

인터뷰

샌디 히슬롭
로얄 살루트 마스터 블랜더

로얄 살루트를 블렌디드 위스키 시장에서 어떻게 포지셔닝 할 수 있을까요?

로얄 살루트는 최초의 21년 익스프레션 생산이 1953년으로 거슬러 올라가는 아주 오래된 역사와 최고의 레퍼런스를 보유하고 있습니다. 이 두 익스프레션은 엘리자베스 2세 여왕의 대관식 선물로 제공되었습니다. 전 세계에서 21년 위스키가 1953년 이후 지속적으로 생산된 사례는 없습니다.

1953년 익스프레션은 현재의 익스프레션과 어떻게 다른가요?

1953년 익스프레션은 1932년까지 거슬러 올라가는 배럴 선택 작업과 관련이 있습니다. 이 날짜가 바로 로얄 살루트의 첫 번째 실험의 초석이 된 날입니다. 저는 운 좋게도 첫 익스프레션을 맛볼 수 있었는데, 이미 이후 출시된 익스프레션과 오늘날 익스프레션에서 찾아볼 수 있는 풍요로움을 모두 갖추고 있었습니다. 싱글 몰트의 비율이 매우 높기 때문에 복합적 풍미를 느낄 수 있습니다. 로얄 살루트 1953은 입안에서 느껴지는 둥근 질감 그리고 풍부한 과일 향이 오늘날의 익스프레션과 비슷합니다. 물론 완전히 같은 위스키는 아니지만 로얄 살루트임을 바로 알아볼 수 있습니다. 가장 큰 차이점은 과거보다 더 나아진 캐스크 선택과 관리에 있습니다.

지금 선택하는 캐스크는 21년 후에야 빛을 볼 익스프레션을 탄생시킵니다. 그렇지 않은가요?

사실 제가 선택하는 캐스크는 제 경력이 끝나기 전에는 경험하지 못하는 익스프레션을 위해 사용될 것입니다. 제 역할은 앞으로 21년 동안 하우스가 완벽하게 작동하는 상태에서 은퇴하는 것입니다. 저는 37년 동안 위스키 업계에서 일하면서 소비자들의 지식이 엄청나게 발전하는 것을 목격했습니다. 사람들은 생산 과정의 모든 단계와 결과를 얻는 방식을 알고 싶어합니다. 저희 팀과 저는 로얄 살루트를 만들 때 저장고에 있는 각각의 모든 캐스크를 잘 알고 있는 상태에서 만듭니다. 샘플을 채취하여 블렌딩 룸으로 가져가서 원하는 아로마 프로파일을 얻기 위해 손으로 직접 비율을 조정합니다. 이 과정은 1953년과 똑같은 방식입니다. 이 정도 품질의 익스프레션을 생산할 수 있는 유일한 방법이지요.

마스터 블렌더로서 하는 일의 주요 단계는 무엇인가요?

블렌딩에는 증류 원액 선택과 캐스크 선택이라는 두 가지 단계가 있습니다. 사용하는 위스키의 종류는 매우 중요합니다. 스트라스아일라와 롱몬은 블렌딩의 기본이 되는 몰트 원액입니다. 하지만 사람들은 언제나 숙성의 중요성을 이해하지 못합니다. 저는 21년 숙성된 위스키의 아로마 프로파일의 50%가 캐스크에서 나온다고 믿기 때문에 캐스크 선택에 많은 주의를 기울이고 있습니다. 단순히 퍼스트 필 캐스크를 사용하는 것만으로는 충분하지 않습니다. 세컨드 필 캐스크를 사용하는 방법도 알아야 합니다. 캐스크는 압도적인 요소가 아니라 보완적인 요소여야 하다는 것이 황금률입니다.

로얄 살루트의 일반적인 아로마와 21년 시그니처 블렌드의 아로마 프로파일은 어떤가요?

로얄 살루트의 주요 특징은 풍부함과 호화로움, 과일 향과 균형입니다. 질감은 벨벳처럼 부드럽고 풍만한 파워가 느껴집니다. 여운 또한 놀라운 정도로 길지요. 블라인드 테이스팅에서 클래식 위스키 한 잔과 로얄 살루트 한 잔을 내놓으면 항상 로얄 살루트를 시음하는 시간이 더 길다는 사실을 알게 됩니다. 피니시가 무척 길기 때문에 무의식적으로 시음 속도를 늦추고 각각의 아로마 요소를 감상하게 되는 거죠. 21년 시그니처 블렌드의 주요 아로마는 계피, 녹는 캐러멜, 다크초콜릿이며, 모두 매우 풍부한 과일 향으로 뒷받침됩니다. 제 생각에는 홈메이트 잼 노트를 좀 더 내도록 약간의 물을 추가하여 위스키를 더 오픈해야 한다고 생각합니다. 위스키는 각 위스키에 가장 적합한 방식으로 마셔야 합니다. 개인적으로 저는 상온에서 20%의 물을 넣는 것을 좋아하는데, 위스키를 죽이지 않고 오히려 풍부하게 만들어주기 때문이지요. 저희 팀과 저는 알코올 도수를 20% ABV로 낮춘 샘플, 즉 50% 의 물을 첨가한 상태에서 테스트합니다.

기존 로얄 살루트의 품질과 연속성을 유지하는 것이 어렵다고 생각하시나요, 아니면 새로운 로얄 살루트를 만드는 것이 더 어렵다고 생각하시나요?

로얄 살루트의 새로운 익스프레션을 만드는 것은 어렵지 않습니다. 새로운 익스프레션을 만드는 것은 무한한 즐거움이지요. 코어 익스프레션의 연속성을 확고히 하고 미래를 위해 충분한 재고를 확보하는 것 훨씬 더 까다롭습니다. 가장 관심을 덜 받는 부분이지만, 미래에 필요한 양과 적절한 종류의 위스키 재고를 확보하기 위해 6~7개의 주요 변수를 포함한 천문학적 양의 프레스 시트를 작성해야 합니다.

매년 몇 통의 캐스크를 테스트하나요?

냄새를 맡는 방식으로 일주일에 약 1,500~2,000통의 샘플을 테스트해야 하므로 연간 78,000통이 넘습니다! 맛을 볼 때는 일주일에 10통 정도, 1년에 500통 이상을 테스트합니다. 위스키의 관능 감별에 있어 후각 분석이 얼마나 중요한지 알 수 있는 대목이지요.

어떤 캐스크가 훌륭하다고 판단되면 어떻게 하나요?

저에게는 항상 일어나는 일입니다. 저는 로얄 살루트의 모든 캐스크를 개별적으로 테스트하고, 특별한 싱글 몰트 캐스크가 있으면 증류소에서 판매하는 스트라스아일라, 롱몬, 글렌토커스, 아벨라워 등 독점 컬렉션을 위해 보관합니다. 이 캐스크는 해당 증류소의 방문자 센터에 직접 전시되어 있으며 방문객들은 그 자리에서 직접 병에 담을 수 있습니다.

로얄 살루트에서 가장 기억에 남는 일은 무엇인가요?

저는 기존 익스프레션의 연속성을 확보하기 위해 이곳에서 일하기 때문에 계약상 1년에 최대 4주 동안만 여행을 다녀올 수 있습니다. 중국과 미국을 다녀왔지만, 저에게 매우 특별한 페드로 히메네스 29년 출시를 위해 다녀온 세비야에서의 시간이 가장 기억에 남습니다. 정말 꿈만 같았죠. 이 블렌딩의 포뮬러를 만들고 PX 캐스크에서 마무리하는 모습을 상상하는 것은 정말 잊을 수 없는 순간이었습니다.

로얄 살루트 외에 어떤 블렌딩이 마음에 드나요?

훌륭한 위스키가 정말 많습니다. 솔직히 말해서 발렌타인 17년은 나이가 들수록 더 좋아지는 절대적인 클래식 위스키입니다. 그 복잡성은 정말 놀랍지요. 이 블렌드에서 느껴지는 스모크의 수준과 감각은 정말 놀랍습니다!

북극해
캐나다
p. 316
미국
p. 286
잉글랜드
웨일스
p. 402
독일
p. 396
스페인
p. 416
벨기에
네덜란드
p. 412
대서양
라틴 아메리카
p. 440
멕시코
브라질
아르헨티나
태평양
남아프리카 공화국
p. 438

위스키 신흥국

북유럽 p. 418
아이슬란드
노르웨이
핀란드
스웨덴
덴마크
알프스 국가 p. 407
오스트리아
스위스
이탈리아
어스라엘 p. 427
인도
p. 430
대만
p. 434
태평양
인도양
오스트레일리아
p. 443
뉴질랜드
p. 449

독일

매우 대조적인 풍경으로 둘러싸인 독일은 다양한 테루아 덕분에 유럽에서 전략적으로도 중요한 위치를 차지하고 있다. 발트해와 북해에 접한 대평원의 북쪽 경계부터 낮은 고도의 고대(ancient)산들이 점재한 중앙고지대, 남쪽의 퇴적 분지부터 알프스까지, 이러한 지리적 다양성은 독일에서 생산되는 위스키의 풍요로움을 잘 설명해준다. 수많은 몰트 하우스와 양조 문화, 노하우를 바탕으로 현재 300개 이상의 증류소에서 싱글 몰트를 중심으로 위스키를 생산하고 있다. 이는 스코틀랜드의 2배, 유럽 대륙 전체 증류소의 절반에 해당하지만 전국에 산재한 수많은 소규모 증류소(주로 과일 브랜디를 생산하며 3만여 개에 이른다)의 1%에 불과한 수치로, 독일의 감제력이 얼마나 큰지 잘 보여준다. 이러한 생산량 외에도 독일은 프랑스, 잉글랜드, 스페인에 이어 유럽에서 네 번째로 큰 스카치위스키 시장(연간 소비량 5~6천만 병)이자 금액 기준으로 세계에서 다섯 번째로 큰 시장이다.

꼭 알아야 하는 증류소

€ 35유로 이하 • € 35~39유로 • €€ 70~150 유로 • €€€ 150유로 이상

블라우 마우스 BLAUE MAUS

1983년 로버트 플라이슈만이 뉘른베르크에서 가까운 곳에 설립한 독일 최초의 증류소로 다양한 현지 몰트만을 가공하여 싱글 캐스크로만 병입한다. 독일산 오크 캐스크(슈페사르트 품종)에서 최소 6~9년 동안 숙성시킨 최초의 위스키는 당시 꽤 성공적이어서 38년 이상 생산을 지속할 수 있었다. 2013년 4월에는 새로운 증류소도 설립되었다. 2016년에는 쥘트 타이드 익스프레션이 생산되는 북해 쥘트 섬의 굴 양식장에서 밀물과 썰물을 이용한 반침수 숙성법을 실험했다. 현재 공식 제품 라인에는 약 10종의 싱글 몰트가 포함되었다.

♥ 블라우 마우스, 엘베 1, 9년, 싱글 캐스크 #1, 독일산 오크 캐스크, 버번 캐스크 피니시, 40% ABV €

Blaue Maus, Elbe 1, 9 years old, Single Cask #1, german oak cask, bourbon cask finish, 40% ABV

양면성을 지닌 익스프레션이다. 브램블 베리, 오렌지 껍질, 살구, 아몬드의 신선함과 쌉싸름한 우디(유약, 마호가니, 파우더 코코아)의 상큼함이 공존한다. 세크레스타트 비터, 리스트레토, 중국 대황이 아로마를 마무리하며, 독특한 향신료(계피, 강황, 정향)로 풍미를 더한다.

브레너라이 펠러 BRENNEREI FELLER

1820년 뉘르팅엔 인근 발좀츠에 설립된 이 슈냅스(독일의 전통 증류주 또는 오드비 – 옮긴이 주) 증류소는 1903년 바덴뷔르템베르크의 디텐하임으로 이전했다. 2008년부터 위스키를 생산하고 있다.

♥ 펠러 발레리, 아마로네 캐스크, 4년, #Los 114, 46% ABV €

Feller Valerie, amarone cask, 4 years old, #Los 114, 46% ABV

현지 보리로 만든 이 싱글 몰트는 과일 향(댐슨 자두, 레드커런트)이 주를 이루는 아로마와 베네치아 레드와인 아마로네 캐스크에서 1년을 더 숙성해 말린 과일, 담배, 향신료(긴 레드 파프리카) 풍미의 피니시가 특징이다.

브레너라이 지글러 BRENNEREI ZIEGLER

1865년 노르트라인베스트팔렌주의 프로이덴베르크에 설립된 이 과일 브랜디 증류소는 2008년부터 위스키를 생산하고 있다.

♥ 아우레움 1865, 4년, 카스타니 체스트넛, 캐스크 스트렝스, 64.6% ABV €€

Aureum 1865, 5 years old, kastanie chestnut, Cask Strength, 64.6% ABV

밤나무 캐스크 숙성은 드물고 한계가 있다. 실제로 이러한 유형의 나무는 강력하고 쌉쌀하며 거친 타닌을 생성한다고 알려졌다. 그러나 이 익스프레션은 그렇지 않다. 둥글둥글함(레몬 꿀, 설탕에 절인 감귤류)과 짙은 과일(댐슨 자두, 블랙베리, 블랙체리)에 꽃(아이리스)과 초본(통카빈)의 풍미가 더해진다. 캐스크의 영향은 그다지 눈에 띄지 않으며 코코아와 밤나무의 뚜렷한 풍미가 드러난다.

헤르시니안 디스틸링

1985년 칼 테오도르 부흐홀츠가 함머슈미데라는 이름으로 설립한 이 증류소는 주로 과일 및 허브 브랜디와 큐멜(Kummel, 캐러웨이 리큐어)을 생산하다가 2002년에 위스키로 전환했다. 2005년부터는 니더작센의 휴양지로, 고대 중부 유럽 일부를 덮었던 헤르시니아 원시림 유적이었던 하르츠에 자리 잡은 초르게에 증류소를 이전하여 운영하고 있다. 골든 프라미스와 콘체르토 품종의 보리를 현지에서 재배하며, 5개의 증류기는 나무로 직접 가열한다. 증류소는 아래 네 가지 종류의 싱글 몰트를 생산한다.

- **엘스번**(ElsBurn, 2019년 이전에는 글렌 엘스Glen Els): 과일 향과 꽃 향이 아닌 특정 싱글 캐스크(셰리, 마데이라, 마르살라, 말라가, 소테른 아마로네 바뉠스 등)를 보틀링한 라인. 서로 다른 캐스크를 블렌딩한 글렌 엘스 저니(Glen Els Journey) 보틀링과 동일한 아로마 프로파일이다.
- **윌로우번**(WillowBurn): 다양한 종류의 캐스크에서 완성된 스파이시한 프로파일의 위스키
- **더 알릭**(The Alrik): 2007년에 실험적으로 출시되었지만 이후 계속 생산

이 유지되고 있는 보틀링으로 너도밤나무와 오리나무로 보리를 구워 스모키한 위스키를 만든다.

- **엠퍼러스 웨이**(Emperor's Way): 주로 셰리 캐스크에서 숙성한 강렬한 스모키향의 위스키(특히 너도밤나무와 오리나무, 니더작센산 이탄으로 훈연)다.

♥ 윌로우번, 5년, 익셉셔널 컬렉션, PX 셰리 옥타브, 55.4% ABV €€

WillowBurn, 5 years old, Exceptional Collection, PX sherry octaves, 55.4% ABV

복잡하고 풍부한 이 익스프레션은 가나슈, 블랙체리, 달콤한 오렌지로 시작된다. 모든 종류의 건포도가 아로마층을 통해 서로 다른 순간에 나타난다. 모란과 포푸리가 블랙베리와 블루베리 리큐르 향으로 두꺼워진 질감을 가볍게 해준다. 로즈우드에 가까운 약간의 멘톨 향이 전체를 뒷받침한다.

♥ 더 알릭, 핸드필드 디스틸러리 익스클루시브, 퍼스트 필 싱글 셰리 쿼터 캐스크, 56.2% ABV €€

The Alrik, Handfilled Distillery Exclusive, 1st fill single sherry quarter cask, 56.2% ABV

소시지와 햄, 아스터 알피누스 꿀로 부드럽게 만든 구운 베이컨, 고급 다크초콜릿, 설탕에 절인 시트러스 과일, 자두와 무화과 리큐어 등 모든 면에서 스모크가 느껴진다. 크리미하고 약간 아몬드 같은 질감과 고급 목재 아로마가 선사하는 볼륨감이 완벽한 조화를 이룬다.

넘버 나인 스피리투오젠마누팍투어
NUMBER NINE SPIRITUOSENMANUFAKTUR

1999년 튀링겐주 라이네펠데보르비스에 설립된 이 증류소의 이름은 아힉스펠트의 9개의 샘을 가리킨다. 처음에는 과일 브랜디에 주력했지만 2013년부터 위스키를 생산하고 있다.

♥ 더 나인 스프링스, 3년, 트리플 캐스크(아메리칸 버진 오크, 버번, 보르도), 배치 #4, 45% ABV €

The Nine Springs, 3 yeras old, triple cask (American virgin oak, bourbon, bordeaux), Batch #4, 45% ABV

9가지 종류의 맥아 보리로 만든 이 익스프레션은 복잡하고 생동감 넘치는 시리얼 아로마 구조(비스킷, 몰트, 시리얼 바, 보리 설탕)를 자랑하며, 새 아메리칸 오크 캐스크(통카빈, 초콜릿, 생강)와 보르도 오크 캐스크(복숭아, 블랙커런트, 제비꽃)가 주는 아로마가 더해져 더욱 복잡해진다.

슐리어제 SLYRS

1928년 요제프 란텐하머가 설립한 이 증류소는 1999년부터 위스키를 생산하고 있다. 2007년 플로리안과 안톤 스테터 형제가 바이에른의 황무지 노이하우스 암 슐리어제에 재건했다. 증류소 이름은 779년 아일랜드와 스코틀랜드 수도사들이 세운 슐리어 수도원에서 유래했다. 너도밤나무로 구운 맥아 보리, 증류액의 과일 향을 강조하기 위해 각각 1,500리터 용량의 구형 형태의 3개의 스틸(워시 스틸 2대, 스피릿 스틸 1대), 본류만을 사용하는 등 슐리어제의 싱글 몰트 생산 과정은 독특하다. 저장고 중 하나는 슈툼플링 산의 해발 1,500미터에 있다.

♥ 슐리어제, 12년, 2007/2019년, 아메리칸 화이트 오크, 아일라 캐스크 피니싱, 43% ABV €€€

Slyrs, 12 years old, 2007/2019, American white oak, Islay cask finishing, 43% ABV

2015년 출시된 이 위스키는 슐리어제 클래식 숙성에 사용된 캐스크로 숙성했다. 이 특별한 익스프레션은 또한 피티드 아일라 캐스크 피니시의 이

점을 누리고 있다. 아로마 프로파일은 몰트(허니 몰트), 과일(풋사과), 초본(주니퍼 베리, 치노토, 인삼) 풍미가 지배적이다. 시음의 모든 단계에서 느껴지는 가벼운 스모크가 전체에 안정감을 준다.

ESTD 2016
-SPREEWOOD-
DISTILLERS

슈프레우드 디스틸러스 SPREEWOOD DISTILLERS

2004년 토르스텐 뢰머가 슈프레발트라는 이름으로 설립한 이 증류소는 2016년 슈프레우드 증류소가 경영권을 인수하면서 위스키 생산에 집중하기 위해 이름을 변경했다. 이 증류소는 브란덴부르크주 슐레프치히에 위치해 있고, 200개 이상의 항해 가능한 운하가 얽혀 있는 웅장한 생물권 보호구역인 슈프레 소나무와 오리나무 숲의 중심부에 자리하고 있다. 새로운 스토크 클럽(Stork Club) 제품 라인에는 두 가지 싱글 몰트위스키와 다양한 라이 위스키 및 일부 리미티드 에디션이 포함된다.

♥ 스토크 클럽, 스트레이트 라이 위스키, 배치 #1, 버번 & 화이트 와인 캐스크, 55% ABV €

Stork Club, straight rye whisky, batch #1, bourbon & white wine casks, 55% ABV

후추 열매의 복잡한 행렬이 마라스키노 체리와 육두구와 함께 시작된다. 바닐라와 신선한 허브(세이지와 딜이 전면에 등장)와 함께 크리미한 구조다. 호밀의 우아한 건조함에 힘입어 호두의 풍미가 배경에 나타난다.

잉글랜드와 웨일스

잉글랜드와 웨일스는 동일한 법률 체계와 오랜 양조 전문성을 공유하고 있다. 잉글랜드의 다른 두 구성 국가(스코틀랜드와 북아일랜드)에 비할 바는 아니지만, 상면발효 맥주(에일)와 곡물 브랜디는 잉글랜드와 웨일스의 괄목할 만한 성장의 기반이 되고 있다. 잉글랜드와 웨일스는 100년 전 최초의 증류소가 설립된 이래로 각각 2000년과 2006년부터 고품질 위스키 생산이 계속 증가하여 현재 30개 이상의 크래프트 증류소가 운영되고 있다.

꼭 알아야 하는 증류소

€ 35유로 이하 • € 35~39유로 • €€ 70~150 유로 • €€€ 150유로 이상

빔버 디스틸러리 BIMBER DISTILLERY (잉글랜드)

2015년 다리우스와 에벨리나 플라제프스키가 파리드 쇼위시와 함께 런던 파크 로열에 설립한 이 증류소는 전통적인 증류 방식을 고수하고 있다. 증류소 이름은 '불법 증류'라는 뜻이다. 인근 햄프셔의 포드햄 & 앨런 농장, 전통적으로 땅에서 맥아를 빚고 수작업으로 분쇄한 콘체르토와 로레트 품종의 보리, 자체 캐스크 제작, 목재 발효통, 긴 발효(168시간), 과일 향과 꽃 향을 얻기 위한 맑은 맥아즙, 소용량 직화 증류기(포르투갈 호가 제작)에서 이루어지는 느린 정류, 시즈닝 캐스크가 아닌 버번 또는 솔레라 셰리 캐스크에서 숙성 등 노력만큼 결과 또한 우수하다.

♥ 빔버, 2016, 디스틸러리 익스클루시브, 셰리 캐스크 #34, 53.9% ABV

€€

Bimber, 2016, Distillery Exclusive, sherry cask #34, 53.9% ABV

셰리 캐스크 숙성으로 초콜릿 향이 깔리고 곧 덤불(모렐, 이끼)과 신선한 검은 과일(모렐로 체리, 블랙베리)의 향으로 보완된다. 섬세한 에센스(로즈우드)로 반짝이는 천도복숭아 바구니와 시가 상자의 은은한 향신료가 이어진다. 마지팬, 과즙이 풍부한 배, 그리고 아름답고 향기로운 지속성을 보여주는 풍부한 가나슈가 풍미를 더한다.

코츠월드 디스틸러리 COTSWOLDS DISTILLERY (잉글랜드)

2014년 워릭셔 쉽스턴온스투어 지역의 작은 마을인 스투어턴에 댄 소르가 설립한 코츠월드는 해리 콕번과 짐 스완 박사가 생산 공정을 최적화했다. 또한 STR(Shaving 깎아내기 – Toasting 토스팅 – Recharring 리챠링) 캐스크 처리를 도입했다. 증류되는 맥아 보리는 잉글랜드 남서부의 언덕으로 이루어진 코츠월드 농장에서 생산된다. 발효 시간은 길고(90시간), 증류기는 포사이스가 제작한 팟 스틸을 사용한다.

♥ 코츠월드 2015, 4년, 싱글 캐스크 릴리스, 올로로소 셰리 버트 & 아메리칸 오크, 61.5% ABV €

Cotswolds, 2015, 4 years old, Single Cask Release, oloroso sherry butt & American oak, 61.5% ABV

빠르게 숙성된 이 익스프레션은 오렌지 샐러드, 과수원 과일(배, 살구), 열대과일(파인애플, 망고), 견과류(피칸)에 강렬한 톤을 지녔다. 코코아가 뿌려진 브리오슈는 우디한 몰트 향과 함께 입맛을 더욱 돋우고 잘게 다진 박하가 여기에 상큼함을 더한다.

다비레이 디스틸러리 DÀ MHÌLE DISTILLERY (웨일스)

다비레이는 2012년 존 새비지 온스트웨더가 이끄는 투자자 그룹이 웨일스 서부 케레디전주의 랜디술 인근 가족 농장에 설립하였다. 온스트웨더는 현대 최초의 유기농 위스키를 스프링뱅크 증류소에 의뢰한 것으로 유명한 테이피 팜하우스 치즈의 설립자 중 한 명이다. 이 증류소는 싱글 에스테이트(단일 농장에서 생산) 유기농 위스키를 생산하는 몇 안 되는 증류소 중 하나다.

♥ 다비레이 타리안, 오가닉, 퍼스트 필, 올로로소 셰리 캐스크, C#MS1511, 46% ABV €

Dà Mhìle Tarian, Organic, 1st fill oloroso sherry cask, C#MS1511, 46% ABV

멘톨의 신선함과 향신료(계피, 캐러웨이)가 올로로소의 특징(대추, 구운 견과류, 체리, 오렌지 껍질, 건포도)이 뚜렷한 이 익스프레션에 큰 깊이를 더한다. 코코아, 감초, 페퍼민트 사이의 끊임없는 진동이 아름다운 복합성을 더한다.

펜더린 디스틸러리 PENDERYN DISTILLERY (웨일스)

로열 웰시 위스키(1889~1903)로 유명한 프롱고흐(Frongoch) 증류소 이후 웨일스 최초로 세워진 위스킨 증류소다. 펜더린의 특징은 데이비드 패러데이 박사가 개발한 두 대의 하이브리드 스틸(헤드 컬럼과 세컨드 컬럼에 연결된 보일러로 구성)이다. 이 패러데이 스틸은 각각 개별적으로 한 번의 작업으로 1차 증류와 2차 증류를 수행한다. 새로운 유형의 위스키를 실험하기 위한 랜턴 스틸 두 대도 있다. 두 번째 증류소가 2022년 스완지에 문을 열 예정이다.

♥ 펜더린, 포트 우드, 싱글 캐스크, 2003, LMWD 60주년 기념, #PT9 58.4% ABV €€€

Penderyn, Port Wood, Single Cask, 2003, 60th Anniversary of LMDW, #PT9, 58.4% ABV

실크처럼 부드럽고 와인 풍미가 강한 이 익스프레션은 포트 캐스크의 영향을 최대한 발휘한다. 붉은 과일(산딸기, 라즈베리, 레드커런트, 체리)과 검은 과일(블랙커런트, 블랙베리, 프룬)의 섬세한 아로마를 느낄 수 있다. 고급 목재, 왁스, 가죽 향에 푹 잠긴 사랑스러운 중간 정도의 랑시오(살구)가 부드러운 가니슈로 녹아든다. 향신료(계피, 생강, 아니스)가 완벽하게 표현되지만 전체적인 그림을 손상하지는 않는다.

St. 조지 디스틸러리-디 잉글리시 위스키 컴퍼니 (잉글랜드)

ST. GEORGE'S DISTILLERY-THE ENGLISH WHISKY COMPANY

2006년 제임스와 앤드루 넬스트롭이 노퍽의 라우드햄에 설립한 증류소. 잉글랜드 땅에 세워진 최초의 몰트위스키 증류소로 한 세기가 넘는 역사를 자랑한다. 라프로익의 전 마스터 디스틸러였던 이안 헨더슨이 첫 생산을 감독했다. 1년 후 데이비드 피트가 팀에 합류했고 곧 마스터 디스틸러가 되었다. 생산에 사용되는 보리는 현지에서 생산되며 물은 증류소 바로 아래를 흐르는 내수층에서 끌어 쓴다. 증류는 한 쌍의 포사이스 팟 스틸로 한다. 싱글 몰트에는 디 잉글리시 오리지널(논피티드)와 디 잉글리시 스모키(하이 피트: 45ppm)가 있다. 노퍽(Norfolk) 제품 라인에 그레인 위스키가 포함된다.

♥ 디 잉글리시 위스키 Co., 2010, 켄더헤드, 8년, 버번 혹스헤드, 64.9% ABV €

The English Whisky Co., 2010, Cadenhead, 8 years old, bourbon hogshead, 64.9% ABV

매혹적으로 오고 가는 신선한 과일(바나나, 배, 레몬)과 좀 더 간결한 미네랄 풍미(슬레이트, 청동)가 스모키 향(재, 훈제 생선)과 강렬한 대비를 이룬다. 이 부드러운 균형을 받치는 드라이한 타닌은 프로폴리스와 캔디 케인의 섬세한 아로마로 부드러워진다.

더 레이크스 디스틸러리 THE LAKES DISTILLERY (잉글랜드)

2014년 폴 코리(아란 증류소 공동 설립자)와 나이젤 밀스가 이끄는 투자자 컨소시엄이 잉글랜드 북서부 컴브리아주 코커머스에 설립한 이 증류소는 더웬트강 남쪽 강둑, 바슨스웨이트 호수와 합류하는 지점에 자리하고 있다. 2016년 맥켈란에서 근무했던 다발 간디가 마스터 디스틸러가 되었다. 다양한 효모 균주 조합을 이용한 긴 발효(96시간), 맑은 맥아즙, 충분한 구리와의 교환이 가능한 느린 증류, 과일 향을 생성하는 낮은 도수, 셰리 캐스크 숙성을 거친다. A타입 증류액은 과일 향이 강하고 가볍고 미디엄 바디에 오이 향이 뚜렷하며 B타입 증류액은 풀바디에 과일 향도 강하지만 왁스 같은 느낌이 더 강하고 유분이 많은 구조로 되어 있다.

♥ 더 레이크스, 페이스, 콰트르포일 컬렉션, 버번 배럴 + 셰리 올로로소 & PX 혹스헤드, 56.5% ABV €€€

The Lakes, Faith, Quatrefoil Collection, bourbon barrels+sherry oloroso & PX hogshead, 56.5% ABV

이 한정판 컬렉션 페이트(faith), 호프(hope), 럭(Luck), 러브(Love)는 셰리에 초점을 맞춘 특정 숙성 스타일과 다양한 원산지(미국, 스페인 및 프랑스)의 캐스크를 사용하여 다양한 아로마 스펙트럼을 제안한다. 과일(살구, 미라벨 자두, 포멜로)에 초점을 맞춘 첫 번째 익스프레션은 캔디드 안젤리카와 체리로 더욱 부드러워지고, 갓 자른 실론 시나몬이 활력 넘치는 아로마를 제공한다.

알프스 국가
(오스트리아, 이탈리아, 스위스)

제노바와 빈 사이 1,000킬로미터에 걸쳐 있고 폭이 100~400킬로미터에 이르는 알프스산맥은 서부, 중부, 동부의 세 지역으로 나뉘는데, 전통적으로 곡물보다 식물과 과일이 더 많이 증류되어왔다. 사실 스위스에서 위스키 생산이 합법화된 것은 1999년 7월 곡물 증류 금지가 해제된 이후부터다. 하지만 위스키는 알프스 지역에서 인기가 높아 수입 증류주 중 1위를 차지할 때가 많다. 그래서 자연스럽게 알프스산맥 곳곳에 있는 수많은 소규모 증류소에서 위스키를 생산하기 시작했다. 1880년 설립되어 2006년부터 위스키를 생산하기 시작한 트리젠의 유일한 증류소 리히텔슈타인이 단 하나의 예외로서 2018년 문을 닫았다.

꼭 알아야 하는 증류소

€ 35유로 이하 • € 35~39유로 • €€ 70~150 유로 • €€€ 150유로 이상

브레너라이 구글호프 BRENNEREI GUGLHOF (오스트리아)

1641년 옛 제염소 마을 할라인에 설립된 이 증류소는 과일 브랜디를 생산해왔고 2010년부터 위스키를 생산하고 있다. 해발 1,000미터 이상의 잘츠부르크 룽가우 고산 기후에서 자란 잘츠부르크 타우에른 호밀을 소형 팟 스틸에서 증류한다. 익스프레션은 소테른 캐스크에서 숙성한다.

♥ 구글호프, 타우에른 로그, 2012, 소테른 싱글 캐스크 #83, 42% ABV €
Guglhof, Tauern Rogg 2012, sauternes single cask #83, 42% ABV

섬세한 곡물 향(신선한 검은 빵, 구운 검은 곡물, 몰트 호밀)이 있을 뿐만 아니라 스모키(피트모스) 호밀이 두드러지는 이 위스키는 말린 과일(포도), 배, 소테른 캐스크의 영향인 복숭아와 살구의 향이 특징이다. 레몬 제스트와 갓 자른 풀의 우아함으로 전체가 더욱 풍성해진다.

브로거 프리바트브레너라이 BROGER PRIVATBRENNEREI (오스트리아)

1976년 알프스 라인 계곡의 동쪽 기슭에 위치한 포어아를베르크 만의 클라우스에 설립된 이 가족 증류소는 과일 브랜디와 2008년부터 위스키를 생산하고 있는데, 특히 세계에서 가장 피트가 강한 위스키 중 하나를 생산하고 있다.

♥ 브로거 번 아웃, 헤빌리 피티드 몰트, 42% ABV €
Broger Burn Out, Heavily Peated Malt, 42% ABV

증류 후 페놀 농도가 57ppm인 이 스코틀랜드 보리의 본류는 탄화수소, 신선한 담배, 가나슈, 당밀의 미네랄 풍미만큼이나 입안에서 균형 잡히는 맛이 특징이다.

에터 디스틸러리 ETTER DISTILLERY (스위스)

1870년 폴 에터가 동명의 호수 북동쪽, 주게베르크 산기슭에 있는 주그

에 세운 가족 증류소. 특히 지역에서 생산한 체리, 사과, 배로 브랜디를 증류하는 전통을 지켜오고 있다. 2007년부터 싱글 몰트인 조넷(Johnett)을 생산하고 있다. 이 싱글 몰트는 증류소에서 사용하는 물의 원천이기도 한 바르 지역의 매우 습한 횔그로텐('지옥의 동굴')에서 숙성한다.

♥ 조넷, 2010, 6년, 카로니 럼 캐스크 피니시, 50.3% ABV €
Johnett, 2010, 6 years old, Caroni rum cask finish, 50.3% ABV

이 위스키가 생산된 테루아뿐만 아니라 숙성 과정의 특성이 드러나는 빈티지 위스키로, 뚜렷한 몰트 특성은 없지만 가장자리가 둥글게 마무리되어 있다. 이 익스프레션은 브랜드의 엄격한 기준을 반영하여 강력한 아로마(밀랍, 화이트 페퍼)를 기본으로 하지만 섬세함과 정밀함(파파야, 구아바, 복숭아)을 갖추고 있다.

PFANNER

헤르만 파너 HERMANN PFANNER (오스트리아)

1854년 콘스탄스 호수 남쪽 기슭의 라우테라흐에 설립된 이 가족 증류소는 유럽 최고의 과일 주스 브랜드를 운영하는 파너 가문이 167년 동안 소유하고 있으며, 특히 지역에서 생산된 사과와 배로 브랜디를 증류하는 전통을 이어오고 있다. 2008년부터 위스키도 생산하고 있다.

♥ 파너, 2011, 4년, 퍼스트 필 PX 셰리 캐스크, 56.5% ABV €
Pfanner, 2011, 4 years old, 1st fill PX sherry casks, 56.5% ABV

페드로 히메네스 캐스크 4년 숙성으로 뛰어난 숙성도와 아로마 프로파일을 자랑하는 이 위스키는 과일 향(무화과, 건포도, 블랙커런트), 고급스러움(다크초콜릿, 헤이즐넛), 스파이시 향(고급 목재)이 특징이다. 같은 숙성연도의 일부 스카치위스키를 무색하게 만들기에 충분하다.

LANGATUN THE SWISS WHISKY DISTILLERY

란가툰 디스틸러리 LANGATUN DISTILLERY (스위스)

2005년 한스 바움베르거 3세가 랑엔탈에 설립한 이 증류소는 생산 시설을 베른에서 북서쪽으로 약 50킬로미터 떨어진 아르강 남쪽 기슭의 아르

반겐으로 이전했다. 이후 크리스티안 로퍼, 크리스포트 니펠러, 돌프 스톡하우젠 박사가 합류하여 회사를 인수했다. 클래식 제품 라인에는 올드 디어(논피티드 싱글 몰트), 올드 비어(피티드 싱글 몰트), 올드 우드페커(유기농 싱글 몰트), 올드 이글(100% 라이 위스키) 등 4개의 익스프레션이 있다.

♥ 란가툰, 제이콥스 드람, 2009, 5년, 피노 누아, 캐스크 #97, 49.12% ABV €
Langatun, Jacob's Dram 2009, 5 years old, pinot noir, cask #97, 49.12% ABV

촉감은 기름지며 후추, 타임, 이끼의 폭발적인 향이 가죽과 호박색으로 뒷받침되는 피니시에서 더욱 활기가 있고 과일 향(블랙커런트, 포도, 자두, 오렌지 제스트)이 더해진다.

올드 레이븐 OLD RAVEN (오스트리아)

2004년 티롤주 인스브루크 지역의 노이슈티프트에 설립된 이 증류소는 라프니츠 계곡의 옛 헝가리 세관 건물에 자리하고 있다. 지하 100미터가 넘는 라벤브루넨 지하 샘에서 물을 끌어온다.

♥ 올드 레이븐, 2012, 더 젠틀, 7년, 버번, 올로로소 & 브랜디 캐스크, 54.4% ABV €
Old Raven 2012, The Gentle, 7 years old, bourbon, oloroso & brandy casks, 54.4% ABV

전체적으로 매우 뚜렷하고(블랙커런트, 무화과, 크랜베리), 녹아내리는(가나슈) 동시에 과일 향(댐슨 자두, 딸기, 체리)과 함께 매력적으로 미끄러져 마무리된다. 올스파이스가 이 버번의 윤곽을 강조한다.

푸니 디스틸러리 PUNI DISTILLERY (이탈리아)

이탈리아 북동부 트렌티노알토아디제 지역의 발 베노스타 글로렌자에서 멀지 않은 곳에 2012년 에벤스퍼거 가문이 세운 이 증류소의 이름은 인근 강의 라이티아어 이름에서 가져왔다. 푸니는 보리, 호밀, 밀의 세 가지 곡물로 위스키를 생산한다는 점에서 독특하다. 푸니 노바(Puni Nova, 퍼스트 필 버번 케스크에서 숙성하고 새 캐스크에서 마무리), 푸니 알바(Puni Alba, 마르살라 캐스크, 아일라 위스키가 담겼던 캐스크에서 마무리), 푸니 솔(Puni Sole, 퍼스트 필 버번 캐스크, 페드로 히메네스에서 마무리), 푸니 비나(Puni Vina, 버진 마르살라 캐스크)의 코어 라인이 있다. 2015년부터는 논피티드 싱글 몰트와 피트 싱글 몰트(푸니 골드, 푸니 네로, 푸니 아우라)가 추가되었다.

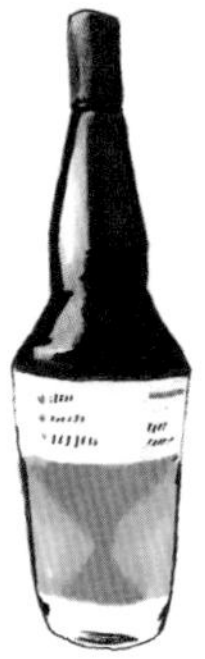

♥ 푸니 비나, 5년, 마르살라 베르지네, 43% ABV
Puni Vina, 5 years old, Marsala Vergine, 43% ABV

마르살라 베르지네를 담았고, 익히거나 농축한 워트로 향이 추가되지 않고 발효 정지를 위해 사용한 와인 알코올 이외에 다른 첨가물이 들어가지 않은 것이 특징인 캐스크는 위스키에 달콤한 향은 덜 주지만 신선한 과일(그린 게이지, 망고, 천도복숭아), 오렌지 제스트, 말린 과일(호두, 헤이즐넛, 청포도), 균형 잡힌 발사믹 풍미와 같은 강렬함과 복잡함을 준다.

뤼겐 디스틸러리 RÜGEN DISTILLERY (스위스)

1866년 키젠의 의원 크리스티안 인더뮐레가 툰 호수와 브리엔츠 호수 사이의 마텐 베이 인터라켄에 설립한 양조장 겸 증류소는 1999년 첫 위스키를 생산했다. 2010년 양조장 바로 위에 지은 증류소는 1875년 바위를 파서 숙성 저장고로 사용한 대형 아치형 저장고 그로서 루겐(Großer Rugen)만큼이나 현대적이다.

♥ 뤼겐브로이, 2009, 9년, 아이스 라벨, 올로로소 셰리 버트 & 아메리칸 화이트 오크, 56.7% ABV
Rugenbräu, 2009, 9 years old, Ice Label, oloroso sherry butt & American white oak, #56, 56.7% ABV

역사적인 뤼겐브로이 저장고에서 부분적으로 숙성된 이 익스프레션은 해발 3.45미터의 융프라우요흐 얼음 동굴에서 3년 동안 숙성되어 부드러운 질감과 완벽한 아로마 복합성을 지니고 있다. 과일 향(복숭아, 용안, 건포도)와 플로럴 향(자스민, 오렌지꽃, 인동덩굴), 섬세한 라임 스모크가 어우러져 있다.

벨기에와 네덜란드

풍부한 보리 작물, 최고 품질의 맥아 제조소, 세계에서 가장 오래되고 풍부한 양조 전문 기술, 주니퍼 열매로 향을 낸 증류주(전통적으로 곡물 증류주) 생산* 등 위스키의 거점이 될 수 있는 모든 조건이 갖춰져 있다.

* 네덜란드에 1575년 설립되어 지금도 운영 중인 볼스 증류소는 세계에서 가장 오래된 증류소 중 하나이며 1664년 최초로 예네버르를 판매한 증류소이기도 하다. 예네버르(jenever)는 주니퍼 향이 나는 네덜란드 전통주이다.

꼭 알아야 하는 증류소

€ 35유로 이하 • € 35~39유로 • €€ 70~150 유로 • €€€ 150유로 이상

이글스번 디스틸러리 EAGLESBURN DISTILLERY (네덜란드)

2015년 바트 요스텐이 헬데를란트주 에더에 설립한 이글스번 증류소는 240~280시간의 긴 발효 시간이 특징이다. 라이트 피트(15ppm) 몰트는 벨기에산(말트리 뒤 샤토)을, 논피티드 몰트는 네덜란드산(더 스완 몰팅)을 사용한다. 작은 캐스크는 뒤스부르크의 아스날 저장고에 보관한다.

♥ 이글스번, 2016, 3년, 셰리 30L, 헝가리안 오크 배럴, 싱글 캐스크 #13, 51% ABV €

Eaglesburn, 2016, 3 years old, sherry 30 L Hungarian oak barrel, single cask #13, 51% ABV

잘 익은 살구, 오렌지 껍질, 모과 마멀레이드, 라임 제스트, 고수의 첫 과일 향에 이어 호밀빵, 스모크, 홍차 등 숙성에 따라 더욱 뚜렷해지는 풍미가 스파이시 담배, 시나몬, 카다멈으로 진화한다.

스토커레이 드 몰렌베르크 STOKERIJ DE MOLENBERG (벨기에)

1637년 맥주와 진 양조 전통이 강한 플랑드르주 블라스벨트에 설립된 스토커레이 드 몰렌베르크('풍차'를 의미)는 1927년 반 브리담이 1471년부터 베긴회 수녀원과 메헬렌시에 맥주를 공급하던 헷앵커(Het Anker) 양조장으로 떠나면서 생산을 중단했다. 찰스 르클래프는 2003년 증류소를 다시 가동하여 위스키를 생산하기 시작했다. 7년 후 그는 맞춤형 포사이스 증류기를 설치하고 해리 콕번과 짐 스완 박사의 조언을 받아 생산 공정과 캐스크 표면에서 가장 강력한 타닌 성분을 제거하는 STR 처리법을 완성했다. 발효 맥아즙은 홉을 첨가하기 전의 고든 카롤루스 트리펠 맥주(일반 주보다 맥아 함량이 높아 알코올 함량이 높은 삼중 곡물 맥주)의 맥아즙을 사용했다.

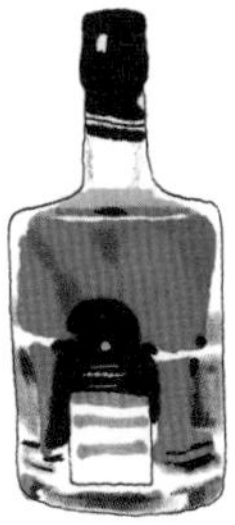

♥ 구덴 카롤루스, 2011, 7년, 버번 캐스크+헷앵커 캐스크 피니시, 싱글 캐스크 #D-8-2, 65% ABV €€€

Gouden Carolus 2011, 7 years old, bourbon cask+Het Anker cask finish, single cask #D-8-2, 65% ABV

신선한 과일(풋사과, 살구, 천도복숭아)과 익힌 과일(타르트 타탱), 레몬 나무

꿀, 아카시아 수지로 만든 작은 금괴와 같다. 전체가 따뜻한 향신료(계피, 육두구)로 강화된다.

스토커레이 숄테 STOKERIJ SCULTE (네덜란드)

2004년 제라르 펠드하위스가 독일과 국경을 맞대고 있는 오트마르숨에 설립한 이 증류소는 옛 아메르스포르트의 노트르담 수도원에 자리 잡고 있으며, 2011년부터 위스키를 생산하고 있다. 96~120시간의 발효 과정을 거쳐 네덜란드산 오크통 트벤테에서 숙성한다.

♥ 숄테(Sculte) 2014, 트벤처 위스키, 3rd 보틀링, 3년, 네덜란드 (트벤츠) 에이켄하우트, 51% ABV €€€

Sculte 2014, Twentse Whisky, 3rd bottling, 3 years old, Nederlans (Twents) eikenhout, 51% ABV

이 익스프레션은 제비꽃의 향기와 코코아의 쓴맛을 느러내고, 사과와 구운 향신료가 모두 균형을 이룬다.

디 아울 디스틸러리 THE OWL DISTILLERY (벨기에)

1997년 에티엔 부이용이 리에주 그라스 올로뉴에 세운 과일 브랜디 전용 증류소로 2004년부터 위스키를 생산하고 있다. 빙하에서 발생해 바람에 날린 미사층으로 덮인 에스베 지역 석회암 바위에서 지속 가능한 농법으로 재배한 보리를 인근 농장에서 공급받는다. 2013년부터 스코틀랜드 캐퍼도닉 증류소에서 쓰던 두 대의 증류기를 사용하고 있다. 이덩티테(Identité, 3년), 패션(Passion, 싱글 캐스크), 인텐스(Intense, 캐스크 스트렝스), 바이 조브(By Jove, 퍼스트 필 버번 캐스크) 등 다양한 익스프레션으로 구성된다.

♥ 더 벨지안 아울, 42개월, 3년, 퍼스트 필 버번 캐스크 #4 & 8-10/2011, 73.7% ABV €

The Belgian Owl 42 months, 3 years old, 1st fill bourbon cask #4 & 8-10/2011, 73.7% ABV

과하지 않은 몰트 향이 특징인 이 익스프레션의 아로마를 다양한 꽃 풍미, 섬세하게 스파이시한 피니시와 공명하는 설탕 가득한 과일(미라벨 자두, 살구, 토피 사과)이 강조한다.

주이담 디스틸러스 ZUIDAM DISTILLERS (네덜란드)

프레드 반 주이담이 노르트브라반트주 바를러나사우에 설립한 이 전통적인 가족 증류소는 1998년부터 위스키(피티드 및 논피티드 싱글 몰트, 라이 위스키)를 생산하고 있다. 2019년에는 4대의 증류기를 갖추고 있고, 인근 농장에서 보리와 호밀을 직접 재배하기 시작했다.

♥ 주이담, 밀스톤, 싱글 몰트, 12년, 올로로소 셰리 캐스크, 46% ABV €

Zuidam, Millstone, single malt, 12 years old, oloroso sherry cask, 46% ABV

이 싱글 몰트의 풍부함과 복합성은 맥아 보리(초콜릿 몰트)뿐만 아니라 신선한 과일(블랙베리, 망고, 라즈베리)을 연상시킨다. 초콜릿(모카치노)과 시트러스(자몽 제스트)의 아로마가 쓴맛과 단맛(아몬드, 당밀)을 선사한다.

♥ 주이담, 밀스톤, 100 라이 위스키, 2010, 8년, 아메리칸 오크, 50% ABV €

Zuidam, Millstone, 100 rye whisky, 2010, 8 years old, American oak, 50% ABV

호밀로만 만들고 섬세한 우디 향이 우아한 이 익스프레션은 기름진 곡물(검은 빵), 견과(피칸), 신선한 과일(살구, 오렌지, 복숭아)과 향신료(계피, 화이트 페퍼, 육두구)가 특징이다. 이들 전체 아로마 위로 향기로운 꽃(튜베로즈, 제라늄) 향이 날아간다.

스페인

스페인의 대도시와 여름 휴양 도시에서 롱 드링크로 널리 소비되는 위스키는 스페인 국내 시장의 4분의1을 차지한다. 위스키는 스페인 사람들, 특히 스페인 젊은이들이 가장 좋아하는 주류이기도 하다. 스페인은 1958년부터 데스틸레리아스 이 크리안자 델 위스키(이하 DYC)를 중심으로 생산이 집중되면서 세계 주요 위스키 시장 중 하나로 자리 잡았다. 1973년 DYC는 스코틀랜드 증류소 로크사이드를 인수하여 자체 블렌딩 싱글 몰트를 공급했고, 10년간 연간 250만 리터 이상의 순수 알코올을 생산했다. 전설적인 몽로즈 증류소는 1992년 DYC가 얼라이드 도메크(Allied Domecq, 현 빔 산토리)에 인수되면서 운영이 중단되었다. 그 후로 2001년 그라나다에 설립된 리베르(Liber, 싱글 몰트 '엠브루호')를 비롯해 마드리드의 산타마니아 데스틸레리아 우르바나(Santamania Destileria Urbana, 피티드 싱글 몰트 '멘티데로 G', 논피티드 '멘디테로 아키타입'), 안달루시아의 마르테스 산토(Martes Santo), 비토리아 가스테이스의 바스크 문샤이너스(Basque Moonshiners, 싱글 몰트 아고트) 같은 좀 더 크래프트 특징이 두드러지는 증류소가 생겨났다.

꼭 알아야 하는 증류소

€ 35유로 이하 • € 35~39유로 • €€ 70~150 유로 • €€€ 150유로 이상

데스틸레리아스 이 크리안자 델 위스키 S.A.
DESTILERÍAS Y C RIANZA DEL WHISKY S.A.

DYC는 1958년 스페인 북서부 카스티야이레온 지방 세고비아의 팔라수엘로스 데 에레스마에 니코메데스 가르시아 고메스가 이끄는 투자자 그룹이 세운 증류소다. 2014년 빔 산토리에 인수된 이곳은 스페인 최초의 위스키 증류소이자 60년 동안 유럽 대륙에서 가장 큰 규모의 위스키 증류소다. 자체 몰팅 플로어가 있고 증류실에는 8백만 리터의 순수 곡물 위스키 알코올과 2백만 리터의 싱글 몰트를 생산할 수 있는 팟 스틸 6대가 있다. 숙성 저장고에는 25만 개 이상의 캐스크가 보관되어 있다.

♥ DYC, 싱글 몰트, 15년, 콜렉시온 마에스트로스 데스틸라도레스, 뉴 아메리칸 화이트 오크, 40% ABV €
DYC, single malt, 15 years old, Colección Maestros Destiladores, new american white oak, 40% ABV

과일 향(레몬, 오렌지잼, 사과)과 달콤한 향(캐러멜, 마지팬, 몰트 밀크, 바닐라)에 스파이스 풍미(올스파이스, 넛맥)가 강조된 이 스페셜 에디션(60주년)은 DYC가 병입한 가장 오래된 싱글 몰트다.

북유럽 (덴마크, 핀란드, 아이슬란드, 노르웨이, 스웨덴)

북유럽 국가의 위스키 생산은 환경과 조화를 이루며 이뤄진다고 해도 과언이 아닐 정도로 지속 가능한 농업을 장려하는 동시에 토양과 생물 다양성을 보호한다. 테루아는 수원지, 토양의 종류, 보리와 호밀, 건조 방법(이탄 불, 헤더, 주니퍼 나무 등), 스코틀랜드와 비슷한 기후에 의해 형성된다. 북유럽 증류소들의 공통점은 새로운 세대의 열정을 이어가는 크래프트 위스키를 만들기 위해 투명성을 중시하며 양질의 현지 원료를 최대한 사용하고, 오래 발효하고 작은 증류기에서 천천히 증류한다는 점이다.

꼭 알아야 하는 증류소

€ 35유로 이하 • € 35~39유로 • €€ 70~150 유로 • €€€ 150유로 이상

브라운스타인 BRAUNSTEIN (덴마크)

2005년 클라우스와 미카엘 브라운스타인 형제가 코펜하겐에서 남쪽으로 약 40킬로미터 떨어진 덴마크에서 가장 오래된 항구 중 하나인 코이에 항구에 세운 양조장이다. 2007년부터 이곳에서 4개의 플레이트로 된 정류 컬럼을 갖춘 홀스타인 하이브리드 스틸을 사용하여 위스키를 생산하고 있다. 피티드 위스키는 버번 캐스크에서 숙성하고, 피티드 위스키는 주로 퍼스트 필 올로로소 및 포트 캐스크에서 숙성한다.

♥ 브라운스타인, 데니카 위스키, 피티드, 버번 캐스크 #배치 2015-2, 42% ABV €

Braunstein, Danica Whisky, Peated, bourbon cask #batch 2015-2, 42% ABV

아일라의 포트 엘렌 몰트 제조소의 보리로 만든 피트는 기름지고(거의 버터 맛에 가까움) 짠맛이 있다. 피트는 신선함으로 전개되다 초본(피트모스, 페트리코)이 된다. 신선한 과일 향이 뚜렷하다. 파인애플과 살구가 계속 발달하여 설탕에 절인 레몬으로 절정에 이른다. 캔디 케인의 우아함과 통카빈이 전체를 강조한다.

에임베르크 디스틸러리 EIMVERK DISTILLERY (아이슬란드)

레이캬비크에서 남쪽으로 약 10킬로미터 떨어진 레이캬네스폴크방구르 자연보호 구역과 용암 지층, 분화구 호수, 지열 사이트 가장자리에 있는 가르다바이르에 토켈손 형제가 2012년 설립한 이 증류소는 현지에서 재배한 유기농 보리만을 사용해 맥아를 만든다. 스모크 버전의 건조는 양의 배설물을 이용한다.

♥ 에임베르크, 플로키, 3년, 아이슬란딕 버치 피니시, 47% ABV €

Eimverk Flóki, 3 years old, Icelandic birch finish, 47% ABV

전나무 새싹, 북극 꽃(화이트 마운틴 에이벤, 안젤리카), 고사리 향이 이 싱글 몰트에 스며들어 신선함을 집중시킨다. 동시에 자작나무 캐스크에서 배

어 나온 부드럽고 따뜻한 연기와 소금과 담배가 스며든 가죽 안장의 풍미가 조화를 이룬다.

고틀란드 위스키 GOTLAND WHISKY (스웨덴)

2004년 스웨덴 남동쪽 발트해 연안 고틀란드 섬의 옛 설탕 정제소였던 로마클로스터에 설립된 이 증류소는 2012년에야 해리 콕번(전 보모어 마스터 디스틸러)의 감독 아래 가동하기 시작했다. 섬 남부의 로네함에서 현지 유기농 보리를 몰팅하고 오랜 발효를 거쳐 두 대의 소형 팟 스틸에서 증류하는 등 전적으로 크래프트 생산 방식에 집중하고 있다. 두 종류의 고품질 유기농 크래프트 위스키(피티드 및 논피티드)를 생산한다.

♥아일 오브 라임 바르드비예르크, 세어홀더스 에디션 IV, 4년, 버진 아메리칸 오크, 50.5% ABV €

Isle of Lime Vardbjärg, Shareholders Edition IV, 4 years old, virgin American oak, 50.5% ABV

공격적인 사과, 작약, 구스베리의 미묘한 첫 향에 이어 자두와 화이트 페퍼로 강화된 섬세한 오크의 바디가 이어진다.

헬싱키 디스틸링 컴퍼니 HELSINKI DISTILLING COMPANY (핀란드)

이 증류소는 2014년 세아무스 홀로한, 카이 킬피넨, 미코 미카넨이 헬싱키의 옛 도축장이었다가 현재 핀란드 수도의 도시 문화 및 음식 문화(레스토랑, 핀란드 고유의 소규모 생산자)의 중심지가 된 테우라스타모에 설립한 증류소다. 1930년대 벽돌 건물로 둘러싸인 안뜰에 위치한다. 라이 위스키와 싱글 몰트 위스키를 생산한다.

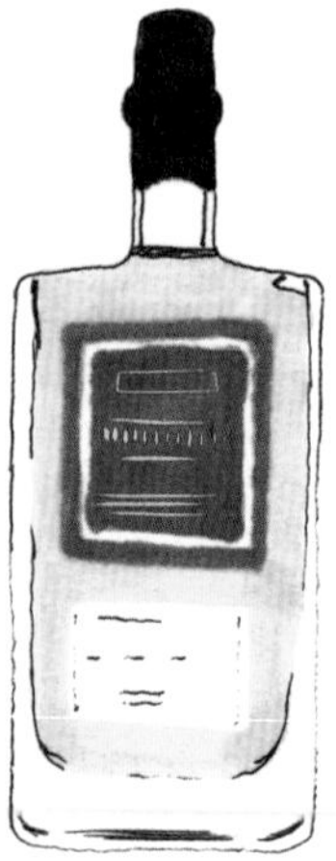

♥헬싱키, 싱글 몰트 릴리스 #11, 아메리칸 버진 오크 & 스몰 뉴 프렌치 오크 케스크, 56.8% ABV €

Helsinki, Single Malt Release #11, American virgin oak & small French new oak casks, 56.6% ABV

유난히 밀도가 높고 자극적인 향(튜베로즈, 제라늄)이 특징인 이 익스프레션의 아로마의 입체감은 식물성(라임, 아니스, 베티버)과 과일 향(살구, 무화과)

으로 확장된다. 달콤한 감초와 코코아가 전체 그림을 완성한다.

하이 코스트 디스틸러리 HIGH COAST DISTILLERY (스웨덴)

2010년 핀란드와 스웨덴을 가르는 보트니아 만을 따라 스웨덴 동부 해안의 비야트라에 설립된 이 증류소는 72~96시간의 긴 발효와 느린 증류로 논피티드 익스프레션부터 모든 피트 단계의 실험적인 위스키까지 다양한 크래프트 위스키를 선보이고 있다.

♥ 하이 코스트, 달브, 셰리 인플루언스 2013, 6년, 셰리 & 버번 캐스크, 48% ABV €

High Coast, Dálvve, Sherry Influence 2013, 6 years old, sherry and bourbon casks, 48% ABV

이 위스키의 아로마는 미네랄(슬레이트, 사암)과 벽난로 불씨에서 지속적으로 발전하는 한편, 유자와 신선한 담배 사이의 긴 진동에서 말린 붉은 과일(무화과, 포도)의 향을 이끌어내어 전체적으로 아름다운 복합성을 선보인다.

맥미라 스벤스크 위스키 MACKMYRA SVENSK WHISKY (스웨덴)

1999년 발보에 설립된 이 증류소는 이후 동부 해안의 예블레로 이전하여 37미터 높이의 중력식 생산 구조를 구축했다. 랩 디스틸러리(Lab Distillery)로 이름을 바꾼 이 오래된 증류소는 크래프트 디스틸러와 협력하여 혁신적인 증류주를 개발하고 있다. 스웨덴 보리, 특히 수백 년 전에 비싱괴 섬에 심은 오크를 포함한 지역 나무로 만든 오크통에서 숙성, 지하 50미터 저장고 등 생산 과정 전체가 매우 혁신적이다.

♥ 맥미라, 빅 대디, 롯스폰 트리플 우드, 아메리칸&스웨디시 오크, 롯스폰 캐스크 피니시, 53.5% ABV €€€

Mackmyra, Big Daddy, Rotspon Triple Wood, American & Swedish oak, Rotspon cask finish, 53.5% ABV

레드 베리와 블랙베리, 크리스마스 향신료, 샌들우드, 설탕에 절인 생강향이 어우러진, 스웨덴 테루아에 대한 찬가다. 전체적으로 풍부하고 입맛을 당긴다. 히비스커스꽃, 말린 딸기, 루이보스의 풍성함이 계피와 레제다 꽃과 어우러진다.

모스가드 위스키 MOSGAARD WHISKY (덴마크)

2015년 기테와 제스 모스가드가 사과 과수원과 랑엘란섬이 내려다보이는 남부 푸넨섬 우어 지역에 세운 이 마이크로 크래프트 증류소는 현지 유기농 보리와 이 지역의 양질의 물을 사용한다. 주로 올로로소, PX 또는 포트를 담았던 50리터 소형 캐스크에서 숙성한 피티드 및 논피티드 익스프레션을 생산한다.

♥ 모스가드, 오가닉 배치 #6, 올로로소 46.2% ABV €

Mosgaard, Organic Batch # 6, oloroso 46.2% ABV

푸넨 증류소에서 생산되는 위스키의 특징이 두드러지고 여러 차례 수상에 빛나는 이 익스프레션은 과수원 과일(복숭아, 사과), 설탕에 절인 감귤류, 캔디 케인, 숙성에서 기인한 말린 과일(건포도, 무화과, 호두, 구운 아몬드)이 두드러진다.

미켄 디스틸러리 MYKEN DESTILLERI (노르웨이)

2014년 노르웨이 북서쪽 해안에서 약 30킬로미터 떨어진 약 40여 개의 섬과 군도로 이루어진 미켄에 설립된 이 증류소는 대서양이 내려다보이는 옛 어장에 위치해 자연과 직접적으로 맞닿아 있다. 증류소의 운영 방식은 장시간 발효(80~110시간), 가스 파에야 버너를 사용하여 직화로 가열하는 작은 호가 구리 증류기로 하는 느린 증류, 오래된 우유 탱크 발효기, 담수화된 바닷물을 이용한 환원, 다채로운 외관의 어촌 마을에 직접 위치한 저장고 등 진정한 크래프트 감각이 그대로 드러난다. 이 증류소는 피티드 위스키(35ppm)와 전통적인 품질의 논피티드 위스키를 생산한다.

♥ 미켄, 아틱, 4년, 옥타브 심포니, 버번 싱글 몰트, 셰리(올로로소) & PX 캐스크, 47% ABV €

Myken, Arctic, 4 years old, Octave Symphony, bourbon, single malt, sherry (oloroso) & PX casks, 47% ABV

이 익스프레션은 처음에는 바다 물보라, 구운 보리, 로즈힙, 금귤이 두드러진다. 전체를 지지하는 바다의 영향, 자두잼 및 감귤류를 오가는 입체감도 느껴진다.

♥ 미켄, 피티드 셰리, 3년, 올로로소 캐스크, 47% ABV €

Myken, Peated Sherry, 3 years old, Oloroso casks, 47% ABV

미켄 테루아에 대한 찬가라고 할 수 있는 익스프레션. 이탄(탄 헤더, 말린 생선)과 꿀(페날라르fenalår, 소금에 절이고 말려 만든 양다리 – 옮긴이 주)의 풍성함이 야생 베리(옐로베리), 붉은 과일(석류, 체리), 북극 식물(양귀비, 세둠, 메도우스위트) 위로 미끄러지듯 퍼져나간다.

뉘보르 디스틸러리 NYBORG DESTILLERI (덴마크)

1997년 외르벡 양조장 지하 저장고에 설립된 이 증류소는 2009년부터 위스키를 생산하기 시작했다. 닐스와 니콜라이 뢰머는 2017년 뉘보르 피오르드 맞은편, 피오니 섬 서쪽 끝에 있는 옛 화물열차 작업장(Statsbanernes 지역)으로 증류소를 이전했다. 컬럼을 장착한 두 대의 홀스타인 증류기로 세 가지 유기농 위스키 브랜드를 생산하고 있다. 숙성을 거치지 않은 아도르(Ardor), 아일 오브 피오니아(Isle of Fionia, 좀 더 긴 숙성 기간을 갖는다), 특별한 익스프레션을 위한 아일 오브 피오니아 어드벤처러스 스피릿츠(Isle of Fionia Adventurus Spirits)가 그것이다.

♥ 뉘보르, 아도르, 배치 #117, 유기농, 화이트 오크 캐스크, 46.8% ABV €€

Nyborg, Ardor, Batch #117, Organic, white oak cask, 46.8% ABV

배, 풋사과, 살구 등 대단히 신선하고 숙성 기간에 비해 페이스트리(커스터드, 페이스트리) 향이 강한 이 위스키는 감귤 풍미와 모과가 섞인 견과류(헤이즐넛, 아몬드)의 풍미가 드러난다.

스뫼겐 위스키 SMÖGEN WHISKY (스웨덴)

2010년 페르 칼덴비가 설립한 이 증류소는 노르웨이 남부와 덴마크 북부 유틀란드 반도 사이의 바닷길인 스카게라크 해협을 마주 보고 있는 보후슬렌 남서쪽 해안 훈네보스트란에 위치한다. 웜 튜브 응축기가 달린 두 대의 포사이스 소형 팟 스틸에서 증류한 하이 피트 크래프트 위스키를 2018년부터 생산한다. 펌프 사용을 피하기 위해 전체 생산 공정은 중력식으로 진행되며 캐스크를 신중하게 선택한다. 알리에 또는 리무쟁 숲에서 채취한 프렌치 캐스크의 패널은 2년 동안 야외에서 자연 건조하여 추출 품질에 따라 선별한다. 허브, 스파이스(정향, 카다멈), 토피(버터 바른 토스트), 과일(파인애플, 캐러멜화 사과) 풍미를 중점적으로 찾는다. 오렌지, 레드 과일과 블랙 과일을 위해 셰리 캐스크도 사용하며 바닐라, 스위트 아몬드, 생강 향을 위해 아메리칸 화이트 오크 버번 캐스크도 사용한다.

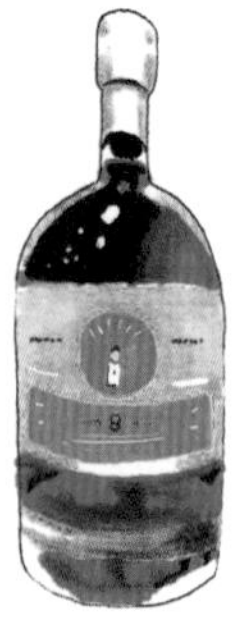

♥ 스뫼겐, 8년, 퍼스트 필 소테른 바리크, 스몰 배치 #4 & 8-10/2011, 57.8% ABV €

Smögen, 8 years old, 1st fill sauternes barriques, Small Batch #4 & 8-10/2011, 57.8% ABV

크리미한 질감 아래에 말린 살구, 설탕에 절인 감귤류, 백도, 아카시아꽃, 꿀 등 소테른 캐스크의 모든 특징이 있지만, 어망에 걸린 듯한 느낌이다. 여기에 식물성 스모키(피트 오일, 감초, 장뇌, 유칼립투스)가 완벽하게 흡수되었다. 전체적인 틀이 복잡하고 완벽하게 균형 잡혀 있다.

스터닝 위스키 STAUNING WHISKY (덴마크)

2006년 서부 유틀란드에서 가장 큰 석호인 링쾨빙 피오르드의 동쪽 해안에 있는 스터닝 마을에 설립된 이 증류소는 옛 도축장에 세워졌다. 오래된 냉장실은 몰팅 공간으로, 햄 훈제실은 가마로, 분쇄기는 몰트 및 호밀 공장(제분)으로 개조했다. 증류는 스페인에서 온 두 대의 작은 구리 팟 스틸에서 이뤄졌다. 2009년 새로운 증류소가 건설되었지만 스터닝이 새로운 차원을 맞이하게 된 것은 디아지오의 인큐베이터라 할 수 있는 디스틸 벤처스가 스터닝의 지분을 인수한 2015년이다. 2018년 모든 장비가 리뉴얼되었다. 현재 스코틀랜드에서 맞춤 제작된 24대의 직화식 구리 팟 스틸은 연간 약 100만 리터의 순수 알코올을 생산할 수 있으며, 현지 농장에서만 공급받는 원료를 사용하여 증류소에서 전량 몰팅한다. 다양한 싱글 캐스크와 스페셜 에디션으로 출시되는 스터닝 싱글 몰트 외에도 8가지 익스프레션이 코어 제품 라인에 포함되어 있다. 스터닝 피티드(피티드 싱글 몰트), 스터닝 헤더(현지 헤더로만 훈연한 싱글 몰트), 스터닝 로그(피티드와 헤더 훈연을 결합한 블렌디드 몰트), 스터닝 라이(호밀 70%와 몰트 보리 30%의 매시빌을 사용한 라이 위스키), 스터닝 바스터드(매시빌은 동일하지만 메스칼 캐스크로 마무리), 스터닝 럼 캐스크 피니시(매시빌은 동일하지만 럼 캐스크에서 마무리), 스터닝 카오스(라이 익스프레션에 피티드 싱글 몰트와 논피티드 싱글 몰트를 블렌딩), 스터닝 큐리어스(숙성하지 않은 피트 호밀과 맥아 증류액)가 있다.

♥ 스터닝 바스타드, 2016, 리서치 시리즈, 버진 아메리칸 & 오로 데 오악사카 메스칼 피니시, 46.3% ABV €

Stauning Bastard, 2016, Research Series, Virgin American & Oro de Oaxaca mezcal finish, 46.3% ABV

덴마크 호밀빵 한 조각과 브르타뉴 메밀 크레페, 와아카 메스칼 사이를 여행하는 듯한 생소한 느낌으로 독특한 경험을 선사한다. 익스프레션의 품질이 축축한 흙, 가벼운 담배, 커피의 향으로 강조된다. 부드럽고 신선한 과일 향의 베리베르 피니시는 아름답고 우아하다.

티렌펠리 디스틸러리 TEERENPELI DISTILLERY (핀란드)

2002년 베시예르비 호수 기슭에 설립된 이 가족 증류소(안시와 마리안 피싱)는 버번 캐스크에서만 숙성한 10년, 셰리 캐스크에서만 숙성한 라이트 피트 익스프레션(카스키), 버번 숙성 포트 피니시(포르티), 버번 숙성 마데이라 피니시(카르히), 엄선된 버번 캐스크(80%)와 나머지는 페드로 히메네스에서 숙성한 피트 익스프레션(티렌펠리 사부) 등 다양한 싱글 몰트 원액을 선보이고 있다.

♥ 티렌펠리, 카스키, 셰리 캐스크, 43% ABV €

Teerenpeli, Kaski, sherry cask, 43% ABV

섬세하고 우드 향이 나는 피트와 건포도, 댐슨 자두, 라즈베리, 다크 초콜릿의 풍미가 느껴지는 이 익스프레션은 셰리 캐스크의 영향을 충분히 발휘한다.

트롤덴 디스틸러리&브리거스 (덴마크)

TROLDEN DESTILLERI & BRYGHUS

2011년 유틀란드 남부의 항구 도시 콜딩에 설립된 이 소규모 증류소는 트롤데데와 콜딩 두 도시 사이에서 갈탄을 운반하던 철도 노선의 이름을 따서 명명했다. 맥아 보리와 호밀은 모두 현지에서 재배하고 수작업으로 제작된 350리터 구리 팟 스틸로 증류한다.

♥ 트롤덴, 님버스, 2013, 더블 우드 퍼스트 필 버번 & PX 셰리, 57% ABV €€

Trolden, Nimbus, 2013, double wood 1st fill bourbon & PX sherry, 57% ABV

풀바디와 기름진 느낌에 가까운 질감의 이 위스키는 몰트(허니 몰트) 풍미가 뚜렷하고 신선한 과일(사과, 배, 블랙커런트, 자두)과 말린 과일(포도, 무화과, 대추야자)의 풍미를 선사한다. 달콤한 감초 향이 전체를 뒷받침한다.

이스라엘

지중해 동쪽 연안에 위치한 이스라엘은 예로부터 와인과 증류주의 땅이자 크래프트 음료의 보루였다. 유대교에서 와인은 강력한 상징적 가치를 지니고 있지만 성서에서는 무엇보다도 절제를 설파하면서 취하기를 금하고 있다. 이러한 강력한 도덕적 배경과 도덕적 해방이 결합되어 바와 칵테일 업계가 폭발적으로 성장해 다양한 종류의 주류가 발전했다. 동시에 크래프트 증류소의 약동은 수백 개의 이스라엘 포도밭을 보완하는 역할을 했다. 특히 고급 위스키 시장은 30년 동안 꾸준히 성장해왔기 때문에 최초의 몰트 증류소가 설립된 것은 그렇게 놀라운 일이 아니었다. 이 증류소들은 1년에 300일 이상의 일조량과 서늘한 밤이 있고, 온화하고 습하며, 증류액에 미치는 영향을 제어해야 하는 빠른 숙성에 유리한 온도 변화가 있는 지중해성 기후의 해안(밀크 앤 허니 증류소) 주변에 위치한다. 티베리아 호수의 수원인 샘물이 유명한 동시에 요르단 계곡과 갈릴리가 내려다보이는 골란 고원(골란 하이츠 증류소, 예키엘 루터만 소유의 에드레이 증류소, 탈 & 니르 펠터 소유의 펠터 증류소)이나 다윗이 골리앗을 물리쳤다는 엘라 계곡(레전드 증류소)에서도 증류소를 찾아볼 수 있다.

꼭 알아야 하는 증류소

€ 35유로 이하 • € 35~39유로 • €€ 70~150 유로 • €€€ 150유로 이상

골란 하이츠 디스틸러리 THE GOLAN HEIGHTS DISTILLERY

2014년 데이비드 지벨이 남쪽으로 티베이라스 호수(갈릴리 해)가 내려다보이는 카즈린 숲 가장자리에 있는 골란 하이츠에 세운 골란 하이츠 증류소는 2017년부터 골라니라는 브랜드로 다양한 싱글 몰트와 블렌디드 몰트를 판매하고 있다. 싱글 캐스크로만 만든다는 점이 증류소의 특징이다. 현지 몰트 보리 및 유럽에서 수입한 보리를 조합하여 웜 튜브 응축기가 달린 두 대의 수제 구리 팟 스틸에서 이중 증류하며, 연간 54,000리터의 순수 알코올을 생산할 수 있다. 2019년 데이비드 지벨은 인근에 피티드 위스키 예루살미 생산에 주력하는 두 번째 몰트 증류소를 열었다.

♥ 골라니 비노 투 그레인, 싱글 캐스크, 블렌디드 몰트, 40% ABV €

Golani Vino Two Grains, single cask, blended malt, 40% ABV

이 호박색의 익스프레션의 이름은 숙성 전에 미리 카베르네 바리크에서 맥아와 밀 증류주를 혼합한 데서 유래했다. 복숭아, 바나나, 설탕에 절인 모과가 들어간 흰색과 노란색 과일의 칵테일이 느껴진다. 와인 캐스크는 향신료(계피, 고수)와 장미 향으로 빠르게 이어지는 미네랄 느낌이 강한 긴 장감을 주어 다른 편 지중해 연안의 라스 엘 하누트(ras el hanout, 중동이나 북아프리카에서 쓰는 혼합 향신료 – 옮긴이 주)를 떠올리게 한다.

♥ 골라니 블랙 투 그레인, 싱글 캐스크 #62, 캐스크 스트렝스, 블렌디드 몰트, 57.9% ABV €

Golani Black Two Grains, single cask #62, Cask Strenght, blended malt, 57.9% ABV

비노와 비슷하지만 버번 캐스크에서 숙성한 골라니 블랙은 스코틀랜드 콘체르토 보리 51%와 골란 하이츠에서 재배한 현지 밀 49%의 동일한 레시피로 만들어진다. 병입 전 3년 동안 32%로 추정되는 엔젤스 셰어 비율은 3년간 숙성을 통해 열대성 숙성과 비슷한 특성을 갖게 된다는 것을 의미한다. 자메이카 럼에서 볼 수 있는 던더 스타일(dunder style, 당밀, 와인 찌꺼기의 '소스'에 의한 발효)의 에스터화가 강한 발효, 코코넛의 풍미가 있으며 매우 기름진 입맛으로 마무리된다. 마지막에는 캐러멜 애플이 빠르게 전체를 압도한다.

밀크 앤 허니 디스틸러리 THE MILK & HON EY DISTILLERY

밀크 앤 허니 디스틸러리는 2013년 갈, 리탈 칼크슈타인과 토머 고렌이 미식과 믹솔로지의 중심이라 할 수 있는 도시 텔아비브에 세운 증류소로 2015년부터 운영되고 있다. 증류, 특히 더운 기후에서의 증류에 대한 전문성으로 유명한 짐 스완 박사(435쪽 카발란 참고)가 증류소 건설, 레시피 개발, 스틸 구조, 캐스크 선택을 최적화했다. 증류소에는 캐스크 표면에서 가장 강한 타닌 화합물을 제거할 수 있는 자체적인 STR(Shaving 깎아내기 - Toasting 토스팅 - Recharring 리차링) 처리 장치를 갖추었다. 첫 번째 싱글 몰트는 2019년부터 증류소 이름의 약어인 M & H라는 이름으로 판매된다. 증류소는 9,000리터와 3,500리터의 두 대의 소형 구리 스틸을 갖추고 있으며 연간 20만 리터의 순수 알코올을 생산할 수 있고, 이미 버번 캐스크, 레드와인 캐스크 및 기타 재생 캐스크 등 다양한 숙성 옵션을 선보이고 있다. 코셔 와인, 럼, 석류 와인 통 숙성을 포함한 여러 실험을 진행하고 있다.

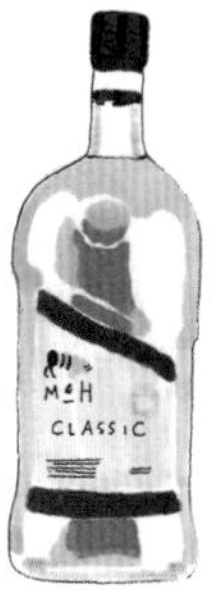

♥ M & H 클래식, 싱글 몰트, 46% ABV €

M & H Classic, single malt, 46% ABV

밀크 앤 허니에 따르면 이 익스프레션은 이스라엘 최초의 싱글 몰트다. 일교차가 20℃ 이상인 저장고에서 버번 캐스크에서 80%, 다시 토스팅 한 와인 배럴에서 20% 숙성한 이 클래식은 퍼지와 산사나무 꿀, 섬세한 후추 향이 가득한 매우 부드러운 프로파일을 가지고 있다. 시음 내내 우디 풍미가 느껴진다.

♥ M & H, 싱글 캐스크, 퍼스트 필 버번 엑스 아일라 피니시, 싱글 몰트, 55% ABV €

M & H, Single cask, 1st fill bourbon ex-Islay finish, single malt, 55% ABV

버번 캐스트 3년 숙성에 아일라 싱글 몰트를 담았던 캐스크(출처는 비밀)에서의 3개월 숙성이 추가되었다. 더 높은 알코올 도수로 병입되었기 때문에 클래식보다 더욱 강력하며 잔 위의 은은한 스모키 베일에서 피트가 은근히 드러난다. 밀랍으로 코팅된 배, 카피르 라임, 신선한 건초의 발효 풍미가 짠 풍미, 약용 및 초본 풍미(장뇌, 히스, 민들레)에 의해 빠르게 추월당한다.

인도

19세기 당신 인도를 식민 통치하던 대영제국으로부터 수입된 위스키는 인도에서 소비량이 증가하여 현재는 국내 생산이 대부분을 차지하며 인도는 세계에서 가장 큰 시장(연간 소비량 15억 리터 이상)이 되었다. 오늘날 총량 기준 10대 위스키(인도 국가 규정에 따른 정의) 브랜드 중 오피서스 초이스(Officer's Choice), 맥도웰스(McDowell's), 임페리얼 블루(Imperial Blue), 로열스태그(Royla Stag) 등 8개 브랜드가 인도산 위스키다. 그러나 '인도 위스키'는 세상에서 가장 널리 생산되는 위스키지만, 대부분의 위스키는 유럽식, 미국식 의미의 위스키가 아니다. 매우 가벼운 향을 지닌 인도 위스키는 곡물로 만든 것이 아니라 당밀(사탕수수에서 설탕을 추출하고 남은 시럽 찌꺼기)과 맥아추출물로 만든 중성 주정으로 만든다. 그러나 점점 더 많은 생산자들이 곡물만으로 위스키를 만들고 있으며, 방갈로의 암룻, 고아의 존 디스틸러스, 델리의 람푸르 등 여러 증류소에서 팟 스틸에서 싱글 몰트를 생산하고 있다. 이들의 제품은 품질이 뛰어난 것이 특징이다.

꼭 알아야 하는 증류소

€ 35유로 이하 • € 35~39유로 • €€ 70~150 유로 • €€€ 150유로 이상

SINCE 1948

암룻 AMRUT

1948년 인도 남부 카르나타카주의 주도인 방갈로에 스리 라다크리슈나 자그데일이 세운 암룻은 그의 아들인 스리 닐라칸타 자그데일의 추진력 하에 1985년부터 위스키, 2004년부터 싱글 몰트를 생산하고 있다. 펀자브와 라자스탄의 비옥한 계곡에서 생산된 보리로 자이푸르와 델리에서 맥아를 만들고 방갈로에서 증류한다. 암룻은 특히 숙성에서 매우 혁신적인데, 열대 몬순 지역의 해발 920미터에 위치한 저장고는 엔젤스 셰어 비중 12% 정도로 숙성 과정을 가속하는 기후 조건(고온 다습)의 혜택을 누리고 있다.

♥ 암룻, 퓨전, 오크 배럴, 50% ABV €
Amrut, Fusion, oak barrel, 50% ABV

스코틀랜드산 피티드 몰트 25%와 인도산 논피티드 몰트 75%로 만들며 독립적으로 증류하고 새로운 오크 캐스크와 미국산 버번 캐스크에서 숙성한 이 익스프레션은 샌들우드, 과일 향(파인애플 잼, 블러드 오렌지), 신선한 커민, 살구꽃 등 방갈로 향의 정수를 담아냈다.

♥ 암룻, 캐스크 스트렝스, 오크 배럴, 61.8% ABV €
Amrut, Cask Strength, oak barrel, 61.8% ABV

로즈우드와 모카치노의 페이드가 매우 인상적이며 과일(베르가모트, 멜론, 파파야) 풍미가 배경 아로마(맥아 보리, 고수, 생강)와 함께 함축적으로 나타난다.

♥ 암룻, 인터미디엇 셰리, 버번/셰리/버번, 57.1% ABV €€
Amrut, Intermediate Sherry, bourbon/sherry/bourbon, 57.1% ABV

2010년 출시된 이 익스프레션은 복잡한 숙성 과정을 거친다. 먼저 새 아메리칸 오크 캐스크와 버번 캐스크에서 숙성한 후 스페인으로 보내 올로로소 셰리 캐스크에서 숙성한 다음 다시 인도로 보내 마치 샌드위치 숙성처럼 버번 캐스크에서 마지막으로 숙성한다. 그 결과 라즈베리 브랜디, 블루베리, 체리 와인 등 보기 드문 우아함이 로즈힙, 로즈워터 등 꽃향기, 코코아, 레몬밤 등 상큼한 미식가 풍미와 어우러진다.

♥ 암룻, 그리디 엔젤스, 체어맨 리저브, 12년, 크리스탈 디켄터, 60% ABV €€€

Amrut, Greedy Angels – Chaiman's Reserve, 12 years old, Crystal Decanter, 60% ABV

엔젤스 셰어가 12%에 이르는 방갈로의 열대 기후에서 12년이란 위스키가 충분히 둥글어질 수 있는 시간이다. 하지만 기름진 질감과 몰트 풍미는 물론 증류소 특유의 과일 향(망고, 감, 설탕에 절인 열대과일, 오렌지 에센셜 오일)을 그대로 유지한다. 피니시에서 아로마 틀이 유칼립투스, 감초, 블랙체리 잼으로 확장된다.

존 디스틸러리 JOHN DISTILLERIES

1992년 인도 남부 카르나타카주의 주도인 방갈로에 설립되었다. 연간 5억 리터의 순수 알코올을 생산할 수 있는 18개의 생산 공장을 갖추고 있다. 싱글 몰트 증류소는 2007년 남서쪽 해안의 고아에 설립되었고, 2012년 첫 싱글 몰트가 출시되었다. 2017년에는 인도산 구리 팟 스틸 4대로 늘려 생산력을 두 배 가까이 늘렸으며 현재 연간 160만 리터의 순수 알코올을 생산한다.

♥ 폴 존, 볼드, 46% ABV €

Paul John, Bold, 46% ABV

인센스, 마누카 꿀, 피트가 드러나는 우아하고 기름진 익스프레션이다. 입안에서 볼륨감을 만들지는 않지만 흩뿌려진 듯한 향신료(계피)의 풍미를 전달하는 아름다운 긴장감(감초 젤리, 삼나무 연기)을 주는 익스프레션이다.

♥ 폴 존, 클래식 셀렉트 캐스크, 아메리칸 화이트 오크 버번 배럴, 55.2% ABV €

Paul John, Classic Select Cask, American white oak bourbon barrels, 55.2% ABV

감미롭고 농축된 이 익스프레션은 풍부함(로즈우드, 모카치노)과 섬세함(구아바 콩포트)을 모두 보여준다. 두 번째 무브먼트는 전형적인 마누카 꿀의 농도지만 과일 용안과 화이트 오크와 함께 표면적으로 가벼워진다. 전체가 편안하게 조화를 이룬다.

♥ 폴 존, 피티드 셀렉트 캐스크, 버번 배럴, 55.5% ABV €

Paul John, Peated Select Cask, bourbon barrels, 55.5% ABV

첫 번째 아로마 스웝은 호두, 시나몬, 무화과의 향이 드러난다. 두 번째 스웝은 프룬, 장뇌, 훈제 장어 향으로 마무리되며, 향긋한 풍미(가시금작화 덤불)와 과일(패션프루트, 파파야, 베르가모트)이 남는다.

람푸르 RAMPUR

람푸르 증류소는 1943년 인도 북동부 우타르 프라데시주의 뉴델리에서 서쪽으로 200킬로미터 떨어진 람푸르에 설립되었다. 히말라야 산기슭이라는 지리적 위치로 인해 증류소는 겨울은 건조하고 여름은 덥고 습한 기후로 매우 대조적인 기후를 겪는다. 1972년 라디코 카이탄이 증류소를 인수하여 연간 약 50만 리터의 순수 알코올을 생산할 수 있는 워시 스틸과 스피릿 스틸 한 쌍을 갖추고 2016년부터 싱글 몰트를 생산하고 있다.

♥ 람푸르, 아메리칸 오크+셰리 PX 버트 피니시, 45% ABV €

Rampur, American oak+sherry PX butts finish, 45% ABV

현지 맥아 보리로 생산한 이 익스프레션은 켄터키산 버번 캐스크에서 숙성에 의한 이국적인(람부탄, 망고스틴, 리치) 풍미, 페드로 히메네스 캐스크에 의한 말린 청포도와 베르쥐 풍미가 그리오트 시럽과 댐슨 자두로 더욱 강렬해진다. 꽃 향(모란, 로즈힙, 로즈워터)과 스파이스 풍미(강황, 호로파)가 곳곳에 흩어져 있다.

대만

동남아시아 연안에 위치한 대만은 위스키를 마시는 것이 거의 사회적 지위와도 같은, 전통적인 위스키 소비 시장이자 급성장하고 있는 시장이다. 험준한 해안선, 산호초, 열대우림으로 덮인 고산과 눈 덮인 산봉우리(옥산은 3,952미터)가 있는 이 화산섬의 겨울에는 이슬비가 내리고 지열 활동이 강하다. 이곳의 싱글 몰트 위스키 시장이 급격히 성장하기 시작한 것은 최근이지만, 습한 아열대 기후가 위스키의 숙성을 촉진시키는 혜택을 받는 만큼 카발란이라는 선도적인 증류소가 탄생한 것은 당연한 결과다.

꼭 알아야 하는 증류소

€ 35유로 이하 • € 35~39유로 • €€ 70~150 유로 • €€€ 150유로 이상

KAVALAN
SINGLE MALT WHISKY

카발란 KAVALAN

2005년 대만 북동부 이란현 란얀강 북안의 옌샨에 리 티엔 차이가 설립한 카발란은 이 지역에 정착한 원주민 부족과 그들의 고산족 언어에서 이름을 따왔다. 위스키 생산 공정은 짐 스완 박사(364쪽 '인터뷰: 데이비드 루시어' 참고)가 마스터 블렌더 유란 '이안' 창과 긴밀히 협력하여 설산 산맥의 샘물, 60~72시간 발효를 위한 다양한 효모 조합, 환류를 최소화하기 위해 아래로 내린 라인암이 있는 랜턴 모양의 팟 스틸 20대, 짧은 증류 컷 등 세심한 분석과 최적화를 통해 완성되었다. 그 결과 망고와 풋사과, 블랙체리 향이 가미된 과일 향의 증류액이 탄생했다. 열대 열을 중화하기 위한 서브 쿨러가 달린 두 가지 형태의 응축기(웜 튜브과 쉘앤튜브)를 사용한다. 증류소에는 자체 오크통 제조소가 있으며 매우 다양한 종류의 캐스크는 표면에서 원치 않는 산과 황 화합물을 제거하고 패널에서 자연적으로 발산되는 로스팅 향을 끌어내기 위해 STR(Shaving 깎아내기 - Toasting 토스팅 - Recharring 리챠링) 처리를 거친다. 지진 발생 시 통이 넘어지는 것을 방지하기 위해 통들을 밧줄로 서로 묶어 놓는다. 아열대 기후의 대만에서는 저장고의 온도가 42℃에 달하고 엔젤스 셰어의 비중은 12~15%에 달한다. 약 20가지의 다양한 익프스레션이 있으며, 60여 개국이 넘는 수출 시장과 연간 백만 명이 넘는 방문객이 찾는 내수 시장 모두에서 성공을 거두고 있다.

♥ 카발란, 셰리 오크, 스몰 올로로소 셰리 캐스크, 46% ABV €€

Kavalan, Sherry Oak, small oloroso sherry cask, 46% ABV

과일 향(라즈베리 와인, 망고, 파인애플)과 뚜렷한 랑시오 풍미(살구, 호두, 대추야자)가 특징인 이 풀바디 셰리(가나슈)는 따듯한 향신료(스타아니스, 카다멈)를 더해 올로로소 숙성 특유의 향을 충분히 표현하면서도 사랑스러운 상큼함(멘톨, 보리수)을 유지한다.

♥ 카발란, 솔리스트 버번 캐스크, 58.6% ABV €€

Kavalan, Solist bourbon cask, 58.6% ABV

솔리스트는 품질로 엄선한 캐스크 스트렝스 보틀링 컬렉션이다. 버번 캐스크에서만 숙성하여 생성된 기질(바닐라, 코코넛 밀크)을 넘어, 이 증류소에서는 드물게 단단한 아로마 틀(커스터드 애플, 그린 자몽)이 길게 늘어난다(바나나 시럽, 화이트 페퍼).

♥ 카발란, 솔리스트 아몬티야도 셰리 캐스크, 55.6% ABV €€€

Kavalan, Solist amontillado sherry cask, 55.6% ABV

아몬티야도의 에너지가 느껴지는 이 익스프레션은 호두 와인, 헤이즐넛, 건포도의 견고함이 느껴지지만 동시에 슬림한 바디(루바브, 빵 껍질, 신선한 담배)와 풍부한 아로마(강황, 티무트 후추)가 돋보인다.

♥ 카발란, 솔리스트 피노 셰리 캐스크, 56.3% ABV €€€

Kavalan, Solist fino sherry cask, 56.3% ABV

호두 와인, 가시금작화 덤불, 카다멈의 향이 지속되는 이 익스프레션은 특정 숙성(그린 애플, 바다 물보라, 로즈마리)이 어떤 영향을 주었는지 다시 한번 확인해 주며, 다듬어진 풍미(루이보스)와 신선함(치나, 신선한 담배)을 모두 갖고 있다.

♥ 카발란, 솔리스트 셰리 캐스크, 59.4% ABV €€

Kavalan, Solist sherry cask, 59.4% ABV

강렬한 강도를 자랑하는 이 셰리 몬스터는 과육 같은 질감(자두 와인, 잘 익은 무화과, 마지팬)과 활력(테레빈유)이 있으며, 시음하는 동안 농도가 계속 높아진다(앙고스투라, 블랙커런트와 치커리).

♥ 카발란, 솔리스트 만자니야 캐스크, 57.8% ABV €€€

Kavalan, Solist manzanilla cask, 57.8% ABV

이 독특한 익스프레션의 아로마 스펙트럼은 토피(코코아), 꽃(캐모마일) 및 진한 맛의 과일(신 사과, 호두 리큐어, 블러드 오렌지) 아로마를 결합한다. 길이는 그린 올리브와 바다 물보라로 섬세하게 강조되어 볼륨감보다는 섬세함이 더 돋보인다.

난터우 디스틸러리 NANTOU DISTILLERY

2002년까지 위스키 독점권을 갖고 있었던 국영기업 TTL(대만담배주류공사)가 1978년에 난터우에 세운 이 증류소는 2008년부터 위스키를 생산하고 있다. 증류소는 동정 우롱 차밭이 매혹적인 향기로 바스락거리는 섬 중서부의 파쿠아 고원에 위치하고 있다. 이곳은 41개의 산으로 둘러싸여 있는데 그중 일부는 높이가 3,000미터가 넘는다.

♥ 오마르, 셰리 캐스크, 46% ABV €

Omar, sherry cask, 46% ABV

다크초콜릿, 건포도, 타르트 타탱으로 우아함을 한껏 드러내고 아몬드의 볼륨을 더한 익스프레션이다. 그런데도 계피와 프리지어 향으로 강조된 미세한 과일 향(핑크 자몽, 적포도, 파파야)이 돋보인다.

남아프리카공화국

아프리카 대륙의 남쪽 끝, 대조적인 모습과 다양한 색채가 어우러진 이 땅은 무엇보다도 다양성의 땅이다. 지형과 기후가 다른 9개의 주가 통합된 남아프리카공화국은 풍부한 테루아의 혜택을 받았고, 19세기부터 증류소, 특히 럼 증류소의 출현을 가능하게 한 사탕수수 생산지이자 세계 최고의 와인 생산국 중 하나로 꼽히고 있다. 2000년대 초반부터 새로운 크래프트 증류소들이 수출용 고급 럼주(일부는 마르티니크 섬의 숙성 아그리콜 럼의 기준을 충족하기도 함)를 생산하고 있다. 하지만 위스키 생산은 여전히 디스텔 그룹이 소유한 제임스 세지윅 증류소와 레드 와인 혹스헤드에서 숙성하는 싱글 몰트를 생산하는 드레이먼스(Drayman's) 증류소가 담당하고 있다. 현재 진 생산에 전념하고 있는 소규모 크래프트 증류소들은 곧 세상에 나와 국경까지 넘을 여러 가지 익스프레션을 비밀리에 준비하고 있다.

꼭 알아야 하는 증류소

€ 35유로 이하 • € 35~39유로 • €€ 70~150 유로 • €€€ 150유로 이상

제임스 세지윅 디스틸러리 JAMES SEDGWICK DISTILLERY

이 증류소의 설립은 1886년으로 거슬러 올라가지만 위스키를 생산하기 시작한 것은 1990년 디스텔 그룹이 인수한 이후부터였다. 블렌디드 몰트 위스키에 집중하는 쓰리쉽스(Three Ships) 브랜드는 2000년대부터 싱글 몰트를 출시했고, 그중 10년은 현재 코어 제품 라인에 포함되었다. 증류소에는 일 년 중 9개월은 두 대의 컬럼으로 그레인 위스키를 생산하고 2개월은 두 대의 팟 스틸로 몰트 위스키를 생산한다. 일반적으로 숙성 기간은 짧고 15만 통 이상을 보관할 수 있는 저장고에서 아메리칸 오크 캐스크에 숙성한다. 제임스 세지윅은 또한 남아공 유일의 싱글 그레인 위스키를 생산하여 베인스 케이프 마운틴이라는 브랜드로 현지에서 판매되고 있다. 2013년부터 스코틀랜드 증류소 부나하벤, 토버모리, 딘스턴도 소유하고 있는 디스텔 그룹은 남아공 최대 위스키 생산 기업이다.

♥ 쓰리쉽스, 버번 캐스크 피니시, 블렌디드 몰트, 43% ABV €
Three Ships, bourbon cask finish, blended malt, 43% ABV

쓰리쉽스 제품 라인의 주요 레퍼런스는 세지윅 위스키와 스코틀랜드 싱글 몰트를 블렌딩한 블렌디드 몰트다. 아메리칸 화이트 오크통에서 3년 숙성한 후 켄터키산 버번 캐스크에서 6개월간 숙성한 이 블렌디드는 특히 바닐라, 바나나, 시나몬, 배와 생강의 발효 아로마가 특징이며 마누카 꿀, 그레이 페퍼, 넛맥과 조화롭게 어우러져 여운이 다소 짧은데도 풍성한 풍미를 선사한다.

♥ 쓰리쉽스, 10년, 싱글 몰트, 43% ABV €€
Three Ships, 10 years old, single malt, 43% ABV

남아프리카를 대표하는 싱글 몰트로 해외에서 간혹 구할 수 있는 이 라이트 피트 10년은 2005년부터 아메리칸 화이트 캐스크에 숙성했다. 블러드 오렌지는 크레오소트, 머틀, 신선한 담배의 풍미와 함께 가벼운 피트 연기를 동반한다. 피니시는 커민의 풍미로 마무리된다.

라틴 아메리카 (아르헨티나, 브라질, 멕시코)

위스키계의 신흥 시장이자 주요 시장으로 떠오른 라틴 아메리카는 전통적으로 사탕수수 브랜디(럼, 론, 카샤사)나 멕시코의 40여 가지 품종으로 만든 아가베 증류주(테킬라, 메즈칼, 라이시야 등)에 더 집중해 왔다. 1962년부터 위스키 생산을 시작한 최초의 몰트 증류소(브라질의 부르넬로 증류소)가 탄생한 곳은 라틴 아메리카에서 가장 인구가 많은 브라질, 멕시코, 아르헨티나 3개국이다. 연간 4천만 리터 이상의 순수 알코올을 생산하는 이 지역은 몇 년 동안 꾸준히 두 자릿수 성장을 보이고 있다. 보리와 효모의 재배가 같은 비율로 발전하고 있고, 지금까지는 서로 다르고 상대적으로 유연했던 사양이 몰트 위스키의 경우 스코틀랜드 표준, 콘 위스키의 경우 미국 표준에 가까워지고 있다.

꼭 알아야 하는 증류소

€ 35유로 이하 • € 35~39유로 • €€ 70~150 유로 • €€€ 150유로 이상

ALMA DE LA TIERRA
ABASOLO
EL WHISKY DE MEXICO

데스틸레리아 이 보데가 아바솔로 (멕시코)

DESTILERÍA Y B ODEGA ABASOLO

수도 멕시코시티의 북쪽 외곽에 위치한 아바솔로는 미국산 버번위스키, 콘 위스키와의 경쟁에 대응하기 위한 원주민 증류소다. 미국산 버번과 콘 위스키 일부는 멕시코에서 재배되는 60가지 품종의 옥수수를 활용하기 위해 생산지를 멕시코로 이전하기도 했다. 이 증류소는 전통적으로 토르티야를 만들기 위해 알칼리성 용액에 곡물을 담그는 4,000년 역사의 제조 기술인 닉스타말화(nixtamalization) 공정을 도입했다. 증류는 구리 증류기에서 이중으로 증류한다.

♥ 아바솔로, 콘 위스키, 43% ABV €

Abasolo, corn whisky, 43% ABV

고대 옥수수 품종(카카우신틀레)으로만 만든 아바솔로의 콘 위스키는 켄터키 증류소 버팔로 트레이스의 캐스크에서 2년 숙성한다. 발효된 옥수수는 자연스럽게 파인애플, 복숭아, 육두구가 공명하는 아로마를 만들어낸다. 약간 기름진 이 위스키는 블루 아가베를 연상시키는 초본 풍미로 진화한다.

EM&C

에밀리오 미뇨네 & 시아 EMILIO MIGNONE & C IA (아르헨티나)

산티아고와 카를로스 미뇨네 형제는 2016년 아르헨티나 최초의 몰트 증류소를 세웠다. 이들은 스카치위스키 협회가 정한 싱글 몰트 생산 기준, 즉 72~96시간의 긴 발효, 빵효모 사용, 직화로 가열한 팟 스틸에서 이중 증류에 최대한 근접하기 위해 모든 노력을 기울이고 있다. 2019년 출시한 첫 번째 싱글 몰트인 클래식 팜파(Classic Pampa)는 매년 2,000병으로 제한하여 생산한다. 2021년에는 라고 푸에블로에 두 번째 증류소가 문을 열어 연간 1만 리터의 순수 알코올 생산력이 추가되었다. 현재 EM & C는 2011년 라스 골론드리나스에 문을 연 파타고니아의 증류소인 라 알라사나와 거의 모든 국내 위스키 생산을 놓고 경쟁하고 있다.

♥ 클래식 팜파, 싱글 몰트, 46% ABV €

Classic Pampa, single malt, 46% ABV

스코틀랜드 보리로 만들고 버번과 셰리 캐스크에서 숙성한 시험판으로 두 가지 도수(각각 43% ABV와 46% ABV)로 판매된다. 대추야자와 말린 살구가 부드러운 목 넘김을 선사한다. 계피와 강황을 중심으로 한 약간의 우디하고 스파이시한 풍미가 이국적인 여행을 떠올리게 한다.

유니온 디스틸러리 몰트위스키 두 브라질 (브라질)

UNION DISTILLERY MALTWHISKY DO BRASIL

1962년부터 브라질에서 위스키를 생산한 최초의 증류소는 부스넬로(Busnelo)였지만 1987년 보르사토 앤 시야(Borsato & Cia) 그룹이 인수하면서 유니온 증류소가 두 번째 증류소가 되었다. 1990년대 초 모리슨 보모어 그룹(오큰토션, 보모어, 글렌기리)와 파트너십을 맺은 유니온 디스틸러리는 주로 현지 보리로 만들고 블렌디드에 사용되는 싱글 몰트를 생산하며, 싱글 몰트와 피티드 버전도 판매하고 있다. 증류는 불로 직접 가열하고 웜 튜브 응축기로 냉각되는 증류기에서 이루어지며 증류액은 65% ABV로 캐스크에 담긴다.

♥ 유니온 클럽 위스키, 싱글 몰트, 40% ABV €

Union Club Whisky, single malt, 40% ABV

이 싱글 몰트는 꽃의 신선함(양귀비)과 붉은 과일이 전하는 식물성 터치(통카빈, 마른 풀)로 놀라움을 선사한다. 코코넛과 담배 향이 강하게 느껴지며 캐러멜, 오렌지 제스트, 비스킷 몰트로 마무리된다.

오스트레일리아

고대 문헌에 따르면 오스트레일리아(이하 호주)에는 18세기 말부터 수도원 증류소가 존재했지만 1990년대까지 생산은 대량의 저품질 블렌디드 위스키로 제한되었다. 라크, 설리번 코브, 올드 호바트, 그리고 지금은 세계적으로 유명한 헬리어스 로드와 함께 최초의 싱글 몰트 증류소가 생겨났다. 이들은 처음에 온화한 기후와 깨끗한 물이 있어 호주 숲 지대의 황량한 지역보다 생산 활동에 도움이 되는 테즈메이니아에 설립되었다. 숙성에서 특별한 점은 호주 와인(시라즈, 카베르네 소비뇽, 피노 누아)을 담은 통을 사용하거나 2010년부터 셰리와 같은 호주 주정 강화 와인인 아페라를 담았던 통을 사용한다는 점이다. 이 시기에 호주 위스키가 급부상하기 시작했는데, 이는 부분적으로는 호주인들이 알코올에 매력을 느끼기 시작하고 맥아에 대한 숙련도 및 재배 능력이 개선된 점에 힘입은 것이지만, 동시에 외국 증류주 조달과 비용의 어려움에 기인한 것이기도 하다. 이때부터 약 10년 동안 아대륙 전역에 40개 이상의 새로운 위스키 증류소가 퍼져나갔다.

꼭 알아야 하는 증류소

€ 35유로 이하 • € 35~39유로 • €€ 70~150 유로 • €€€ 150유로 이상

베이커리 힐 BAKERY HILL

2000년 생화학자 출신의 데이비드 베이커가 멜버른 교외에 세운 베이커리 힐은 2003년 존 도어 증류기에서 증류한 첫 싱글 몰트를 출시했다. 이 증류소의 차별점은 기본 도수를 46% ABV로 낮추더라도 싱글 캐스크로만 병입한다는 점이다. 위스키는 대부분의 경우 버번 캐스크에서만 숙성한다. 라크 증류소(445쪽 참고)와 마찬가지로 베이커리 힐은 프랭클린 품종의 맥아 보리를 증류하기 시작했지만 공급 문제로 인해 포기하고, 호주산 스쿠너 보리를 사용하기 시작했다.

♥ 베이커리 힐, 피티드 캐스크 스크렝스, 싱글 몰트, 61% ABV €€€
Bakery Hill, Peated Cask Strenght, single malt, 61% ABV

캐스크 스트렝스로 병입한 이 위스키는 잉글랜드에서 수입한 피티드 몰트로 만들었다. 불타는 솔잎, 귤, 마누카 꿀 향이 강하게 느껴지는 것이 특징이다. 아르니카와 레세다 주변으로 약용 풍미와 허브 풍미가 점진적으로 나타난다.

♥ 베리커리 힐, 더블 우드, 싱글 몰트, 46% ABV €€€
Bakery Hill, Double Wood, single malt, 46% ABV

이 싱글 몰트의 이름은 아메리칸 캐스크와 유럽산 캐스크에서 이중 숙성했음을 의미한다. 후자의 향기로운 영향은 살구와 모과 향으로 나타난다. 캔디 케인과 버터 향이 나는 쇼트 브레드의 풍미가 맛있는 페이스트리 풍미를 선사하며 시간이 지남에 따라 쿠마린과 밀크 초콜릿으로 진화한다.

헬리어스 로드 HELLYERS ROAD

1997년 테즈메이니아섬에 설립된 헬리어스 로드는 수출에 중점을 둔 최초의 증류소 중 하나다. 연간 10만 리터의 순수 알코올을 생산할 수 있는 증류소는 스테인리스 스틸 보일러가 있는 두 대의 증류기(4만 리터 및 2만 리터 용량)를 갖추고 있다. 증류기의 윗부분과 라인암 부분만 구리로 만들

어졌다. 2006년 출시한 첫 번째 위스키는 현재 약 10가지 익스프레션을 포함한 코어 제품 라인의 길을 열었다. 마스터스 시리즈 한정판에는 이미 16년 숙성 싱글 몰트가 포함되어 있다.

♥ 헬리어스 로드, 10년, 싱글 몰트, 46.2% ABV €

Hellyers Road, 10 years old, single malt, 46.2% ABV

이 10년 숙성 위스키는 헬리어스 로드 제품 라인의 주력 위스키이다. 자몽과 파파야가 두드러지는 과일 향이 특징이다. 바닐라와 커스터드 등 버번 캐스크 숙성의 전형적인 아로마 프로파일이 느껴진다. 숯의 풍미가 전체를 완성한다.

♥ 헬리어스 로드, 피노 누아 피니시, 싱글 몰트, 46.2% ABV €

Hellyers Road, pinot noir finish, single malt, 46.2% ABV

뉴질랜드 피노 누아 배럴에서 마무리 숙성한 이 익스프레션은 증류소의 특징인 감귤류(주로 자몽)의 느낌을 보완하는 말린 살구와 그린 몰트 향을 돋보이게 한다. 이어서 나무 풍미와 와인 풍미는 어린 오크나무, 코코아, 피노 누아의 전형적인 향(그리오트, 블랙베리, 모란, 어린 가죽)을 중심으로 드러난다.

라크 디스틸러리 LARK DISTILLERY

호주 싱글 몰트의 선구자라는 타이틀은 빌 라크에게 주어지는 것이 맞을 것이다. 1990년 테즈메이니아섬 남쪽에 설립된 라크 증류소는 현대 호주 위스키의 시초가 된 최초의 증류소다. 심지어 호주 정부가 최소 증류기 규모를 제한하여 모든 수제 증류를 불법으로 만든 기존 법률을 변경하도록 했다. 프랭클린 또는 가드너 품종의 맥주 보리를 현지 이탄으로 건조한 후 워시 스틸과 스피릿 스틸로 이중 증류한다. 숙성은 호주산 아페라를 담았던 100리터 용량의 소형 유럽산 오크통으로 한다. 2017년 창립자의 딸인 크리스티 부스터 라크가 마스터 블렌더가 되었고, 이후 테즈메이니아에 킬라라 증류소를 설립했다.

♥ 라크, 캐스크 스트렝스, 싱글 캐스크, 싱글 몰트, 58% ABV
Lark, Cask Strenght, single cask, single malt, 58% ABV

이 캐스크 스트렝스 싱글 몰트는 니스와 삼나무, 소나무 수지 등 정교한 아로마 모자이크가 특징이다. 통상적인 살구, 포도, 무화과는 위스키가 매우 활동적인 아페라 캐스크에서 숙성되어 고수와 달콤한 향신료(카다멈, 육두구, 강황)가 우아하게 가미되었음을 상기시킨다.

♥ 라크, 디스틸러스 셀렉션, 싱글 몰트, 46% ABV
Lark, Distillers Selection, single malt, 46% ABV

포트 캐스크에서 8년 동안 숙성한 이 디스틸러스 셀렉션은 매우 미식가적이며(솔티드 버터 캐러멜), 과일 풍미(자두)가 두드러지고 물 두 방울을 더하면 완전하게 표현된다. 시리얼 풍미는 과일의 윤곽을 따라가다가 캐스크의 나무 향과 섞이는 몰티하면서도 호피에 가까운 꽃향기와 대조를 이룬다.

올드 호바트 디스틸러리 OLD HOBART DISTILLERY

2007년 호바트 남쪽, 테즈메이니아 최남단 해안의 더웬트 강 하구에 있는 블랙맨스 베이에 케이시 오버림이 세운 이 증류소는 크래프트 방식을 적용하여 아름다운 복합성으로 세계적으로 유명한 오버림 위스키 제품 라인을 개발해 왔다. 현재 이 증류소는 제인 오버림과 그의 남편 마크 소포드가 운영하고 있다.

♥ 오버림, 5년, 포트 캐스크, #OHD-101, 43% ABV
Overeem, 5 years old, Port Cask Matured, #OHD-010, 43% ABV

포트 캐스크 숙성 특유의 코코아와 자두 향이 아름답고 복합적으로 느껴지는 이 버전은 크리미하고 몰티하면서도 말린 과일, 장미수, 달콤한 아몬드 밀크가 풍부하게 느껴진다. 캔디 케인과 계피는 전체적으로 부드러운 스파이스와 예쁜 꽃향기(모란)를 선사한다.

STARWARD

스타워드 STARWARD

2008년 데이비드 비탈이 멜버른의 중심부에 세운 이 증류소는 큰 일교차의 영향을 최대한 활용하여 캐스크 숙성을 가속화한다고 한다. 멜버른 사람들이 멜버른에는 매일 사계절이 왔다 간다고 할 정도로 하루 중 온도 변화가 크며 이러한 큰 온도 변화는 저장고에도 고스란히 반영된다. 첫 싱글 몰트는 2013년 소량으로 출시되었고, 2015년에는 디아지오 그룹의 프로젝트 인큐베이터인 디스틸 벤처스의 재정 지원을 받아 이듬해 포트 멜버른에 더 크고 시설이 좋은 건물로 이전할 수 있었다. 장소 이전과 함께 연간 25만 리터 이상의 순수 알코올을 생산할 수 있게 된 스타워드는 호주에서 가장 큰 규모의 증류소가 되었다. 보리는 현지 보리를 사용하고, 발효는 비밀에 부쳐진 효모 레시피를 사용하며, 증류주는 주로 호주산 레드 와인 통에서 숙성한다.

♥ 스타워드, 노바, 싱글 몰트, 41% ABV €

Starward, Nova, single malt, 41% ABV

이 싱글 몰트는 시라즈, 카베르네 소비뇽, 피노 누아 등 세 가지 종류의 호주 레드 와인 캐스크에서 3년 동안 숙성한다. 특히 붉은 과일(잘 익은 체리와 레드커런트)과 다크초콜릿이 강조하는 시나몬, 생강, 스타아니스의 우아한 향을 각인시키는 가벼운 오크 향이 특징이다.

♥ 스타워드, 솔레라, 싱글 몰트, 43% ABV €

Starward, Solera, single malt, 43% ABV

이름에서 알 수 있듯이 숙성연도가 표시되어 있지 않은 이 위스키는 솔레라에서 숙성되고, 특히 솔세라 방식으로 숙성되는 아페라 캐스크에서 숙성되었다. 그 결과 망고와 바나나, 캐러멜, 실론 시나몬의 첫인상이 특징이다. 전체적으로 놀랍도록 상쾌하지만 멘톨 향으로 금방 사라진다.

SULLIVANS COVE

설리번스 코브 SULLIVANS COVE

1999년 패트릭 맥과이어는 이미 설리번스 코브 브랜드를 소유하고 있는 테즈메이니아 증류소를 인수했다. 그는 증류소를 이전하고 규모를 확장하여 생산량을 4배로 늘리고 본격적으로 세계 시장을 공략하기 시작했다. 2017년에는 스코틀랜드 로우랜드에 있는 블라드녹 증류소의 마스터 블렌더였던 아담 세이블이 설리번스 코브의 생산을 책임지게 되었다. 모든 보리는 섬에서 생산되며 현지 양조장(캐스케이드 브루어리 및 무 브루)에서 매싱한다. 증류는 단일 샤랑트 증류기에서 두 번에 걸쳐 이뤄진다. 63.5% ABV로 캐스크에 담기는 싱글 몰트는 오래된 철도 터널을 복원해 만든 저장고에서 버번과 아페라 캐스크에서 9~18년 동안 숙성된다. 설리번스 코브는 현재 전 세계 시장에서 널리 판매되고 있다. 이 증류소는 핵심 제품 라인 외에도 싱글 캐스크도 정기적으로 판매한다.

♥ 설리번스 코브, 아메리칸 오크, 싱글 몰트, 47.5% ABV €

Sullivans Cove, American oak, single malt, 47.5% ABV

버번 배럴에서 9년 동안 숙성한 이 싱글 몰트는 코어 제품 라인으로 천도복숭아와 살구의 아름다운 과일 향이 특징이다. 바닐라 크림과 오렌지꽃 꿀로 부드러워진 아로마 프로파일은 마지막에 균형 잡힌 화이트 페퍼로 상징되는 따뜻한 향신료의 놀라운 풍미를 제공한다.

♥ 설리번스 코브, 유러피언 오크, 싱글 몰트, 47.5% ABV €

Sullivans Cove, European oak, single malt, 47.5% ABV

세컨드 필 포트 캐스크에서 숙성하여 처음에는 소나무 수지와 말린 무화과로 시작해 타임 꿀과 석류로 층층이 완성되는 복잡한 골격이 특징인 익스프레션이다. 코코아와 캐러멜의 미묘한 풍미가 입안에서 크리미한 질감과 어우러져 우아한 단맛을 선사한다.

뉴질랜드

위도는 훨씬 낮지만 남반구에 위치하여 스코틀랜드와 지리적으로 정반대인 뉴질랜드는 여러 면에서 스코틀랜드와 비슷하다. 온화한 날씨와 섬의 특성, 넓게 펼쳐진 공간은 1830년대 이곳에 처음 상륙한 스코틀랜드인들에게 위스키를 만들겠다는 욕구를 불러일으켰을 것이다. 위스키 생산활동은 뉴질랜드 인구(500만 명 미만)에 비례하여 유지되었고, 1870년대까지 번성하다가 영연방의 다른 회원국들의 영향을 받은 정부가 술에 높은 세금을 적용하면서 초창기 위스키 산업에 종말을 고했다. 1950년대에 들어서면서 증류소들이 서서히 다시 등장했지만 그중 윌로우뱅크만이 뉴질랜드의 국경을 넘는 데에 성공했다. 1974년 베이커 가문이 설립한 후 1980년 캐나다 시그램 그룹이 인수한 이 증류소는 윌슨(Wilson), 램머로(Lammerlaw), 밀포드(Milford) 익스프레션으로 유명해졌다. 1997년에 이 증류소는 호주 그룹 포스터스에 매각되었고, 포스터스는 즉시 증류소를 해체하고 럼주를 생산하기 위해 증류기를 피지로 보냈다. 현장에는 진을 만드는 컬럼만 남았다. 뉴질랜드 위스키가 부활한 것은 2010년대 중반으로 아주 최근의 일이다. 현재까지 2014년에 문을 연 톰슨 위스키만이 자체 싱글 몰트를 생산하고 있으며, 카드로나(Cardrona)와 램머무어(Lammermoor)는 앞으로 수년 안에 첫 번째 에디션을 출시할 예정이다.

꼭 알아야 하는 증류소

€ 35유로 이하 • € 35~39유로 • €€ 70~150 유로 • €€€ 150유로 이상

톰슨 위스키 THOMSON WHISKY

2014년 오클랜드 북서쪽 리버헤드에 설립된 이 증류소는 인근 할러타우 브루어리에서 맥아를 공급받는다. 이 회사의 경영진은 윌로우뱅크 증류소가 문을 닫은 후 그곳의 캐스크를 병입한 사람들이다. 고집스럽게 크래프트 방식을 고수하는 만큼 당화도 수작업으로 이뤄지며 첨가물을 넣지 않고 증류는 스코틀랜드 전통의 단식 증류기를 이용한 이중 증류 방식을 따른다. 증류액은 대부분이 아메리칸 오크통이나 뉴질랜드산 피노 누아 캐스크에서 숙성된다. 톰슨은 2018년부터 피티드 싱글 몰트와 마누카 나무 건조가 특징인 익스프레션을 포함한 세 가지 싱글 몰트를 판매하고 있다.

♥ 톰슨, 투 톤즈 릴리즈, 2018, 40% ABV €€
Thomson, Two Tones release, 2018, 40% ABV

숙성 기간 표시가 없는 이 싱글 몰트의 이름은 버번과 피노 누아 캐스크에서 이중 숙성되었음을 의미한다. 버번 캐스크의 경우 바닐라, 캐러멜, 코코넛, 피노 누아 캐스크의 경우 살구, 건포도, 달콤한 향신료 등 각각의 특징이 두드러져 두 가지의 영향을 명확하게 구분할 수 있다. 도수를 낮추어 짧아진 길이가 전체적인 긴장감을 약간 깨뜨린다.

♥ 톰슨, 사우스 아일랜드 피트, 프로그래스 리포트, 46% ABV €€
Thomson, South Island Peat, Progress report, 2018, 46% ABV

이 익스프레션은 사우스 아일랜드 이탄으로 보리를 건조하는 과정을 최대한 활용했다. 스모키하고 바다 느낌이 매우 강한 익스프레션으로 장뇌, 유칼립투스, 말린 해초의 약용 향이 특징이다. 전체적으로 바닐라 풍미가 감미로우면서도 달콤한 맛을 뒷받침한다.

WILLOWBANK DISTILLERY
Distillery
Founded in 1974

윌로우뱅크 디스틸러리 WILLOWBANK DISTILLERY

윌로우뱅크 증류소는 1997년 문을 닫았는데도 여러 독립병입자들이 정기적으로 캐스크 중 하나를 발굴하는 덕분에 명맥을 이어가고 있다. 많은 병입자들이 윌로우뱅크의 위스키가 매년 발전했다고 평가한다.

♥ 윌로우뱅크, 디 오아마루비안, 캐스크 스트렝스, 더블 우드, 블렌디드 위스키, 58.4% ABV €€

Willowbank, The Oamaruvian, Cask strenght, double wood, blended whisky, 58,4% ABV

부분적으로 미국 버번 캐스크와 뉴질랜드 피노누아에서 숙성한 16년과 그 이상의 위스키를 솜씨 좋게 블렌딩한 결과인 이 블렌디드 몰트는 독립 병입자인 뉴질랜드 위스키가 병입했다. 두 번째 숙성 과정에서 각인된 풍미는 퍼지, 마롱 글라세, 살구 브랜디가 단단한 골격을 형성하고 여기에 프랄린과 호두 리큐어의 층이 더해져 숙성의 아로마 영향을 선명하게 드러낸다.

♥ 윌로우뱅크, 1991년, 빈티지, 캐스크 스트렝스, 버번 배럴, 싱글 몰트, 60.5% ABV €€

Willowbank, 1991, Vintage, Cask strenght, bourbon barrel, single malt, 60,5% ABV

뉴질랜드 위스키에서 병입한 이 빈티지 싱글 몰트는 버번 배럴에서만 숙성했다. 마지팬과 마롱 글라세가 특별한 복합미를 주고, 살구 크림과 감초 젤리를 둥글게 마무리한다. 우디한 김장감이 완벽하게 제어되며 고급 목재(로즈우드, 자단) 풍미가 드러난다.

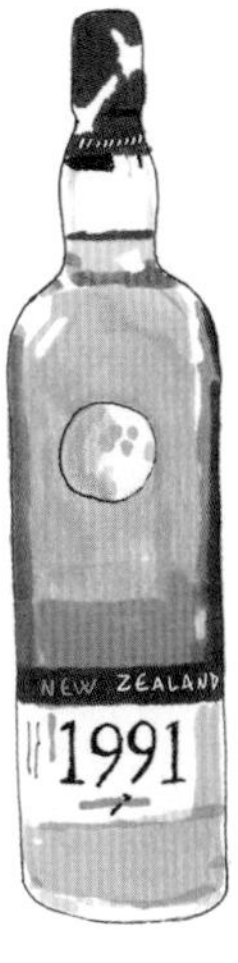

부록

위스키 용어 사전

ABV 부피당 알코올 비율(Alcohol By Volume)로 알코올 도수를 가리킨다.

STR 처리 'Shaving 깎아내기 – Toasting 토스팅 – Recharring 리챠링'을 가리킨다. 가장 강력한 산, 유황 및 타닌 화합물을 제거하고 패널의 깊은 곳에 있는 토스팅 아로마를 끌어내기 위해 오크 캐스크 내부의 표면을 평평하게 만드는 처리 과정이다.

Whiskey 위스키(whisky)의 또 다른 철자법이다. 1823년 소비세법에 따라 세금 제도가 전면 개편되면서 특히 아일랜드에서는 공식 증류소가 30개에 불과한 가운데 불법 증류소가 사라지게 된다. 이때까지 더블린의 공식 증류소들은 '시티' 또는 '팔러먼트' 위스키를 생산했고 다른 위스키는 모두 '컨트리' 위스키라고 지정했다. 이 증류소들은 자신들의 위스키를 차별화를 위해 'whiskey'라는 철자를 사용했다. 이후 아일랜드 위스키가 미국으로 대규모로 수출되면서 스카치위스키와의 차이를 강조하기 위해 이 철자법이 다시 사용되기 시작했다. 오늘날에는 'e'를 추가해도 법적인 문제가 없기 때문에 두 철자 모두 허용되고 있다.

건조(킬닝) 몰팅 공정 중 한 단계로 곡물이 발효 가능한 당을 소모하기 전에 발아를 중단하는 단계다. 24시간에서 60시간 동안 뜨거운 공기로 곡물을 건조하여 수분 함량을 42~46%에서 약 4.5%까지 낮춘다. 공기의 온도는 가마(kiln)에서 조절한다. 건조 작업은 각 증류소마다 다르고 기후 조건에 따라서도 달라진다. 이 작업은 통풍이 잘되는 파고다 루프가 있는 건물에서 진행한다. 맥아에 스모키한 특성을 부여하기 위해 이탄 훈연으로 건조하는 작업(선택 사항)은 건조 초반에 한다. 그런 몰트는 수분 함량이 15~30%일 때 이탄 연소로 인해 방출되는 기름진 연기의 페놀 화합물(구아야콜, 크레졸, 페놀)을 최대로 포집한다. 맥아를 더 오래, 강하게 훈연할수록 ppm(백만 분의 1)으로 측정되는 페놀 화합물의 농도가 높아진다.

고급 알코올 에탄올보다 무거운 알코올(이소프로판올, 뷰탄올, 펜타놀, 헥산올 등) 즉 탄소 원자가 2개 이상으로 에탄올보다 탄소 사슬이 길어 에탄올보다 무거운 알코올을 가리킨다. 고급 알코올은 끓는점이 에탄올보다 높기 때문에 주로 후류에서 발견된다.

공식 보틀링 증류소에서 자체 이름으로 만든 리미티드 보틀링 또는 스페셜 에디션으로, 제조업자나 독립병입자가 같은 증류소의 위스키로 하는 블렌딩과는 대조적이다.

구리 구리는 다양한 특성으로 인해 증류 장비의 '농축' 부분에 사용되는 금속이다. 구리는 열 전도체이자 촉매 및 알코올의 황 성분 정화제이며 지방산을 에스터(강렬한 과일 향과 꽃 향의 전구체)로 전환하는 역할을 한다.

다크 올로로소 올로로소 셰리 캐스크에서 숙성된 위스키 중 가장 뚜렷한 색을 띠는 위스키에 붙인 이름이다. 올로로소 셰리는 팔로미노 포도 품종의 포도즙을 17% 이상으로 주정 강화한 후 산소 작용에 지속적으로 노출시켜 숙성한 드라이 와인이다. 올로로소 셰리 캐스크가 위스키에 주는 건과일(건포도, 대추야자, 무화과, 크랜베리, 호두, 구운 아몬드)과 신선한 과일(자두, 블랙커런트, 블랙베리, 라즈베리)의 향, 호박색에서 마호가니 색(특히 퍼스트 필의 경우)에 이르는 강렬한 색으로 인해 전 세계 위스키 생산자들에게 인기가 높다.

당화(매싱) 그리스트가 온도가 다른 뜨거운 물이 담긴 당화조(매시턴)에서 혼합되고, 당화를 거쳐 전분이 용해되고, 효소의 작용으로 발효 가능한 당으로 전환되는 위스키 생산 과정의 한 단계다. 작업 당 두 번의 라우터링, 즉 당화되어 여과된 맥아즙을 중력으로 통에 모으고 고형물(또는 곡물 찌꺼기)은 가축 사료로 사용하는 과정을 두 번 거친다.

당화조(매시턴) Mash Tun. 당화를 위해 그리스트를 담은 통을 가리킨다.

디아스타아제 보리에 자연적으로 존재하는 효소로 전분을 당으로 전환하며 당은 발효 중 효모에 의해 알코올로 분해된다. 발아 중 아밀라아제를 포함한 여러 디아스타아제가 복합적으로 작용하여 전분을 복합당으로 전환한 다음 발효 가능한 당(특히 포도당과 맥아당)으로 단순화한다.

라인암 증류기의 상단부와 콘덴싱 시스템(웜 튜브 혹은 쉘앤튜브)을 연결하는 구리로 된 관이다. 스완넥으로 결정되는 라인암의 각도는 생산할 위스키의 스타일에 결정적인 역할을 한다. 라인암이 위쪽을 향할수록 풍부한 방향족 화합물이 담긴 응축액이 환류하여 증류기로 다시 떨어진다. 따라서 추출과 구리와의 교환이 많아질수록 증류액은 더 가벼워진다. 하지만 각도가 모든 것을 결정하지는 않는다. 아드벡, 글렌그랜트, 탈리스커 같은 일부 증류소에서는 좀 더 가볍고 과일 향이 강조되는 증류액을 얻기 위해 아래를 향한 라인암에 정화기를 설치하여 환류를 일으킨다.

랑시오 Rancio. 오래된 프로방스어 랑사('퇴색한', '시든'이라는 뜻)에서 유래한 명칭으로 풍부하고 지속적인 아로마 지각을 가리킨다. 랑시오는 위스키와 위스키를 숙성한 캐스크(뱅존, 셰리, 뱅 두 나튀렐 등)의 미세한 산화 숙성의 결과물이다. 이러한 지방산과 그 유도체의 산화는 잘 익은 과일(살구, 무화과, 사과, 댐슨 자두), 말린 과일(자두), 또는 꽃(재스민, 아이리스, 말린 장미)의 중간 랑시오, 견과류, 아몬드, 볶은 커피, 사프란의 진화한 랑시오, 호두꽃, 담배, 카레, 오래된 가죽, 덤불, 왁스를 바른 고급 목재의 완성된 랑시오를 위스키에 선사한다.

러미지 직접 가열 팟 스틸의 바닥을 긁어내어 가열점에 잔여물이 쌓이는 것을 방지하고 스틸 바닥의 구리층에서 캐러멜화된 침전물을 풀어주는 회전식 장치이다.

로우 와인 첫 번째 증류(분별 증류) 중 수집된, 알코올 도수 20~25% ABV의 액체이다. 로우 와인은 두 번째 증류를 위해 스피릿 스틸로 보내진다(이전 증류의 초류와 후류가 추가될 수 있다).

링컨 카운티 프로세스(LCP) 테네시 위스키 특유의 여과 공정으로, 증류액을 캐스크에 담기 전 3미터가 넘는 두께의 단풍나무 숯에 여과하는 방식을 가리킨다. 증류액에 포함된 일부 퓨젤 알코올(고급 알코올, 지방알코올, 테르펜 및 푸르푸랄)과 이와 관련된 에스터를 제거하여 증류액을 부드럽게 만든다.

매시빌 Mash bill. 매싱 단계에서 위스키에 들어가는 다양한 곡물의 정확한 비율을 설명하는 공식(또는 레시피)을 가리킨다.

맥아즙(워트) 당화로 얻은 결과물이다. 당화를 거친 곡물 맥아즙은 발효 탱크로 옮기기 전에 중력(또는 뫼라형 추출기로)으로 걸러 수집된다. 여기에 효모를 첨가하여 발효 가능한 당을 알코올과 이산화탄소로 전환한다. 이 단계를 통해 효모는 당화된 맥아즙(워트)을 발효시켜 알코올 농도 6~11%의 워시(발효액)로 전환된 후 증류를 위한 통으로 옮겨진다.

방향족 컨제너 알코올 및 그 유기 유도체(지방산 및 에스터, 알데하이드, 아세탈, 케톤 및 페놀 등) 등 제조 과정에서 형성된 모든 방향족 분자다.

부시나쥬 Bousinage. 오크 캐스크를 태우는 작업 과정을 말한다. 부시나쥬의 목적은 패널 내부 층의 물리적, 화학적 구성을 깊이 있게 변화시키는 것이다. 부시나쥬는 목재의 고분자(리그닌, 셀룰로스, 헤미셀룰로스)를 방향족 화합물로 열 변형시켜 수지성 물질을 분해하고 엘라직 타닌을 제거하여 위스키가 더 잘 흡수할 수 있도록 한다. 또한 위스키가 패널에 더 쉽게 침투하여 아로마 교환을 더 잘할 수 있도록 도와준다. 태우기의 강도와 시간, 증발하는 수분의 양은 캐스크의 관능적, 구조적 특성에 영향을 미친다. 가장 가벼운 태우기부터 악어 가죽처럼 미세한 균열이 있는 숯 층이 형성되는 가장 강한 탄화까지, 각각의 태우기 레벨은 아로마 프로파일과 형성되는 다양한 휘발성 화합물 간의 균형과 일치한다.

불을 이용한 직접 가열 나무, 가스 또는 석탄을 사용한 팟 스틸 가열 기법. 증기를 이용한 간접 가열보다 위스키에 더 많은 개성을 부여한다. 그러나 오랜 역사를 자랑하는 이 공정은 가열 부분에 잔여물이 쌓이는 것을 방지하기 위해 바닥의 구리층을 보강하고 바닥에 눌러 붙는 것을 방지하기 위해 러미지를 사용해야 한다.

사워 매시 sour mash. 버번 및 테네시 위스키 산업 전반에 걸쳐 사용되는 공정으로 증류하고 남은 찌꺼기(산성 폐액)를 말한다. 백셋(Backset) 또는 셋백(Setback)이라고도 한다. 이 산성 맥아즙을 발효할 때 넣으면 산도가 올라가면서 세균 감염을 막아주고, 위스키 풍미도 균일하게 유지시켜 준다.

숙성연도 병에 표시된 숙성 기간으로 증류일(1년 단위) 또는 블렌디드 위스키에 들어간 위스키 중 가장 어린 위스키의 증류일로부터 병입까지의 위스키 숙성 기간에 해당한다.

숙성연도 미표기(NSA) 숙성된 기간이나 빈티지가 표시되지 않은 위스키를 가리킨다.

스몰 배치 숙성 중인 캐스크에서 신별한 소량의 캐스크를 특정 스타일의 익스프레션으로 만든 위스키 에디션이다.

스완넥 팟 스틸 상단의 각진 부분으로 증기를 응축기(웜텁 혹은 쉘앤튜브)로 운반하는 라인암의 경사를 결정한다. 증기는 팟 스틸 상단을 통해 상승하여 스완넥을 거쳐 계속 이동하면서 점점 더 낮은 온도를 만나게 된다. 이러한 온도는 스완넥의 각도와 라인암의 길이에 따라 가장 무거운 화합물 일부를 응축하고 이 응축된 화합물은 다시 증류기 안으로 떨어질 수 있다(환류).

스틸룸 증류기가 있는 증류실.

에스터 산과 알코올의 결합(예: 아세트산 + 에탄올 ↔ 물 + 에틸아세테이트)으로 생기는 방향족 화합물로 강렬한 과일 향과 꽃 향을 낸다. 농도에 따라 풋사과, 흰 과일, 아세톤, 래커, 매니큐어 리무버의 향을 지닌 100가지 이상의 에스터가 확인되었다. 에스터화는 일반적으로 느리지만 촉매제(강한 산과 필요한 경우 물)가 있으면 가속화될 수 있다. 에스터는 주로 발효 단계에서 생성된다. 발효가 길수록 더 많은 양의 에스터가 생성된다. 일부 에스터는 매싱이나 증류 중(산, 알코올 및 증기가 구리 벽을 따라 상호작용 할 때), 오크 캐스크 숙성 중 생성되기도 한다.

엔젤스 셰어 angel's share. 저장고에서 숙성하는 동안 자연 증발로 인해 손실되는 위스키의 양을 가리킨다. 수동적인 단계는 아니다. 즉 공기-나무 교환을 통해 위스키가 외부 환경과 계속 접촉할 수 있기 때문이다. 온도, 습도계(습도), 온도 변화, 대기압, 공기의 질, 사용된 캐스크의 투과성 및 다공성 등이 증발 속도와 증발하는 물질(물 또는 알코올)의 성질에 상당한 영향을 미친다. 이러한 복합적인 요인이 숙성의 품질과 엔젤스 셰어를 결정한다.

오크 캐스크의 크기와 명칭 위스키를 숙성하는 오크통의 크기는 다양하며, 그 크기에 따라숙성 정도와 풍미가 달라진다. 일반적으로는 작을수록 풍미가 진하고 더 빠르게 숙성된다. 오크통을 가리켜 스코틀랜드 등 여러 위스키 생산국 및 업체들은 보통 '캐스크', 미국에서는 '배럴'이라고 부른다. 용량은 보통 200L 정도이나 180~200L로 조금씩 차이는 있다. 다음은 오크통의 크기와 그에 따른 명칭을 정리한 것이다.

- **쿼터 캐스크(Quarter Cask / 50L, 125L)** 배럴의 쿼터인 50L 용량의 캐스크. 버트(butt)의 쿼터인 125L의 소형 용량의 캐스크도 역시 쿼터 캐스크라고 한다.
- **혹스헤드(Hogshead / 250L)** 스카치위스키 캐스크에서 기준이 되는 캐스크로 그 기원은 14세기까지 거슬러 올라간다. 턴(tun)의 1/4, 파이프(pipe)의 1/2 용량을 가진다. 아메리칸 스탠더드 배럴을 분해하여 들여와 재조립해 사용하는데(헤드와 바텀은 종종 교체됨), 보통 5개로 4개 정도를 만들어서 배럴보다 용량이 조금 크다. 아주 짧게 만든 셰리 캐스크 패널을 결합해 만들 수도 있다.
- **바리크(Barrique / 225~300L)** 와인과 코냑을 위한 캐스크. 와인은 225L, 코냑은 300L를 사용한다.

- **펀천**(Puncheon / 300~500L) 턴(tun)의 1/3 용량을 갖는 캐스크.
- **버트**(Butt / 450~500L) 과거 스카치위스키를 숙성할 때 주로 사용한 캐스크. 보통 셰리 와인에 사용되어 '셰리 버트'라고도 불렸다.
- **파이프**(Pipe / 500~650L) 포르투갈의 포트 와인에 사용했던 캐스크. 버트와 함께 일반적으로 많이 사용되었다.
- **드럼**(Drum / 500~650L) 마데이라 와인에 주로 사용되어 '마데이라 드럼'으로도 불린다.
- **고르다**(Gorda / 700L) 위스키를 혼합할 때 주로 사용한다.
- **턴**(Tun / 960L) 대형 용량의 캐스크.

워시백 wash back. 나무 또는 스테인리스 스틸로 만든 개방형 또는 폐쇄형 발효통으로, 당화 맥아즙에 당을 알코올과 이산화탄소로 변환하는 효모를 넣는 곳이다.

응축기(콘덴서) 팟 스틸 증류기에서 알코올 증기를 다시 액화시켜 증류액을 얻는 데에 사용되는 장치다. 냉각수가 순환하는 수십 개의 구리 튜브가 장착된 다관형과 냉각수가 채워진 탱크에 잠긴 나선형 구리 파이프에 응축액이 순환하는 코일형이 있다. 코일형의 경우 정화금속(구리)과의 접촉 시간이 짧기 때문에 증류액이 더욱 무거워진다.

증류액 팟 스틸, 하이브리드 스틸 혹은 컬럼 스틸에서 생산된 고농도 알코올 액체로 영국에서는 '뉴 메이크', 북미에서는 '화이트 독', 아일랜드에서는 '포이틴'라고도 한다.

증류액 분획 증류액을 컷팅하여 구분한 결과로 총 네 가지로 나뉜다. 가장 처음에 얻는 초류(헤드 head + 포샷 forshots)는 알코올 함량이 높고(약 78~82% ABV) 휘발성이 가장 강한 화합물인 메탄올, 에탄올, 아세톤과 가장 가벼운 에스터가 포함되어 있다. 에탄올과 얻으려는 대부분의 방향족 컨제너(페놀 및 그 유기 유도체로서 지방산, 에스터, 알데하이드, 아세탈 및 케톤 등)가 포함된 본류는 알코올 함량이 50~78%다(일반적으로 65~73%). 두 번째 본류(heart)는 컷팅에 따라 부분적으로 보존된다(특히 페놀 화합물의 경우). 마지막으로 후류(테일tail + 페인츠faints)는 낮은 알코올 강도로 증류액의 마지막 부분이다(고급 알코올, 푸르푸랄). 일반적으로 초류와 후류는 다음 2차 증류에서 재증류된다.

캐스크 스트렝스 물을 첨가하여 도수를 낮추지 않고 캐스크에서 숙성이 끝난 그대로 병입한 위스키를 가리킨다.

캐스크 피니시 위스키에 복합성을 주거나 단순히 아로마 특성을 수정하기 위해 위스키를 숙성한 캐스크와 다른 종류의 캐스크에 마지막으로 다소 짧게 숙성하는 과정이다.

패널 나무를 쪼개서 만든 직사각형 판자를 깎고 구부려 만든 참나무 조각으로, 캐스크의 벽을 형성한다.

퍼스트 필 퍼스트 필 캐스크, 즉 이전에 버번, 셰리 또는 기타 와인이나 증류주를 담았던 캐스크에 처음으로 증류액(스피릿)을 채우는 것을 말한다. 동일한 캐스크를 두 번째로 사용할 수 있지만(세컨드 필) 퍼스트 필의 기간에 비례하여 위스키에 미치는 영향은 줄어든다. 이전 사용 기간에 따라 서드 필 후에는 일반적으로 캐스크가 위스키에 거의 영향을 미치지 않으며, 오크 캐스크에서 추출될 수 있는 것이 더 이상 없을 때 소진된것으로 간주한다.

퓨젤 알코올 발효에 의해 생성되는 대부분의 고급 알코올, 지방족 고급 알코올, 테르펜알코올, 푸르푸릴 알코올을 아우르는 비과학적 명칭이다. 주로 후류에서 발견되며, 기름진 형태(퓨젤 오일이라고도 함)를 띈다. 이러한 성분은 증류액을 묵직하고 육중하게 만들거나 향신료나 용매의 풍미를 더하기도 한다.

플로어 몰팅 Floor Malting. 한때 증류소의 필수적인 공간이었던 몰팅 플로어는 보리를 알코올로 전환하는 과정에서 증류액에 더 강렬하고 풍부한 향을 부여하는 공간이다. 1968년 2월 디스틸러스 컴퍼니(DCL)가 29개 증류소에서 현장 몰팅을 중단하기로 결정하자 다른 증류소들도 이 결정을 따랐고, 그 결과 스코틀랜드와 일본 증류소에서 수익성을 이유로 전용 몰팅 플로어가 사라졌다. 소수의 증류소만이 자체 시설에서 수요량의 전체(스프링뱅크) 혹은 일부(아빈 제리크, 발베니, 벤리악, 보모어, 치치부, 하이랜드 파크, 킬호만, 라프로익과 북미의 크래프트 증류소 코퍼 폭스, 코퍼시, 코세어, 힐록 에스테이트, 레오폴드 브라더스, 메인 크래프트, 오렌지 카운티, 로그 스피릿츠)를 몰팅하고 있다. 오늘날 맥아 생산의 대부분은 산업화되어 대형 몰팅 공장(몰팅 드럼, 살라딘 박스)에서 이루어진다.

환류 가장 풍부한 방향족 화합물이 담긴 알코올 증기가 다시 증류기로 떨어지는 현상을 가리키며 증류기의 형태에 따라 그 양이 달라진다. 환류로 알코올 추출과 구리와의 교환이 일어나기 때문에 환류가 클수록 증류액은 더 가벼워진다.

효모 맥아즙의 발효 가능한 당분을 알코올과 이산화탄소를 전환하는 단세포 미생물(자연 효모 또는 엄선된 균주에서 추출한 배양 효모)이다. 효모는 아로마의 전구체로 위스키의 고유한 특징의 상당 부분을 담당한다. 발효 단계에서 알코올과 그 유기 유도체(지방산 및 그 에스터, 알데하이드, 아세탈, 케톤 및 페놀)를 생성하는 성분을 합성하는 데 중요한 역할을 한다.

위스키 세계의 위대한 인물들

위스키는 그 무엇보다 다양한 세계다. 그렇기 때문에 위스키를 만드는 사람들과 만나는 것이 필수적이다.
서로 다른 지식 영역간의 장벽을 허무는 방법뿐만 아니라 감정까지 우리에게 전달하는 열정적인 인물들을 소개한다.

고든 던다스(Gordon Dundas)
로즈뱅크 글로벌 앰버서더
p. 216

다비드 루시에(David Roussier)
와렝헴 최고경영자
p. 364

돈 리버모어(Don Livermore)
하이럼 워커 마스터 블렌더
p. 324

레미 세비지(Rémy Savage)
생디카 칵테일 클럽(Syndicat Cocktail Club)의
파트너이자 크리에이티브 디렉터
p.136

레이첼 배리(Rachel Barrie)
벤리악, 글렌드로낙,
글렌글라소 마스터 블렌더
p.232

리처드 패터슨(Richard Paterson)
화이트 앤 맥케이 마스터 블렌더
p.79

마이클 헤즈(Michael Heads)
2020년까지 아드벡 마스터 디스틸러,
아드벡 위원회 회장
p.196

마크 레이니어(Mark Reynier)
워터포드 증류소 설립자
p.270

샌디 히슬롭(Sandy Hyslop)
로얄 살루트 마스터 블랜더
p.390

스튜어트 보먼(Stewart Bowman)
브로라 마스터 디스틸러
p.170

알렉상드르 리카(Alexandre Ricard)
페르노리카 회장 겸 최고경영자
p.92

애덤 하넷(Adam Hannett)
브룩라디 마스터 디스틸러
p.43

앨런 로건(Allan Logan)
브룩라디 생산 감독
p.43

유미 요시카와(Yumi Yoshikawa)
치치부 홍보대사
p.346

이치로 아쿠토(Ichiro Akuto)
치치부 설립자
p.346

제러드 힘스테드(Jared Himstedt)
발코네스 마스터 디스틸러
p.292

핀들리 로스(Findlay Ross)
스프링뱅크 생산 감독
p.153

찾아보기

ㅇ

ㅎ

숫자, A-Z

증류소 및 주요 브랜드

별(*) 표시한 곳은 꼭 가봐야 할 증류소

ㄱ

글렌모렌지* 87, 130, 167, 178, 179, 255

ㄴ

ㄷ

ㄹ

ㅁ

ㅂ

ㅅ

ㅇ

WHISKY
위스키 바이블

위스키 바이블

초판 1쇄 발행 2024년 4월 25일

지은이 시릴 말드
옮긴이 김수영

주간 이동은
책임편집 김주현
편집 성스레
미술 강현희
마케팅 사공성 한은영
제작 박장혁 전우석

발행처 북커스
발행인 정의선
이사 전수현

출판등록 2018년 5월 16일 제406-2018-000054호
주소 서울시 종로구 평창30길 10
전화 02-394-5981~2(편집) 031-955-6980(마케팅)
팩스 031-955-6988

ISBN 979-11-90118-65-1 (13590)

• 북커스(BOOKERS)는 (주)음악세계의 임프린트입니다.
• 값은 뒤표지에 있습니다.
• 파본이나 잘못된 책은 구입하신 서점에서 교환해 드립니다.